国家自然科学基金项目(41672260)资助
湖北省自然科学基金重点项目(2013CFA110)资助

福建龙津溪引水隧洞穿越富水风化花岗岩断层破碎带施工关键技术

THE KEY CONSTRUCTION TECHNOLOGIES FOR FUJIAN LONGJINXI WATER DIVERSION TUNNEL PASSING THROUGH WATER-RICH WEATHERED GRANITE FAULT FRACTURE ZONES

王元清　吴　立　吴　义　等著

内容提要

本书结合福建龙津溪引水隧洞施工现场的富水风化花岗岩的物理力学特性，在系统阐述涌水突泥影响因素及演化机制的基础上，首先从富水风化花岗岩断层破碎带的特性入手，重点分析了断层破碎带倾角、组合方式及交叉点位置对涌水突泥的影响规律；然后针对涌水突泥现象，提出了防突层厚度控制技术、涌水量预测的方法和技术；最后结合现场采用的注浆加固工程的关键技术，形成了集勘察、室内试验、理论计算、数值模拟、现场测试于一体的穿越富水风化花岗岩断层破碎带的隧洞施工方法。

图书在版编目(CIP)数据

福建龙津溪引水隧洞穿越富水风化花岗岩断层破碎带施工关键技术/王元清等著.
—武汉：中国地质大学出版社，2018.6

ISBN 978-7-5625-4277-3

Ⅰ.①福…
Ⅱ.①王…
Ⅲ.①引水隧洞-隧道施工-福建
Ⅳ.①TV672

中国版本图书馆 CIP 数据核字(2018)第 076564 号

福建龙津溪引水隧洞穿越富水风化花岗岩断层破碎带施工关键技术 王元清 吴立 吴义 **等著**

责任编辑：胡珞兰 谢媛华 选题策划：毕克成 唐然坤 责任校对：周旭

出版发行：中国地质大学出版社(武汉市洪山区鲁磨路 388 号) 邮编：430074
电 话：(027)67883511 传 真：(027)67883580 E-mail：cbb@cug.edu.cn
经 销：全国新华书店 http://cugp.cug.edu.cn

开本：880 毫米×1230 毫米 1/16 字数：451 千字 印张：14.25
版次：2018 年 6 月第 1 版 印次：2018 年 6 月第 1 次印刷
印刷：武汉中远印务有限公司

ISBN 978-7-5625-4277-3 定价：188.00 元

编辑委员会

主　　编：王元清　吴　立

副 主 编：吴　义　黄志鹏　汪宏兵　林彦君　康三月

单　　位：浙江省隧道工程公司

福建枋洋水利投资发展有限公司

中国地质大学（武汉）

前　言

龙津溪引水隧洞全长13.842km，位于福建省漳州市长泰县枋洋镇，是全国172个节水供水重大水利工程项目之一，隧洞在施工过程中穿越富水风化花岗岩断层破碎带，具有距离长、倾角陡、水位高、水量大、填充物复杂等特点，地质构造在国内外罕见，施工过程中发生了多次不同规模的涌水突泥事故，严重影响了工程进度，其施工难度在深埋山岭隧道中极为罕见。在此背景下，参建各方联合攻关，迎难而上，倾其心智，历时6年，使隧洞顺利通过了该富水风化花岗岩断层破碎带。作者将龙津溪引水隧洞修建过程中的关键技术进行归纳、总结并提炼形成本书，以供国内外同行参考。

本书结合福建龙津溪引水隧洞施工现场的富水风化花岗岩的物理力学特性，在系统阐述涌水突泥影响因素及演化机制的基础上，首先从富水风化花岗岩断层破碎带的特性入手，重点分析了断层破碎带倾角、组合方式及交叉点位置对涌水突泥的影响规律；然后针对涌水突泥现象，提出了防突层安全厚度控制技术和涌水量预测方法；最后结合现场采用的注浆加固工程的关键技术，形成了集勘察、室内试验、理论计算、数值模拟、现场测试于一体的穿越富水风化花岗岩断层破碎带的隧洞施工方法。

本书第一章由王元清、吴立编写；第二章由吴义、康三月、黄志鹏、汪宏兵、林彦君编写；第三章由王铎明、谢云发、李巧龙、林腓编写；第四章由董道军、吴立编写；第五章由程瑶、吴立编写；第六章由吴立、董道军、程瑶、闫天俊、李丽平编写；第七章由闫天俊、吴立编写；第八章由张恩山、吕虎波、冉梦安、李源河编写；第九章由朱爱山、陈春和、胡光进、林道烛编写；全书由吴立负责整理、统编、修改和校核。

本书涉及的理论分析、数值模拟、室内试验、现场试验、研究论文等，得到了以下科研项目经费的支持：国家自然科学基金(41672260)；湖北省自然科学基金重点项目(2013CFA110)；中国地质大学(武汉)教学实验开放基金(SKJ2014061)；中国地质大学(武汉)教学实验开放基金(SKJ2016091)。

中国地质大学(武汉)研究生马晨阳博士、周玉纯博士、汪煜烽博士、钟涵硕士、袁青博士、李波博士、彭亚雄博士、朱彬彬硕士、孙苗硕士、吴丹红硕士、贾钦基硕士、李源硕士、李嘉龙硕士、张晓强硕士、刘凯硕士参与了本书的资料整理、图件绘制和文字校对工作，郝勇博士、吴静博士、周蔚文硕士、付宇德硕士、于超硕士、郭晓亮硕士、赵靖硕士、苏莹硕士、刘思忆硕士、徐志杰硕士、陈子威硕士、从朋硕士等参与了室内试验和现场试验，书中引用了部分国内外公开出版的专著、论文、规范等成果，在此对本书的写作和出版工作做出贡献的所有人员一并表示感谢。

限于时间仓促和作者的水平，书中疏漏及不当之处在所难免，恳请读者批评指正。

作　者

2018年3月

目　录

第一章　绪　论

近年，伴随着我国水利水电以及其他地下工程建设的迅猛发展，隧洞、隧道等地下工程面临着构造复杂、地质环境多变、灾害频发的严峻考验。据统计，地下工程建设中近80%的重大安全事故由涌水突泥地质灾害及处置不当造成，教训异常深刻[1]。涌水突泥已成为隧洞建设的主要地质灾害之一，各种不良地质构造和工程扰动作用所诱发的涌水突泥事故逐渐成为制约我国地下空间建设发展的瓶颈问题。

大规模的涌水突泥首先严重危害施工人员的生命安全，其次处理不当将为日后工程运营管理留下隐患，诱发地表次生地质灾害，打破原有地下水的动态平衡等。随着我国近年来开展的一系列复杂地质条件下的长大、深埋隧洞工程建设，所面临的更为复杂多变的涌水突泥风险也将前所未有。隧洞工程中涌水突泥事故频发，首先在于工程技术人员对涌水突泥的机理研究不够，存在认知局限，未能掌握有效的分析以及预测预报、防治涌水突泥事故的系统方法[2-3]。显然，富水隧洞涌水突泥机制研究对保护当地水资源、维护生态平衡、防止工程伤亡事故、实现社会效益和施工技术进步相统一皆具有重大意义，属于地下工程进一步发展必须面对的科技难题。

目前，隧洞涌水突泥防治主要围绕两个方面[4]：其一，探究岩溶或断层带等涌水突泥诱导体的发育规律与涌水突泥产生、发展规律，以及灾变破坏模式；其二，探索适用于生产实践的各类探测方法以及防治对策，致力于构建理论联系实际的、有效的预警系统和防治体系[5-7]。当前，涌水突泥的研究成果以煤矿采掘领域居多[8]，主要针对岩溶隧道[9]，而对于断层控制下的深埋花岗岩风化带(因受构造影响，岩体破碎带风化剧烈，多呈现全风化、残积土状)涌水突泥致灾机理研究成果尚处于初步研究阶段，特别是花岗岩风化带特殊的组成结构对于围岩劣化、对地下水渗流通道及渗流场改变的综合影响研究较少。在涌水突泥演化过程的研究中，现有研究多集中于岩溶隧道防突层的静力学分析及围岩的渗流损伤致灾[9]，而对于破碎松散岩体段由于塌落拱的动态变化以及裂纹开展效应对涌水突泥影响的研究较少。因此，现有研究无法完全解释深埋隧洞穿越花岗岩断层带中涌水突泥的滞后效应和多次涌水突泥现象，故而对于花岗岩断层带隧洞涌水突泥与拱顶塌方、地下水渗流之间交互影响机理的研究鲜有报道[10-16]。

因此，本书依托福建龙津溪引水隧洞工程的特殊情况，系统研究了龙津溪引水隧洞穿越富水风化花岗岩断层破碎带施工关键技术，为实际施工制定相应的指导对策，并为类似工程提供一定的参考价值。

第一节　工程概况

福建龙津溪引水工程是长泰枋洋水利枢纽工程的组成部分，是厦门市第二水源工程。本工程位于漳州市长泰县枋洋镇，是厦漳两市依托九龙江流域，实现跨区域、跨流域水资源配置的重要工程，是全国172个节水供水重大水利工程项目之一。工程完工后，年均可向厦门供水约$2\times10^8 m^3$。

福建龙津溪引水工程主要由溪口闸坝和溪口许庄引水隧洞组成，引水隧洞全长13.842km。浙江省隧道工程公司承担其中10.131km(含支洞)的建设任务，引水隧洞开挖洞径为底宽3.0m，直径3.9m的扩底圆形断面，部分地质较差段采用钢筋混凝土衬砌和喷锚支护。下设 2 条施工支洞，分别为 2＃、3＃施工支洞（图 1-1）。两条施工支洞均采用 5.0m×5.0m 城门型断面，2＃施工支洞长 1 239m，3＃施工支洞长 1 343m。

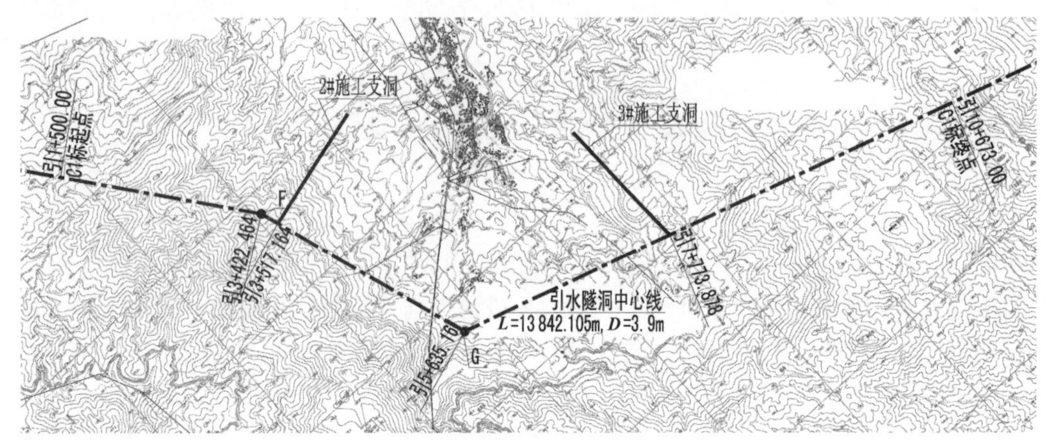

图 1-1　项目平面布置图

2011 年 5 月 26 日，浙江省隧道工程公司中标福建龙津溪引水工程 C1 标，2011 年 6 月 28 日签订施工合同，合同工期 40 个月。在施工过程中，隧洞涌水突泥、不良地质、异常地热、岩爆等不利因素严重影响工程进度，合同工期顺延至 2017 年 6 月 5 日，在 2017 年 6 月 7 日顺利完工并通过验收。该工程经福建省质监站核备质量等级为优良。

一、隧址区工程地质及水文地质条件

1. 地形地貌

工程区位于福建省东南部长泰县及同安区境内，区内地貌受地质构造和岩性控制，属于中低山剥蚀地貌。山顶多呈浑圆状或尖顶状，山坡较陡，一般山峰高程在 100～500m 之间，河谷深切，植被发育良好。工程区属于福建省Ⅱ级构造单元周宁-华安断隆带和福鼎-云霄断坳带的南端，处于较稳定的上升区，没有大的区域性断裂从工程区通过，区域构造较稳定。

溪口水库库区四周山体雄厚，两岸无低于蓄水位（70m）的鞍部和垭口地形。组成库盆的岩体坚硬致密，透水率小，没有大的断裂通过库区，水库无永久渗漏问题。库岸大部分为岩质边坡，岩体较完整，库岸基本稳定。水库仅淹没少量农田和房屋。

地区受地壳板块运动、印支-燕山-喜马拉雅期造山运动、火山喷发、风化、侵蚀、沉积及人类活动等诸多因素影响，形成不同景观的地貌。

隧洞沿线地形波状起伏，地表高程一般 60～650m。在圳古头村附近，地表高程为 140～200m，其低处为一小河，最低高程为 140m。沿线山间沟谷、溪流发育，没有低于洞底高程的低洼地形，进出口段地形平缓，坡度为 10°～20°。

2. 地层岩性

区内出露的地层有二叠系、三叠系、侏罗系、第四系及燕山期侵入岩，由老至新分述如下。

1）上二叠统大隆组（P_2d）

该组出露于钟魏等地，呈西北向带状展布，由一套浅海相沉积的粉砂岩、泥岩、泥质细砂岩、钙硅质细砂岩等组成，厚大于 148m，与上覆溪口组地层整合接触。

2)下三叠统溪口组(T_1x)

该组出露于钟魏等地，呈近南北向带状分布，为一套浅海相沉积的砂泥岩、钙硅质岩等，厚504～511m。可分为3个岩性段：

下段T_1x^1，厚135～189m，下部为褐黄色中薄层变质细砂岩、粉砂岩、泥岩；上部为深灰绿色条带状粉砂质钙硅角岩，褐黄色变质粉砂岩，本段整合于上二叠统大隆组之上。

中段T_1x^2，厚133～278m，下部为青灰色、灰绿色条纹状角闪绿帘钙硅质角岩，其底部为褐黄色薄—中层状含铁泥质粉砂岩、细砂岩；上部为灰白色厚层状条带明显的钙硅角岩。本段整合于下段之上。

上段T_1x^3，厚43～235m，下部为浅褐色、黄色变质泥质粉砂岩夹泥钙质和钙硅质粉砂岩；上部为浅褐黄色、灰白色含钙硅质细砂岩，绿帘透辉钙硅角岩。本段整合于中段之上。

3)上三叠统文宾山组(T_3w)

该组出露于钟魏、溪口、内枋等地，以陆相碎屑沉积为主，厚约831m，与溪口组为不整合接触。可分为上、下两个岩性段：

下段T_3w^1，厚153～455m，主要岩性为灰白色、灰紫色中薄层状石英细砂岩，夹褐黄色泥岩、粉砂岩。本段与溪口组呈断层接触，二者为不整合接触关系。

上段T_3w^2，厚106～597m，上部为灰白色和土黄色砂质页岩、泥岩，下部为黄白色中薄层状石英细砂岩与灰白色粉砂岩互层，本段整合于下段之上。

4)下侏罗统梨山组(J_1l)

该组零星出露于活盘水库东南，主要岩性为浅灰色厚层状中粗粒石英砂岩，灰白色、灰褐色复成分砂砾岩，灰色粉砂质泥岩。

5)上侏罗统长林组(J_3c)

该组出露于内枋、青阳等地，厚343m，下部为复成分砾岩夹钙质中粒砂岩，上部为深灰色硅质泥岩，灰色硅质胶结粉砂岩。在下加美洲还可见流纹岩夹层。

6)上侏罗统南园组(J_3n)

该组出露范围广，为一套陆相中性、中酸性、酸性火山岩-深成岩系组成，厚度大于3 600m，可分为4个岩性段，从下到上分述如下：

第一段J_3n^1，厚72～375m，出露于青阳、吴田山北西侧。其岩性由下而上为灰色、深灰色安山岩，气孔-杏仁状安山岩，中部夹英安岩、泥岩、长石石英砂岩。在百交祠见本段安山岩不整合于文宾山组上段之上。

第二段J_3n^2，厚138～1 304m，为本组火山活动的鼎盛阶段，出露较广，分布于竹园、下加美洲、上存等地。下部为浅灰色流纹质含角砾晶屑凝灰岩、流纹质晶屑凝灰岩、流纹质晶屑熔结凝灰岩，夹流纹质火山尘凝灰岩、含集块火山角砾岩及凝灰质含砾砂岩；中部为灰白色流纹斑岩；上部为浅灰色、白色流纹质晶屑熔结凝灰岩，流纹质凝灰岩夹火山凝灰岩，流纹英安质晶屑凝灰岩和流纹英安岩。本段喷发不整合于J_3n^1或J_3c之上。

第三段J_3n^3，厚82～1 167m，分布于竹园、林东、格平头等地，主要岩性为灰色、深灰色流纹英安质晶屑熔结凝灰岩，英安流纹质晶屑凝灰岩，夹流纹英安质熔结角砾岩和流纹质凝灰岩。

第四段J_3n^4，厚754m，为晚侏罗世火山活动之尾声，大多沿北东向展布，以中心式喷发为特点，分布于火山口附近或直接构成火山构造。下部为灰白色流纹岩与灰绿色流纹质玻屑凝灰岩互层，凝灰岩、含砾熔结凝灰岩；中部为灰色、灰白色流纹质含角砾凝灰岩、熔结凝灰岩、含角砾熔岩；上部为灰色和灰紫色流纹质熔结凝灰岩、流纹岩、流纹质含角砾晶屑熔结凝灰岩、含角砾凝灰岩，局部夹英安流纹质含角砾凝灰岩。

7)第四系

第四纪冲洪积堆积分布于山间盆地或河床两侧，构成河漫滩及Ⅰ、Ⅱ级阶地，具二元结构，主要岩性为卵石、砂、黏土。

第四纪坡残积堆积沿山坡分布，主要成分为含碎石砂质黏土。

8)侵入岩

侵入岩主要有燕山早期侵入的黑云母花岗岩($\gamma_5^{2(3)c}$)、花岗斑岩($\gamma_5^{2(3)d}$)；燕山晚期侵入的辉石英闪长岩($V\delta O_5^{3(1)a}$)、石英闪长岩($\delta O_5^{3(1)a}$)。

9)次火山岩

区内晚侏罗世次火山岩极为发育。其岩性有次花岗岩($J_3\gamma\pi$)、次流纹斑岩($J_3\gamma\pi$)、次流纹岩($J_3\gamma$)、次石英二长斑岩($J_3\eta O\pi$)，以及燕山晚期的花岗闪长岩($\gamma\delta^{3(1)a}$)、二长花岗岩($\eta r_5^{3(1)b}$)、晶洞花岗岩($V_5^{3(1)c}$)、花岗斑岩($\gamma\pi^{3(1)a}$)等。次火山岩体的分布受火山构造的控制，围绕中心式火山机体呈半环状分布，沿裂隙式火山机体呈带状分布。

隧洞沿线出露的地层主要是燕山期侵入的粗粒花岗岩、花岗闪长岩及三叠纪石英细砂岩夹泥质粉细砂岩。其中，项目依托标段以花岗岩类岩石为主，主要分布燕山晚期花岗闪长岩及燕山晚期第三次侵入粗粒花岗岩，分布范围达5.2km以上。

3. 地质构造

隧址区的基本格架是燕山期形成的。本区位于闽东火山断坳带内的周宁-华安断隆带和福鼎-云霄断陷带的南段。其演变特征是：晚三叠世晚期的印支运动以褶皱造山运动为主，并结束工作区的海相沉积环境；晚三叠世至白垩纪的燕山运动以褶皱造山、强烈的火山喷发和规模巨大的岩浆侵入为特征；喜马拉雅运动以继承性断裂复活和断块隆升活动为主。测区断裂构造发育，褶皱构造次之。隧洞沿线发育大量张性断层。隧洞区发育的主要断层达20条以上，其中北北东向断层有7条，北东东向4条，北北西向7条。断层宽1～6m，一般充填松散土夹石、断层泥等，断层两侧受断层影响的裂隙发育带、破碎带宽可达数十米至数百米。

1)断裂构造

断裂发育方向有北东向、北西向、南北向、东西向4组，其中以北东向和北西向断裂最为发育，是本区最主要的断裂构造。有些断裂对侵入火山岩和火山构造的展布具有控制作用，自北西向南东划分为后林、小仓、大坪3个断裂带。沿断裂常常有辉绿岩脉、花岗斑岩脉侵入。

北西向断裂是本区另一组主要断裂构造，本组断裂往往错断北东向断裂，有些断裂与火山成因断裂复合，主要有大坪、南林尖两个断裂带。

2)褶皱构造

根据出露地层、接触关系和构造形态特征可将褶皱构造分为两个构造层。

(1)海西-印支构造层，包括上二叠统大隆组、下三叠统溪口组，形成了钟魏复式背斜，并使上三叠统文宾山组不整合于溪口组之上。

(2)燕山期构造层，包括上三叠统文宾山组、下侏罗统梨山组、上侏罗统南园组和规模巨大的燕山期侵入岩。燕山运动表现为强烈的断块活动，造成晚侏罗世火山岩与早侏罗世、晚三叠世地层不整合接触。燕山运动形成了百交祠-钟魏背斜。

4. 岩体风化特征

隧址区岩体风化程度主要受地形和构造的影响。上闸坝河床及两岸岸边有弱风化基岩出露。下闸坝左岸为坡残积覆盖。一般岩体随着高程的增加，风化也逐步加剧，全强风化带下限埋深2～40m，弱风化带下限埋深30～75m。花岗岩断层带区域易形成风化深槽，全强风化带埋深可达数百米。

5. 气象及水文地质

龙津溪流域属亚热带海洋性季风气候区，温暖湿润，日照充足，雨量充沛。流域受锋面雨和台风雨影响，降雨集中在4—10月，年平均雨量为1 500～1 900mm，从上游向下游递减。根据长泰县气象站统计，多年平均气温21℃，极端最高气温38℃，极端最低气温－1.7℃，多年平均风速1.7m/s，多年平均相对湿度80%，水面蒸发量1 478.2mm。

隧洞沿线场地地下水主要为孔隙潜水和裂隙潜水两种，孔隙潜水主要赋存于第四系中，裂隙潜水主要赋存于节理裂隙、断层带中，地下水主要接受大气降水补给，地下水向河流、冲沟排泄。

6. 工程地质评价

测区沿线出露的地层主要是燕山期侵入的粗粒花岗岩、花岗闪长岩及三叠纪石英细砂岩夹泥质粉细砂岩。砂岩与火成岩接触较差。地下水位埋深一般5～15m。进、出口段引水隧洞上覆岩体厚10～40m，岩性为火成岩，岩石坚硬致密，进、出口具备成洞条件。其他洞段，上覆弱风化岩体厚40～115m，岩体呈弱—微风化状。

根据勘察报告结论及隧洞区地形地质条件和水文地质条件，参照《水利水电工程地质勘察规范》(GB 50487—2008)附录N，对引水隧洞围岩进行初步围岩分类：Ⅱ类围岩6 848m，占48.3%；Ⅲ类围岩4 729m，占33.4%；Ⅳ类围岩2 600m，占18.3%。隧洞过冲沟和遇断层带处地下水较大，估算隧洞的涌水量平均为2 060m^3/d·km，应及时做好施工支护和排水措施。

二、隧址区断层带分布情况及其工程特征

由于隧址区受区域构造的影响，本标段隧洞沿线断层构造非常发育，断层一般宽1～6m，部分充填碎裂岩、角砾岩，大部分已经风化呈土状、土夹石状，富水地段则多见断层泥。长大断层深切岩体，从深部延伸至地表，并在地表形成冲沟、溪流，形成良好聚汇地表水的地形特点，导致区内断层富水。单个断层的破碎带及裂隙发育带影响范围少则数十米，宽者可达数百米不等。据野外地质调绘及区域地质资料、工程地质剖面图，对引水隧洞沿线进行工程地质评价如下。

(1)距离0～933m，地表高程60～180m，地形坡度约23°。沿线出露有燕山早期侵入的粗粒花岗岩、燕山晚期侵入的花岗闪长岩及三叠系文宾山组下段灰紫色中薄层石英细砂岩夹泥质粉细砂岩。本段地质结构简单，未发现大的断裂构造。地下水位埋深5～15m，工程地质条件较好。

(2)距离933～1 023m，地表为林墩溪，河底高程约66m。该段地形较低，据钻探资料，河底弱风化岩体埋深约12.5m。

(3)距离1 023～5 550m，地表高程90～620m，地形坡度约25°。沿线出露的地层有燕山晚期侵入的花岗闪长岩，三叠系文宾山组下段灰紫色中薄层石英细砂岩夹泥质粉细砂岩及溪口组变质泥质粉砂岩、钙硅质粉砂岩、绿帘透辉钙硅角岩、细砂岩等。沿线发育有F_{51}、F_{52}、F_{48}、F_{55}、F_{44}、F_{46}共6条断层，充填碎裂岩、角砾岩、断层泥等。地下水位埋深5～50m。

(4)距离5 550～7 800m，地表上为圳古头村后的山头，地表高程180～290m。出露的岩性为燕山早期侵入的粗粒花岗岩和燕山晚期侵入的花岗闪长岩。沿线发育断层F_{45}、F_{56}，充填碎裂岩、角砾岩、断层泥等。地下水位埋深5～50m。

(5)距离7 800～13 842m，地表高程100～750m。出露岩性为燕山早期侵入的粗粒花岗岩，隧洞沿线发育有F_{57}、F_{19}、F_{21}、F_{34}、F_{62}、F_{61}共6条断层，宽度一般1～3m，充填碎裂岩、角砾岩、断层泥等。地下水位埋深10～50m。

引水隧洞主要长大断层概况见表1-1。

表 1-1 引水隧洞沿线主要长大断层概况一览表

标段桩号	断层编号		断层影响范围(m)	断层宽度(m)	断层产状
1+560.95～1+714.6	$F_{51}+F_{48}$	F_{51}	153.65	1～3	15°∠60°
		F_{48}		1～2	295°∠65°
2+177.15～2+338.1	F_{52}		160.95	1～2	35°∠72°
2+388.95～2+955	F_{55}		566.05	2	280°∠65°
4+646.15～4+686.75	F_{46}		40.6	1～3	80°∠80°
5+515～5+772.8	F_{45}		257.8	1～3	30°∠60°
5+890～5+926	F_{63}		36	2～3	70°∠82°
7+366.75～7+604.95	F_{19}		238.2	2～3	70°∠45°
7+366.75～7+910.25	$F_{19}+F_{56}$	F_{19}	543.5	2～3	70°∠55°
		F_{56}		3～6	350°∠77°
9+753.05～10+137.7	F_{64}		384.65	1～2	340°∠70°
10+376.85～10+673	F_{21}		796.05	2～5	330°∠65°

三、施工方法简介

隧洞开挖以“新奥法”指导施工，采用导洞超前 10～15m，预留光爆层进行光面爆破施工。其中以隧洞掘进施工为重点，始终保持连续紧凑的循环作业，即钻爆、通风、出渣、支护循环进行，实现隧洞快速掘进施工。支护包括钢支撑、锚喷网等复合支护，与隧洞开挖平行交叉作业。喷混凝土采用湿喷法施工[17−20]。

引水隧洞对局部围岩不稳定地段，采取边开挖边进行初期支护，如锚杆、喷射混凝土等，特殊地段必要时可采用超前锚杆、超前灌浆、工字钢拱架、钢筋网加混凝土等初期支护手段施工作临时支护。

为确保工程施工安全，复杂断层地段施工采取特殊支护，封闭引水隧洞周边围岩，形成型钢拱架＋喷射混凝土防护层，确保工程后续施工安全。塌空区喷 C25 混凝土回填，塌空较高处无法喷混凝土填满，需预先设置 $\phi50$ 钢管，待后期二衬完成后，采取回填灌浆的方法将塌空区填满。为克服超前砂浆锚杆在富水地层施工的局限性，超前支护拟采用超前注浆小导管取代超前砂浆锚杆，临时支护采用 I12 型钢拱架＋锚喷网联合支护。

第二节 施工面临的主要问题

根据现场施工记录，洞内多次发生涌水突泥事故，给生产安全带来严重影响，多次淹没、冲毁机具设备，并延误工期。规模最大的一次涌水突泥导致停工达半年之久，给工程造成巨大的损失。截至本项目研究工作立项，各类涌水突泥事故已接近 30 起。主要监控记录如下：

2012 年 1 月 8 日—2 月 7 日，3＃支洞桩号 0＋580 处进行钻底眼工作时突发涌水，致使掌子面积水很快深达 2m，3＃支洞至 2012 年 2 月 7 日仍未将水抽排完成。

2012 年 5 月 22 日，3＃支洞桩号 0＋950 处，凿岩时发生涌水事件，工作面随即被淹没。洞口三角围堰实测流量约 140m³/h，已超过设计预计流量 30m³/h 的 360%左右，原有的排水系统已严重不能满足要求，被迫停工。

2012 年 12 月 16 日，引水主洞下游 2# 支洞工区引 3+551 处出现涌水，由于出水量大（洞口实测流量 135～175m³/h），2012 年 12 月 19 日开始因涌水而导致下平洞积水过深停工，2# 支洞工区由于地质情况较差，坍塌严重，洞身成型质量不好，项目部及时采取了喷混凝土支护措施。掌子面漏水严重，左侧拱部在开挖后即坍塌，后采取钢拱架支护，水量达 165m³/h 以上。

2013 年 4 月 10 日，3# 施工支洞工区在引水主洞下游引 7+925 处，涌水量达到 438.54m³/h，整个隧洞积水深约 1.7m，主洞及下平洞全被淹没，如图 1-2 所示。

2013 年 5 月 20 日，3# 施工支洞隧洞下游涌水点（引 7+927.5），当时隧洞左侧底板处有大量地下水涌出，出水量 300m³/h 左右。

2013 年 8 月 9 日—8 月 15 日，3# 工区下游引 8+060～8+075 段，工作面 100m 内全洞雨状漏水，钻孔孔眼中高压喷水，出水量约 60m³/h。

2013 年 8 月 16 日—11 月 7 日，在长达 3 至 4 个月的时间段里，3# 工区下游引 8+075～8+260 段，围岩裂隙发育，破碎，雨状漏水较大，造成隧洞成型较差，塌方突泥，施工机械被冲毁（图 1-3），影响了施工安全。

2013 年 10 月 18 日，2# 工区上游原 2+946 附近（改线后 3+062）突发涌水并塌方。初始 5h 异常平均涌水量达 675m³/h，整个 2# 工区主洞被涌水淹没，淹没水深约 1m，大量施工设备被水浸泡，工程停工，如图 1-4 所示。

2014 年 4 月 1 日，2# 工区上游从 3+062 开始，在完成管棚注浆工作后发生涌水突泥。水流裹挟残积土及风化残留岩块，形成泥石流冲出，淹没洞身，一台挖装机、一台套梭矿车等设备材料被埋。泥石流冲出近 100m 远，突泥方量根据淹没距离测算接近 1 000m³，如图 1-5 所示。

2014 年 5 月 4 日，2# 工区 4+100 段附近钻孔时发生有压涌水，水柱喷出工作面约 7～8m 远，漏水影响桩号范围约 15m。

图 1-2 3# 支洞引 7+925 处涌水

图 1-3 洞内突泥（损毁机具）

图 1-4 洞内涌水（主洞淹没）

图 1-5 泥石流（冲毁扒渣机）

第三节　总体构思与主要内容

一、总体构思

龙津溪隧洞穿越花岗岩富水破碎带在隧道工程中极为罕见。其总体的解决思路是先从该区域特殊的岩石物理特性入手，结合地质构造，在其形成原因、空间分布、宽度、物理成分、水文地质条件等认识的基础上，通过分析坍塌机理及围岩压力范围、孔隙水压力分布、注浆参数后，提出“全断面帷幕注浆＋超前小导管注浆”的地层改良措施，针对安全穿越花岗岩富水破碎带的施工要求，提出了防突层厚度控制技术、涌水量预测的方法和技术、注浆加固关键技术，并形成整体穿越施工方法。总体解决思路可按“认知自然”“为什么这么干”“具体怎么干”的顺序进行。

二、主要内容简介

龙津溪引水隧洞穿越富水风化花岗岩断层破碎带施工关键技术研究是一个系统工程，子系统内容包括勘察技术、现场及室内试验系统、涌水预测系统、注浆加固体系、施工方法等。在研究中把自然科学和社会科学中的基础思想、理论、策略和方法等联系起来，应用数学、力学和计算机等手段，对构成系统的各子系统进行深入细致的分析，最终形成一套完整的体系，服务于工程建设并为今后类似工程的修建提供借鉴。本书主要包括以下内容：

(1)富水风化花岗岩断层破碎带工程特性研究。通过现场地质调绘，分析区域地质资料并结合勘察报告，查明了隧址区工程地质和水文地质条件，查明了沿线地形地貌、地质构造、岩层分布、地下水类型、断层分布特点、岩石风化特征、围岩初步分类等。隧址区的张性断层花岗岩断层带极易形成数百米以上的风化深槽，是良好的富水构造，为隧洞涌水突泥提供了大量的泥质来源。

(2)风化花岗岩物理特性研究。通过对断层构造特点、花岗岩风化特点和水理化特点的分析，采取物性分析及微观结构试验(X射线衍射矿物分析、环境扫描电子显微镜试验)、物理性质试验(含水率、密度、孔隙比/空隙率、界限含水率)、水理试验(吸水率、软化系数)、力学试验(抗剪强度及压缩性指标、各种含水状态的单轴压缩试验)、岩体声波测试(波速比、完整性指数)等试验方法获取了断层带内花岗岩风化残留物(残积土)及断层两侧强风化—微风化花岗岩的物质成分、微观结构、形貌特征、基本物理力学特性及破坏特征，对测试数据进行了统计与分析。

(3)涌水突泥孕育演化过程及断层破碎带对其的影响分析。通过工程实例，结合理论分析及数值模拟结果，对隧洞穿越富水风化花岗岩断层破碎带时涌水突泥的孕育机理、不同阶段的演化机理、各种涌水突泥致灾模式机理进行了分析。并提出孔隙水压力越高，围岩类别越差，涌水突泥风险越大，断层倾角越缓则影响范围越大，影响时间越早，组合断层的交叉点下伏于隧洞时更容易引发涌水突泥事故等观点。

(4)断层防突岩盘安全厚度控制技术研究。将隧洞与断层系统简化成合理的结构理论模型，推导出理论模型中岩体安全厚度的解析表达式，再通过数值模拟计算研究岩体安全厚度与相关因子的关系，得到安全厚度的预测模型。最后以实际工程为背景，建立实例模型研究安全厚度对孔隙水压及渗流速度的影响规律，通过与现场实际采用的安全厚度进行对比，验证计算模型和预测模型的可靠性。

(5)涌水量预测技术研究。采用随机数学与理论计算结合的方法,预测本工程现场涌水量,与传统计算方法和数值模拟涌水量对比研究,得出基于 AHP-Fuzzy 的涌水量预测方法真实可靠。

(6)断层带注浆加固关键技术及穿越涌水突泥灾害段施工方法研究。根据本工程实际情况,结合研究结论,断层破碎带的注浆加固必须采用全断面高压注浆模式,选取普通水泥-水玻璃双液浆,外加速凝剂的方案。根据前述研究成果,注浆加固圈的厚度以 3m 左右为宜,注浆加固段长度以掌子面前方 9～12m 为宜,高压注浆压力以 12～15MPa 为宜,注浆分段以 3m 一段为宜。

第二章　风化花岗岩的物理力学特性

第一节　花岗岩的风化作用及风化产物

一、主要造岩矿物和岩石的抗风化稳定性

各种造岩矿物在风化时的稳定性不同,其风化习性和风化产物也不同,具体区别如下。

(1)长石类中钾长石比斜长石稳定,斜长石中的酸性斜长石又较基性斜长石稳定。

(2)铁镁矿物主要是 Fe、Mg、Ca 的硅酸盐产物,如橄榄石、辉石、角闪石等,它们的稳定性比长石要低得多。其中以橄榄石最易风化,辉石次之,角闪石再次之。

(3)石英是地表最稳定的造岩矿物,在风化作用过程中基本上只有机械破碎。母岩风化愈彻底,风化产物中石英的相对含量愈高。

(4)云母类中白云母稳定性最大,可经常在残积土或沉积岩中看到,黑云母不稳定,常经过水黑云母、绿泥石,最终变为细分散的氧化铁、氢氧化铁或高岭石等黏土矿物。

二、花岗岩风化作用及产物

花岗岩风化作用及产物见表 2-1。

表 2-1　花岗岩的风化作用及产物

矿物成分	化学组分	所发生的变化	风化产物
石英	SiO_2	残留不变	砂粒
正长石	K_2O	成为碳酸盐、氯化物进入溶液	溶解物质
	Al_2O_3	水化后成为含水铝硅酸盐	黏土
	$6SiO_2$	少部分 SiO_2 游离出来,溶于水中	溶解物质
更长石	$3Na_2O$	成为碳酸盐、氯化物进入溶液	溶解物质
	CaO	成为碳酸盐,溶于含 CO_2 的水中	溶解物质
	$4Al_2O_3$	水化后成为含水铝硅酸盐	黏土
	$20SiO_2$	少部分 SiO_2 游离出来,溶于水中	溶解物质

续表 2-1

矿物成分	化学组分	所发生的变化	风化产物
白云母	$2H_2O$ K_2O $3Al_2O_3$ $6SiO_2$	残留不变	云母碎片
黑云母	$2H_2O$	水溶液	水溶液
	K_2O	成为碳酸盐、氯化物进入溶液	溶解物质
	Al_2O_3	生成含水铝硅酸盐	黏土
	$6(Mg,Fe)O$	成为碳酸盐、氯化物进入溶液，碳酸盐氧化为赤铁矿、褐铁矿等	溶解物质及色素
	$6SiO_2$	部分 SiO_2 游离出来，溶于水中	溶解物质
锆石	ZrO_2 SiO_2	残留不变	砂粒(重矿物)
磷灰石	$Ca_5(PO_4)_3$ (F,Cl,OH)	溶解 或残留不变	溶解物质或砂粒 (重矿物)

从表 2-1 可以看出，花岗岩风化产物按其性质可分为 3 类。

(1)碎屑物质：这是母岩机械破碎的产物，如表 2-1 中的石英砂粒、云母碎片及锆石等。这类物质除未遭受分解的矿物碎屑外，还有母岩直接机械破碎而成的岩石碎屑。

(2)黏土物质：这是母岩在分解过程中残余的或新生成的物质，它们通常是化学风化过程中呈胶体状态的、不活泼的物质，如 Al_2O_3、SiO_2 等，在适合的条件下形成黏土矿物，也有部分黏土物质是机械磨蚀的碎屑物质。

(3)溶解物质：主要是活泼性较大的金属元素，如 K、Na、Ca、Mg 等呈离子状态形成真溶液，而 Al、Fe、Si 等的氧化物呈胶体状态形成胶体溶液。它们在适当的条件下形成化学沉淀物质。

因此，花岗岩风化到最后，其主要成分就是石英颗粒及各种黏土矿物，呈现土状、砂土状结构。但是从风化产物中会形成各种溶解物质来看，地表与深埋条件下此类物质的运移及沉积应当是有一定差别的。地表经常接受淋滤作用，干湿交替频繁，山体中地下水埋深也经常随四季发生波动(隧址区地下水埋深波动范围可达 1.0～50.0m)，而深埋特别是花岗岩风化深槽内，地下水变动不如地表剧烈，胶体溶液类物质的运移条件相对较差。这种差异类似地表垂直分带中上部网纹状红土与杂色残积土的差异。

第二节　花岗岩垂直风化带及选择性风化带的划分

一、花岗岩垂直风化带划分

花岗岩在地势低平、气候湿热、水循环通畅、干湿季节明显的亚热带湿润气候区遭受了长期而又强烈的风化作用，形成红色风化壳。风化壳各带的发育程度和厚度与气候、地形、母岩、新构造运动及水文地质条件等因素有关。

南方花岗岩风化壳垂直风化带可划分为残积土、全风化带、强风化带、弱(中)风化带、微风化带、新鲜岩石。这种划分是相对的，垂直方向上自然风化时各带往往是逐渐过渡无明显界线，而且特殊地区也经常缺失某些带。在我国的岩土工程勘察规范国标《岩土工程勘察规范(2009 年版)》[21]、工程岩体分级标准国标《工程岩体分级标准》[22]以及《水利水电工程地质勘察规范》[23]国标里面，对岩石风化带的划分作出了完整的规定，但也有细微差别，分别见表 2-2、表 2-3、表 2-4。

表 2-2 《岩土工程勘察规范》岩石风化程度划分表

风化程度	野外特征	波速比 K_v'
未风化	岩质新鲜，偶见风化痕迹	0.9～1.0
微风化	结构基本未变，仅节理面有渲染或略有变色，有少量风化裂隙	0.8～0.9
中风化 (弱风化)	结构部分破坏，沿节理面有次生矿物，风化裂隙发育，岩体被切割成岩块。用镐难挖，岩芯钻方可钻进	0.6～0.8
强风化	结构大部分破坏，矿物成分显著变化，风化裂隙很发育，岩体破碎，用镐可挖，干钻难钻进	0.4～0.6
全风化	结构基本破坏，但尚可辨认，有残余结构强度，可用镐挖，干钻可钻进	0.2～0.4
残积土	组织结构全部破坏，已风化成土状，锹镐易挖掘，干钻易钻进，具可塑性	<0.2

表 2-3 《工程岩体分级标准》岩石风化程度划分表

名称	风化特征
未风化	结构构造未变，岩质新鲜
微风化	结构构造、矿物色泽基本未变，部分裂隙面有铁锰质渲染
中风化	结构构造部分破坏，矿物色泽较明显变化，裂隙面出现风化矿物或风化夹层
强风化	结构构造大部分破坏，矿物色泽明显变化，长石、云母等多风化成次生矿物
全风化	结构构造全部破坏，矿物成分除石英外，大部分风化成土状

表 2-4 《水利水电工程地质勘察规范》岩体风化带划分表

风化带	主要地质特征	风化岩纵波速与新鲜岩纵波速之比
全风化	全部变色，光泽消失。岩石的组织结构完全破坏，已崩解和分解成松散的土状或砂状，有很大的体积变化，但未移动，仍残留有原始结构痕迹。除石英颗粒外，其余矿物大部分风化蚀变为次生矿物，锤击有松软感，出现凹坑，矿物手可捏碎，用锹可以挖动	<0.4
强风化	大部分变色，只有局部岩块保持原有颜色。岩石的组织结构大部分已破坏，小部分岩石已分解或崩解成土，大部分岩石呈不连续的骨架或心石，风化裂隙发育，有时含大量次生夹泥。除石英外，长石、云母和铁镁矿物已风化蚀变，锤击哑声，岩石大部分变酥，易碎，用镐撬可以挖动，坚硬部分需爆破	0.4～0.6

续表 2-4

<table>
<tr><th>风化带</th><th colspan="2">主要地质特征</th><th>风化岩纵波速与新鲜岩纵波速之比</th></tr>
<tr><td rowspan="2">弱风化
（中等风化）</td><td>上带</td><td>岩石表面或裂隙面大部分变色，断口色泽较新鲜。岩石原始组织结构清楚完整，但大多数裂隙已风化，裂隙壁风化剧烈，宽一般5～10cm，大者可达数十厘米。沿裂隙铁镁矿物氧化锈蚀，长石变得浑浊、模糊不清，锤击哑声，用镐难挖，需用爆破</td><td rowspan="2">0.6～0.8</td></tr>
<tr><td>下带</td><td>岩石表面或裂隙面大部分变色，断口色泽较新鲜。岩石原始组织结构清楚完整，沿部分裂隙风化，裂隙壁风化较剧烈，宽一般1～3cm，沿裂隙铁镁矿物氧化锈蚀，长石变得浑浊、模糊不清，锤击发音较清脆，开挖需用爆破</td></tr>
<tr><td>微风化</td><td colspan="2">岩石表面或裂隙面有轻微褪色。岩石组织结构无变化，保持原始完整结构，大部分裂隙闭合或为钙质薄膜充填，仅沿大裂隙有风化蚀变现象，或有锈膜浸染，锤击发音清脆，开挖需用爆破</td><td>0.8～0.9</td></tr>
<tr><td>新鲜</td><td colspan="2">保持新鲜色泽，仅大的裂隙面偶见褪色。裂隙面紧密，完整或焊接状充填，仅个别裂隙面有锈膜浸染或轻微蚀变。锤击发音清脆，开挖需用爆破</td><td>0.9～1.0</td></tr>
</table>

注：选择性风化作用地区，当发育囊状风化、隔层风化、沿裂隙风化等特定形态的风化带时，可根据岩石的风化状态确定其等级。

由以上3种标准对一般情形下岩石风化程度、岩体风化带的划分可见，虽然文字表述有一定出入，但是整体概念基本一致。只有《岩土工程勘察规范》给出了残积土的分类，后面两部国标只划分到全风化层，但是对比其特征描述可知，后二者的全风化岩是指结构完全破坏，大部分风化蚀变、崩解、分解成土或砂状，与《岩土工程勘察规范》所描述的残积土一致。

因此可知，残积土与全风化带在国家标准文件中也很难详细区分，其物理力学性质非常接近。福建地区对垂直方向上的自然风化带主要根据其勘察时的标贯击数划分，标贯击数30以下的划分为残积土，标贯击数30～50的划分为全风化层，标贯击数大于50的划分为强风化层。风化不均或者石英颗粒含量变化有可能影响标贯击数，而就整体上矿物蚀变程度而言并无本质区别，故研究全风化花岗岩及残积土的物理力学特性时可以合并分析。在实际地质工作中，往往由于岩石风化不均，强风化岩块夹杂于全风化或残积土中是很常见的现象。

二、花岗岩选择性风化带划分

由《水利水电工程地质勘察规范》中关于特殊情形下风化带划分的注解（表2-4）可知，选择性风化作用地区可根据岩石的风化状态确定其等级。隧址区因为断层引发的风化深槽就属于典型的选择性风化，由于断层及两侧破碎带裂隙发育、岩石松散多孔，具有导水、导气特性，地下水及溶解的空气、腐殖酸及各种矿物质可深入断层内部，风化营力选择性地沿断层带往深远处延伸，类似规范所提到的囊状风化及沿裂隙风化。此种情形下，应该根据实际地质调查观测到的岩石状态为准。

隧址区隧洞内实际调查结果表明，花岗岩断层及两侧破碎带内隧洞围岩以残积土及土状全强风化物为主，两侧破碎带过渡至弱风化、微风化岩层，从破碎带至弱风化普通围岩的过渡一般具有跳跃性，分界明显。野外鉴别表明，风化残留物整体呈现松软状散体结构，手搓易碎，遇水很快软化，之后崩解，结构性逐步丧失。值得注意的是，现场发现如果受到明显扰动与干湿循环后，该类土摇振反应迅速，远超过地表各种常见的冲洪积相、湖积相等成因的黏性土、粉土。通过野外鉴别，初步判断其与地表花岗岩风化壳结构中的网纹状残积土(红土)、杂色残积黏性土相近,特别是与后者比较接近。

因此,花岗岩断层带区域深部风化深槽内在隧洞施工横向穿越方向上,对于风化带的划分应当以断层为中心,逐步往两侧延伸划分风化带。断层中心部位划分为残积土,断层两侧破碎带区域为残积土夹全强风化土,往两侧继续延伸则为强风化带、弱风化带、微风化带、新鲜岩石。实际工程当中,花岗岩的风化深槽内由于风化不均,断层及两侧破碎带内会残留部分未完全风化的强—弱风化岩块,整体呈现土夹石状。考虑到断层及破碎带本身又受过一定的扰动,在理论研究及数值模拟分析中,断层带区域的花岗岩风化残留物整体按残积土考虑更符合实际。风化深槽内强风化不再是类似垂直风化带中一个完整的分带,而是夹杂在破碎带中,与两侧弱风化带之间没有明显过渡而呈现跳跃性变化,而断层发育地带附近完全新鲜、没有任何裂隙或风化痕迹的岩体比较少见,一般局部的新鲜岩块其实是微风化带的一部分,所以从断层中心到两侧较完整普通围岩整体上可划分为花岗岩残积土、弱风化带、微风化带。

第三节　风化花岗岩的水理化特性

一、花岗岩风化产物的水理化特性

花岗岩主要由石英、长石、云母及角闪石等矿物组成。由于其一般具有 3 组原生节理网络,且由于花岗岩不同矿物的物理性质和化学性质差异,如石英和长石的膨胀系数相差近 1 倍,于热胀冷缩的过程中,其表面容易产生裂隙,在水及空气携带的介质作用下,易发生风化作用[24],断层带内更易顺断层产生风化深槽。横向看,南方如闽粤地区气候温暖,气温高,雨量足,相对湿度大,因此化学风化作用强烈,除石英化学性质比较稳定外,其余矿物风化后形成的残积物以高岭石族等黏土矿物为主,伊利石、蒙脱石、绿泥石次之;而北方风化作用较弱地区花岗岩风化物中以伊利石为主。垂直方向看,从地表往下,随深度的增加,花岗岩风化作用逐步减弱,伊利石的含量呈现递增现象,游离氧化物含量逐步降低。

研究表明[25],从微观结构分析,常见黏土矿物结构特征有如下特点:

高岭石具有 1∶1 的单元晶层构造特征,由一片硅氧四面体晶片及一片铝氧八面体晶片组成。单元晶层之间一面为 OH 层,另一面为 O 层,容易形成“氢键”,层间引力强,水分子难以进入晶层之间。因此高岭石水化性能差,阳离子交换容量小,几乎无晶格取代现象,为非膨胀型黏土矿物。

蒙脱石具有 2∶1 的单元晶层构造特征,由两片硅氧四面体晶片夹一片铝氧八面体晶片组成。晶层上、下两面皆为氧原子,各晶层之间以分子间力连接,连接较弱,水分子容易进入晶层之间而引发晶格膨胀。由于晶格取代作用,使得蒙脱石带有负电荷,可吸附阳离子,其晶层表面,包括内表面及外表面均可进行离子交换及水化反应,其晶格取代作用可在四面体及八面体中同时发生,是典型的膨胀性矿物。

伊利石的晶体构造与蒙脱石类似,区别在于晶格取代作用主要发生在四面体中,其阳离子交换主要发生在外表面,因此其水化作用及膨胀作用较蒙脱石小,介于蒙脱石与高岭石之间。

其他黏土矿物,如绿泥石也具有一定的吸水性及水化能力。游离氧化物主要是游离铁氧化物,遇水则易溶解,水化能力强。

二、花岗岩残积土水化崩解的结构性特点

汤连生等[26]的研究表明,地壳表层经历强烈风化及淋滤作用的花岗岩残积土的颗粒间主要由游离

状态的氧化铁充填、包裹而产生联结作用，遇水后因游离态氧化铁溶解于水中而导致联结破坏，其力学强度将明显降低，表现出明显的结构性特征，而且对非饱和花岗岩残积土而言，这种结构性损伤是一种脆性损伤，更适于用脆弹塑性损伤模型来描述。

另外，陈志新等[27]的研究也证实花岗岩残积土具有很强的结构性，很容易因各种扰动因素，导致结构性损伤，遇水软化崩解后承载力急剧降低，压缩性增大，在具有临空面的浸水条件下，花岗岩残积土会因软化崩解而坍塌。吴能森[28]考虑各种扰动因素影响，进行深入的定性试验观测及比较，通过对崩解量和崩解速率研究，结合花岗岩残积土的微结构特征，揭示其软化崩解的结构性机制，从损伤理论角度提出损伤分为应变损伤和非应变损伤，将花岗岩残积土的软化看成是一种非应变损伤。但是这些研究成果也指出无游离态氧化铁的情形下，花岗岩残积土的崩解更多的是由于干湿循环作用下造成土体内部微观裂纹的不断开展、结构性不断破坏的结果。

三、隧址区深埋花岗岩断层带残积土水化崩解特性分析

由隧址区所处的福建地区地表风化壳内花岗岩残积土成分组成看[29]，绝大部分成分以水化能力差的高岭石为主，但是依然存在约20%以上含量的水化能力较强的伊利石、绿泥石、蒙脱石等矿物，且随着风化程度的提高，加上淋滤作用，风化物中游离氧化物，特别是游离铁氧化物含量逐步增加。而深部的杂色残积土则与北方风化程度较低的残积土类似，伊利石含量较高，且含有一定量的蒙脱石，游离氧化物较少。

因此，综合前人研究，基于花岗岩风化规律、风化后的矿物组成及分布特征，以及结合不同黏土矿物及游离氧化物的理化特性，可以得出如下结论[30]。

(1)隧址区地壳表层的红土化的花岗岩残积土的软化崩解，主要由游离铁氧化物的溶解造成结构性的脆性非应变损伤，而部分水化能力较强的伊利石、蒙脱石、绿泥石等起到了进一步的软化、泥化的综合作用。

(2)隧址区埋深较大的杂色残积黏性土、北方的花岗岩残积土的软化崩解，主要是由于其中含量较高的水化能力较强的伊利石造成的。

隧址区断层发育，导致花岗岩断层带风化深槽内的风化深度远远超越一般意义上的地表风化壳厚度。通常花岗岩地表风化壳厚度见表2-5。

表2-5　花岗岩风化壳及残积土厚度

地区	风化壳厚度(m)	残积土厚度(m)
东北(长春—山海关)	2～5	<3
华北(青岛)	2～18	<5
华中(南昌)	15～40	3～15
华南(闽、粤地区)	20～50	3～20

在深埋情况下，如隧址区内隧洞埋深普遍在山体之下200m以上范围内，断层带内残积土的整体状态更接近地表风化壳内的杂色残积黏性土。因此，深埋断层带内残积土的水理化特性主要受其中水化能力较强的伊利石影响。这种黏土矿物本身水理化特性造成的软化崩解效应与普通黏土矿物水化性质类似，而与表层红土化残积土因富含游离氧化铁造成的具有结构性损伤、脆断效应的软化崩解明显不同。深埋状态下的残积土取出后，在室内试验可以模拟自然地表经历四季变换、干湿交替以及昼夜温差效应的影响，进而研究其结构性崩解效应。但实际上，在深埋状态下的花岗岩断层带内的残积土，无法如地表一样经历不断的淋雨、干晒等干湿循环作用，其自然饱和状态相对比较均衡，其结构性得以保持

相对平稳，而普通的隧洞施工开挖过程中，常规分析下可以认为其应变损伤依然是属于黏性土类的塑性变形损伤。

第四节　风化花岗岩物质成分及微观结构

研究表明，风化花岗岩的水理化性质、物理力学性质与其物质成分组成以及微观结构关系密切，通过对其物质成分组成以及微观结构的观测，能为其水理化性质、力学性质、破坏模式提供结构组成依据。本节通过 X 射线衍射矿物分析试验及环境扫描电镜试验，对风化花岗岩的物质成分、微观形貌特征进行物性检测，并对物质成分及微观结构特征与岩石的工程特性之间的关系进行研究。

一、X 射线衍射矿物分析测定

1. 试验介绍

矿物成分测试采用产自于荷兰的 XRD 型 X 射线衍射仪完成。分析试样取自隧址区深埋隧洞主洞内，现场调查表明取样部位处于花岗岩类断层破碎带内。该处由于风化作用强烈，岩石结构完全破坏，呈现散体状，手捏易碎，类似砂土状。野外鉴别应属于花岗岩残积土。

为保证测试结果可靠，取样时选取与周围岩体相比可以明显观察到原岩结构的残积土(若原岩结构不能辨认，则无法排除是否于后期混入了搬运、沉积或施工等其他原因造成的外来物质干扰)，样品如图 2-1 所示。

(a) 样品放大图

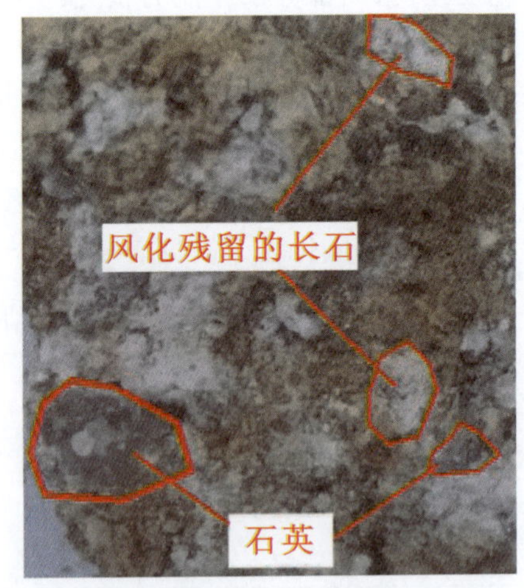

(b) 结构放大图

图 2-1　隧址区深埋花岗岩破碎带残积土原岩结构图

图中所取样品为褐黄色、杂灰白色，虽然由于强烈的风化作用其结构已经破坏，呈现散体状，但是原岩结构肉眼依然可以明显分辨出来：其中透明状的为石英颗粒，白色的为风化不完全而残留下来的长石，其余多为风化蚀变后形成的黏土类矿物。

2. 试验结果及分析

衍射分析取样一共为两组，编号为 Y1、Y2。两组试样经过衍射分析后结果如表 2-6 和图 2-2 所示，

X 射线衍射图谱如图 2-3、图 2-4 所示。

表 2-6 隧址区深埋花岗岩破碎带残积土成分及含量

岩样编号 \ 矿物含量(%)	蒙脱石	伊利石	高岭石	石英	钾长石	白云石	磁铁矿	绿泥石
Y1	—	20.46	43.04	12.71	20.74	0.70	2.35	—
Y2	—	28.65	49.77	10.09	9.36	0.43	1.70	—

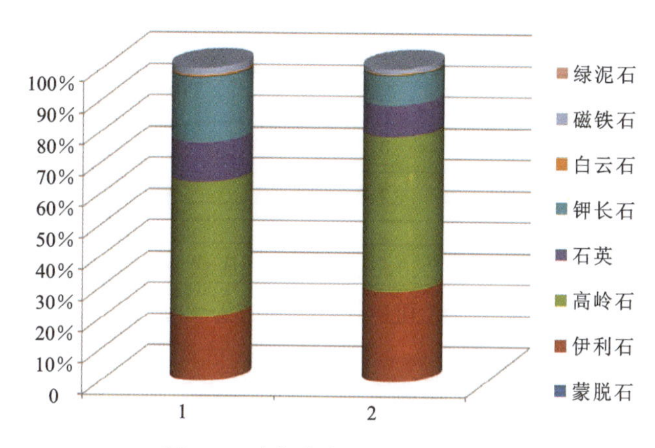

图 2-2 矿物成分及含量百分比图

衍射分析结果表明，隧址区深埋花岗岩破碎带残积土的主要矿物成分为高岭石、伊利石、石英、钾长石、磁铁矿、白云石。Y1 试样的钾长石含量较高，达 20.74%，明显高于 Y2 试样中的 9.36%，而与此对应，Y1 试样中伊利石含量低于 Y2 试样，同时，两组试样中高岭石含量也表现出与伊利石含量的趋同性。根据东南沿海地区花岗岩的风化进程，通常长石类矿物先风化为伊利石，再进一步风化为高岭石，因此伊利石为花岗岩类岩石风化的中间产物，具有半风化特性。由于花岗岩类的主要组成矿物中以石英性能最稳定，不产生风化作用，因此可知，两组试样主要矿物成分的差异即体现在长石的风化程度不一样上，进而导致长石的中间风化产物伊利石以及最终风化产物高岭石的含量具有一致性规律。测试结果未见钠长石，也比较符合前文中钾长石较钠长石更稳定的分析。由花岗岩的风化机制以及两组测试结果来看，也说明花岗岩破碎带的风化是极不均匀的，即便同一地段，也存在风化程度的差异。

根据前述分析，在典型的黏土矿物中，其水理化程度、离子交换能力由强到弱依次为：蒙脱石＞伊利石＞高岭石。由于该处花岗岩破碎带残积土中含有 20%以上的伊利石，因此具备一定的水化膨胀、软化能力，对隧洞围岩稳定性以及涌水突泥防治具有不利影响。

二、环境扫描电子显微镜测定

1. 试验介绍

隧址区风化花岗岩的微观结构形貌观测采用环境扫描电子显微镜(Scanning Electron Microscope，简称 SEM)进行，仪器型号为 Quanta 200，系荷兰厂家生产(FEI)。试验从制样、镀金到观测全程于中国地质大学(武汉)的实验室内完成(地质过程与矿产资源国家重点实验室)。SEM 基于电子二次成像的机理，通过电子束轰击样品表面来采集材料表面形貌特征信息，并按时间及空间顺序将处理、转换生成

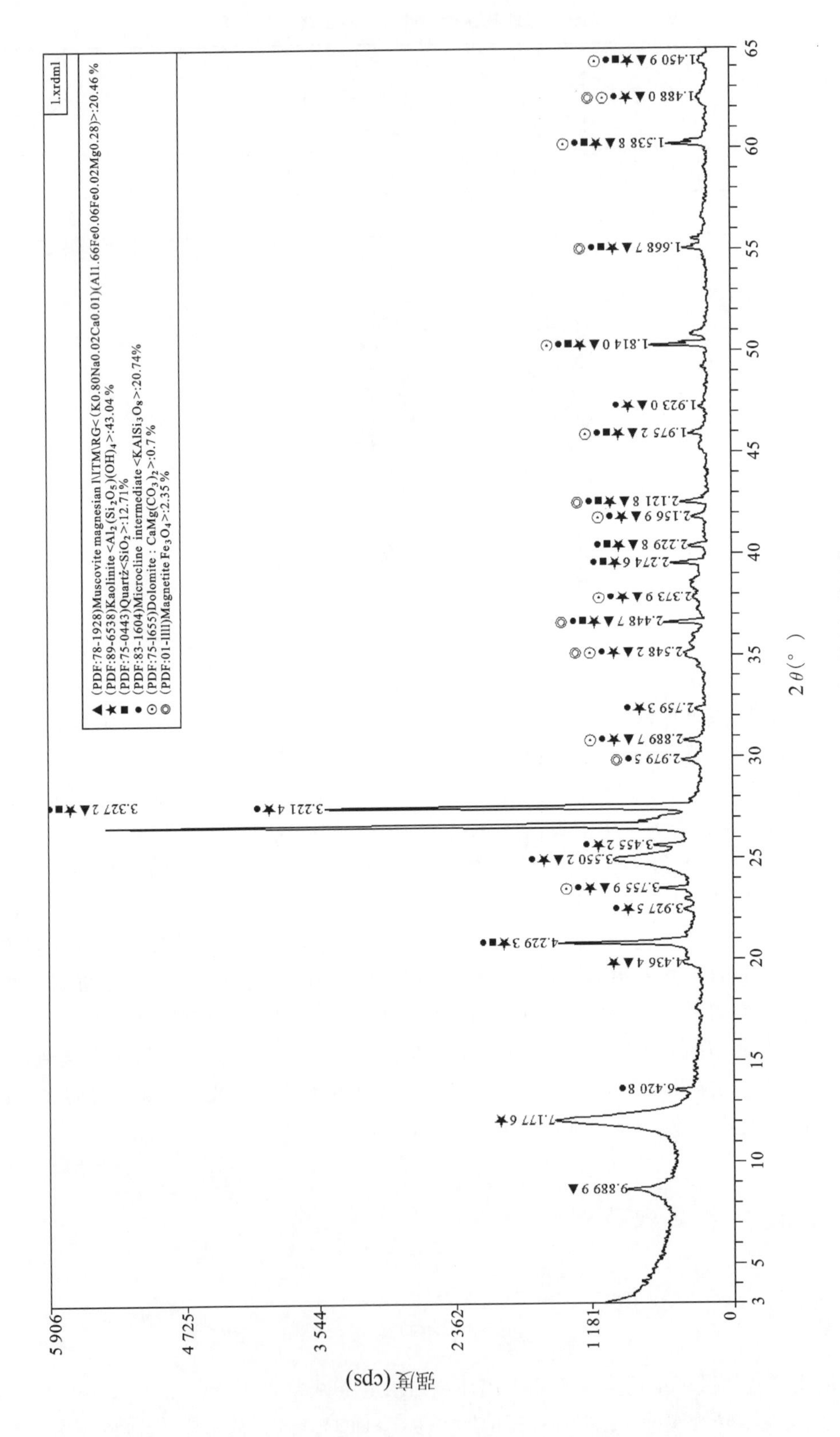

图2-3　Y1试样X射线衍射图谱

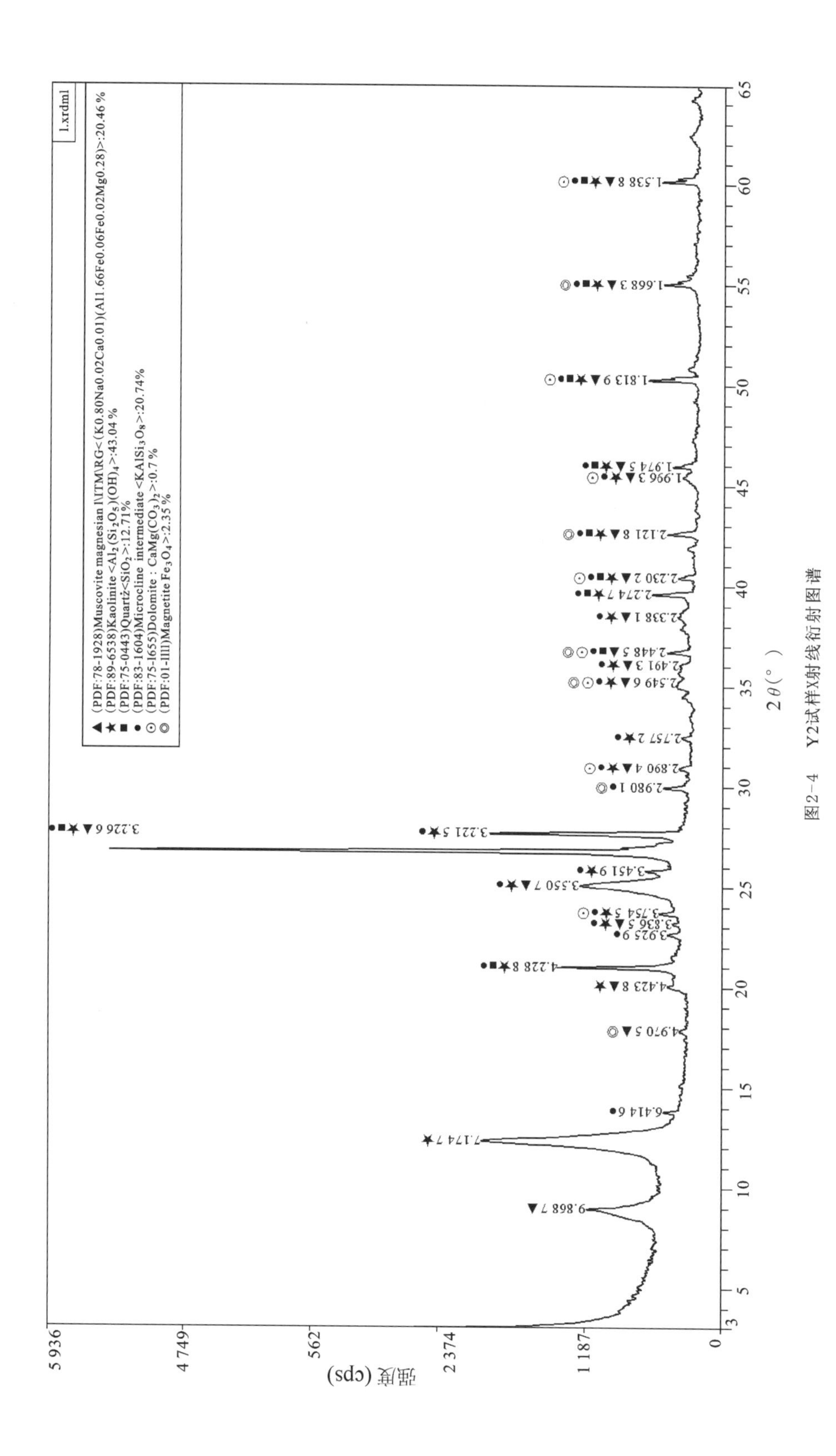

图2-4　Y2试样X射线衍射图谱

的图像信息显示出来。试验所用仪器技术指标：①分辨率，高真空模式下 30kV 时，3.5nm；低真空模式下 30kV 时，3.5nm；ESEM 环境真空模式下 30kV 时，3.5nm；低真空模式下 3kV 时，15nm。②放大倍数，7×～1 000 000×。③加速电压，200V～30kV。④灯丝，钨灯丝。⑤最大束流，2μA。⑥样品室真空，<6×10⁻⁴～2 600Pa(3 种模式：高真空、低真空、ESEM 环境真空)，设备装置见图 2-5。

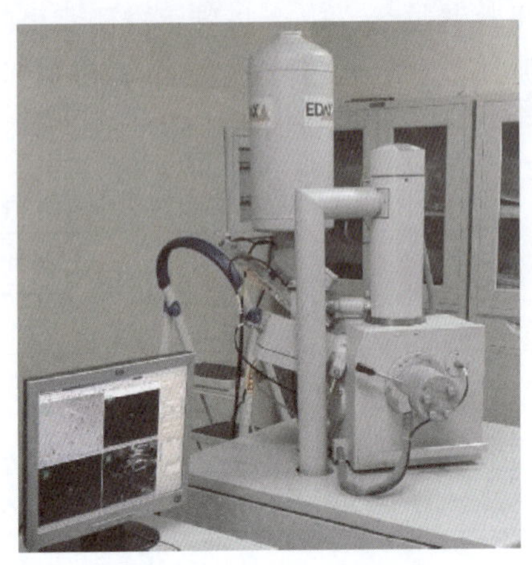

图 2-5　扫描电镜试验装置

为了获得花岗岩的代表性结构形貌微观观测结果并能做出一定的风化蚀变现象以及对受力变形进行对比分析，测试所用样品特意选取了不同风化等级的岩块经单轴抗压试验之后的试样。经过对原始试样的挑选，最后采集到的试样分别是微风化花岗岩、弱风化(中风化)花岗岩、弱偏强风化花岗岩 3 种经过抗压试验后的岩块。同时采集了部分残积土，共 4 级岩样。

由于岩样通常不导电，观测结构形貌需要在材料表面进行镀金处理，增强材料表面导电性，如图 2-6 所示。在实验室镀金处理前，需对样品表面进行清洁。经过空气流清洗发现，所采集残积土样难以制备成稳定而完整的样品，即使经过液氮冷冻，在空气清洗其表面时由于各种细颗粒不断被机械侵蚀而丧失完整性与稳定性，最后只得放弃。所以，最终镀金处理后只得到 3 个等级的风化花岗岩试样：微风化样品、弱风化样品、弱偏强风化样品。

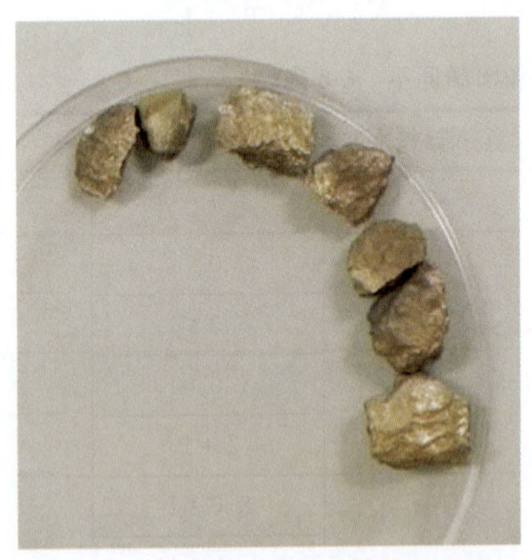

图 2-6　试样镀金处理

测试开始前，需将样品置于观察室内工作台上，并用具有导电功能的导电胶将样品固定，之后便可以正式进行扫描电镜观测试验。

2. 试验结果及分析

经过观测 10 组不同风化等级的花岗岩断块样品，获取了部分代表性岩石扫描电镜观测结果。

矿物接触微观结构特征如图 2-7 所示。

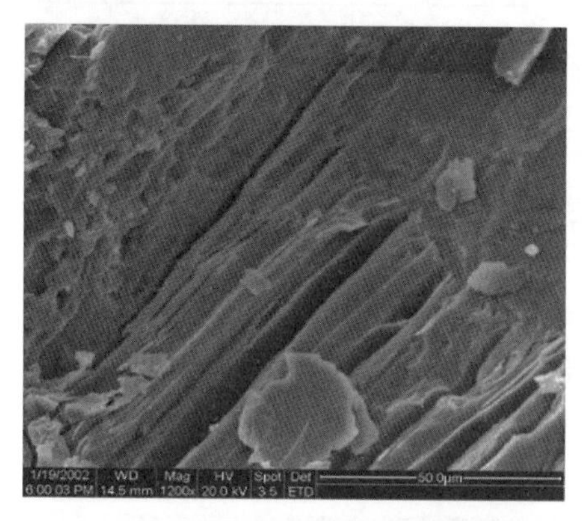

(a) 云母与长石的接触（镶嵌）

(b) 石英与蚀变长石的接触（张裂）

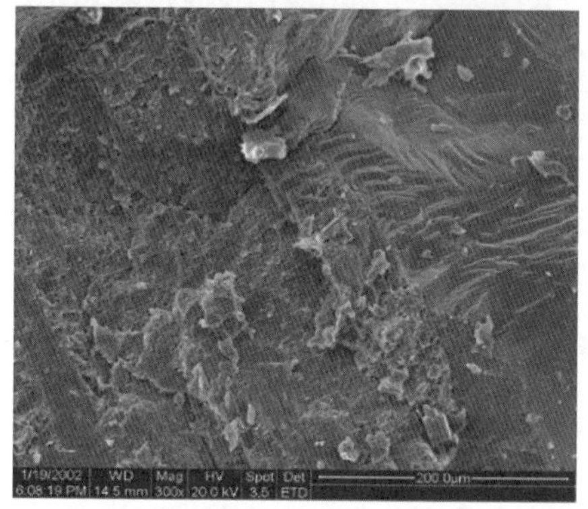

(c) 石英与长石接触（镶嵌）

(d) 石英与长石接触（紧密）

图 2-7　矿物接触微观结构特征

从以上不同矿物晶体颗粒之间的接触情况可以观察到：云母与石英颗粒整体均镶嵌于长石晶体之中。图 2-7(a)可以看出，云母在平行节理方向上与长石紧密接触，接触面粗糙起伏，不规整；在垂直节理方向上，云母片顺节理面与长石接触，接触面较为规整。图 2-7(b)显示，石英晶体与长石晶体之间脱离，产生了明显的张裂，但裂纹两侧断口形貌及粗糙程度较为吻合，推测二者原位是紧密接触状态，张裂系后期受力破坏造成的。图 2-7(c)、(d)显示，石英晶体与长石未发生脱离的情形下，二者接触比较紧密，边界大致可辨，接触边界附近晶体局部有混合现象。

因此，观察结果表明，花岗岩中云母、石英晶体与长石的接触关系为紧密接触的镶嵌结构。各级风化等级下矿物晶体的微观破坏形貌特征对比如图 2-8 所示。

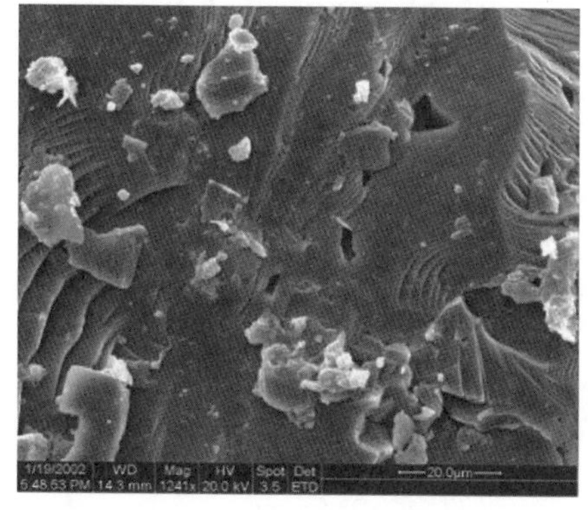

(a) 石英的贝壳状断口

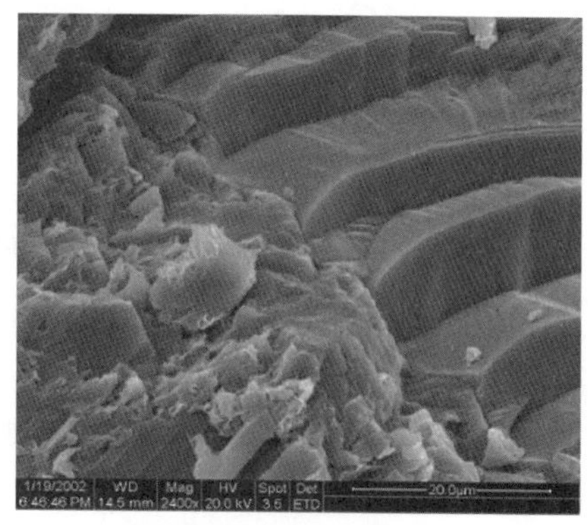

(b) 石英的阶步状断裂

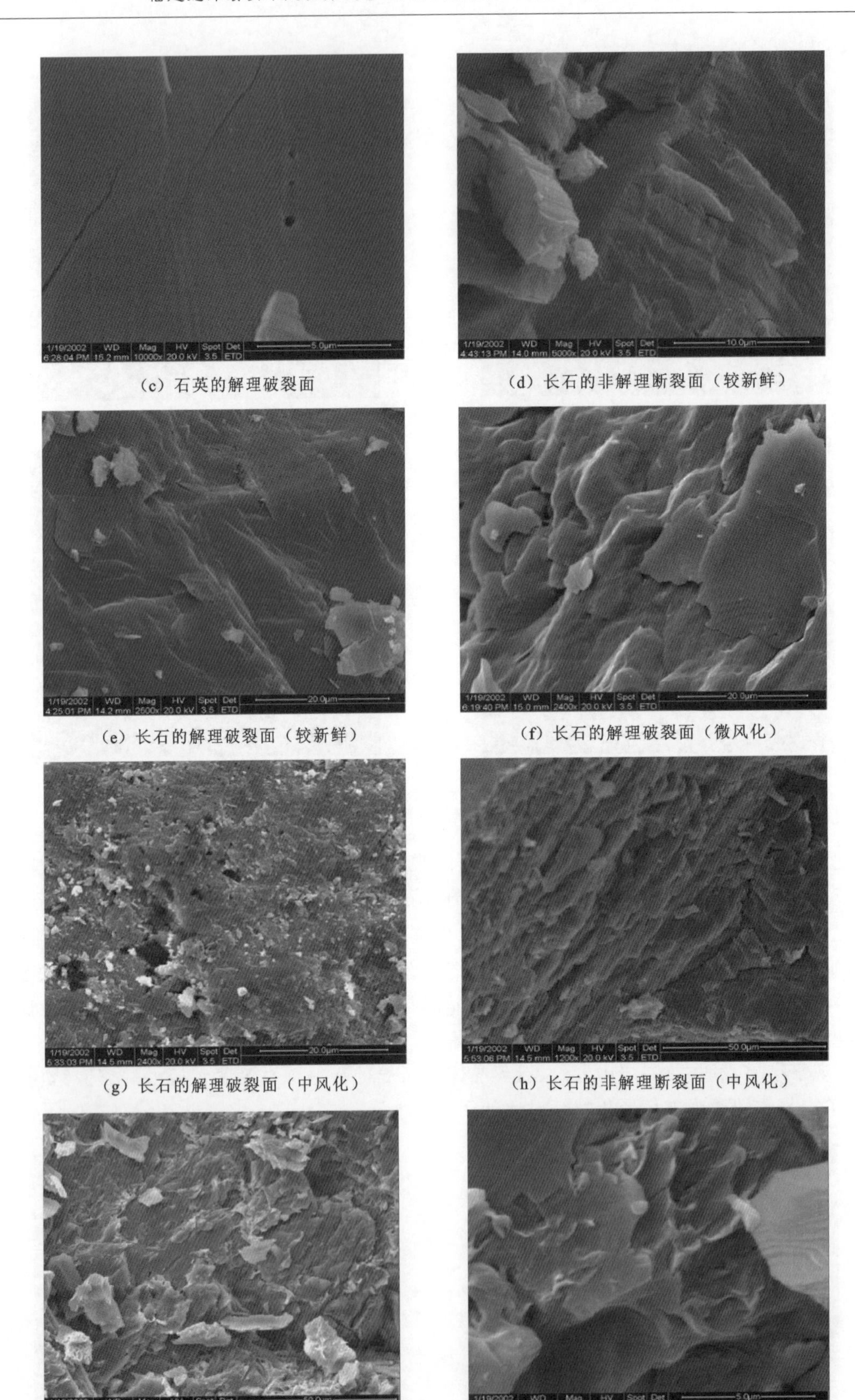

(c) 石英的解理破裂面　(d) 长石的非解理断裂面（较新鲜）

(e) 长石的解理破裂面（较新鲜）　(f) 长石的解理破裂面（微风化）

(g) 长石的解理破裂面（中风化）　(h) 长石的非解理断裂面（中风化）

(i) 长石的解理破裂面（中强风化）　(j) 长石的非解理断裂面（中强风化）

图 2-8　矿物晶体的微观破坏形貌特征

通过对以上矿物晶体的解理面、断口或断面形貌特征的观测对比分析如下。

石英　由图 2-8(a)～(c),并结合图 2-7 可知:一方面,石英晶体并不随着周边其他矿物一样发生风化蚀变,解理面光滑、平整,断口质地新鲜,在不同等级试样中均未观测到晶体形貌发生根本性改变;另一方面,在不同等级试样中均体现脆性破坏的特征,具明显的类似玻璃一样的贝壳状断口、阶步状断裂,其断口排列具有一定的方向或规律,受外力挤压、弯折作用导致局部应力集中而发生破坏的现象较明显。

长石　由图 2-8(d)～(j)可知:长石晶体随着风化等级的提高,晶体形貌发生明显改变,抵抗风化蚀变的能力远逊于石英,其解理面及断裂面形貌也发生明显劣化与改变。从解理面上观察发现,图 2-8(e)可见较新鲜的长石解理面较为平整、完整,有一定起伏,可初步观察到层理状结构,基本以脆性开裂为主;图 2-8(f)微风化的长石解理面整体较不规整,显得较粗糙、较破碎,起伏较大,但破碎后的层面依然棱角分明,层次明显,因此仍然可以认为以脆性破碎为主;图 2-8(g)表明中风化的长石解理面明显蚀变,变得粗糙不平,似豆腐渣,而进一步风化的图 2-8(i)中强风化岩样中的长石解理面则显得较为杂乱、粗糙,产生大量岩屑,部分已经开始出现交织结构,显示其正在风化蚀变为黏土矿物。从非解理断裂面观察发现,图 2-8(d)可见较新鲜的长石呈长条状,断口相对规整,有一定起伏,层次分明,体现明显的脆性断裂特点;而图 2-8(h)表明中等风化的长石断口整体上粗糙、杂乱,片理化明显,似散体结构,证明其晶体结构正遭受风化蚀变而逐步破坏,胶结变弱,整体劣化明显,与较新鲜长石相比,其断裂呈现从脆性断裂往塑性断裂的方向发展;而进一步风化的图 2-8(j)中强风化长石晶体断裂面已经观察不到脆性断裂的痕迹,体现出明显的塑性变形特征,其表面起伏毫无规律,矿物塑性较强,可被拉长,产生一定的卷曲现象,整体呈现类似交织状结构,证明其已经接近黏土矿物形貌。

观测对比的结果表明,石英比较稳定,不随岩石的风化蚀变而发生改变,始终体现出脆性破坏的特点;长石抵抗风化能力较差,随着风化程度的不断加深,其形貌改变明显,结构不断劣化,完整性逐步丧失,并向黏土矿物转化,而微风化、较新鲜的长石体现出脆性破坏特点,中强风化的长石则明显呈现出塑性变形破坏的特征。

矿物晶体孔隙分布特征如图 2-9 所示。

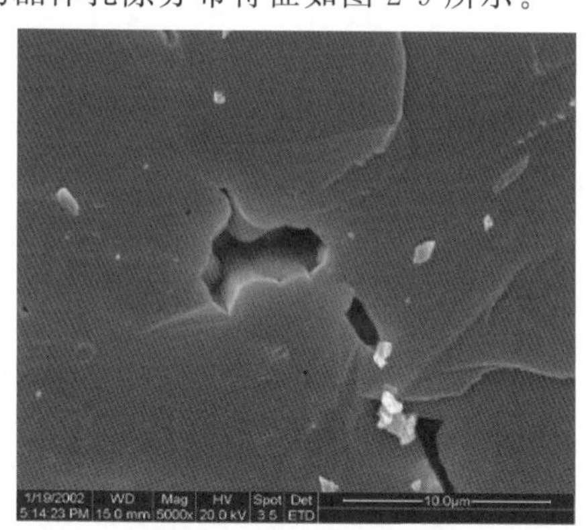

(a) 石英晶体解理面孔隙

(b) 石英晶体断裂面孔隙

(c) 长石晶体解理面孔隙

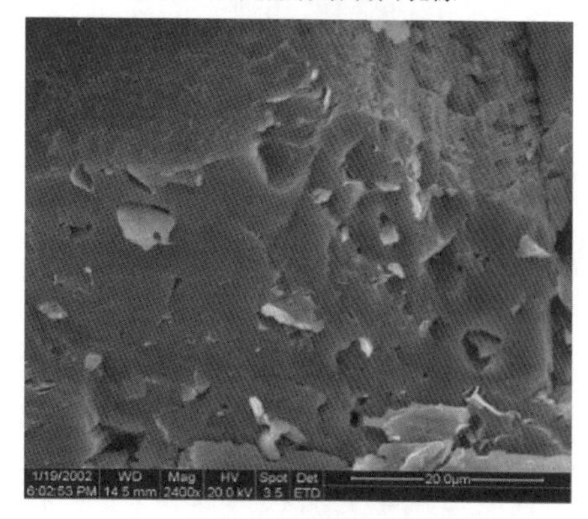

(d) 长石晶体孔隙与云母充填

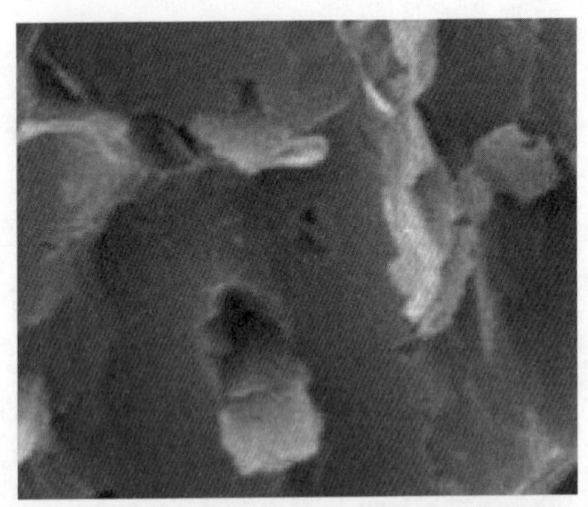

(e) 孔隙与云母充填局部放大图

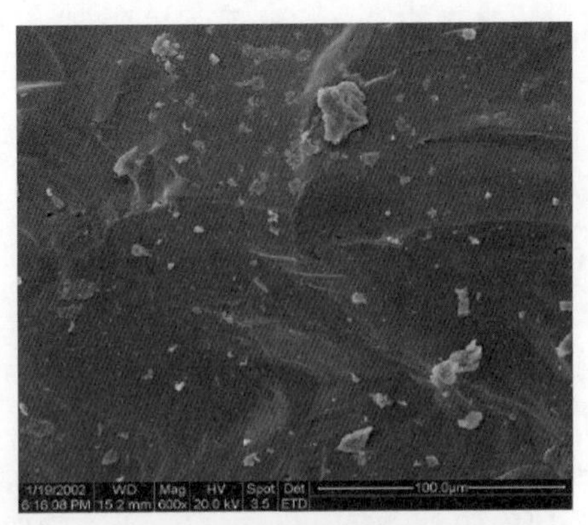

(f) 石英晶体孔隙的线性排列

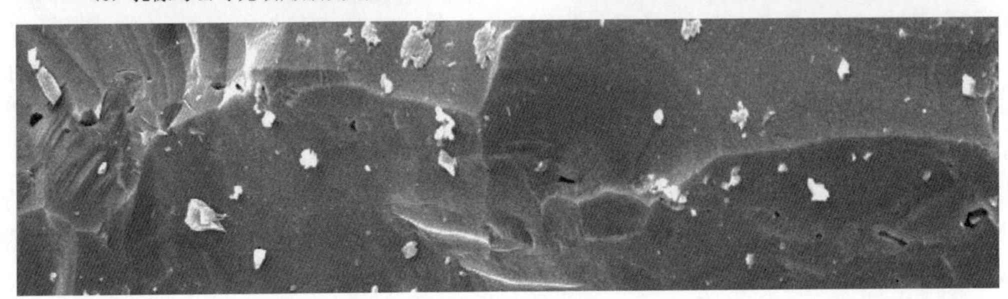

(g) 孔隙的线性排列局部放大图

图 2-9 矿物晶体孔隙分布特征图

从图 2-9 中长石及石英晶体中的孔隙分布特征可以观察到，图 2-9(a)～(g)中这些尺寸约 0.5～5μm 范围的孔隙具有 3 个明显现象：第一个现象是孔隙的形态在晶体变形破坏后基本保持原貌，不论规整光滑的解理面上[图 2-9(a)、(c)]还是参差不齐、异常粗糙的断口上[图 2-9(b)]，也不论各种尺寸及形状特征的孔隙，均能明显观察到孔壁的周边、尖端并未发生应力集中导致的进一步开裂、扩展现象，因此可以推测，这些晶体孔隙的产生并非是后期受外力影响导致内部微裂纹扩张的产物，而应该是晶体形成过程中原生的孔隙；第二个现象是部分孔隙还明显残留有云母残片，如图 2-9(d)、(e)的局部放大图中可以清楚地观察到这些云母残片的形貌与孔隙形状高度契合，二者具有自然接触、结合的形态，考虑到云母强度远低于石英及长石，因此不可能是后期云母晶体刺入导致，只能是岩浆冷凝过程中原生结晶过程造成的；第三个现象是部分孔隙具有一定的空间线性排列特征，结合前述两个现象，分析认为长石或石英晶体内部具有线性排列特征的孔隙可能与岩浆最初的流动、冷凝过程有关，而与云母接触的长石或石英晶面上的线性排列孔隙应当是云母晶体沿着垂直自身片理的方向与石英、长石晶体接触而原生的。

由以上 3 个现象可知，花岗岩晶体中的微观孔隙应系原生形成，部分具有线性排列特征的孔隙也并非后期由外部应力造成的，而是由于岩浆流动、冷凝结晶过程以及云母晶体的片理化特征造成的。同时说明，在微观尺度下，花岗岩晶体中的原生孔隙在抗压试验中并不产生拉应力集中及开裂扩展行为。这些现象证实，即便是微风化，部分晶体表现出较典型脆性破坏的花岗岩，因其矿物组分各异，不同晶体强度差异明显，且含有云母类软质矿物，其整体结构所体现出来的破坏行为并非是完全意义上的均质脆性材料，较符合莫尔-库仑强度理论[31]。

石英和长石晶体微裂纹分布特征如图 2-10 所示。

从图 2-10 所示的石英及长石晶体中微裂纹的破坏形式看，主要以挤压、剪切、错动为主要特征。从图 2-10(a)可以观察到，石英晶体中裂纹闭合较好，断裂两侧呈紧密接触下的剪断状态，中间有岩屑微挤出现象。图 2-10(b)中两条裂纹之间出现明显的挤压破碎现象，产生了较多的微细岩屑。图 2-10(c)显示石英晶体与长石晶体之间紧密接触，且长石一侧生成较多岩屑，石英一侧部分裂纹闭合紧密，部分裂纹则呈现断面明显规整的羽状节理，体现了石英与长石晶体间沿接触面挤压、剪切、错动开裂的现象。

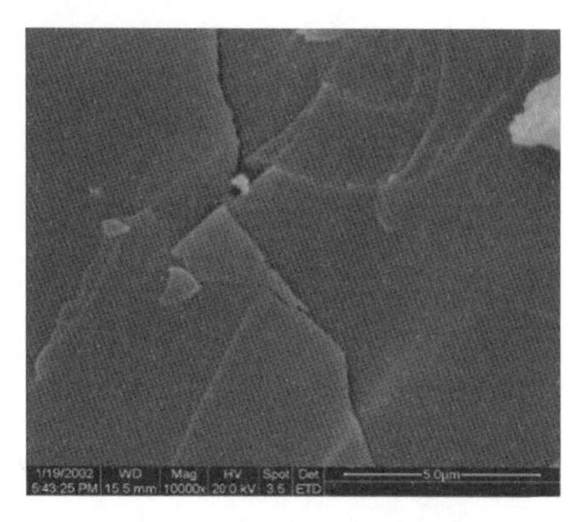

(a) 石英晶体剪切微裂纹

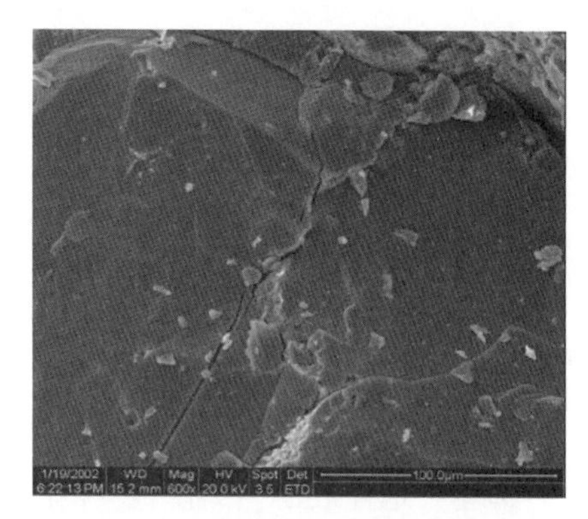

(b) 石英晶体压剪微裂纹

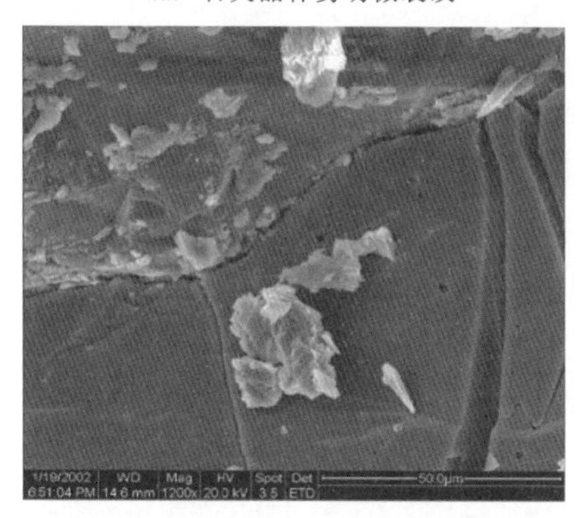

(c) 石英-长石晶体压剪微裂纹

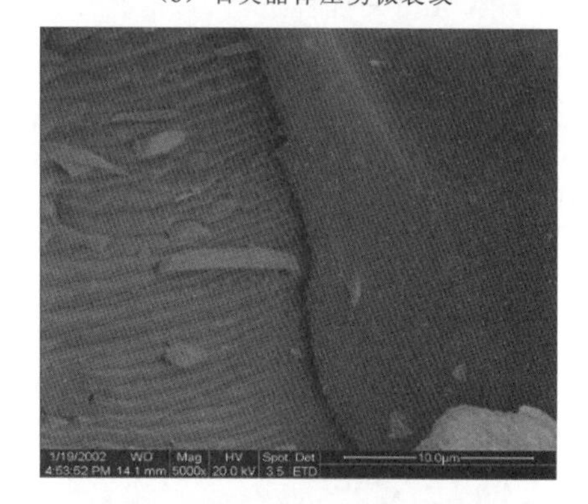

(d) 石英晶体挤压、错动微裂纹

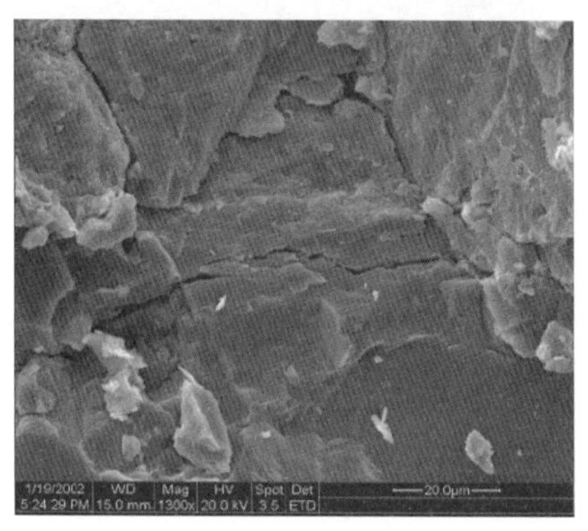

(e) 长石晶体剪错微裂纹

(f) 长石晶体压剪微裂纹

图 2-10　晶体微裂纹分布特征

图 2-10(d)中石英晶体清晰地展现出波状、阶步状错动面，而错动面两侧残留晶体之间并未发生较大的张裂，但是上侧(垂直图片观测方向)晶体的断裂面明显向外倾斜(指向屏幕外)，且断口较为光滑、规整，缺失的部分符合晶体受力挤压、错动后发生脆断继而产生崩离、脱离原位的状态。图 2-10(e)中长石晶体明显产生了“H”形裂纹，左、右两侧裂纹形态较直，而中间横向裂纹则显示出“S”状扭曲形变，且横裂纹左侧碎裂岩屑有沿着左侧直裂纹向上被拖拽、带动的迹象，体现出一种较为典型的长石晶体沿左、右两个剪切面发生走滑式平移剪切错动形态。图 2-10(f)中长石晶体裂化严重，在基本垂直于晶体层理方向上产生了压剪面，大致沿图幅中左下角往右上延伸，走势弯折不平，剪切面附近晶体碎裂严重，部分崩裂缺失，且剩余两侧晶体呈犬齿交错相互咬合形貌，表明长石晶体中发生了较为明显的压裂、剪切破坏。

以上观测结果表明：石英及长石晶体的破坏以晶体的穿晶剪切破坏、压剪破坏、走滑式剪切错动或沿晶体原生解理面剪切错动为主，结合前述“晶体孔隙分布特征”的观测结果综合判断，其力学破坏行为更符合莫尔-库仑强度理论。

第五节 风化花岗岩物理力学性质

一、概述

为方便后续更好地开展研究工作，项目部及研究人员多次从隧址区现场取代表性岩样进行了室内试验，按照水利水电相关规程进行，共取代表性岩样2批，其中弱风化1批，微风化1批，各分为4组，每组3块，共计制样24块。试验在中国地质大学(武汉)工程学院结构实验室完成。

因为隧洞内作业条件有限，不能像常规工程勘察一样用工勘钻机取样，故在围岩开挖后取较完整的岩块运回实验室，在室内进行加工制样。首先在室内钻石取芯，取出圆柱状岩芯(图2-11)，其次是对岩样两端进行金刚石切割打磨，制作出规整光滑的试样(图2-12)。

(a) 金刚石取芯钻机

(b) 取芯

图2-11 室内钻石取芯

(a) 金刚石锯床切割打磨

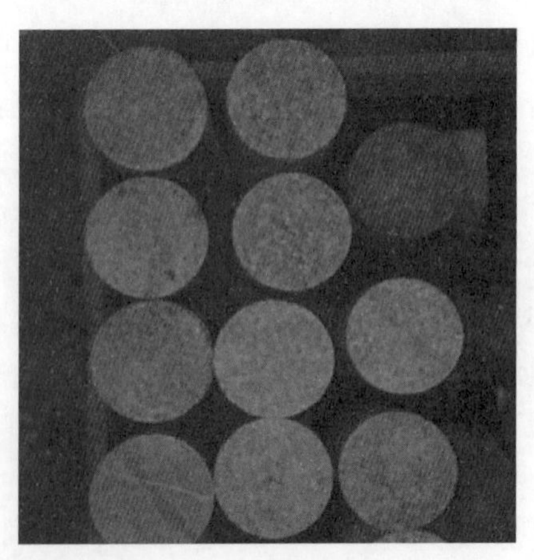

(b) 成品岩样

图2-12 切石打磨制样

弱风化及微风化岩样的饱和处理按照规定步骤，制样完成后经过完整性及平整度检验，将合格样品放入水槽中浸泡，首先采用自由吸水法处理，然后进行真空抽气饱和，见图 2-13。

(a) 自由吸水饱和

(b) 真空抽气饱和

图 2-13　试样饱和处理

单轴压缩变形及抗压试验采用长春科新试验仪器有限公司生产的 YA-600 型号的微机控制电液伺服压力试验机，见图 2-14。

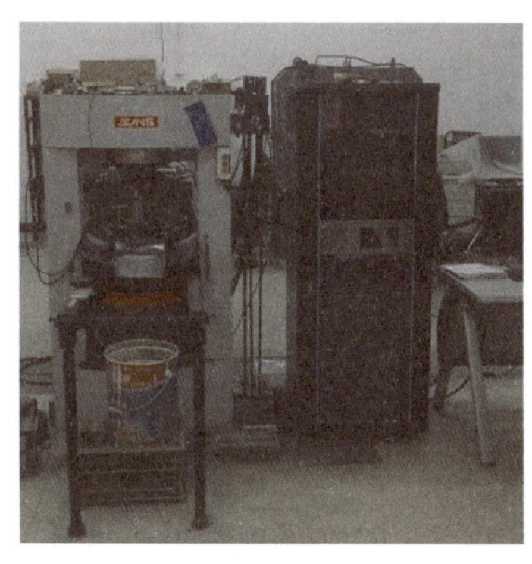

(a) 成套设备

(b) 测试

图 2-14　电液伺服压力试验机

二、密度及重度

工程中与应力有关的参数取值时，重度应用较直接采用密度更为普遍。本次试验首先计算出密度，然后再换算为重度，重力加速度取 9.8N/kg。另外，岩石的颗粒密度变异极小，且在工程研究中意义不大，试验测定的是试样岩块的块体密度，将岩石试样切割打磨成规则试件后进行，采用常规的量积法。测试结果见表 2-7，成果统计见表 2-8。

表 2-7 隧址区隧洞围岩密度及重度试验成果表

编号	岩石名称	风化程度	试样密度(g/cm³)				饱和重度(kN/m³)
			干燥		饱和		
			单值	均值	单值	均值	
RY1	花岗岩	弱风化	2.685	2.686	2.698	2.699	26.45
			2.686		2.699		
			2.687		2.700		
RY2	花岗岩	弱风化	2.732	2.733	2.745	2.745	26.90
			2.734		2.747		
			2.731		2.744		
RY3	花岗岩	弱风化	2.742	2.742	2.751	2.752	26.97
			2.743		2.754		
			2.742		2.752		
RY4	花岗岩	弱风化	2.784	2.783	2.795	2.793	27.37
			2.781		2.791		
			2.783		2.791		
WY1	花岗岩	微风化	2.738	2.737	2.745	2.744	26.89
			2.736		2.743		
			2.737		2.743		
WY2	花岗岩	微风化	2.745	2.745	2.753	2.753	26.98
			2.744		2.752		
			2.746		2.754		
WY3	花岗岩	微风化	2.773	2.775	2.778	2.779	27.23
			2.776		2.780		
			2.776		2.780		
WY4	花岗岩	微风化	2.732	2.732	2.742	2.741	26.86
			2.731		2.741		
			2.732		2.742		

表 2-8 隧址区隧洞围岩密度及重度成果统计表

岩石类型	统计个数	统计项目	饱和重度(kN/m³)	干燥密度(g/cm³)	饱和密度(g/cm³)	备注
弱风化花岗岩	4	平均值	26.92	2.736	2.747	
		最大值	27.37	2.783	2.793	RY4
		最小值	26.45	2.686	2.699	RY1
微风化花岗岩	4	平均值	26.99	2.745	2.754	
		最大值	27.23	2.775	2.779	WY3
		最小值	26.86	2.732	2.741	WY4

本次试验中微风化与弱风化岩样各测试4组，每组3块，统计时取每组的均值进行统计。从试验结果及统计结果可知：

弱风化花岗岩各组试样的干密度均值最大为2.783g/cm³，最小为2.686g/cm³，平均为2.736g/cm³，各组试样的饱和密度均值最大为2.793g/cm³，最小为2.699g/cm³，平均为2.747 g/cm³，对应的饱和重度值最大为27.37kN/m³，最小为26.45kN/m³，平均为26.92kN/m³，从对应的组别来看，最大值均产生在RY4组中，最小值均来自于RY1组。

微风化花岗岩各组试样的干密度均值最大为2.775g/cm³，最小为2.732g/cm³，平均为2.745g/cm³，各组试样的饱和密度均值最大为2.779g/cm³，最小为2.741g/cm³，平均为2.754g/cm³，对应的饱和重度值最大为27.23kN/m³，最小为26.86kN/m³，平均为26.99kN/m³，从对应的组别来看，最大值均产生在WY3组中，最小值均来自于WY4组。

整体看，微风化花岗岩的密度及重度略高于弱风化岩石，但二者差异较小，说明弱风化岩石相对于微风化岩石，矿物成分尚未发生明显蚀变，结构也未遭遇实质性破坏，这与野外观测鉴别原则基本一致。野外地质调查或勘测时初步鉴别花岗岩风化程度通常认为，花岗岩弱风化相对于微风化主要体现在矿物色泽有所变暗，裂隙增多，裂隙面铁锰质氧化物渲染增加，而岩块本身强度及结构变化并不是太明显。

三、吸水性

本次测试与密度试验同步，微风化与弱风化岩样各测试4组，每组3块，统计时取每组的均值进行统计。吸水性试验成果见表2-9，试验成果统计见表2-10。

表2-9　隧址区隧洞围岩吸水性试验成果表

编号	岩石名称	风化程度	吸水率(%)		饱和吸水率(%)		饱水系数	
			单值	均值	单值	均值	单值	均值
RY1	花岗岩	弱风化	0.393	0.392	0.473	0.465	0.831	0.843
			0.388		0.469		0.827	
			0.394		0.453		0.870	
RY2	花岗岩	弱风化	0.384	0.380	0.480	0.474	0.800	0.802
			0.386		0.480		0.804	
			0.371		0.463		0.801	
RY3	花岗岩	弱风化	0.249	0.260	0.339	0.364	0.735	0.715
			0.268		0.380		0.705	
			0.263		0.373		0.705	
RY4	花岗岩	弱风化	0.289	0.271	0.366	0.349	0.790	0.778
			0.267		0.343		0.778	
			0.258		0.337		0.766	
WY1	花岗岩	微风化	0.158	0.158	0.248	0.248	0.637	0.637
			0.157		0.247		0.636	
			0.158		0.248		0.637	

续表 2-9

编号	岩石名称	风化程度	吸水率(%)		饱和吸水率(%)		饱水系数	
			单值	均值	单值	均值	单值	均值
WY2	花岗岩	微风化	0.222	0.221	0.289	0.288	0.768	0.769
			0.224		0.291		0.770	
			0.218		0.284		0.768	
WY3	花岗岩	微风化	0.125	0.125	0.166	0.163	0.753	0.769
			0.123		0.159		0.774	
			0.127		0.163		0.779	
WY4	花岗岩	微风化	0.250	0.261	0.341	0.353	0.733	0.739
			0.279		0.372		0.750	
			0.253		0.345		0.733	

表 2-10　隧址区隧洞围岩吸水性试验成果统计表

岩石类型	统计个数	统计项目	吸水率(%)	饱和吸水率(%)	饱水系数
弱风化花岗岩	4	平均值	0.326	0.413	0.784
		最大值	0.392	0.474	0.843
		最小值	0.260	0.349	0.715
微风化花岗岩	4	平均值	0.191	0.263	0.728
		最大值	0.261	0.353	0.769
		最小值	0.125	0.163	0.637

花岗岩吸水性试验成果统计表明，不同风化等级岩样之间具有明显的差异。弱风化花岗岩吸水率每组均值最大为0.392%，最小为0.260%，平均为0.326%，饱和吸水率每组均值最大为0.474%，最小为0.349%，平均为0.413%，饱水系数每组均值最大为0.843，最小为0.715，平均为0.784。微风化花岗岩吸水率每组均值最大为0.261%，最小为0.125%，平均为0.191%，饱和吸水率每组均值最大为0.353%，最小为0.163%，平均为0.263%，饱水系数每组均值最大为0.769，最小为0.637，平均为0.728。

整体而言，弱风化试样组的吸水率、饱和吸水率及饱水系数都大于微风化试样组。说明随着岩石风化程度的加深，岩石内部裂隙增加，且总开空隙率也在增加，比较符合岩石风化裂隙的物理意义。与此相对应，弱风化岩石相对微风化岩石，抗风化能力继续降低，更容易受水化影响，裂隙网络更易开展。

四、空隙性

岩石经过各种地质作用、风化作用后内部将会发育各种裂隙、孔隙，其总的空隙性相对比较复杂，而对于其力学强度及抗风化能力影响最大的主要是其中的开空隙。通常而言，开空隙率越大，岩石越容易产生风化作用，岩石强度劣化更快，工程性质更差。本试验与吸水性试验同步完成，系根据饱和吸水率测试结果换算而来，4组弱风化及微风化岩石试样的总开空隙率试验成果见表2-11，各组试验成果均值统计见表2-12。

表 2-11　隧址区隧洞围岩总开空隙率试验成果表

编号	岩石名称	风化程度	总开空隙率(%)		编号	岩石名称	风化程度	总开空隙率(%)	
			单值	均值				单值	均值
RY1	花岗岩	弱风化	1.270	1.249	WY1	花岗岩	微风化	0.680	0.678
			1.260					0.676	
			1.217					0.678	
RY2	花岗岩	弱风化	1.311	1.296	WY2	花岗岩	微风化	0.793	0.790
			1.311					0.798	
			1.266					0.780	
RY3	花岗岩	弱风化	0.930	0.998	WY3	花岗岩	微风化	0.460	0.452
			1.042					0.442	
			1.023					0.453	
RY4	花岗岩	弱风化	1.019	0.970	WY4	花岗岩	微风化	0.932	0.964
			0.954					1.015	
			0.938					0.943	

表 2-12　隧址区隧洞围岩总开空隙率试验成果统计表

岩石类型	统计个数	统计项目	总开空隙率(%)	岩石类型	统计个数	统计项目	总开空隙率(%)
弱风化花岗岩	4	平均值	1.128	微风化花岗岩	4	平均值	0.721
		最大值	1.296			最大值	0.964
		最小值	0.970			最小值	0.452

总开空隙率试验成果统计表明，不同风化等级岩样之间具有明显的差异。弱风化花岗岩总开空隙率远大于微风化花岗岩，弱风化花岗岩总开空隙率每组均值最大为1.296%，最小为0.970%，平均为1.128%；微风化花岗岩总开空隙率每组均值最大为0.964%，最小为0.452%，平均为0.721%。因此，当弱风化及微风化岩石在同一个围岩等级下时，不考虑其他较大规模的结构面或断层，可以认为此类围岩的总开空隙率在1%左右。

整体而言，弱风化试样组的总开空隙率较大。说明随着岩石风化程度的加深，岩石内部总的开空隙比例也在增加，岩石抗风化能力将随之下降。

五、力学性质

1. 测试结果

岩石的力学强度受微细观物质成分及结构构造控制，不同风化等级的岩样由于物质成分的蚀变程度不同，力学指标也会相应改变，而随着风化作用或者受构造影响，岩石内部节理裂隙发育，强度必然产生劣化。因此，同一种岩石，取不同风化等级岩样进行力学试验，有助于对比分析。同时，为了尽量避免结构面的影响，通常以室内完整岩块试验为基础，岩体的相关指标再根据岩块测试结果，结合结构面发育程度、风化程度、破碎程度等因素进行折减使用。野外挑选岩样时为保证试验能有效进行，特别选择块径较大、外观形态较完整、晶体颗粒粒度较为均匀的岩块进行试验。岩石力学试验成果见表2-13，统计结果见表2-14。

表 2-13 隧址区隧洞围岩岩石力学试验成果表

编号	岩石名称	风化程度	数值	垂直抗压强度(MPa)			软化系数	弹性模量(GPa)	泊松比	备注
				天然	干燥	饱和				
RY1	花岗岩	弱风化	均值	82.7	84.0	65.5	0.78	14.9	0.26	沿硬质胶结结构面破坏，参与统计
			单值	69.0	77.4	70.3		14.1	0.29	
				67.2	90.7	51.9		17.2	0.25	
				112.0	84.0	74.4		13.3	0.23	
RY2	花岗岩	弱风化	均值	82.1	107.7	82.2	0.76	18.4	0.19	沿裂隙破坏，不参与统计
			单值	91.7	121.2	87.6		21.0	0.18	
				80.5	31.6	75.4		8.1	0.09	
				74.1	94.2	83.5		15.8	0.20	
RY3	花岗岩	弱风化	均值	62.6	73.4	61.4	0.84	11.8	0.29	沿裂隙破坏，不参与统计
			单值	63.8	68.9	58.1		9.8	0.33	
				29.1	78.9	65.9		13.4	0.27	
				61.4	72.4	60.3		12.2	0.28	
RY4	花岗岩	弱风化	均值	78.3	98.8	84.1	0.85	21.4	0.23	沿裂隙破坏，不参与统计
			单值	87.5	102.9	46.3		25.9	0.19	
				67.2	91.7	75.9		15.8	0.26	
				80.2	101.9	92.2		22.4	0.23	
WY1	花岗岩	微风化	均值	108.5	112.3	107.0	0.95	35.8	0.22	沿裂隙破坏，不参与统计
			单值	20.1	118.4	108.0		35.7	0.23	
				105.1	107.7	103.3		33.5	0.21	
				112.0	110.8	109.8		38.3	0.23	
WY2	花岗岩	微风化	均值	89.1	106.3	85.7	0.8	27.9	0.22	
			单值	104.9	122.2	100.3		32.7	0.18	
				84.5	89.6	82.5		23.4	0.28	
				77.9	107.0	74.4		27.5	0.20	
WY3	花岗岩	微风化	均值	92.2	98.9	86.3	0.87	23.1	0.21	
			单值	98.3	109.8	89.8		25.4	0.19	
				90.7	96.6	86.7		21.9	0.22	
				87.5	90.2	82.5		24.2	0.23	
WY4	花岗岩	微风化	均值	106.1	114.2	99.3	0.87	34.6	0.19	
			单值	101.4	118.3	98.5		40.3	0.18	
				112.0	108.5	102.3		34.9	0.19	
				104.8	115.9	97.2		28.7	0.21	

表 2-14　隧址区隧洞围岩岩石力学试验成果统计表

岩石类型	统计个数	统计项目	天然单轴极限抗压强度(MPa)	干燥单轴极限抗压强度(MPa)	饱和单轴极限抗压强度(MPa)	软化系数	弹性模量(GPa)	泊松比
弱风化花岗岩	4	平均值	76.4	91.0	73.3	0.81	16.6	0.24
		最大值	82.7	107.7	84.1	0.85	21.4	0.29
		最小值	62.6	73.4	61.4	0.76	11.8	0.19
微风化花岗岩	4	平均值	99.0	107.9	94.6	0.87	30.4	0.21
		最大值	108.5	114.2	107.0	0.95	35.8	0.22
		最小值	89.1	98.9	85.7	0.80	23.1	0.19

由试验成果可见，除个别数据外，岩样各项参数变化尚在正常范围内，试验结果可靠，能满足工程研究分析之用。

统计结果显示，弱风化花岗岩的天然单轴极限抗压强度为62.6～82.7MPa，平均值为76.4MPa；干燥单轴极限抗压强度为73.4～107.7MPa，平均值为91.0MPa；饱和单轴极限抗压强度为61.4～84.1MPa，平均值为73.3MPa；弹性模量为11.8～21.4GPa，平均值为16.6GPa；泊松比为0.19～0.29，平均值为0.24；软化系数为0.76～0.85，平均值为0.81。

微风化花岗岩的天然单轴极限抗压强度为89.1～108.5MPa，平均值为99.0MPa；干燥单轴极限抗压强度为98.9～114.2MPa，平均值为107.9MPa；饱和单轴极限抗压强度为85.7～107.0MPa，平均值为94.6MPa；弹性模量为23.1～35.8GPa，平均值为30.4GPa；泊松比为0.19～0.22，平均值为0.21；软化系数为0.80～0.95，平均值为0.87。

结合前述岩石吸水率试验结果可以看出，岩石平均抗压强度的变化和吸水状态相关联，根据岩石在干燥、天然、饱和3种不同状态下对应的含水率（干燥含水率为0，天然及饱和含水率为前述吸水率测试结果）和抗压均值强度，通过数据拟合，可得出弱风化、微风化花岗岩岩石单轴抗压强度与含水率之间的关系分别如式(2-1)、式(2-2)所示：

$$y=90.952e^{-0.527x},R^2=0.9996 \tag{2-1}$$

$$y=108.07e^{-0.49x},R^2=0.9938 \tag{2-2}$$

拟合所得公式的相关系数接近于1，表明拟合效果较好，单轴抗压强度与含水率间的关系拟合如图2-15所示。

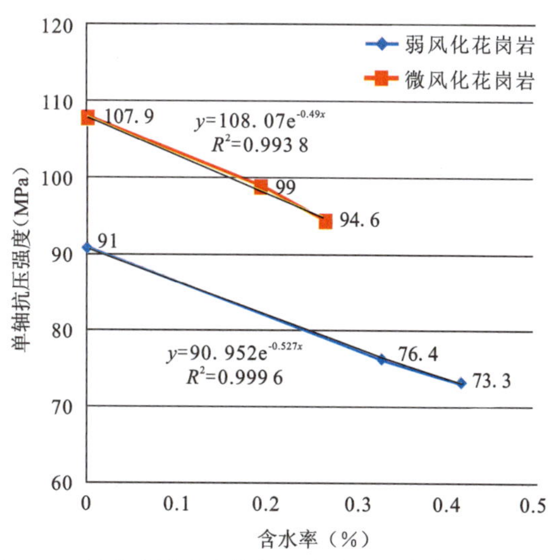

图 2-15　风化花岗岩单轴抗压强度与含水率关系曲线图

从图 2-15 中可以观察到，岩石的干燥抗压强度一般较大，但是天然强度与饱和抗压强度整体差异不是太大，分析主要是岩石在天然状态下开空隙内可以自由吸入水分，与饱和状态比，差异在闭合空隙是否完全吸水，而闭合空隙的比例相对有限，故天然含水状态与饱和含水状态差异并不是很大。同时，从前述弱风化组到微风化组空隙率对比可知，随着风化程度加深，岩石的空隙率增大，但是同一风化组内空隙率的差别并不必然与其抗压强度正相关，说明在同等风化条件下，花岗岩岩块的强度整体上受其物质成分的影响更大。这与岩体整体强度受结构面影响更大是有区别的。

从整体来看，弱风化岩石较微风化岩石各项参数趋向于劣化，抗压强度下降，软化系数降低，弹性模量下降，泊松比增大。从软化系数看，弱风化岩石部分指标甚至接近 0.75 界限值，而在工程实践中单块测试不排除有低于 0.75 的现象，说明随着风化程度加深，岩石中易于吸水软化的黏土矿物有所增加。

2. 应力应变特征

花岗岩弱风化及微风化岩块在进行压缩试验时均表现为较典型的脆性破坏特征，在没有结构缺陷的干扰下通常峰前区表现出良好的弹性特性，峰值点及峰后软化阶段维持的稳定时间非常短，表现为瞬时失稳破坏。其应力应变典型曲线如图 2-16 所示。

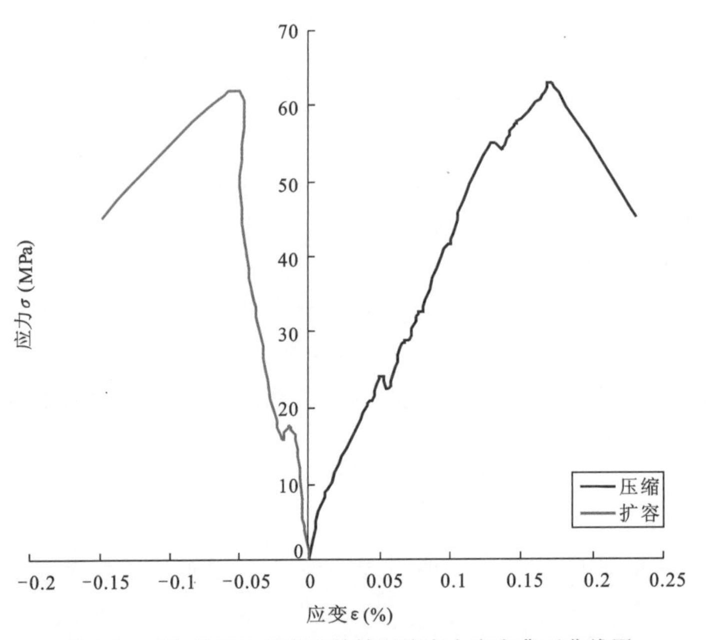

图 2-16 弱-微风化花岗岩单轴压缩应力应变典型曲线图

3. 破坏形态分析

弱-微风化花岗岩在饱和状态下的极限单轴抗压强度试验破坏形态如图 2-17 所示，从破坏形态特征的异同来看，可以将弱-微风化花岗岩饱和极限单轴抗压强度试验的破坏形态分成 3 种类型：沿结构面剪切破坏、斜向贯通剪切破坏、顶锥破坏。

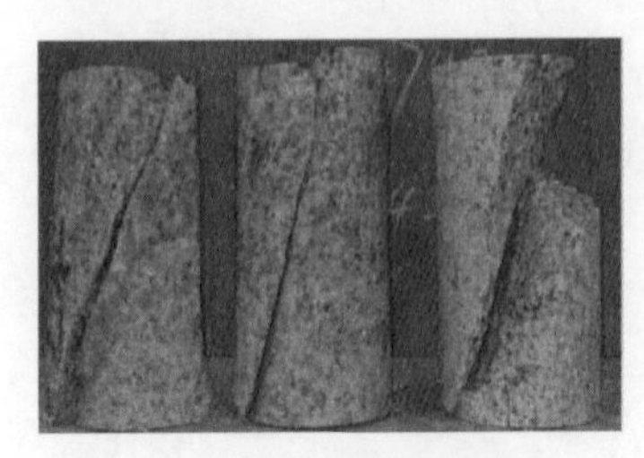

(a) 沿结构面剪切破坏

(b) 斜向贯通剪切破坏

(c) 顶锥破坏

图 2-17 弱-微风化花岗岩饱和极限单轴抗压强度试验破坏形态图

(1)沿结构面剪切破坏:沿结构面剪切破坏形态见图2-17(a),发生在岩块结构面与加载方向呈一定角度倾斜时,此时试样基本沿着岩块中原有结构面为主剪切面进行贯穿式剪切及滑动破坏,整体表现出较好的一致性规律。在结构面较发育时,结构面上的剪应力和轴向应力组合较为不利,因而其强度和破坏形态受结构面的强度控制。部分岩样受次级结构面或局部缺陷影响,产生了局部次级剪切破坏或局部劈裂破坏,但仍以主结构面的剪切破坏为主要特征。此种破坏模式往往造成一个后果,就是当结构面胶结较差时,测试指标将会远低于正常范围,此时试验数据仅供参考而不应参与统计;当结构面为硬质结构面且胶结良好,测试结果接近正常范围时可以视情况参与统计。

(2)斜向贯通剪切破坏:斜向贯通剪切破坏形态见图2-17(b),此类破坏模式即为通常情况下的花岗岩常规剪切破坏,发生在完整岩样两端垂直加载时,此时试样以出现一条斜向上下贯通整个岩块的主剪切面导致的破坏为主要特征。对于此类情况,花岗岩的极限抗压强度由其本身的抗剪强度控制,破坏发生在最大剪应力所在的斜面上。通常情况下,除上述主剪切面外局部也会伴随一些次级劈裂面,推测此类次级劈裂主要受岩块内的微裂纹控制,岩块两端承受外部压力后内部的微裂纹向不同方向扩展导致局部出现竖向或水平向劈裂,次劈裂面与主破坏面贯通或者部分贯通后可加速试样破坏。

(3)顶锥破坏:顶锥破坏形态见图2-17(c),发生在试样两端有端面约束效应时,此时试样端面与压力机压板之间出现较大的摩擦力,对端面产生了边界约束,进而会改变试样内部应力分布状态及最终的破坏模式。试样以在平行加载方向的一侧或两侧出现锥形破坏为主要特征,同时在此锥形破坏模式下试样中部往往出现贯通断裂面,主要出现在岩块破坏后期,竖向承载能力已不均衡的情形下,受不平衡弯矩作用,岩块中部产生弯折、拉裂破坏。此类破坏并非花岗岩试样固有破坏特征,实质为端面约束效应的反应,在端面平整度极佳,受力特别均匀的情形下,试样两侧均能产生顶锥破坏,即“对顶锥”破坏。本次试验受试件顶端切割打磨精度影响,端面平整度有一定误差,故主要产生单侧顶锥破坏。如果改变其接触条件,消除端面摩擦作用,则岩块仍然以竖向劈裂或者剪切破坏为主要破坏模式。

第六节　风化花岗岩断层破碎带残积土物理力学性质

一、概述

上述试验主要测试的是弱-微风化花岗岩,代表花岗岩断层带两侧的较完整-完整岩石带,而隧址区花岗岩断层带风化深槽内的花岗岩大部分已经蚀变,风化强烈,岩石结构完全破坏,整体上已经变为残积土状。

为方便后续更好地开展研究工作,从隧址区不同地段取回深埋隧洞内断层破碎带风化残积土代表性土样进行了室内试验,按照现场观察,根据石英颗粒含量不同,共取代表性风化残积土样8组。同时为了与区域地表浅埋风化带作对比,收集了厦漳地区,包括厦漳跨海大桥,厦门集美大桥、园博园等重要工程的残积土和全强风化试样数据进行对比。按照勘察规范及东南沿海地区经验,花岗岩残积土定名划分为3类,分别是残积黏性土、残积砂质黏性土、残积砾质黏性土。该定名分类方法主要考虑的是花岗岩矿物蚀变、风化残留后石英颗粒的粒径及含量对土体性质的影响,而野外取样后凭肉眼观测及手感判断,很难准确给出具体名称,最终严格定名必须依据试验结果,故取样时野外定名仅能粗略说明。土样相关物理力学指标试验在中国地质大学(武汉)工程学院试验大楼土木工程实验室内完成。

因为作业条件有限,不能像常规工程勘察一样用工勘钻机取样,故在围岩开挖后采用两种方法,一种是利用环刀直接在现场刻取土样集中运回,另一种是现场刻取较大块体试样,再在实验室内分割处理。力学试验通常将土样置入环刀内，再放入剪切、压缩仪器内进行，所用环刀及仪器如图 2-18 所示。

(a) 环刀

(b) 剪切仪

图 2-18　环刀及剪切仪

稠度试验采用液塑限联合测定法，如图 2-19 所示。天然密度及含水量试验中均采用电子天平精确称重，如图 2-20 所示。试样的颗粒级配分析采用充分碾碎后分级过筛进行筛分的方法，如图 2-21 所示。

(a) 调土

(b) 联合测试

图 2-19　液塑限联合测定

(a) 取样

(b) 电子天平称重

图 2-20　天然密度、含水率测试

(a) 制样

(b) 筛分

图 2-21　颗粒级配分级筛析

二、物理性质

土的物理性质试验包括含水率、相对密度、密度、饱和度、孔隙比及稠度(液塑限)试验。含水率采取烘干法,相对密度采用比重瓶法,密度试验采用环刀法,稠度采用液塑限联合测定法,饱和度及孔隙比由其他指标换算。测试结果及统计见表 2-15。同时,为了与区域内工程实际数据进行对比,收集了厦漳地区重要工程的测试成果作为对比,见表 2-16。

表 2-15　隧址区深埋隧洞断层带花岗岩残积土物理性质试验成果表

编号	土样定名	土的物理性质						稠度界限			
		含水率 ω	相对密度 D_r	湿密度 ρ	干密度 ρ_d	饱和度 S_r	孔隙比 e	液限 ω_L	塑限 ω_p	塑性指数 I_p	液性指数 I_L
Y1	残积黏性土	30.9	2.71	1.82	1.39	88	0.949	36.8	23.4	13.4	0.56
Y2	残积黏性土	20.4	2.70	2.05	1.70	94	0.586	24.4	15.6	8.8	0.55
Y3	残积砂质黏性土	35.0	2.71	1.84	1.36	96	0.988	41.7	25.6	16.1	0.58
Y4	残积砂质黏性土	25.1	2.71	1.93	1.54	90	0.757	37.9	23.3	14.6	0.12
Y5	残积砾质黏性土	35.9	2.74	1.77	1.30	89	1.104	51.3	31.7	19.6	0.21
Y6	残积砾质黏性土	31.6	2.71	1.81	1.38	88	0.970	50.8	36.0	14.8	−0.30
Y7	残积砾质黏性土	21.1	2.71	2.04	1.68	94	0.609	32.3	22.0	10.3	−0.09
Y8	残积砾质黏性土	27.5	2.71	1.88	1.47	89	0.838	41.0	28.2	12.8	−0.05
平均值		28.4	2.71	1.89	1.48	91	0.850	39.5	25.7	13.8	0.20
频数		8	8	8	8	8	8	8	8	8	8
最大值		35.9	2.74	2.05	1.70	96	1.104	51.3	36.0	19.6	0.58
最小值		20.4	2.70	1.77	1.30	88	0.586	24.4	15.6	8.8	−0.30
标准差		5.92	0.01	0.11	0.15	3.16	0.18	8.97	6.27	3.36	0.34
变异系数		0.21	0.00	0.06	0.10	0.03	0.22	0.23	0.24	0.24	1.71

注:含水率 ω,%;湿密度 ρ,g/cm^3;干密度 ρ_d,g/cm^3;饱和度 S_r,%;液限 ω_L,%;塑限 ω_p,%。

表 2-16　厦漳地区残积土物理性质对比成果统计表

土层	指标名称	土的物理性质						稠度界限			
		含水率 ω	相对密度 D_r	湿密度 ρ	干密度 ρ_d	饱和度 S_r	孔隙比 e	液限 ω_L	塑限 ω_p	塑性指数 I_p	液性指数 I_L
残积黏性土(厦漳跨海大桥)	平均值	28.1	2.72	1.90	1.47	94	0.860	32.6	21.5	11.1	0.45
	频数	28	28	28	28	28	28	28	28	28	28
	最大值	45.6	2.72	2.05	1.74	100	1.220	49.4	34.4	15.0	0.58
	最小值	17.9	2.68	1.78	1.22	84	0.541	18.2	12.5	5.7	0.28
	标准差	6.93	0.01	0.07	0.13	4.62	0.17	5.87	4.61	1.75	0.11
	变异系数	0.25	0.00	0.04	0.09	0.05	0.19	0.18	0.21	0.16	0.24
残积砾质黏性土(园博园桥梁工程)	平均值	23.6	2.71	1.94	1.58	86	0.731	39.55	25.71	13.8	0.14
	频数	22	22	22	22	22	22	22	22	22	22
	最大值	38.9	2.74	2.13	1.95	100	1.029	56.60	37.50	21.6	0.41
	最小值	8.6	2.70	1.74	1.34	46	0.388	16.70	11.50	5.2	−0.10
	标准差	4.9	0.01	0.07	0.10	9	0.113	5.42	3.77	2.3	0.27
	变异系数	0.21	0.00	0.04	0.07	0.10	0.15	0.14	0.15	0.16	0.32
残积砾质黏性土(环岛路互通)	平均值	27.5	2.71	1.88	1.45	92	0.87	41.2	26.7	14.5	0.11
	统计个数	41	20	20	20	20	20	45	45	45	44
	最大值	35.1	2.74	1.99	1.57	100	1.07	45.2	30.0	17.2	0.88
	最小值	19.4	2.71	1.80	1.31	84	0.73	35.8	22.8	10.9	−0.42
	标准差	4.38	0.01	0.05	0.08	4.55	0.10	2.29	1.83	1.50	0.30
	变异系数	0.16	0.00	0.03	0.06	0.05	0.12	0.06	0.07	0.10	2.74
集美大桥(北引桥)	平均值	26.9	2.72	1.87	1.46	89	0.87	45.1	29.2	15.8	0.13
	统计个数	126	45	45	45	45	45	126	126	126	126
	最大值	34.4	2.74	2.03	1.70	100	1.14	56.5	38.4	29.2	0.50
	最小值	16.9	2.71	1.75	1.28	76	0.60	28.3	18.9	8.9	0.00
	标准差	4.6	0.01	0.06	0.11	5.00	0.14	5.78	4.26	2.53	0.10
	变异系数	0.2	0.01	0.03	0.07	0.06	0.16	0.13	0.15	0.16	0.75
集美大桥(北主桥)	平均值	29.3	2.71	1.89	1.48	91	0.84	44.8	30.7	14.1	−0.11
	统计个数	56	20	20	20	20	20	56	56	56	56
	最大值	40.8	2.74	2.02	1.67	98	1.10	56.4	37.4	19.8	0.61
	最小值	20.0	2.71	1.78	1.31	73	0.62	31.0	21.7	9.3	−0.54
	标准差	5.35	0.01	0.07	0.11	5.85	0.14	6.13	4.38	2.24	0.22
	变异系数	0.18	0.00	0.04	0.08	0.06	0.17	0.14	0.14	0.16	−2.13

续表 2-16

土层	指标名称	土的物理性质						稠度界限			
		含水率 ω	相对密度 D_r	湿密度 ρ	干密度 ρ_d	饱和度 S_r	孔隙比 e	液限 ω_L	塑限 ω_p	塑性指数 I_p	液性指数 I_L
全风化花岗岩(角屿)	平均值	27.25	2.72	1.94	1.54	91.33	0.802	36.2	24	13	0.21
	统计个数	6	6	6	6	6	6	6	6	6	6
	最大值	43.20	2.72	2.13	1.80	98.00	1.213	48.1	31.3	16.8	0.71
	最小值	18.40	2.71	1.76	1.23	82.00	0.512	29.2	18.0	10.2	−0.18
	标准差	11.39	0.00	0.14	0.23	7.20	0.29	8.53	5.64	3.14	0.39
	变异系数	0.42	0.00	0.07	0.15	0.08	0.36	0.24	0.24	0.25	1.87
强风化花岗岩(集美大桥北引桥)	平均值	24	2.71	1.91	1.54	86	0.759	37.2	24.4	12.8	−0.03
	统计个数	1	1	1	1	1	1	1	1	1	1
	最大值										
	最小值										

注:此表各指标单位同表 2-15。

通过以上测试数据可以看出,所取的深埋隧洞内花岗岩断层带风化残积土各项物理指标变异性较小,一般变异系数都小于 0.3,仅液性指数离散性较大,主要是由残积物中粗颗粒物含量不同引起的,黏性土基本以可塑为主。将测试数据与区域内其他重要工程的试验数据进行比对,结果如图 2-22 所示。

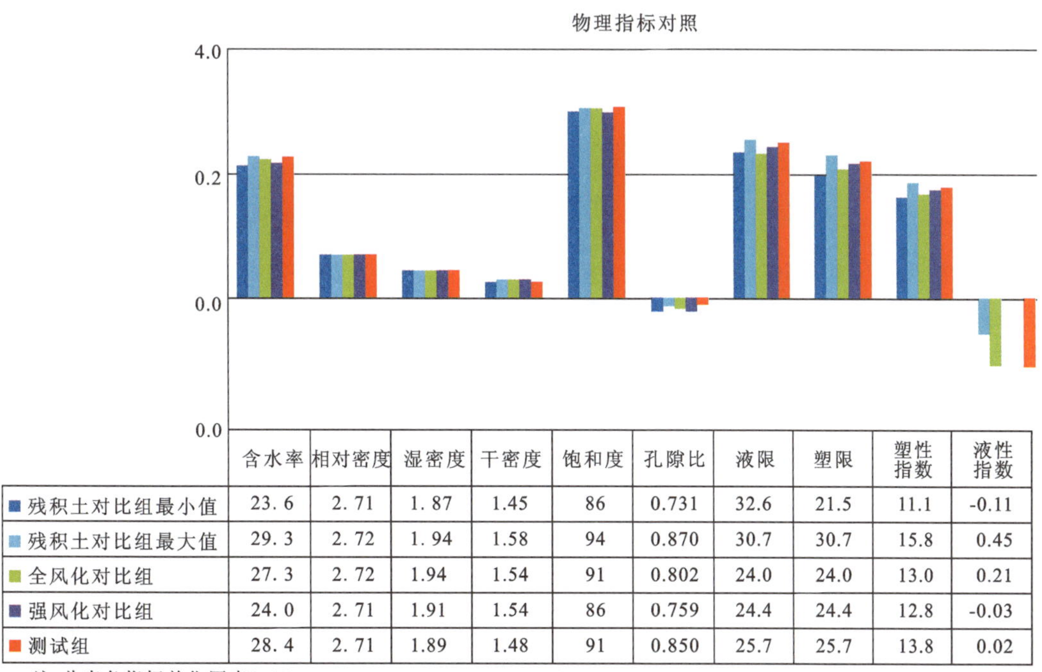

图 2-22 测试组与区域工程对比组物理指标对照图

通过对比可以明显发现,所取深埋隧洞花岗岩断层带风化残积土各项物理指标(图中红色部分)与区域地表自然风化壳的残积土层数据基本一致,未见明显异常。同时,还可以发现另外一个重要现象,图中残积土与全风化花岗岩、强风化花岗岩(土状)在物理指标上也没有明显差异,基本处于同一水平范围。这与前述分析比较一致,即一般全风化土与残积土很难有效区分,且土状强风化物与二者也很接近，这种全强风化物与残积土相混杂的土层，整体物理指标按残积土考虑是可行的。

通过本次测试与对比，还可以发现测试组部分统计指标略偏大，比如含水率、孔隙比、液限。虽然有取样的差异性造成的统计误差，但除此之外，可以看到个别指标表现出来的较高孔隙比以及对应的高含水率，还有部分数值超过 50 的高液限土。这些指标表明，一方面花岗岩残积土风化不均，另一方面说明断层带物质整体上较为松散，同时还说明部分黏土矿物含量较高的土样具有较高的液限，具备良好的吸水性能以及吸水饱和后较好的软化流动性，而这种物质非常有利于突泥的形成。

通过对孔隙比的换算，可以得出孔隙率 $n=e/(1+e)$：测试组中残积土平均孔隙率为 0.459，残积土对比组孔隙率平均为 0.455，全风化对比组孔隙率为 0.445，强风化对比组孔隙率为 0.431。换算结果显示，花岗岩风化程度加深后对应的孔隙率也相应增大，假定从强风化到残积土阶段所需时间为均匀间隔，拟合后发现，二者具有式(2-3)的线性关系，相关系数接近 1，说明拟合较好，如图 2-23 所示。

$$y=0.0128x+0.419, R^2=0.9755 \tag{2-3}$$

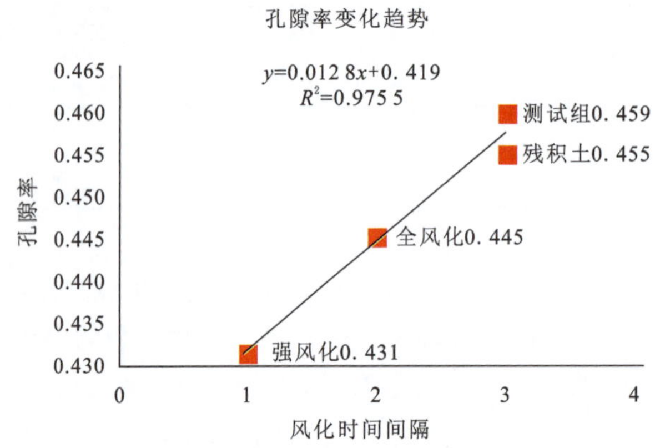

图 2-23　花岗岩全强风化物孔隙率变化趋势图

三、颗粒级配

为了研究花岗岩风化残积土的粗细颗粒组成，实验室采用将土样锤击碾压成粉状后分级筛分的方法测得不同粒径颗粒组成的质量百分比，结果如表 2-17 所示。部分试样的颗粒大小分配曲线见图 2-24，并选取区域重要工程测试数据作为对比，见表 2-18。

表 2-17　隧址区深埋隧洞断层带花岗岩残积土颗分试验成果表

编号	土样定名	颗粒组成百分比				
		20.0～2.0mm	2.0～0.5mm	0.5～0.25mm	0.25～0.075mm	＜0.075mm
Y1	残积黏性土	2.7	10.5	13.4	32.7	40.7
Y2	残积黏性土	1.0	20.8	26.6	41.6	10.0
Y3	残积砂质黏性土	13.4	19.5	3.8	21.8	41.5
Y4	残积砂质黏性土	11.4	23.7	4.4	20.4	40.1
Y5	残积砾质黏性土	21.1	14.9	3.0	23.8	37.2
Y6	残积砾质黏性土	22.5	16.6	3.2	13.8	43.9
Y7	残积砾质黏性土	28.4	20.7	6.3	16.9	27.8
Y8	残积砾质黏性土	25.4	15.0	6.7	25.0	27.9

续表 2-17

编号	土样定名	颗粒组成百分比				
		20.0～2.0mm	2.0～0.5mm	0.5～0.25mm	0.25～0.075mm	<0.075mm
平均值		15.7	17.7	8.4	24.5	33.6
频数		8	8	8	8	8
最大值		28.4	23.7	26.6	41.6	43.9
最小值		1.0	10.5	3.0	13.8	10.0
标准差		10.28	4.24	8.08	8.92	11.32
变异系数		0.65	0.24	0.96	0.36	0.34

注：颗粒百分比组成，%。

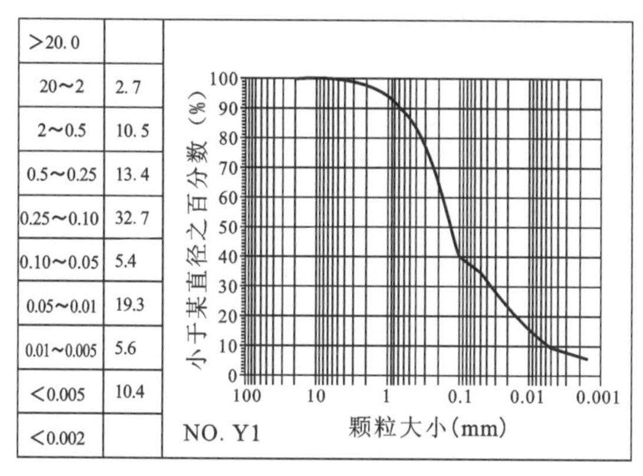

（a）Y1样颗分曲线

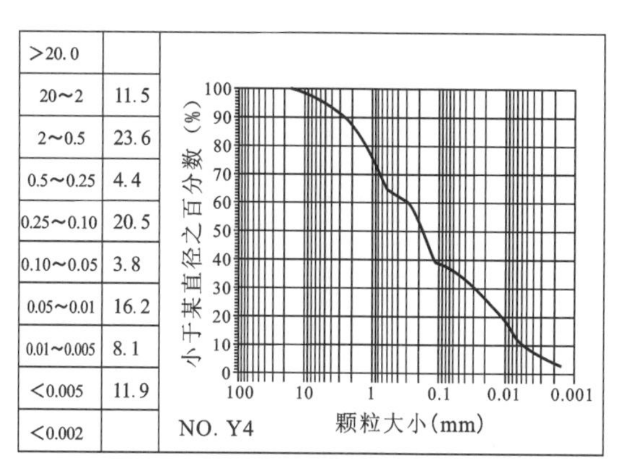

（b）Y4样颗分曲线

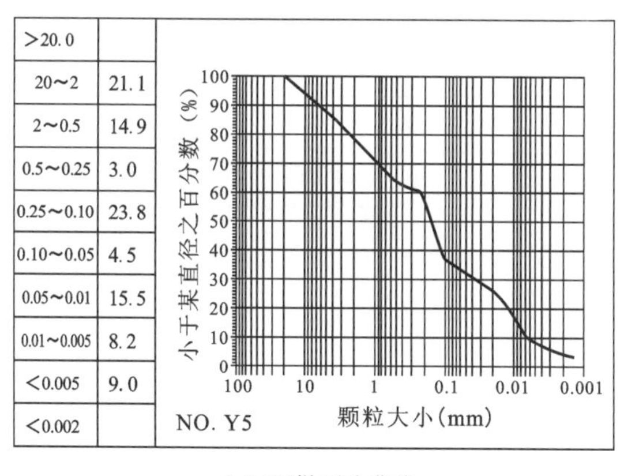

（c）Y5样颗分曲线

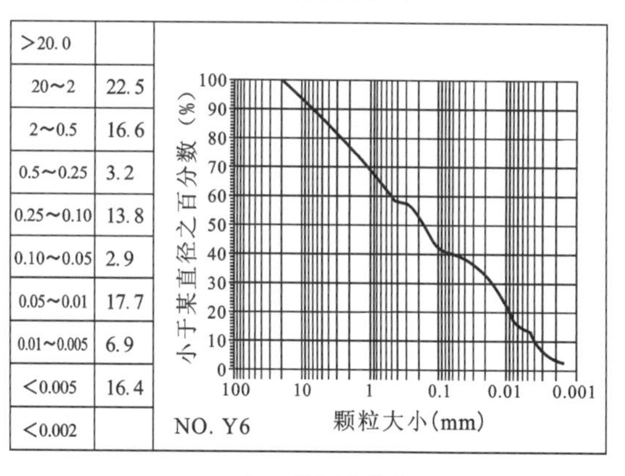

（d）Y6样颗分曲线

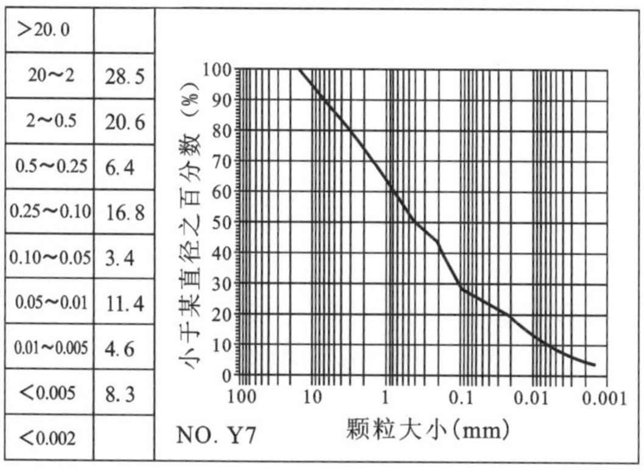

（e）Y7样颗分曲线

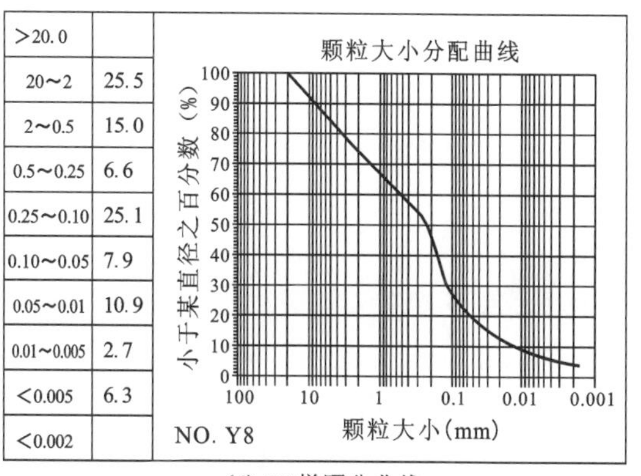

（f）Y8样颗分曲线

图 2-24　颗粒大小分配曲线图

表 2-18　厦漳地区花岗岩残积土颗分试验对比成果统计表

土层	指标名称	颗粒组成百分比				
		20.0～2.0mm	2.0～0.5mm	0.5～0.25mm	0.25～0.075mm	＜0.075mm
残积黏性土（厦漳跨海大桥）	平均值	2.02	9.8	7.0	28.19	53.8
	频数	8	8	8	8	8
	最大值	3.80	17.8	23.6	49.50	70.0
	最小值	0.30	0.9	1.3	21.90	31.5
	标准差	1.63	5.18	7.03	8.98	13.87
	变异系数	0.81	0.53	1.01	0.32	0.26
残积砾质黏性土（集美大桥北引桥）	平均值	24.5	19.2	5.71	19.8	30.8
	频数	8	8	8	8	8
	最大值	28.3	23.0	6.9	25.8	40.5
	最小值	20.2	16.3	3.0	15.4	25.2
	标准差	3.20	2.34	1.39	4.34	4.70
	变异系数	0.13	0.12	0.24	0.22	0.15
残积砾质黏性土（集美大桥北主桥）	平均值	22.35	17.20	5.93	16.00	38.53
	频数	8	8	8	8	8
	最大值	25.90	19.40	8.30	25.50	47.70
	最小值	15.30	14.50	3.00	11.70	30.40
	标准差	3.27	1.57	1.93	4.17	5.41
	变异系数	0.15	0.09	0.33	0.26	0.14
全风化花岗岩（角屿）	平均值	10.5	34.2	7.20	33.6	14.5
	频数	3	3	3	3	3
	最大值	28.3	35.0	9.40	40.6	17.1
	最小值	1.3	33.4	3.20	22.7	12.4
强风化花岗岩（集美大桥北引桥）	平均值	25.3	25.7	49		
	频数	1	1	1		

注：颗粒组成百分比，%。

通过以上测试数据可以看出，所取深埋隧洞花岗岩断层带风化残积土随定名的差异，表现在颗粒分配上的变异较大，单组颗粒含量一般变异系数都大于 0.3，一方面因为样品数量限制，将残积黏性土、残积砂质及残积砾质黏性土一起统计造成的差异较大，另一方面原岩中矿物成分含量本身就不均匀，残积土相应也存在一定的组分差异。将测试数据与区域内其他重要工程的试验数据进行比对，结果如图 2-25所示。

通过数据对照可以看出，所取深埋隧洞花岗岩断层带风化残积土的颗粒级配特征与残积土对比组 2、残积土对比组 3 比较接近。残积土对比组 1 主要是以黏土矿物为主的残积黏性土，所以较细的黏粉粒含量明显偏高，而砾石含量极低。对比全风化组可以发现其中的中细粒含量明显偏高，分析认为主要是长石风化蚀变后形成黏土矿物的过程还未进行彻底造成的。强风化组未做黏粉粒分析，对比可知，其粗粒含量为 6 组数据中最高的，说明还有部分长石颗粒未完成风化，仍以硬质颗粒成分存在。除强风化组外，其余各组数据中 0.5～0.25mm 区间的含量非常稳定，波动较小，推测该组颗粒由相对比较稳定，抗风化能力较强的石英组成。

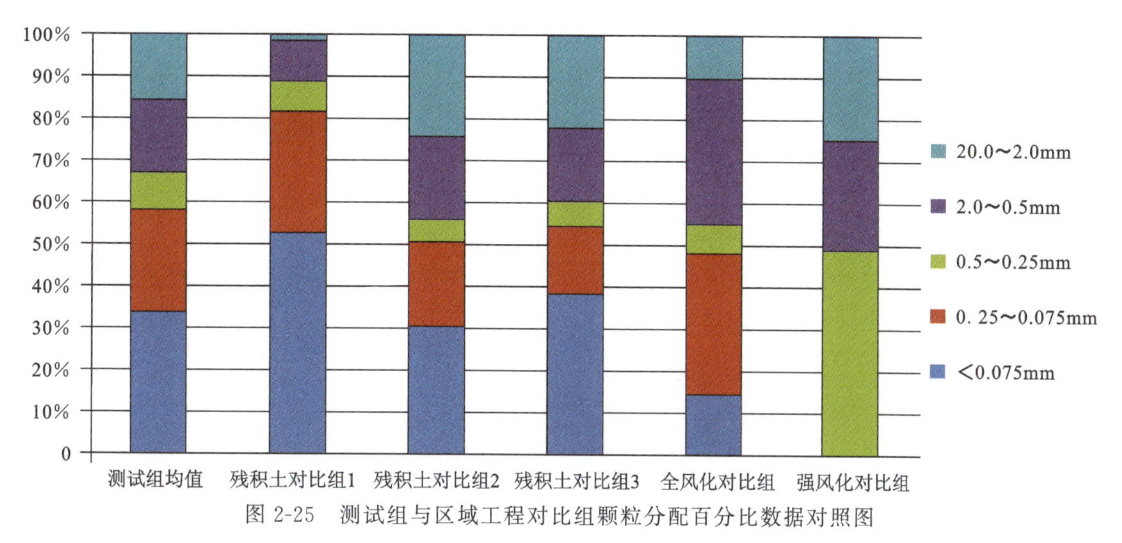

图 2-25 测试组与区域工程对比组颗粒分配百分比数据对照图

由以上分析可知，花岗岩风化物随着风化程度的加深，粗颗粒成分含量降低，细颗粒成分含量增大，符合长石逐步蚀变为黏土矿物的特点。同时，测试组残积土数据与区域工程对比组残积土数据并无实质差异，进一步证实在花岗岩断层带内深度风化残留物与地表自然风化带性质类似。

为考察试样颗粒组成的级配特征、均匀程度，根据颗粒大小分配曲线图，根据公式(2-4)、公式(2-5)测得试样的不均匀系数 C_u 及曲率系数 C_c。

$$C_u=\frac{d_{60}}{d_{10}} \tag{2-4}$$

$$C_c=\frac{(d_{30})^2}{d_{10}\times d_{60}} \tag{2-5}$$

式中，C_u 为不均匀系数；C_c 为曲率系数；d_{10} 为有效粒径，颗分曲线上小于该粒径的土颗粒含量为 10%的粒径，mm；d_{30} 为中值粒径，颗分曲线上小于该粒径的土颗粒含量为 30%的粒径，mm；d_{60} 为限制粒径，颗分曲线上小于该粒径的土颗粒含量为 60%的粒径，mm。

根据水利水电土工试验规定，土的级配特征必须满足 $C_u\geqslant5$，且 $C_c=1\sim3$ 时才属于级配良好，不能同时满足上述要求则属于级配不良。判别结果如表 2-19 所示。

表 2-19 级配特征判别表

试样编号	d_{10} (mm)	d_{30} (mm)	d_{60} (mm)	C_u	C_c	级配判别
Y1	0.004 8	0.030 7	0.166	34.58	1.183	级配良好
Y4	0.003 7	0.021 2	0.223	60.27	0.545	级配不良
Y5	0.005 8	0.031 9	0.220	37.93	0.798	级配不良
Y6	0.003 1	0.015 5	0.464	149.68	0.167	级配不良
Y7	0.006 3	0.108 9	0.826	131.11	2.279	级配良好
Y8	0.012 1	0.113	0.523	43.22	2.018	级配良好

由表 2-19 可见，在 6 组试样中，级配良好的占 3 组，级配不良的占 3 组，各为 50%，说明花岗岩残积土颗粒成分比较复杂，从厦漳地区的工程实践看，花岗岩残积土整体上级配良好的比例是低于 50%的。根据《水利水电工程地质勘察规范》中对渗透变形判别的规定，在渗流作用下，该区域残积土存在多种破

坏的可能，加上残积土富含具水理化特点的黏土矿物，在深埋富水条件下，隧洞内突泥涌水的发生概率是比较高的。

四、力学性质

除常规物理性质及颗粒级配试验外，深入研究花岗岩断层带内残积土的性质，试样的力学及渗透性测试是必不可少的。为方便后续更好地开展研究工作，对试样进行了直剪(快剪 q)抗剪强度、压缩等力学试验，同时进行了渗透性测试，试验成果见表 2-20。同时，为了与区域内工程实践数据进行对比，收集了厦漳地区重要工程的测试成果作为对比，见表 2-21。

表 2-20 隧址区深埋隧洞断层带花岗岩残积土力学试验成果表

编号	土样定名	快剪 q		压缩性		渗透系数	
		黏聚力 c	摩擦角 φ	压缩系数 a_{1-2}	压缩模量 E_{s1-2}	垂直荷重	水平荷重
Y1	残积黏性土	16	28	0.44	4.5		
Y2	残积黏性土	21	31	0.19	8.2		
Y3	残积砂质黏性土	16	29	0.4	5	15.1	14.8
Y4	残积砂质黏性土	19	20	0.37	4.8	17.4	16.6
Y5	残积砾质黏性土	18	23	0.64	3.3	22.6	26.2
Y6	残积砾质黏性土	41	19	0.47	4.2	19.1	19.3
Y7	残积砾质黏性土	33	25				
Y8	残积砾质黏性土	25	22				
平均值		23.6	24.6	0.42	5.0	18.6	19.2
频数		8	8	6	6	4	4
最大值		41.0	31.0	0.64	8.2	22.6	26.2
最小值		16.0	19.0	0.19	3.3	15.1	14.8
标准差		9.01	4.37	0.15	1.68	3.16	5.00
变异系数		0.38	0.18	0.35	0.34	0.17	0.26

注：黏聚力 c，kPa；摩擦角 φ，°；压缩系数 a_{1-2}，MPa^{-1}；压缩模量 E_{s1-2}，MPa；垂直荷重，$\times 10^{-8}$cm/s；水平荷重，$\times 10^{-8}$cm/s。

表 2-21 厦漳地区花岗岩残积土力学试验对比成果统计表

土层	指标名称	快剪 q		压缩性		渗透系数	
		黏聚力 c	摩擦角 φ	压缩系数 a_{1-2}	压缩模量 E_{s1-2}	垂直荷重	水平荷重
残积黏性土(厦漳跨海大桥)	平均值	16	27	0.37	6.2	10.7	9.2
	频数	10	10	11	11	11	11
	最大值	20	35	0.63	9.7	15.5	13.4
	最小值	9	9	0.26	3.5	6.9	5.1
	标准差	3.82	7.69	0.11	1.75	3.19	2.42
	变异系数	0.24	0.29	0.30	0.28	0.30	0.26

续表 2-21

土层	指标名称	快剪 q		压缩性		渗透系数	
		黏聚力 c	摩擦角 φ	压缩系数 a_{1-2}	压缩模量 E_{s1-2}	垂直荷重	水平荷重
残积砾质黏性土（园博园桥梁工程）	平均值	32	20	0.40	4.5	13.15	11.17
	频数	15	15	11	11	8	8
	最大值	51.8	25.9	0.49	6.7	18.70	14.70
	最小值	13.7	11.5	0.25	3.6	7.08	7.19
	标准差	7.0	3.3	0.07	0.6	3.94	2.16
	变异系数	0.22	0.17	0.17	0.13	0.30	0.19
残积砾质黏性土（环岛路互通）	平均值	18	27	0.44	4.3	18.0	16.5
	频数	15	15	17	17	17	8
	最大值	21	31	0.61	6.2	22.9	22.2
	最小值	14	11	0.30	3.2	5.3	5.9
	标准差	2.35	4.65	0.07	0.76	4.28	4.89
	变异系数	0.13	0.17	0.17	0.18	0.24	0.30
残积砾质黏性土（集美大桥北引桥）	平均值	20	27	0.53	3.7	20.8	20.5
	频数	28	28	38	38	38	39
	最大值	33	33	0.72	6.0	27.2	26.2
	最小值	10	21	0.26	2.8	11.8	13.9
	标准差	5.59	3.56	0.10	0.63	3.69	3.52
	变异系数	0.28	0.13	0.19	0.17	0.18	0.17
残积砾质黏性土（集美大桥北主桥）	平均值	23	25	0.69	3.9	20.0	20.6
	频数	16	16	20	20	20	20
	最大值	25	29	0.89	5.8	27.4	28.3
	最小值	8	19	0.29	2.8	10.4	14.5
	标准差	10.08	4.05	0.12	0.79	4.22	3.83
	变异系数	0.44	0.16	0.24	0.20	0.21	0.19
全风化花岗岩（角屿）	平均值	17.7	26.0	0.30	6.8		
	频数	3	3	5	5		
	最大值	24.0	32.0	0.46	8.7		
	最小值	7.0	17.0	0.18	4.8		
强风化花岗岩（集美大桥北引桥）	平均值	19	30	0.33	5.3	13.9	
	频数	1	1	1	1	1	
	最大值						
	最小值						

注：表中各指标单位同表 2-20。

通过以上测试数据可以看出，所取深埋隧洞花岗岩断层带风化残积土的抗剪强度及压缩性指标有一定离散性，而渗透系数相对稳定。与普通黏性土相比，残积土的黏聚力不高，但是内摩擦角明显偏大，普通黏性土内摩擦角常常小于13°，老黏性土通常在13°～23°之间。因此，花岗岩残积土抗剪强度整体更类似粉土的特点，分析认为与其中含有一定数量的粗颗粒物密切相关。将测试数据与区域内其他重要工程的试验数据进行比对，结果如图2-26所示。

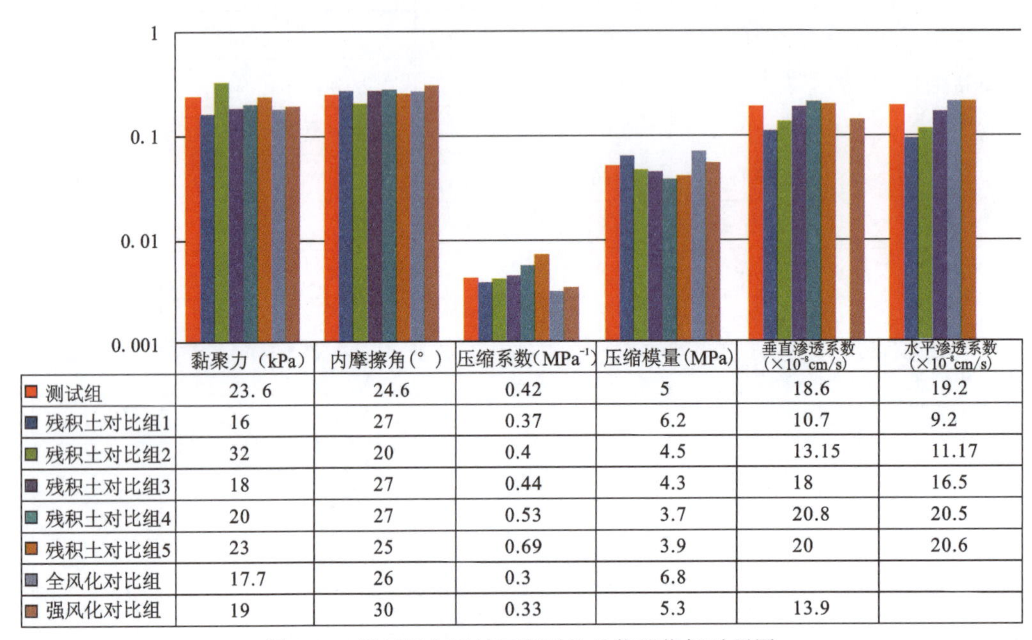

	黏聚力（kPa）	内摩擦角(°)	压缩系数(MPa^{-1})	压缩模量(MPa)	垂直渗透系数($\times10^{-8}$cm/s)	水平渗透系数($\times10^{-8}$cm/s)
测试组	23. 6	24.6	0.42	5	18.6	19.2
残积土对比组1	16	27	0.37	6.2	10.7	9.2
残积土对比组2	32	20	0.4	4.5	13.15	11.17
残积土对比组3	18	27	0.44	4.3	18	16.5
残积土对比组4	20	27	0.53	3.7	20.8	20.5
残积土对比组5	23	25	0.69	3.9	20	20.6
全风化对比组	17.7	26	0.3	6.8		
强风化对比组	19	30	0.33	5.3	13.9	

图2-26　测试组与区域工程对比组物理指标对照图

通过图2-26的对比可以明显看出，所取深埋隧洞花岗岩断层带风化残积土各项指标(图中红色部分)与区域地表自然风化壳的残积土层数据基本一致，未见明显差异。同时，测试组残积土与全风化花岗岩、强风化花岗岩在力学及渗透指标上也没有明显差异，基本处于同一水平范围。这与前述分析结果一致，即一般全风化土与残积土很难有效区分，且土状强风化物与二者也很接近，因为岩石本身一般都存在各种风化不均的现象。所以整体而言，这种全、强风化物与残积土相混杂的土层，物理力学指标按残积土考虑是可行的。

通过本次测试与对比，可以发现各组垂直渗透系数与水平渗透系数差异不大，且均处于同一个数量等级。

第七节　花岗岩风化程度及岩体完整性声波测试

一、原理及设备

根据弹性波测试频率范围，有地震波(频率小于5kHz)、声波(频率5～20kHz)和超声波(频率大于20kHz)3类。由于条件限制目前还不能规定统一的方法。不同方法计算的完整性指数K_v值存在10%左右的误差，但仍可满足一般应用。所以在《工程岩体分级标准》(GB 50218—2014)的附录里并未明确规定纵波速度V_p的测试以何种方法为主。

岩石风化程度及岩体完整性的判别均可通过声波测试求得波速比K_v'与完整性指数K_v来进行。同时，通过纵波与横波的关系，还可测得岩体的动弹性模量、动剪切模量、泊松比及岩体密度等指标。

声波测试采用室内岩块测试与现场 TGP 系统声波测试相结合的方式。室内岩块的声波测试采用武汉岩海工程技术公司研制的 RS-ST01C 声波仪，见图 2-27。TGP 系统采用北京市水电物探研究所开发研制的 TGP206A 隧道地质超前预报系统(Tunnel Geology Prediction)，见图 2-28。

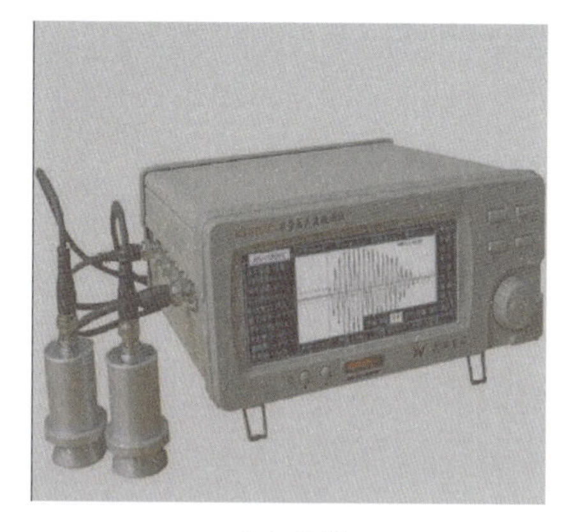

(a) 机箱

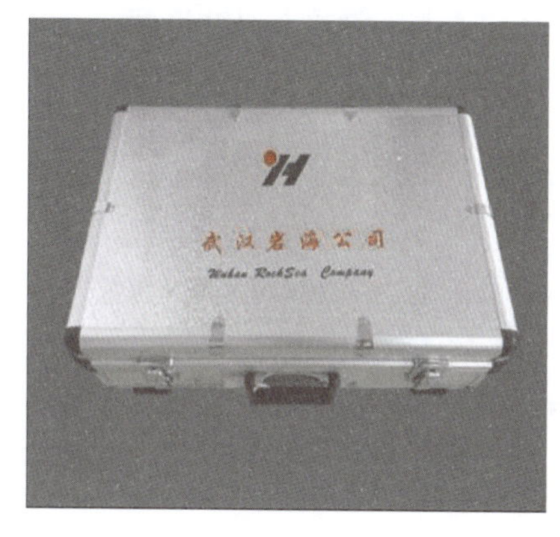

(b) 主机及探头

图 2-27　RS-ST01C 声波仪

(a) 主机系统

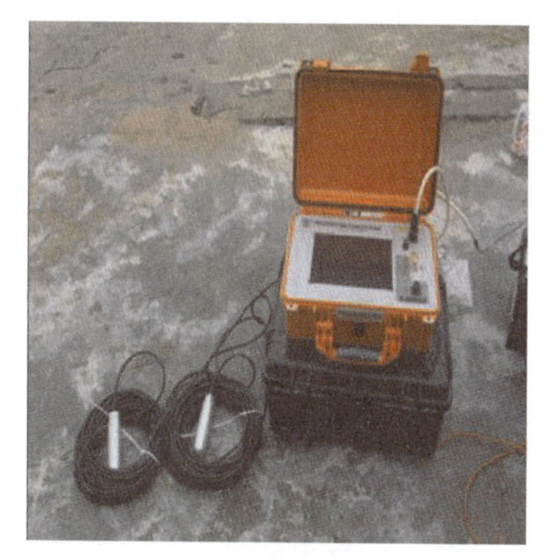

(b) 数据接口

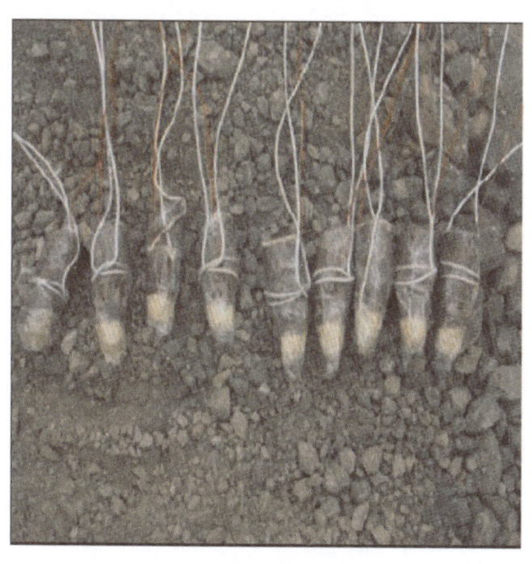

(c) 接收探头

(d) 现场制作炸药卷

图 2-28　TGP206A 系统

二、花岗岩风化程度划分

利用风化岩石与新鲜岩石纵波速度的比值，可以获得岩石波速比 K'_v[32]，进而可对岩石的风化程度进行划分，以便指导设计、施工。波速比计算采用式(2-6)。

$$K'_v=\frac{V_{pf}}{V_{pw}} \tag{2-6}$$

式中，K'_v为波速比；V_{pf}为风化岩石的纵波速度，m/s；V_{pw}为新鲜岩石的纵波速度，m/s。

根据测试确定的岩石波速比 K'_v值，按照《水利水电工程地质勘察规范》(GB 50487—2008)[23]的规定，岩石的风化程度划分见表 2-4。

室内岩块的声波测试采用武汉岩海工程技术公司研制的 RS-ST01C 声波仪，声波测试的资料处理采用武汉岩海工程技术公司研制的声波软件。岩块声波速度计算见式(2-7)。

$$V_{pr}=\frac{L}{T_p} \tag{2-7}$$

式中，V_{pr}为岩块声波速度，m/s；L 为试样尺寸，m；T_p为声波传播时间，s。

为了给出新鲜岩石波速的基准数值，按照野外鉴定，选取部分较新鲜的微风化岩块、风化岩块以及部分弱风化岩块进行测试，结果详见表 2-22。

表 2-22 岩石试件声速测定成果表

序号	野外风化程度鉴定	岩性	V_{pr}(m/s)	波速比 K'_v	波速比判别风化程度
1	微风化	花岗岩	4 900	0.95	新鲜
2	微风化	花岗岩	4 896	0.95	新鲜
3	微风化	花岗岩	4 905	0.95	新鲜
4	微风化	花岗岩	4 990	0.97	新鲜
5	新鲜	花岗岩	5 050	0.98	新鲜
6	微风化	花岗岩	4 850	0.94	新鲜
7	新鲜	花岗岩	5 050	0.98	新鲜
8	新鲜	花岗岩	5 110	0.99	新鲜
9	新鲜	花岗岩	5 150	1.00	新鲜
10	微风化	花岗岩	4 980	0.97	新鲜
11	微风化	花岗岩	5 010	0.97	新鲜
12	微风化	花岗岩	4 950	0.96	新鲜
13	弱风化	花岗岩	3 193	0.62	弱风化
14	弱风化	花岗岩	3 862	0.75	弱风化
15	弱风化	花岗岩	3 502	0.68	弱风化
16	弱风化	花岗岩	3 708	0.72	弱风化

根据测试结果来看，这批较新鲜岩石纵波波速在 4 850～5 150m/s 之间，弱风化岩石纵波波速在 3 193～3 862m/s 之间。其中较新鲜岩石纵波最大值为 5 150m/s，以该试样波速作为未风化的新鲜岩石的纵波波速基准，依次计算其他岩石的波速比可知，野外鉴别的弱风化岩石符合规范定义的中等风化

程度，而微风化以上较新鲜岩石波速比均在0.9以上，按照规范定义，均属于新鲜岩石。由此说明选样比较有代表性，其新鲜程度可以保证。这个结果也比较符合工程实践中野外鉴别很难区分微风化与新鲜岩石的经验，通常的勘察设计文件中很少出现新鲜岩层的定名，基本到微风化层为止。因为在野外地调及工程勘察中并非对单个岩块进行分析评价，而是对一层岩石进行评价，而即便是新鲜的岩体中总会存在各种级别的结构面及一些风化痕迹，在工程实践中归入微风化岩更易于理解及把握。

三、花岗岩完整性分析

岩体由岩石块体与结构面组成，岩体的整体波速通常小于其中完整岩块的波速，利用岩体波速与岩块波速的比值，可以获得岩体的完整性指数[33]，进而对岩体完整程度进行分类，以便于围岩分类及指导设计、施工。岩体的完整性指数计算采用公式(2-8)。

$$K_v=\frac{V_p^2}{V_{pr}^2} \tag{2-8}$$

式中，K_v为隧洞围岩的完整性指数；V_p为隧洞围岩各点实测声波波速，m/s；V_{pr}为完整岩块的声波波速，m/s。

根据隧洞围岩波速测试结果可求出围岩岩体的完整性指数，根据国标《工程岩体分级标准》(GB 50218—2014)，隧洞围岩完整程度应按表2-23进行完整性划分。

表2-23　岩体完整程度分类表

完整程度	完整	较完整	较破碎	破碎	极破碎
完整性指数	>0.75	0.75～0.55	0.55～0.35	0.35～0.15	<0.15

岩体声波测试采用了基于地震波法的TGP系统，该系统是北京市水电物探研究所开发研制的TGP206A隧道地质超前预报系统。该系统既可以测得洞身已经开挖段岩体波速，又能获得掌子面前方岩体波速信息。现场采用炸药激震作为震源，采用三分量检波器实现空间地震回波的矢量检测和纵横波采集。

现场选择两处代表性花岗岩区段进行分析：3＃支洞上游6+105～5+955段及3＃支洞下游9+220～9+370段。现场数据记录表见表2-24，声波测试成果图见图2-29。

表2-24　现场数据记录表

地震波测试里程：6+105～5+955				掌子面里程：6+105				地震波测试里程：9+220～9+370				掌子面里程：9+220			
接收孔里程：6+170				炮孔段里程：6+150～6+112				接收孔里程：9+152				炮孔段里程：9+172～9+210			
逐点炮孔间距(m)								逐点炮孔间距(m)							
1～2	2	6～7	2	11～12	2	16～17	2	1～2	2	6～7	2	11～12	2	16～17	2
2～3	2	7～8	2	12～13	2	17～18	2	2～3	2	7～8	2	12～13	2	17～18	2
3～4	2	8～9	2	13～14	2	18～19	2	3～4	2	8～9	2	13～14	2	18～19	2
4～5	2	9～10	2	14～15	2	19～20	2	4～5	2	9～10	2	14～15	2	19～20	2
5～6	2	10～11	2	15～16	2			5～6	2	10～11	2	15～16	2		

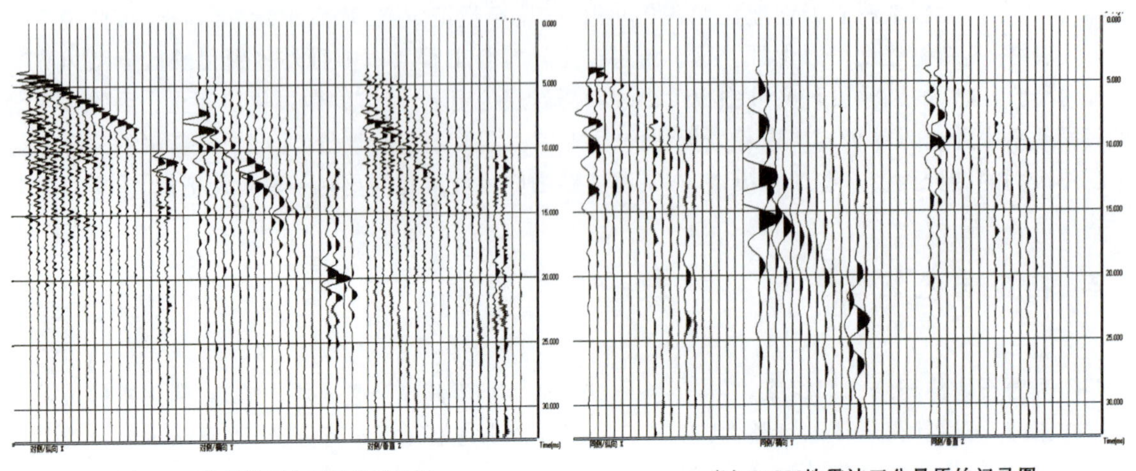

(a) 6+105地震波三分量原始记录图　　(b) 9+220地震波三分量原始记录图

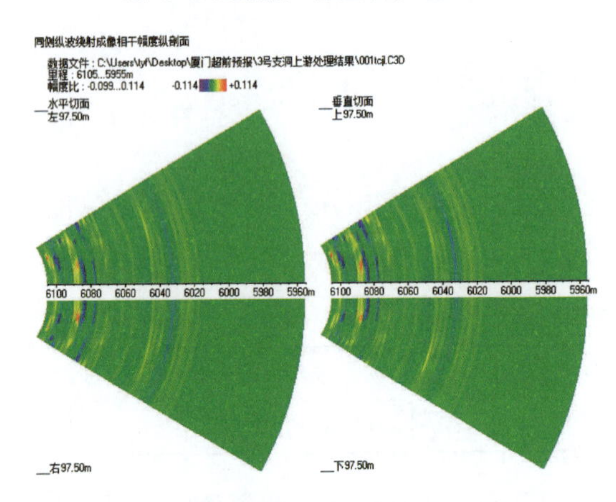

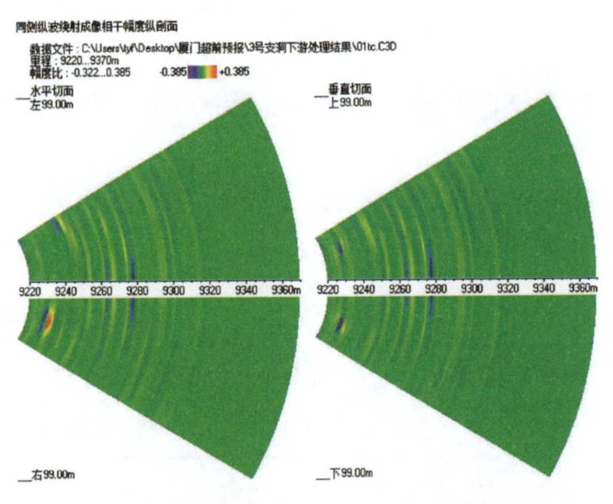

(c) 6+105地震波偏移归位图　　(d) 9+220地震波偏移归位图

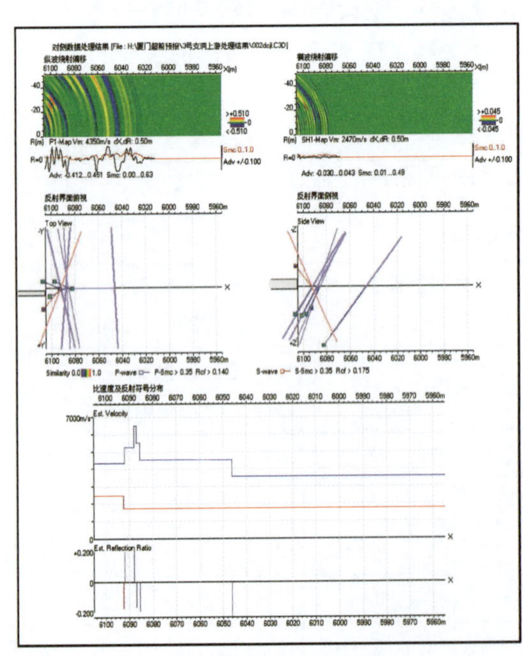

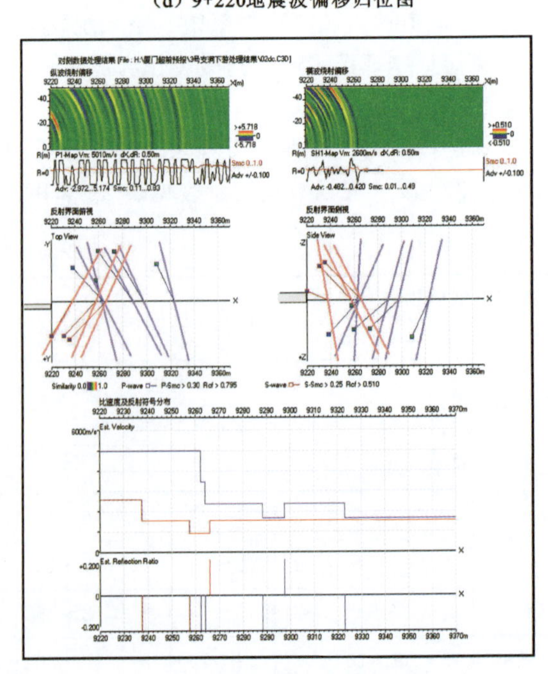

(e) 6+105波速测试综合预测图　　(f) 9+220波速测试综合预测图

图 2-29　声波测试成果图

由地震波三分量原始记录计算炮孔段围岩波速得出：

里程桩号 6+105 处纵波速度 V_p=4 350m/s，横波速度 V_{sh}=2 470 m/s。

地质勘察报告中该段岩性为燕山晚期花岗闪长岩和粗粒花岗岩，岩体的围岩级别为Ⅲ～Ⅳ类。

里程桩号 9+220 处纵波速度 V_p=5 010 m/s，横波速度 V_{sh}=2 660 m/s。

地质勘察报告中该段岩性为燕山晚期粗粒花岗岩，岩体的围岩级别为Ⅱ类。

里程桩号 6+105 处由 TGP 系统波速测试结果可知，掌子面前方围岩可划分为 3 类地质单元(共计 150m 范围)：

(1)6+105 至 6+096 段，长度 9m，与已经开挖岩层基本一致。

(2)6+096 至 6+087 段，长度 9m，反射波上升明显，但行程较短，而此后呈下降状态，符合局部小断层、硅化带特征。

(3)6+087 至 5+955 段，长度 132m，反射波速度较前有所降低，呈直线状态，说明前方岩体完整程度整体下降。

里程桩号 9+220 处由 TGP 系统波速测试结果可知，掌子面前方围岩可划分为 3 类地质单元(共计 150m 范围)：

(1)9+220 至 9+262 段，长度 42m，与已经开挖岩层基本一致。

(2)9+262 至 9+323 段，长度 61m，反射波速度出现较为明显的降低，说明岩体完整程度急速下降，判断为节理发育带或断层带。

(3)9+323 至 9+370 段，长度 47m，波速再次降低，但幅度不大，推断该段岩体依然属于节理发育带或断层带，岩体完整程度极低。

最后，根据前述岩石风化程度及岩体完整性划分标准，经过波速测算，对测试的两处围岩进行综合分析，见表 2-25。

表 2-25　基于波速测试的岩石风化及完整程度判别表

分段指标		纵波速度(m/s)	基准纵波(m/s)	波速比 K'_v	完整性指数 K_v	风化程度判别	完整程度判别
6+105 处	炮孔布置段	4 350	5 150	0.84	0.71	弱风化	较完整
	6+105～6+096	5 300～6 800	5 150	异常	异常	异常	异常
	6+096～6+087	4 500	5 150	0.87	0.76	弱风化	完整
	6+087～5+955	3 550	5 150	0.69	0.48	强风化	较破碎
9+220 处	炮孔布置段	5 010	5 150	0.97	0.95	新鲜	完整
	9+220～9+262	5 010	5 150	0.97	0.95	新鲜	完整
	9+262～9+323	2 400	5 150	0.47	0.22	全风化	破碎
	9+323～9+370	1 700	5 150	0.33	0.11	全风化	极破碎

根据测试和判断结果对围岩类别及支护方案进行了校核，围岩破碎、极破碎的全风化段应修正为Ⅴ类。同时，根据波速突变推测出局部结构面、节理发育带或岩性突变面，对提前制定各种针对性的涌水突泥防治预案提供了有力支撑。后续施工开挖以后，特意跟踪了上述分析里程段，基本与测试分析结果相吻合，由此可见原位声波测试对于前期地质勘察工作是个良好的补充，也符合新奥法施工理念。现场照片如图 2-30 所示。

(a) 新鲜完整段（残留炮眼清晰可见）

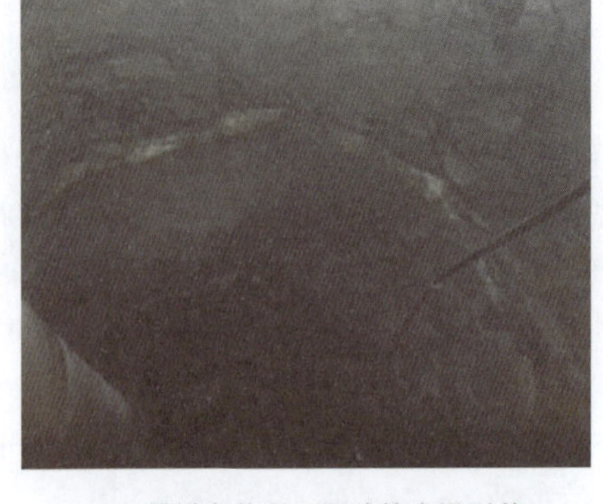
(b) 新鲜完整段（洞壁较光滑平整）

(c) 节理密集较破碎段

(d) 节理密集较破碎段

(e) 弱风化较完整段

(f) 硅化、铁质化构造硬化带

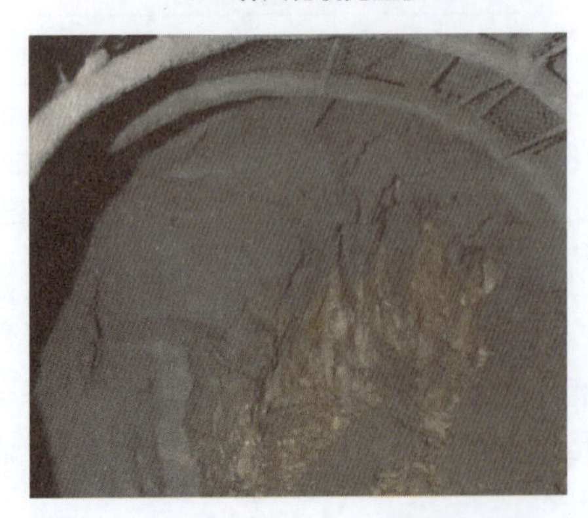
(g) 全风化带（土状，极易崩解、塌落）

(h) 弱风化带局部断层

图 2-30　声波测试段代表性围岩现场照片

第八节　风化花岗岩断层破碎带分区及渗流特性

一、概述

常规压水试验按《水利水电工程钻孔压水试验规程》(DL/T 5213—2005)进行，试验采用0.3—0.6—1.0—0.6—0.3MPa 5个压力阶段。试验采用单栓塞止水，每5m一个试验段。

压水试验的主要成果是透水率值和 p-Q 曲线。透水率采用最大压力阶段的压力值和流量值，由式(2-9)计算得

$$q=\frac{Q}{Lp} \tag{2-9}$$

式中，q 为岩体透水率值，Lu；Q 为最大压力阶段流量，L/min；L 为试验段长度，m；p 为最大压力阶段压力值，MPa。

压水试验采用多个压力阶段，因为在不同的压力下，岩体裂隙内的渗流状态是不相同的。在不同的压力下，岩体裂隙的状态(开度、充填物的位置等)会发生变化，因而其渗透性也会发生变化。

因此，岩体透水性在不同压力下是不同的。根据压水试验，得出各级压力与流量之间的关系，绘出 p-Q 关系曲线，再依曲线形状可以分为5种类型：A型(层流型)、B型(紊流型)、C型(扩容型)、D型(冲蚀型)、E型(充填型)，如表2-26所示。每种曲线代表一种渗流形式。另外，还有与这5种曲线都不同的不规则型。

表2-26　p-Q 曲线类型及曲线特点表

类型名称	p-Q 曲线	曲线特点
A型(层流型)	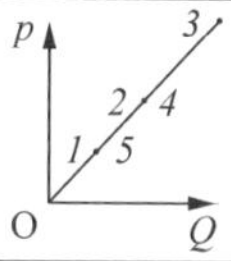	升压曲线为通过原点的直线，降压曲线与升压曲线基本一致
B型(紊流型)	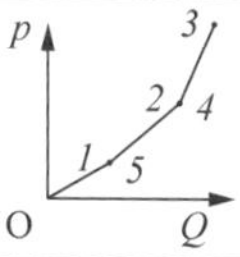	升压曲线凸向 Q 轴，降压曲线与升压曲线基本一致
C型(扩容型)	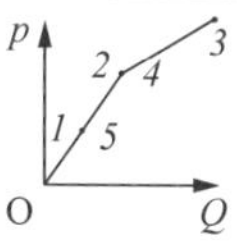	升压曲线凸向 p 轴，降压曲线与升压曲线基本一致
D型(冲蚀型)	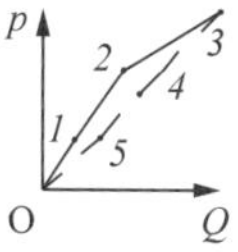	升压曲线凸向 p 轴，降压曲线与升压曲线不重合，呈顺时针环状
E型(充填型)	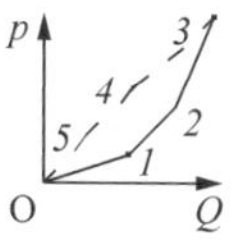	升压曲线凸向 Q 轴，降压曲线与升压曲线不重合，呈逆时针环状

注：当 p-Q 曲线中第4点与第2点、第5点与第1点的流量值绝对差不大于1L/min或相对差不大于5%时，可认为基本重合。

用压水试验成果计算渗透系数，渗透率 q 和渗透系数 K 之间不是简单的对应关系，各种条件下通过 q 计算 K 的公式也很多。

根据《水利水电工程钻孔压水试验规程》，当试段位于地下水位以下，透水性较小（透水率 $q<10\text{Lu}$）以及 p-Q 曲线为 A 型（层流型）时，可按式(2-10)计算岩体渗透系数：

$$K=\frac{Q}{2\pi Hl}\ln\frac{l}{r} \tag{2-10}$$

式中，K 为渗透系数，cm/s；Q 为压水流量，L/min；H 为试验压力，以水头表示，m；l 为试验段长度，m；r 为钻孔半径，m。

当试段位于地下水位以下，透水性较小以及 p-Q 曲线为 B 型（紊流型）时，可用第一阶段的压力 $p1$（换算成水头值，以 m 计）和流量 $Q1$ 代入式(2-10)近似地计算渗透系数。

当 p-Q 曲线为 C 型（扩容型）时，本书采用吉林斯基公式(2-11)进行渗透系数计算《铁路工程地质手册》。

$$K=0.525w\lg\frac{0.81}{r} \tag{2-11}$$

式中，K 为渗透系数，cm/s；w 为单位吸水量，L/MPa · m · min；l 为试验段长度，m；r 为试验段钻孔半径，m。

以前我国压水试验的成果使用苏联的技术标准，用单位吸水量 w 表示。单位吸水量表示单位试段内，在单位水头作用下的流量。透水率 q 和单位吸水量 w 的关系为 $q=100w$。

二、渗流特性

以龙津溪引水隧洞 F_{61} 断层附近 12＋500 段进行压水试验。其中 F_{61} 断层倾斜角度为 42°，中间断层带宽度 3m，断层破碎带 20m，如图 2-31 所示。完整围岩带透水率 $q=1\times e^{-16}\text{m}^2$。断层带及断层破碎带渗透系数根据压水试验求得。求得各试验段透水率及渗透系数如表 2-27 所示。

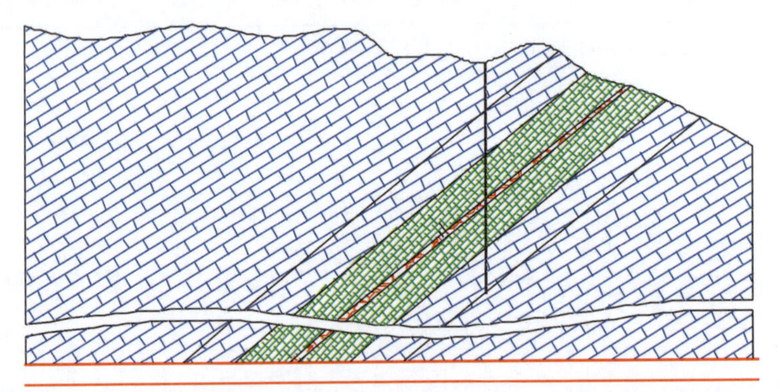

图 2-31　龙津溪引水隧洞 F_{61} 断层三带分区及 12＋500 段压水试验示意图

表 2-27　龙津溪引水隧洞 F_{61} 断层附近 12＋500 段压水试验结果表

试段	试段深度(m)	试段长度(m)	稳定流(L/min)	透水率(Lu)	p-Q 曲线类型	渗透系数
1	64.2～69.2	5	0.128	0.026	A	3.00×10^{-13}
2	69.2～74.2	5	0.604	0.165	B	2.54×10^{-12}
3	74.2～79.2	5	2.740	0.548	A	6.43×10^{-12}
4	79.7～83.5	3.8	3.274	0.862	B	1.03×10^{-11}
5	83.9～88.9	5	2.438	0.488	B	6.77×10^{-12}
6	88.9～93.9	5	0.946	0.189	A	2.22×10^{-12}
7	93.9～98.9	5	0.096	0.019	C	3.05×10^{-13}

各试段压水试验 p-Q 曲线如下：

根据图 2-32，升压曲线大致为通过原点的直线，降压曲线基本与升压曲线重合，由此判断该孔深 64.2～69.2m 试段压水试验 p-Q 曲线为 A 型（层流型），并且透水率 $q=0.026\text{Lu}<10\text{Lu}$，因此渗透系数采用最大压力阶段的 p、Q 值进行计算。

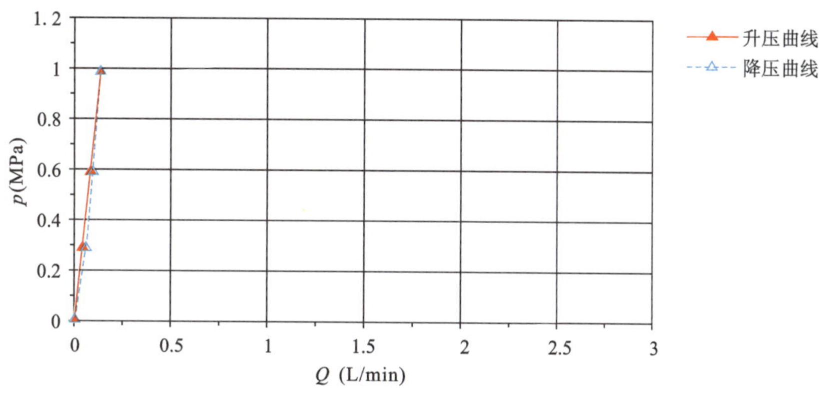

图 2-32　孔深 64.2～69.2m 常规压水 p-Q 曲线图

根据图 2-33，升压曲线凸向 Q 轴，降压曲线基本与升压曲线重合，由此判断该孔深 69.2～74.2m 试段压水试验 p-Q 曲线为 B 型（紊流型），并且透水率 $q=0.165\text{Lu}<10\text{Lu}$，因此渗透系数采用第一压力阶段的 p、Q 值进行计算。

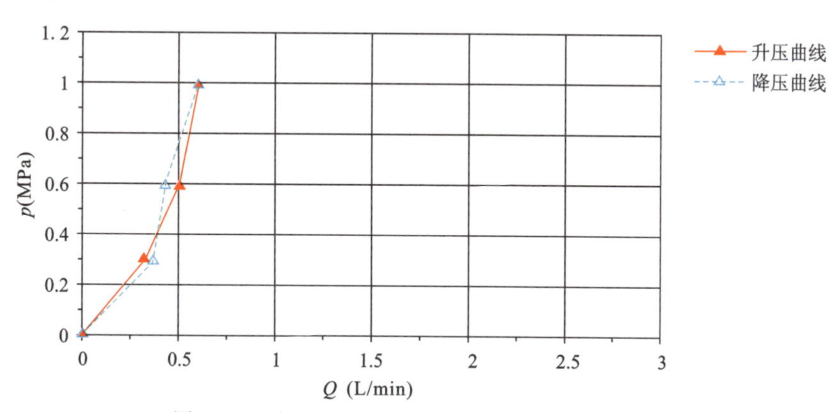

图 2-33　孔深 69.2～74.2m 常规压水 p-Q 曲线图

根据图 2-34，升压曲线大致为通过原点的直线，降压曲线基本与升压曲线重合，由此判断该孔深 74.2～79.2m 试段压水试验 p-Q 曲线为 A 型（层流型），并且透水率 $q=0.548\text{Lu}<10\text{Lu}$，因此渗透系数采用最大压力阶段的 p、Q 值进行计算。

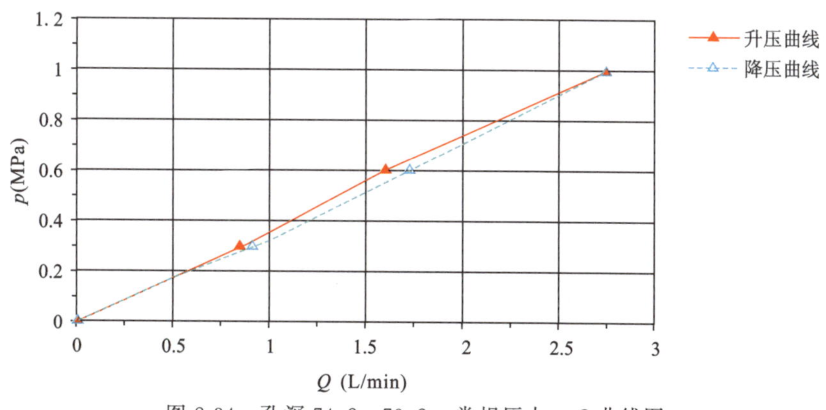

图 2-34　孔深 74.2～79.2m 常规压水 p-Q 曲线图

根据图 2-35，升压曲线凸向 Q 轴，降压曲线基本与升压曲线重合，由此判断该孔深 79.7～83.5m 试段压水试验 p-Q 曲线为 B 型（紊流型），并且透水率 $q=0.862\mathrm{Lu}<10\mathrm{Lu}$，因此渗透系数采用第一压力阶段的 p、Q 值进行计算。

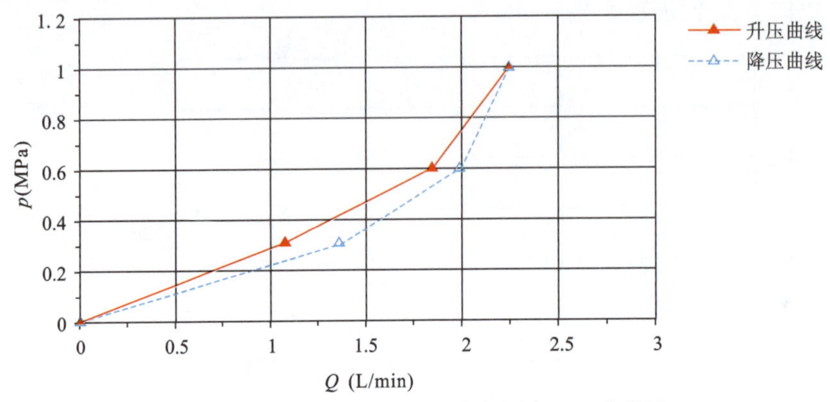

图 2-35　孔深 79.7～83.5m 常规压水 p-Q 曲线图

根据图 2-36，升压曲线凸向 Q 轴，降压曲线基本与升压曲线重合，由此判断该孔深 83.9～88.9m 试段压水试验 p-Q 曲线为 B 型（紊流型），并且透水率 $q=0.488\mathrm{Lu}<10\mathrm{Lu}$，因此渗透系数采用第一压力阶段的 p、Q 值进行计算。

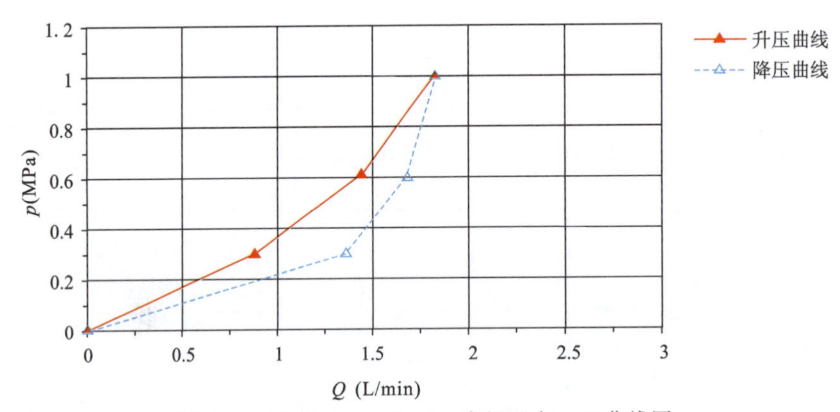

图 2-36　孔深 83.9～88.9m 常规压水 p-Q 曲线图

根据图 2-37，升压曲线大致为通过原点的直线，降压曲线基本与升压曲线重合，由此判断该孔深 88.9～93.9m 试段压水试验 p-Q 曲线为 A 型（层流型），并且透水率 $q=0.189\mathrm{Lu}<10\mathrm{Lu}$，因此渗透系数采用最大压力阶段的 p、Q 值进行计算。

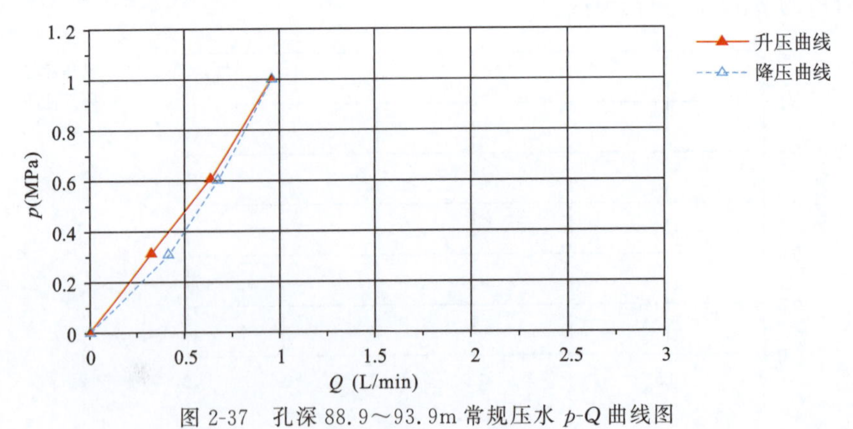

图 2-37　孔深 88.9～93.9m 常规压水 p-Q 曲线图

根据图 2-38，升压曲线凸向 p 轴，降压曲线基本与升压曲线重合，由此判断该孔深 93.9～98.9m 试

段压水试验 p-Q 曲线为 C 型(扩容型)，并且透水率 $q=0.019\text{Lu}<10\text{Lu}$，因此渗透系数采用吉林斯基公式进行计算。

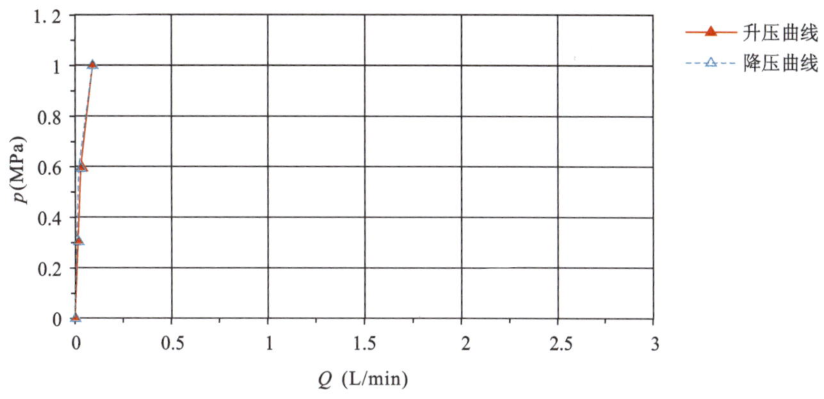

图 2-38 孔深 93.9～98.9m 常规压水 p-Q 曲线图

根据压水试验成果，研究渗透系数 K 与距断层中心距离 x 的影响关系，距断层中心距离 x 位置处渗透系数 K 值见表 2-28。

表 2-28 距断层中心距离 x 位置处渗透系数 K 值表

x(m)	-11.8	-7.9	-3.9	0	3.9	7.9	11.8	$\geqslant 21.5$
K	3.0×10^{-13}	2.5×10^{-12}	6.4×10^{-12}	1.0×10^{-11}	6.8×10^{-12}	2.2×10^{-12}	3.1×10^{-13}	1.0×10^{-16}

对 x-K 之间的关系进行高斯函数拟合，拟合后的曲线函数为：

$$K=\mathrm{e}^{-\frac{x^2}{40.2}}\times10^{-11} \tag{2-12}$$

拟合曲线如图 2-39 所示。

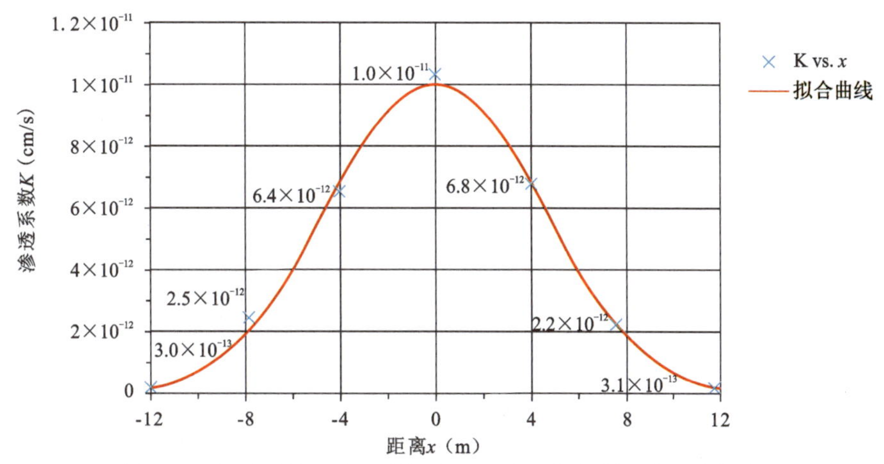

图 2-39 渗透系数 K 与距断层中心距离 x 的高斯函数拟合曲线图

因此，断层三带分区的渗透系数可以表示为：

$$\begin{cases} K=K_{\mathrm{f}}\cdot\mathrm{e}^{-\frac{(\ln K_{\mathrm{f}}-\ln K_{\mathrm{r}})x^2}{(\frac{d_1}{2}+d_2)^2}}, |x|\leqslant\frac{d_1}{2}+d_2 \\ K=K_{\mathrm{r}}, |x|\geqslant\frac{d_1}{2}+d_2 \end{cases} \tag{2-13}$$

式中，K_{f}为断层中心渗透系数；K_{r}为完整围岩带渗透系数；x 为距断层中心距离，m；d_1 为断层带宽度，m；d_2 为断层破碎带宽度，m。

上述表达式的含义为：断层带及断层破碎带的渗透系数介于 K_{f}与 K_{r}之间，并且以高斯函数关系平滑过渡；完整围岩带的渗透系数变化较小，取为常值。

第三章　隧洞穿越富水风化花岗岩断层破碎带涌水突泥影响因素及孕育演化机制

隧洞工程属于目前工程分类中比较典型的地质工程，而将地质工程作为一个真正明确的命题进行研究，在我国最初是由孙广忠教授提出的[34]。在孙教授的一系列著作当中，他将地质工程的重点研究对象提升为“地质体”，这是对古德曼所研究的地质工程概念中“岩体”的提升与突破。按照孙广忠教授对地质工程的经典定义及阐述可知：研究地质工程，需要重点研究“地质体”“地质环境”，需要重点关注“地质”问题，紧密联系“设计和施工”。

由此可见，隧洞涌水突泥问题的研究，溯本求源，离不开对“地质体”（围岩以及地下水）的分析研究，离不开对工程所赋存的“地质环境”（工程地质条件、水文地质条件）的研究，离不开对设计及施工的研究[35]。这些因素，从宏观到微观，从客观到主观，从必然因素到偶然因素，对隧洞的涌水突泥皆有不同的影响。

第一节　涌水突泥影响因素

一、地形地貌对涌水突泥的影响

地形地貌对于隧洞涌水突泥有着重要的影响，从宏观上控制了隧洞“地质体”所赋存的地质环境。地形地貌从宏观上控制着不同类别岩土的分布，影响着隧洞围岩的类别、稳定性及渗透性，影响着区域地下水的埋藏、补给及渗流，同时还影响着围岩的局部应力状态。

1. 地形地貌对水文地质条件的影响

地形地貌一般控制着地表水系发育情况。山间沟谷及低洼地带具有良好的汇聚大气降水能力，常易形成溪流甚至湖塘，对山体或地表以下地下水补给提供了丰富的来源。这也是地表水系发育地带隧洞围岩中也往往易形成涌水突泥的水文依据。

同时，地形地貌深刻地影响着地下水的埋藏特征及渗流与排泄路径，不同地貌单元一般埋藏着不同类型的地下水。河流及海岸阶地、洪积扇等地貌单元多见松散岩组孔隙潜水，山前平原、山间谷地、山脚下多见承压水。

在进行隧洞涌水量预测模型选取及参数计算时也通常要考虑地形地貌的影响，有时需按照地形条件计算汇水面积，确定地表水体与隧洞的补给距离等。

因此，地形地貌控制着隧洞线路区域的地下水埋藏条件、补给条件、渗流路径等，深刻地影响隧洞的涌水情况。

2. 地形地貌对岩土体类型及渗透特性的影响

在不考虑其他影响因素的前提下，通常情况可见不同的地貌单元对应不同的岩土类型，而不同的岩土类型对应着不同的围岩级别，不同的围岩级别对应着不同的围岩稳定性特点。同时，不同的岩土类型又意味着有不同的孔隙率，具备不同的导水、储水及渗流特性。

福建地区常见地貌单元有山地、山前平原、洪积扇、河谷、冲积平原、海岸阶地及海岸平原等，但是以山地为主。福建东南地区山地多见火成岩，部分为沉积岩。

整体而言，大部分岩石强度一般高于第四纪湖积、坡积、冲洪积物，高于一般黏性土类、砂卵石类、土岩混合物。通常岩石类的整体孔隙率较小，导水、储水能力差，渗流系数较小，可以认为是微透水或不透水的。山体岩石内除断层带、风化深槽、岩溶外，一般基岩裂隙水是有限的。隧址区隧洞内除断层带外，大部分区域基岩裂隙水含量较少。

该地区除山地外，其他地貌单元多见各种土类，除黏性土渗透性微弱外，一般冲洪积相、海积相砂土类、碎石土类，以及山前平原、洪积扇甚至山间沟谷常见的土石混合物通常都具有较大的孔隙率及良好的导水、储水性，渗透性良好。

一般情形下，围岩强度低，导水、储水及渗透性好的地层更容易发生涌水突泥现象。由此可见，地形地貌从宏观上控制着不同类别的岩土分布及渗透特性，影响着隧洞围岩的类别、稳定性及渗透性。

3. 地形地貌对隧洞围岩应力的影响

一般来说，地应力分布对于隧洞围岩稳定性有非常重要的影响[36-40]。隧洞围岩的应力分布控制着围岩的变形与破坏、裂隙的损伤扩展等，深刻地影响着围岩的渗透特性及渗流途径，对隧洞内涌水突泥的发展与演变关系密切。

地形地貌反映了现今的岩土体在三维空间的展布特点，不同的地势位置一般具有不同的地应力特征。例如向斜构造时的挤压作用使得岩体内储存了较高的地应力，即便在后期的剥蚀作用下，也难以完全松弛释放。再比如河流阶地处由于水流冲刷作用导致原有地面剥蚀，使得地层中现有的地应力可能大于其实际自重应力，呈现超固结状态。就山体内自重作用下的应力分布特点而言，从山顶到山脚，不同的位置，应力集中及作用方向也会发生改变[41]。类似的，山体转折处地应力也往往发生集中现象。山越高，山体内围岩也面临着越高的自重应力。因此，地形地貌通过对隧洞围岩应力的影响对隧洞的涌水突泥产生影响。

二、地层岩性及结构特征对涌水突泥的影响

围岩的成分、特性、结构等决定了其强度、变形特性、风化特征、渗透性等，深刻影响着围岩的稳定性及变形规律等，对涌水突泥的类型、发展及演变规律具有突出的影响。

1. 围岩成分对强度及风化特征的影响

岩石是由各种矿物构成，不同的矿物成分具有不同的物理力学及化学特性。岩石的力学性能主要受其矿物成分硬度的影响。通常情况，硬质矿物成分含量越高，比如石英、长石等含量越高，岩石强度越高，抵抗变形的能力越强，其弹性、脆性比较显著；而硬度低的矿物，如云母、绿泥石、高岭石及蒙脱石含量越高，岩块强度就越低，抵抗变形的能力越弱，其塑性、韧性比较明显。

岩石的风化特征主要受其矿物成分物理化学稳定性的影响。自然界常见成岩矿物中，石英是最稳定的，长石稳定性一般，角闪石次之，辉石再次之，橄榄石最易风化。因此，岩石成分不同，其抗风化能力

差别会较大。

某些矿物具有特殊的理化特性，往往会导致岩石的特殊性质，常见的如岩石的软化、崩解特性、膨胀收缩特性等。这些特性会因为岩石所赋存环境条件的改变而发生变化，导致岩石的结构破坏、裂纹开展、强度降低等。

2. 围岩结构及构造特征对物理力学特性的影响

除受矿物成分本身性质影响外，岩石的物理力学特性还受岩石的结构及构造影响。矿物成分的颗粒形状、排列组合方式、晶体形态以及胶结方式或者原生层理、节理等特征，均会对岩石的物理力学特性产生较大的影响。一般来说，颗粒形状比较均匀、胶结比较好、晶粒细而均匀、层理或节理较少的岩石强度较高。完整岩石比破碎岩石强度更高，也更稳定。块状构造岩石要比层状构造岩石更稳定，厚层状构造岩石要比薄层状构造岩石更稳定。相对于层状构造而言，块状构造的岩石更接近各向同性，更具有连续性特征。

3. 地层岩性及结构特征对涌水突泥的综合影响

前述分析说明，岩性及结构特征对岩石的强度、变形特性、风化特性、特殊理化性质、均匀性及连续性等具有重要影响。

从岩质来看，脆性岩石一般裂隙易发育，强度较高，不易被水流冲刷、侵蚀，围岩稳定性较好，透水性好，此类岩石隧洞涌水突泥以直接涌水为主，且不易坍塌。塑性岩石一般裂隙发育较少，裂纹容易闭合，且含更多黏土矿物，强度较低，围岩稳定性差，变形更具有流变、蠕变效应，压力拱易产生动态变化，易被冲刷、侵蚀，甚至软化、崩解。此类岩石隧洞涌水突泥常伴随着大规模的塌方，形成泥石混合流，易导致涌水突泥的滞后发生以及多次发生。

从围岩风化程度看，全风化岩体一般结构已经破坏，多呈松散状，稳定性极差，更容易发生涌水突泥事故。且矿物发生蚀变后易软化崩解，可为涌水突泥提供较多的泥质成分。

从围岩的结构特征看，完整性好的岩石自稳能力强，松动圈及裂隙开展范围小，通常不易发生大规模的破坏现象，以局部破坏、局部掉块为主。而层理发育、结构面发育的岩石更易破碎，稳定性更差，同时渗透性更好，更容易发生大规模的涌水突泥事故。

由此可见，地层岩性及结构特征对隧洞涌水突泥具有显著影响。

三、地质构造对涌水突泥的影响

根据工程实践，岩层内的隧洞涌水突泥多发生于岩溶地区及断层带内。对于非可溶的花岗岩地区隧洞涌水突泥问题而言，地质构造的影响主要是形成并控制了区域的断裂构造，即断层带的分布特征。而断层带内围岩受构造挤压、剪切、错动或张拉作用，岩石通常呈现碎裂状、片理化、角砾化、糜棱化、泥化等现象，导致围岩整体较破碎，一般孔隙率较大，结构较松散，导水性、储水性较好。特别是张性断层带围岩更松散破碎，往往形成良好的储水构造，为隧洞的涌水突泥提供了丰富的地下水来源。

1. 张断层围岩分布特点

张断层诱发的破碎带及普通围岩空间分布示意图如图 3-1 所示。张断层一般倾角较大，且两侧破碎带范围较宽(图中尺寸及围岩分界线仅为示意)，实际工程中，从普通围岩到破碎带应该是逐步过渡的。野外露头或隧洞内地质调查通常可见节理裂隙密集程度自普通围岩到断层中心是逐步加密的，岩石破碎程度也相应从较完整、较破碎、破碎、极破碎逐渐过渡，有时并无明显的界线。

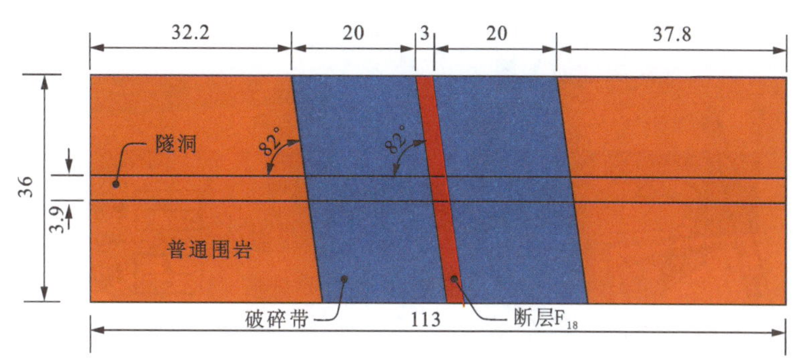

图 3-1 张断层带及普通围岩空间分布示意图(单位:m)

2. 单条张性断层涌水突泥致灾构造

单断层的张性富水断层涌水突泥致灾构造示意图如图 3-2 所示。隧址区内张性断层影响范围较宽,一般均延伸至地表。野外调查发现,断层在地表出露处多形成冲沟或溪流,具有良好的汇水特性。在漫长的地质历史当中,一方面,地表冲沟或溪流内汇聚的地表水不断沿断层直接渗入岩层深部;另一方面,断层带两侧的岩体裂隙不断地接受大气降水并渗流至断层带中,最终形成了富水断层构造。

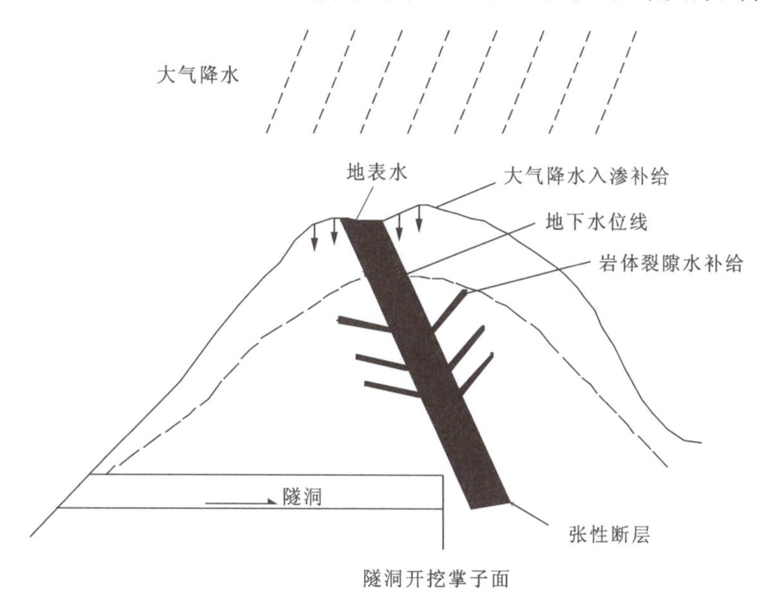

图 3-2 张性富水断层涌水突泥致灾构造示意图

另外,张性断层易形成宽大、深厚松散破碎带(花岗岩断层带内则易形成风化深槽),破碎带内的构造应力累积较小,残余构造应力易消散,应主要考虑垂直应力,即自重应力的影响。根据普氏平衡拱理论,在此种埋深较大、主要受自重应力影响的松散围岩中,易形成塌落拱结构,这对于隧洞滞后涌水突泥演化具有重要影响。且涌水一旦发生,在丰富的地下水作用下,松散塌落体易于形成泥石流。因此,张性断层带不仅易形成富水构造,同时也是突泥构造。

3. 隧址区断裂构造格局

根据区域地质可知,隧址区的地质构造基本格架是燕山期形成的,主要是断裂构造。隧址区断裂发育方向有北东向、北西向、南北向、东西向 4 组,其中以北东向和北西向断裂最为发育。

北东向断裂是由一系列走滑断层组成,对侵入火山岩和火山构造的展布具有控制作用。北西向断裂是本区另一组主要断裂构造,由走向 310°～325°的一系列张性正断层组成,本组断裂往往错断北东向断裂。

根据相关研究，以上北东向及北西向两组主要断裂构造受福建东南地区大地构造格局影响[42,43]，区域地应力最大主应力方向及断层性质如图 3-3 所示。

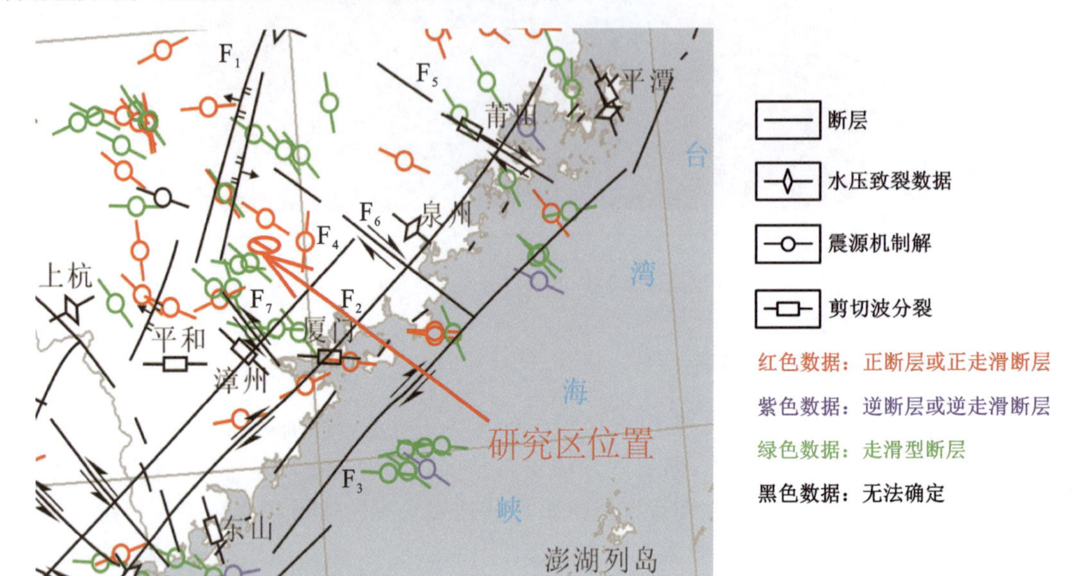

图 3-3 福建东南地区断裂构造及地应力分布简图

图 3-3 根据区域地质资料及收集到的地应力数据标示了福建东南地区断裂构造格局、断层性质及地应力分布情况。其中 F_1 为政和-海丰断裂带，F_2 为长乐-诏安断裂带，F_3 为滨海断裂带，F_4 为福清东张-诏安订洋断裂带，F_5 为沙县-南日断裂带，F_6 为永安-晋江断裂带，F_7 九龙江下游断裂带。

根据勘察报告、区域地质资料可知，隧址区处于图中 F_1、F_4、F_6、F_7 断裂带所围成的断块内。其中 F_1 与 F_4 为北东向断裂构造，F_6 与 F_7 为北西向断裂构造。研究[43]表明，福建东南地区主要受北西向断裂控制，断层以正断层、正走滑断层为主。根据断层活动性质及福建地区花岗岩地层断层特点可知，正断层为张性断层，往往形成较宽大、较松散的破碎带。而逆断层为压性断层，在高温高压作用下，花岗岩中往往形成宽度较窄的硅化带。隧址区隧洞施工中地质调查表明，隧洞内多见宽大破碎带而极少发现硅化带的事实印证了区域地质构造特征。

4. 隧址区线路区域断层分布特点

根据区域地质资料，野外地质调绘及勘察报告，绘制隧址区引水隧洞轴线走向与附近断层分布图见图 3-4。

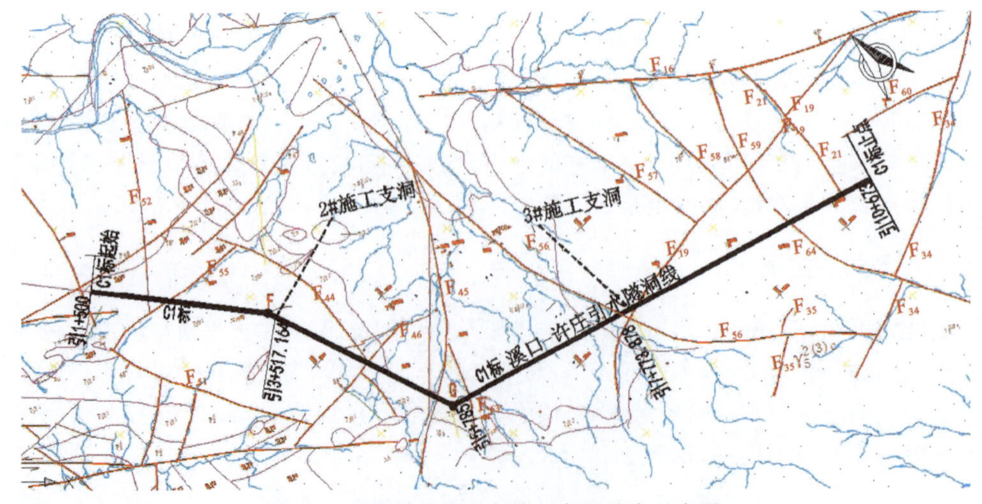

图 3-4 隧洞轴线走向与附近断层分布示意图

图 3-4 显示，工程所在区域断层极为发育，隧洞自起点开始，沿途分别与多条断层相交，局部为两条断层交会处。对图中断层分布特点仔细研究后可以发现，断层倾角一般较大，符合张性断层的特点。北西向主要断裂构造诱发了多条南北向或北东向局部次级断裂，同时可见北西向主要断裂在局部将北东向断裂错断，截为数条，如 F_{64} 断层截断并错动 F_{34} 断层为典型。由此可见，工程区断裂构造整体分布特征与图 3-3 所示福建东南部大地构造格局整体分布相一致。

沿线路方向仔细观察可发现，线路局部与交会断层相交外，沿线大部分位于局部断裂围成的断块内，以 F_{55}、F_{46}、F_{63}、F_{19}、F_{64} 分别为界，线路先后处于 5 个断块内，其中以 F_{55}、F_{44}、F_{46}、F_{51} 4 条断层围成的断块及 F_{56}、F_{19}、F_{64}、F_{34} 围成的断块面积较大。由于断层深切作用及导水、储水作用，断层所围成的断块地表出露部分接受的大气降水能够更好地在导水边界之内入渗至岩体内部，而减少地表径流或坡面面流流至较远的低洼处。同时因为断块四周断层相互连通，强化了断层带之间的水力联系，有助于加强导水及储水作用。相对于单条储水断层而言，多条断层相互连通，彼此之间可以有良好的水力补给，并能通过相交断层与更多及更远的补给来源连通。由此可见，施工当中所遇到的多处涌水突泥长周期的反复涌水以及抽排量甚大，正是由于这种复杂又相互连通的断裂构造导水、储水特点造就的，这是工程施工中涌水突泥状况复杂的重要因素。

5. 区域地质构造特征对隧洞涌水突泥的影响分析

综合以上可知，区域的地质构造特征决定了晚更新世以来起主导作用的北西向断裂活动主要以张拉、走滑错动为主，由此决定了隧址区次级断裂主要是张性断层的特点。而张性断层及诱发破碎带岩石相对于压性断层带岩石具有更加松散的结构，具有更大的孔隙率及渗透性，通常具有良好的储水性、导水性特点。而多断层的相连交会以及断块结构又强化了地下水的入渗途径，使得区域围岩中储备了丰富的地下水量，同时这种强化的水力联系为相连断层带之间提供了良好的区域地下水渗流通道及补给来源。

以上分析表明，正是隧址区断裂构造特征、空间展布特点决定了区域断层带的富水性特点。因此，地质构造成为隧址区富水断层带内进行隧洞施工可能面临涌水突泥灾害的重要影响因素。

四、气候及地下水对涌水突泥的影响

隧洞涌水突泥的先决条件除了基本的导水、储水构造外，还必须有充足的地下水及补给来源。显然，气象及地下水是先决条件中的主导因素。

1. 季节气候及降水的影响

通常，地区地表径流的流量、水位，乃至地下水受当地气象条件主导，受大气降水及地面蒸发的平衡关系控制。地区气温高低决定了蒸发强度，而气候特点决定了地区全年的总降水量，降水强度则决定了短时间内的地表水量。

一般区域地下水主要接受大气降水入渗补给。对隧洞涌水突泥而言，就空间区域来看，大气降水丰沛地区一般涌水多发，就时间而言，雨季涌水灾害较枯水季节重，短时间降水强度高，涌水量会增大。丰水季节地下水水位一般较高，地层中地下水的水压也相对较高，而较高的水压更有利于地下水的渗流，有利于岩石裂隙的开展，因而有利于涌水突泥的发生。通常情形下，各地地下水均具有明显季节性变化特点，相应地，隧洞涌水也随着季节气候及降水的变化而变化。

2. 地下水水文地质特点的影响

地下水的埋藏，即围岩的富水性、地下水压力对于隧洞涌水突泥具有明显的影响。在多雨湿润地区或雨水丰沛的季节时段内，张性断层内储备了丰富的地下水，更易发生涌水突泥现象，涌水突泥的水量更大。深埋条件下，水压较高，隧洞内更易产生涌水突泥事故。水压过低，则地下水能量有限，其破坏能力显著降低，隧洞内多见局部渗漏、淋水，难以引发灾难性破坏。高水压地下水则具有更高的势能，会加速围岩裂隙开展，扩展渗流通道，加快渗流速度，加剧水流对岩石的冲刷侵蚀，从而加剧围岩的劣化，降低围岩的强度。同时可以突破更厚的隔水岩墙，涌水突泥后会带出大量的岩块、岩屑及泥质。因此高水压地下水极易引发大规模塌方及涌水突泥事故，可形成水石流、泥石流等。

地下水的补给条件对于隧洞涌水突泥的水量及持续性也具有重要影响。地表径流发育，地下水与附近水源连通，则大大加强了地下水的补给。区域地表溪流发育，且多是由于断层出露地表后断层带及附近岩质疏松，导致地表易被风化侵蚀，最终被冲刷形成山间溪流，使得区域断层带内的地下水与地表水之间形成了紧密的水力联系。同时，由于储水断层之间的相互连通，相互渗流补给，使得断层储水体之间联系紧密，加强了局部涌水突泥后的水力补给及涌水总量。此种情形下，不仅仅增大了隧洞涌水突泥的概率，在深埋条件下涌水突泥后水量更具有持续性。

在花岗岩断层破碎带区域，地下水一方面可以使弱风化岩石强度降低，劣化加剧，另一方面断层破碎带区域大量的残积土含有丰富的黏土矿物，遇水软化、崩解后，不仅容易产生塌落等大变形，而且会在隧洞涌水后形成泥石流，造成大规模突泥。

五、花岗岩断层破碎带风化特性

除前述分析中各种常规影响外，风化花岗岩断层带对涌水突泥的影响仍然具有自身显著的特性。

1. 一般岩石断层带风化特点

在自然界，不考虑断层带及岩层分界的影响，岩石的风化线或者风化深度相对均匀，包括普通花岗岩自地表风化深度波动也不大。某些岩石，如石英砂岩、灰岩，则通常比较稳定，特别是灰岩，自然界除溶蚀及机械破碎外，基本上看不到风化带。普通沉积岩，如黏土类岩石，抵抗风化的能力较弱，但是即便是断层带内，因为其遇水即容易软化、崩解的特性，可形成大量的泥质而填充裂隙。因此，泥岩中自断裂构造形成之后，自原始地貌的地表开始，上部裂隙极易闭合而渗透率低下，透水性依然很差，导致后续的地质历史演变中，地下水及空气难以深入地层深部而继续加剧岩层风化。故在泥岩的野外勘探中，断层带的风化属性与两侧较完整岩石是基本一致的，岩质的新鲜程度基本一致，很少形成沿断层带的风化深槽，常规风化线以下，到达微风化或未风化层后断层带内可见的也依然仅仅是机械破碎后的新鲜岩块、岩屑、岩粉，几乎观测不到上部强—弱风化带中常见的铁锰质氧化物、次生高岭土条带等风化痕迹，如图3-5所示。

(a) 弱风化岩

(b) 微风化岩

(c) 微风化岩断层带

图 3-5　泥岩弱风化、微风化岩与断层带对比图

2. 花岗岩断层带风化特点及对涌水突泥的影响

前述花岗岩选择性风化带划分中已经论述了花岗岩张性断层带中岩石风化的划分原则。从工程实践上来看，花岗岩张性断层带一般多形成风化深槽，随着风化作用沿断层带向地表深处延伸，可远远超过常规风化带数十米甚至数百米，导致断层带及两侧影响带内的岩石被风化蚀变成砂土或含砂砾状黏性土，或散体状碎块，成为全强风化物甚至残积土，强度极低。此类现象在东南沿海地区广泛存在。

根据区域资料看，漳州及厦门地区花岗岩常见强风化带厚度多在50m以内。

以目前同类型桥梁中主跨跨度位居全国第六、世界第九的厦漳跨海大桥为例，在大桥建设期间经过施工勘察所揭示的地层相当典型。大桥北主塔墩台处，采用衡探300型钻机普遍钻进至海底以下110～120m，依然以全强风化带为主，丝毫不见风化程度减弱迹象，而南主塔墩台处50m深度已经是微风化基岩层，且全强风化带较薄。由区域地质资料可知，北主塔所在九龙江北汊区域，恰好有F_7九龙江下游断裂带通过，形成了花岗岩断层风化深槽。

以上工程实践资料说明，花岗岩断层带易形成风化深槽，风化营力可沿断层延伸至地下百米以上。泥岩断层带渗透性低，导水及储水性差，同类型地层中兴建隧洞面临大规模涌水的风险非常小，另一方面，因为断层带内在物质埋深较大的情形下依然是较新鲜的矿物组成，作为极破碎的碎裂岩层看待，依然具备一定的强度，工程检测表明其强度类似密实的角砾地层。花岗岩断层带风化深槽内，岩块、岩屑风化蚀变为全风化物、残积土后，强度较未风化的碎裂岩层急剧降低，工程检测表明其风化物强度基本与可塑—硬塑状黏性土或者中密类中细砂层为一个级别，甚至更低。在断层带往两侧较完整的岩层延伸过渡段，也由于断层作用，在中风化甚至微风化岩层中形成密集节理裂隙发育带，不仅形成了导水的特性，而且易造成沿节理裂隙面的矿物风化蚀变，为后期渗流作用下的冲刷或渗透变形破坏提供了物质基础，具备了渗流通道在中风化岩层中顺裂隙扩展的基础。

因此，花岗岩断层带易形成风化深槽的特点造成了其中兴建隧洞时即便是深埋条件下依然要面临的两个突出问题，即富水及全风化土、残积土等易软化崩解的围岩状况，以及断层影响下形成的大量易风化、具导水特性的节理裂隙，由此导致隧洞涌水突泥的风险极高。同时在深埋条件下，松散富水围岩塑性松动圈及塌落拱会不断地形成动态扩展效应，造成多层次的涌水突泥现象，具备滞后涌水突泥及二次涌水突泥条件，使得整体的涌水突泥现象更趋于复杂多变。

六、其他因素对涌水突泥的影响

以上对于影响隧洞涌水突泥的客观因素做了分析，实际上，从人为的角度来看，人为因素对于隧洞涌水突泥的影响也不可忽视。比如人为的围岩分类误差、超前地质预报不准、勘察设计及施工考虑不足，最终的结果都反映在了施工扰动过大或加固、支护、变形控制不足，最后出现人为失误，未能防控涌水突泥的发展演化而导致灾难性后果。

作为一个考虑了涌水突泥各种影响因素的综合指标，隧洞围岩分类实际上对应着涌水突泥风险等级。因此，隧洞围岩分类不准，会造成施工组织准备不足或麻痹大意，将会造成对潜在的涌水突泥风险估计不足，影响加固及支护措施，影响超前预报安排等。

从工程实践来看，造成重大地质灾害，带来重大人员生命安全及财产损失的大型涌水突泥事故，如果事先能够合理安排超前预报，准确判断，提前采取注浆堵水等加固措施，理论上是可以降低这种风险概率的。因此，超前地质预报对隧洞涌水突泥防治的重要性不言而喻！在现有隧洞施工指导体系下，经典指导思想是“新意法”及“新奥法”[44]。“新意法”更重视对掌子面及前方的变形分析和控制。“新奥法”思想指导下，在隧洞已经穿过不良地质体的后续施工中，除开挖掘进外，主要工作内容重心是对已经成型段的变形及收敛的监测。这两种施工指导方法导致在复杂地段通过后，经常会忽视洞身两侧及顶底板围岩内部依然存在的不良地质体或者围岩进一步劣化、地下水不断动态演化等现象。洞身段滞后涌水突泥的风险并未完全消除。另外一个值得注意的现象是，对于涌水突泥地段即便是注浆加固后，因为后续施工的扰动，特别是深埋隧洞松动圈及压力拱的动态发展演化，加固体也存在后期失效而导致涌水突泥的现象[45]。结合工程实践来看，在特殊而复杂地段，后续仍有继续预报的必要。

孙广忠教授认为地质工程的研究对象以“地质体”为重点[46]。需要通过勘察工作查明工程地质，查明地质体的基本情况，在此基础上，通过对比、优化及计算，针对性地采取总体方案及细节设计，确定具体设计参数，最后交由施工组织来实现设计思想，以达到控制地质体变形和破坏的目的。因此，从整体上看，要想达到理想的效果，勘察工作是获得原始、客观、真实、可靠资料的基础，做出科学、合理、可行又具有针对性的设计方案及施工详图则是工程顺利实施的关键，而施工组织的协调与优化，对设计方案的执行以及按照规范标准进行施工质量控制是最终实现设计思想、达成工程效果意图的保证。因此，在整个隧洞工程实施过程中，确保涌水突泥的有效防治与安全顺利完工，勘察是基础，设计是关键，施工是保证。

在实际工作中，因为隧洞工程的复杂性，围岩的变形与破坏、涌水突泥的发展往往是动态变化的过程且与地质环境相互影响。因此，勘察、设计及施工三者并非完全独立、静态的相互作用，而是相辅相成，相互影响，紧密联系，甚至互为因果的要素。所以，在隧洞施工中提倡超前预报(实际上就是现场的局部详细补充勘察工作)、加强监控量测、进行动态设计及信息化施工。由此可见，在实际工程中三者均是紧密联系、不可分割的重要组成，任何一方面出现失误，均有可能造成严重后果。勘察不准或者深度不够，对涌水突泥产生的条件及位置难以明确，设计没有针对性，将难以有效防治涌水突泥事故的发生、发展。若施工不科学，不按要求控制质量，则经常留下安全隐患，诸如人为破坏防突岩层或强烈扰动围岩而诱发涌水突泥事故。因此，在隧洞施工的勘察、设计及施工的任何一个环节出现偏差，均有可能导致涌水突泥防控不力而事故多发。

第二节　涌水突泥孕育演化机制

本工程由于受区域构造的影响，隧洞沿线张性断层发育，形成了良好的富水构造及花岗岩风化深槽，使得隧洞穿越断层带区域发生涌水突泥的风险大增。

2＃、3＃洞工区多次突发涌水突泥及塌方，给施工进度和施工安全带来巨大影响。从现场涌水突泥情况来看，洞内水压高，涌水速度较大，泥石流冲击能量强。除直涌水外，隧洞内一般先出现出水点，以渗水、淋水、漏水开始，并以此为突破口，逐步累积量能，然后突发涌水突泥，部分地段后续又反复发生涌水突泥，表现为明显的滞后效应及二次涌水突泥现象。从地质和工程因素综合分析认为，龙津溪隧洞具有地形上埋深大导致断层内静水压力高，断层带导水性及储水性好，断层出露地表形成的冲沟地段具备良好的汇水条件，花岗岩风化深槽内残积土泥质来源丰富，围岩易软化易扰动等涌水突泥发生的条件。

一、物质基础

现场调查证实，龙津溪引水隧洞内风化花岗岩断层带形成了风化深槽，由花岗岩风化特点及X射线衍射分析可知，洞内风化残留物60%以上为黏土矿物，其中约20%以上为水化能力较强的伊利石，导致围岩遇水易软化、崩解，且含有相当数量的石英颗粒，整体呈现松散砂土状。施工开挖后，在地下水的作用下一旦围岩失稳，松软围岩极易形成泥流、砂石流或泥石流，破坏力惊人。

因此，花岗岩断层带内隧洞围岩的风化特性及物质成分为涌水突泥的演化发展提供了丰富的泥质来源。

二、富水构造

研究调查区域水文地质条件显示，隧洞地表降水丰富，地下水接受补给充足。根据长泰县气象站资料，隧址区属于亚热带海洋性季风气候区，温暖湿润，日照充足，雨量充沛。流域受锋面雨和台风雨影响，降雨集中在4—10月，年平均雨量为1 500～1 900mm，其降雨特点是强度大、雨量多、历时长。根据统计，4—10月期间正是龙津溪引水隧洞内涌水突泥多发期，可见隧址区地下水受地表水补给明显。

由于隧洞区受区域构造的影响，本标段隧洞沿线断层非常发育，且以张性断层为主，断层带内岩石破碎，疏松多孔，大部分已经风化呈松散砂土状、土夹石状，导水、储水性好。长大断层深切岩体，从深部延伸至地表，并在地表形成冲沟、溪流，形成良好聚汇地表水的地形特点，使得区域断层带发育为良好的富水构造。深埋条件下，岩体内可接受的上方地下水补给范围更大，储水量更加丰富。

三、工程扰动

隧洞开挖后，围岩失去了原有的支撑空间，径向应力降低，原有的三向应力平衡状态被打破，一定范围内的围岩发生应力重分布和应力释放，岩体将发生变形、开裂。室内试验证实，龙津溪引水隧洞内风化花岗岩断层带风化残留物物理力学性质与地表残积土类似，强度极低，且属于高液限类土，富含黏土矿物，遇水易软化，饱和后易流动。隧洞施工开挖后极易扰动此类软弱围岩，造成大变形及裂纹迅速拓展，若施工开挖支护或者处理方法不当，容易造成隧洞涌水突泥灾害发生。

四、孕育演化机制

工程实践及理论分析表明，花岗岩断层带内的涌水突泥破坏过程往往需要经历较长时间的发展演化过程，表现出较为明显的滞后性、阶段性特点。根据对现场断层带涌水突泥发生过程的观察以及数值模拟分析、理论分析，涌水突泥发展的一般过程可以总结为：初始流固耦合阶段、水力通道拓展阶段、失稳突变阶段。

(1)初始流固耦合阶段：地下水通过对断层带围岩的软化及沿裂隙渗流的侵蚀、冲刷等破坏作用，使得水岩相互作用不断地长期恶性循环，为隧洞涌水突泥储备了大量的泥质来源，蓄积了进一步变形破坏的能量。

(2)水力通道拓展阶段：隧洞开挖引起围岩的持续变形，围岩裂纹不断拓展，临空面面积不断加大，洞周松动范围得到扩展，可与更远的地下水体建立水力联系，洞周松散区域能获得更好的渗流补给能力，渗流的持续性加强，潜在涌水量得到进一步提高。渗透变形破坏开始发生，形成初始管涌通道。

(3)失稳突变阶段：随着水力通道被不断侵蚀、冲刷，颗粒流失，原有通道不断延伸、扩径，水流速度越来越大，导致原有较大的水力通道与临空面直接贯通，形成高压直涌水，或者原有细小的管涌通道逐步扩展后发展成有压管流，最终将防突层整体击穿，产生大规模涌水突泥。也包括施工预留防突安全距离不足，一次爆破开挖后防突层瞬间破断产生的涌水突泥。

第三节　涌水突泥模式

通过现场历年施工记录，对洞内发生的大大小小的各类渗水、淋水、直涌水、钻孔高压喷水、掌子面涌水突泥、拱顶塌方伴涌水突泥、二次塌方涌水突泥等各类现象进行归类，结合前述各个章节的研究，分析认为隧址区深埋富水风化花岗岩断层带内全线多处发生的涌水突泥事故并非单一灾变模式引发，而是由不同致灾构造，多种涌水突泥灾变模式构成的复杂多型涌水突泥。经过理论结合实践的综合分析，将隧洞内的涌水突泥灾变模式分为四大类：渗透变形破坏涌水突泥模式、拱顶空腔聚水垮塌涌水突泥模式、掌子面防突层破坏涌水突泥模式、有压管流破坏涌水突泥模式。

一、渗透变形破坏涌水突泥模式机理分析

隧洞开挖时防突层与断层关系如图 3-6 所示。断层带内围岩整体破碎，孔隙率较大，结构松散，导水性、储水性较好。特别是张性断层带围岩更松散破碎，往往形成良好的储水构造，为隧洞的涌水突泥提供了丰富的地下水来源。隧洞开挖过程中，如果掌子面前方发育富水断层，当开挖不断逼近断层时，掌子面前方与断层之间围岩在断层水压以及开挖卸荷的作用下将不断产生塑性变形，强度逐步劣化。如果不能预留足够的安全厚度提前采取处置措施，随着塑性破坏区的开展，塑性区将不断延伸至断层内(图 3-7)，最终在断层水压作用下，掌子面前方防突层被击穿或整体破坏，高压水喷涌而出，产生涌水突泥事故。

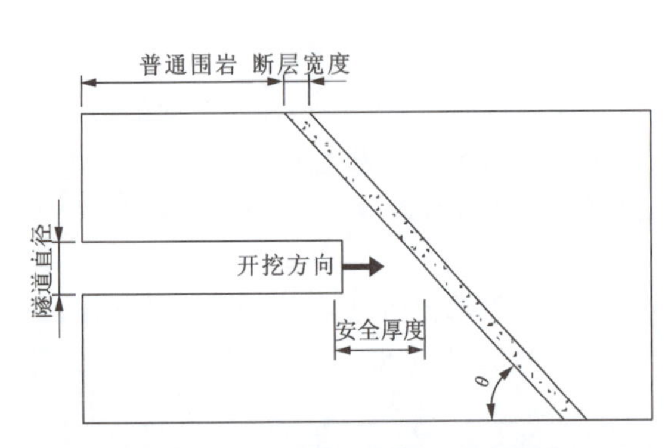

图 3-6　防突层与断层关系示意图

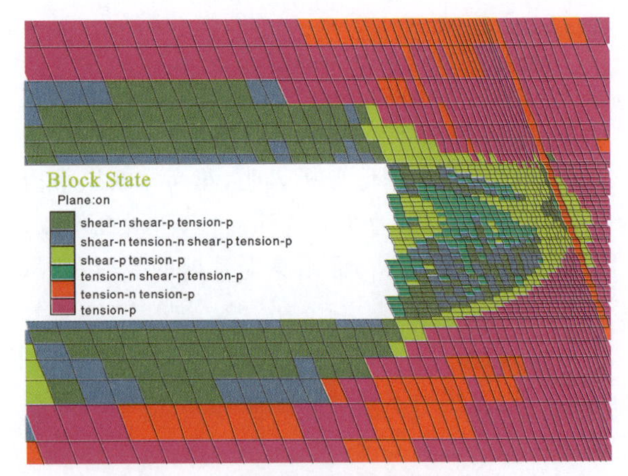

图 3-7　防突层塑性区开展示意图

经过对涌水突泥影响因素的分析及数值模拟研究，该类灾变模式中影响要素主要有断层性质、岩性特征、断层水压、断层倾角、围岩类别、临界距离等。

根据勘察报告及现场调查，沿线断层一般为张性断层带，影响范围较宽，结构松散多孔，导水性较好，易形成储水、富水构造。且深埋条件下获得渗流补给范围大，能够储备的水量丰富。局部多条断层交叉组合，相互连通，整体储水规模更为可观。洞内围岩为花岗岩断层带风化残留物，除石英外，基本以黏土矿物为主，其破坏时，往往是整体呈溃散状与泥水一起涌出。深埋条件下断层带内静水压力极大，以洞内普遍埋深 200m 以上计算，水压可达 2MPa 以上。因此，龙津溪引水隧洞在组合断层区域因施工预留安全厚度不足，未能及时有效加固治理断层带，导致掌子面大规范突泥涌水，且持续时间长，见图 3-7。

二、拱顶聚水塌落涌水突泥模式机理分析

拱顶空腔与隧洞关系示意图如图3-8所示。此类构造中，拱顶空腔可以是真实塌落变形后形成的空腔，如图3-9所示，也可以是概化等效的空腔，比如疏松多孔破碎带、裂纹发育松动区域等，凡是具有一定空间，具备汇聚地下水，能够持续地接受渗流补给后形成局部富水构造，与周边水体建立良好水力联系的结构均属此类。此类构造对应一般的围岩拱顶或侧壁变形、裂纹扩展后形成的滞后涌水突泥及在塌落体未能得到根本治理下二次开挖后发生的二次涌水突泥、多次涌水突泥现象，揭示了富水宽大断层带内软弱围岩蠕变、流变以及流固耦合模式下围岩动态塌落变形及裂纹持续开展演化的机制。

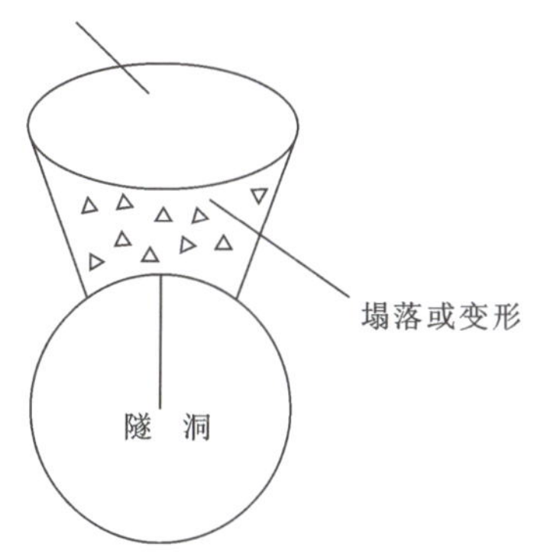

图3-8 拱顶空腔与隧洞关系示意图

图3-9 拱顶塌落变形空腔构造示意图

根据离散元分析，隧洞初次开挖导致围岩裂纹开展，拱顶塌落不断扩展，在上方或洞身两侧水力通道不断拓展下，最终将引发塌方及涌水突泥，在深厚、宽大的断层带中，此类涌水突泥模式具有滞后性。

在第一次涌水突泥后，由于深厚、宽大断层带的不均匀性，含水及渗流的不均匀性，加之上方塌落范围不断拓展后下部塌落体及侧壁不断被压密，拱顶塌落体或拱顶变形松动区有局部压密趋势。同时，对于富含黏土矿物的风化花岗岩内涌水突泥后泥水中软化崩解、分散的黏土矿物还有一个沉积、充填裂隙的过程。因此，经过大力抽排地下水，在洞顶空腔区域及洞身附近松动区之外地下水不能及时补给的情形下，洞内实际上可以获得一个相对平稳的短暂缓冲期。在此期间，地下水被抽排，塌落拱相对平衡，松散堆积体局部被压实，裂隙被充填，表面看起来洞内相对稳定了，经过处置后可以重新开挖掘进。

实际上由于目前阶段工程界对风化花岗岩断层带软弱围岩动态形变预计不足，以及对深厚富水断层带内二次涌水突泥孕育过程、演化机理的认识不够，导致加固区范围有限，在后续的拱顶持续变形、围岩裂纹继续开展后，水力通道再次扩展，以及拱顶空洞区、裂纹开展松动区等聚水结构内逐步接受后续地下水渗流补给，直至空隙被地下水完全充填，造成拱顶或洞周再一次与周围建立良好的水力联系，将高压静水压力以突变方式由周围水体内传导至拱顶，加上拱顶原有分布的大量塌落堆积体，在原有塌落体自重的基础上，以静水压力加载的方式对拱顶造成二次破坏，塌方、涌水突泥再次发生。

根据施工记录，龙津溪引水隧洞2#工区上游原2+946左右(改线后3+062)洞身曾突发涌水并塌方。初始5h异常平均涌水量达675m^3/h，整个2#工区主洞被涌水淹没，淹没水深约1m，大量施工设备被水浸泡，工程停工。后经过长时间的抽排地下水，塌方段逐步稳定，现场测量塌落空腔高达8～15m。经过对塌方体喷射混凝土进行封闭后，采用小导管注浆加固，在原有线路上继续开挖，采用管棚桩加钢拱架支护，洞内初期相对稳定，后续又在后方发生塌方、涌水突泥事故，将钢拱架压垮。分析原因主要是小导管注浆加固范围有限，未能大范围将聚水空腔或围岩内松动区全部加固，留下了隐患。由于该段反复涌水突泥塌方，洞身持续发生变形，二次涌水突泥后不得不改线。改线后再次遭遇该断层延伸

区域后，经过全断面高压注浆大范围提前加固围岩，将聚水空腔封闭，加固围岩并驱赶地下水后，得以安全通过。

三、掌子面防突层破坏涌水突泥模式机理分析

当围岩孔隙较小，细颗粒物质如岩粉、岩屑、黏土矿物较多时，地下水的流动以渗流为主。此时地下水会对岩土体产生静水压力、渗流动水压力和接触冲刷等综合作用，根据岩土颗粒组成、密度和结构状态，渗透变形可分为流土、管涌、接触冲刷、接触流失等破坏类型[47]。通常在断层带内渗流会引发细小颗粒随水流方向沿着水力通道发生移动并带出隧洞开挖临空面，产生管涌型渗透破坏。由于渗流速度一般较小，隧洞内初期表现为局部缓慢渗水、淋水，并有泥砂渗出，随着后续发展，渗流通道逐步扩展，流速也会逐步增大，最终转变为有压管流而演化为大规模涌水。

根据中华人民共和国水利部颁布的《水利水电工程地质勘察规范》(GB 50487—2008)[23]可知：黏性土的渗透变形主要是流土和接触流失两种类型，无黏性土渗透变形相对复杂，可发生流土、管涌、接触冲刷或接触流失。

根据物理力学试验可知，龙津溪引水隧洞区域风化花岗岩断层带内以残积土为主，风化物内一般含有较多的黏土矿物，但是也含有石英颗粒或未完全风化的长石等砂砾成分，根据实验定名，可以是残积黏性土、残积砂质黏性土或残积砾质黏性土，通常表现出混合土的性质。考虑残积土具有水理化特性，为高液限土，遇水易软化、崩解的特性，可以认为，在不同界面附近，接触流失及接触冲刷是必然的。另外，残积土软化崩解后性质更接近无黏性土，因此可以参考无黏性土的渗透变形进行判别。这一点从各类花岗岩残积土组成的边坡易于被冲刷破坏可以得到证实。隧址区 3＃支洞口边坡被冲刷破坏如图3-10所示，崩坡后坡脚堆积如砂土。

图 3-10　洞口花岗岩残积土边坡冲刷破坏

基于花岗岩残积土成分复杂及水理化、风化不均性，加上断层带区域内岩土体性质的过渡或突变，存在多种围岩界面组合等特殊因素，在富水风化花岗岩断层带内的渗透变形也相对复杂多变。在不同水压、不同部位或者不同岩性相变地段会产生不同的破坏模式。

根据室内筛分试验及颗粒分配曲线图，计算得出洞内残积土不均匀系数 C_u 范围在 34.58～149.68 之间，级配良好与级配不良试样几乎各占一半，证实其颗粒成分组成变化较大。需要注意的是，试样 Y1 定名为残积黏性土，但是不均匀系数依然达到了 34.58。根据前述试验及颗粒分配曲线，计算各组试样的细颗粒含量 P 与其他主要指标列于表 3-1。

表 3-1　各组试样级配指标表

试样编号	d_3 (mm)	d_5 (mm)	d_{10} (mm)	d_{20} (mm)	d_{70} (mm)	C_u	P(%)	n	级配判别
Y1	0.000 8	0.001 0	0.004 8	0.015	0.20	34.58	30	0.487	级配良好
Y4	0.001 0	0.001 2	0.003 7	0.010	0.70	60.27	37	0.431	级配不良
Y5	0.000 5	0.001 5	0.005 8	0.012	0.22	37.93	30	0.525	级配不良
Y6	0.000 5	0.001 0	0.003 1	0.008	1.10	149.68	43	0.492	级配不良
Y7	0.001 0	0.002 0	0.006 3	0.023	1.80	131.11	36	0.378	级配良好
Y8	0.001 3	0.003 0	0.012 1	0.005	1.20	43.22	8	0.456	级配良好

参考《水利水电工程地质勘察规范》(GB 50487—2008)附录 G[23] 给出的渗透变形判别规定，列出各试样渗透变形类型如表 3-2 所示，并以安全厚度 10m 为例计算得出临界水头。

表 3-2　各组试样渗透变形破坏判别表

试样编号	C_u	P(%)	n	级配	渗透变形类型	临界水力比降	安全厚度(m)	临界水头(m)
Y1	34.58	30	0.487	级配良好	流土、管涌	0.07	10	7.0
Y4	60.27	37	0.431	级配不良	流土	2.99	10	29.9
Y5	37.93	30	0.525	级配不良	流土、管涌	0.11	10	1.1
Y6	149.68	43	0.492	级配不良	流土	3.35	10	33.5
Y7	131.11	36	0.378	级配良好	流土	2.73	10	27.3
Y8	43.22	8	0.456	级配良好	管涌	0.66	10	6.6

由此可见，花岗岩残积土的渗透变形破坏类型比较复杂，并非单一类型能够解释，作为高液限、具有水理化特性的混合类土，其渗透变形整体也具有过渡性特点。

从临界水力比降可以看出，如果防突层厚度 S 较小，而静水压力水头 H 较高时，由达西定理可知，水力比降 $J=H/S$，则在一般施工预留安全厚度通常不会超过 10m 的条件下，深埋富水断层带内，渗透变形几乎是必然的。隧址区主洞内埋深一般都在百米以上，这也是隧址区几乎全线的断层带内到处渗水，涌水突泥多发的水力学基础。

第四章　隧洞穿越富水风化花岗岩断层破碎带渗透变形特性

第一节　单断层

一、几何模型

以引水隧洞引 7＋930 段作为背景，研究隧洞穿越单断层破碎带涌水突泥机理。隧洞在断层区域平均埋深 250m，地下水位线平均高度位于地表下 50m；隧洞断面为底宽 3.0m、直径 3.9m 的扩底圆形断面；断层宽度约 3m，倾向 175°，倾向与隧洞走向夹角 22°，倾角 82°。断层周边破碎带按 20m 考虑。地下洞室开挖仅在距离洞室中心点 3～5 倍洞径范围内的围岩应力、位移产生较大影响，而在 3 倍洞径之外的影响则小于 5%。因此，综合考虑计算精度和计算效率时，水平方向上，计算模型由隧洞轴线向两侧各取 18m；竖直方向上，下边界各取 18m。计算模型纵向范围也应作相应的延伸，由断层向两侧各延伸 35m。整个计算模型三维尺寸为 36m×36m×113m，如图 4-1、图 4-2 所示，以隧洞轴向为 Y 轴，竖直向上为 Z 轴，垂直于 YZ 平面为 X 轴，原点为模型底部前视角点处。

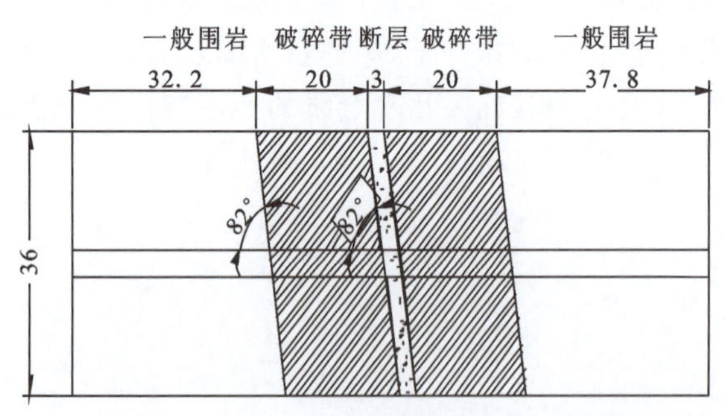

图 4-1　引 7＋930 单断层计算模型示意图

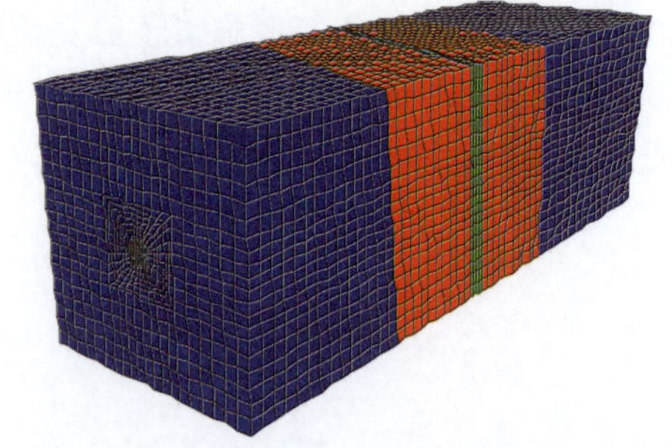

图 4-2　引 7＋930 单断层计算模型网格划分图

渗流场边界条件：模型上表面为自由水面，设置孔隙水压力为零边界；隧洞开挖周边及掌子面由于与大气相通，也设置孔隙水压力为零边界；隧洞左右、前后以及底部设为无流动边界。应力、位移场边界条件：深埋隧洞模型不计上覆岩土体重力作用，仅施加构造应力；隧洞开挖周边及掌子面为自由边界；隧洞左右、前后限制水平位移，设为辊支承约束；隧洞底部设为固定约束。

二、计算参数

为方便后续更好地开展研究工作，项目部及研究人员多次从现场取回岩样，挑选较完整、便于加工制样的岩块进行部分试验，主要为岩石的常规物理力学试验，并对试验成果进行了统计，试验数据如表 4-1、表 4-2 所示。

表 4-1　岩石试验成果表

编号	岩石名称	风化程度	天然重度（kN/m^3）	试验含水状态	单轴极限抗压强度（MPa）	弹性模量（GPa）	泊松比
样 1	花岗岩	微风化	27.36	饱水	152.3	14.6	0.21
样 2	花岗岩	微风化	27.61	饱水	147.2	14.3	0.24
样 3	花岗岩	微风化	27.24	饱水	145.0	14.6	0.23
样 4	花岗岩	微风化	28.34	饱水	152.4	15.4	0.22
样 5	花岗岩	微风化	27.56	饱水	162.0	15.8	0.21
样 6	花岗岩	微风化	28.65	饱水	150.0	15.6	0.27
样 7	花岗岩	微风化	27.34	饱水	153.0	16.4	0.28
样 8	花岗岩	微风化	26.93	饱水	160.7	15.2	0.22
样 9	花岗岩	微风化	26.12	饱水	149.0	16.9	0.24
样 10	花岗岩	微风化	27.87	饱水	148.0	15.5	0.21
样 11	花岗岩	微风化	27.14	饱水	164.0	14.7	0.18
样 12	花岗岩	微风化	26.89	饱水	156.0	16.0	0.19
样 13	花岗岩	弱风化	25.48	饱水	106.0	4.9	0.34
样 14	花岗岩	弱风化	26.07	饱水	108.5	4.7	0.38
样 15	花岗岩	弱风化	26.06	饱水	107.0	4.4	0.33
样 16	花岗岩	弱风化	24.88	饱水	111.5	4.7	0.4
样 17	花岗岩	弱风化	25.13	饱水	107.0	5.3	0.36
样 18	花岗岩	弱风化	24.90	饱水	108.8	6.2	0.38
样 19	花岗岩	弱风化	25.13	饱水	119.0	5.8	0.35
样 20	花岗岩	弱风化	24.13	饱水	120.2	5.6	0.36
样 21	花岗岩	弱风化	25.70	饱水	119.0	5.4	0.41
样 22	花岗岩	弱风化	25.03	饱水	113.0	5.3	0.36
样 23	花岗岩	弱风化	26.39	饱水	121.0	6.0	0.35
样 24	花岗岩	弱风化	26.10	饱水	115.0	5.3	0.37

表 4-2 岩石试验统计表

岩石类型	统计项目	天然重度	饱和单轴极限抗压强度	弹性模量	泊松比
微风化花岗岩	平均值	27.40	153.3	15.4	0.20
	统计个数	12	12	12	12
	最大值	28.70	164.0	16.9	0.30
	最小值	26.10	145.0	14.3	0.20
	均方差	0.7	6.2	0.8	0.0
	变异系数	0.02	0.04	0.05	0.13
	标准值	27.80	156.5	15.8	0.20
	修正系数	0.987	0.979	0.973	0.932
	推荐值	27.00	150.0	15.0	0.21
弱风化花岗岩	平均值	25.40	113.0	5.3	0.40
	统计个数	12	12	12	12
	最大值	26.40	121.0	6.2	0.40
	最小值	24.10	106.0	4.4	0.30
	均方差	0.7	5.7	0.6	0.0
	变异系数	0.03	0.05	0.10	0.06
	标准值	25.80	116.0	5.6	0.40
	修正系数	0.986	0.974	0.945	0.966
	推荐值	25.00	110.0	5.0	0.35

注：天然重度，kN/m^3；饱和单轴极限抗压强度，MPa；弹性模量，GPa。

为方便计算和建模，将计算模型的围岩视为普通围岩、破碎带围岩和断层带围岩 3 种形式的岩体。根据研究区工程地质勘察报告，普通围岩按Ⅲ级围岩，破碎带按Ⅳ级围岩考虑，断层带按Ⅵ级围岩考虑。各计算参数主要参考龙津溪引水工程地质报告，部分不详参数参考隧洞断层破碎带常见围岩状况并根据《工程地质手册》(第四版)有关规定进行选取，各参数具体取值见表 4-3。

表 4-3 围岩的物理力学参数取值表

材料名称	弹性模量(GPa)	重度(kN/m^3)	泊松比	内摩擦角(°)	黏聚力(MPa)	渗透率($m^2\cdot Pa^{-1}\cdot s^{-1}$)	孔隙率
Ⅲ围岩(普通围岩)	15	27	0.21	45	0.42	1.0×10^{-13}	0.01
Ⅳ围岩(破碎带围岩)	5	25	0.35	30	0.18	1.0×10^{-9}	0.1
Ⅵ围岩(断层带围岩)	0.02	19	0.3	23	0.03	1.0×10^{-8}	0.5

本章主要研究隧洞穿越断层时涌水突泥机理及规律，因此，对隧洞开挖施工模拟作了适当的简化，即几个工况针对穿越破碎带及断层界面前后 3m 进行分析。隧洞采用全断面开挖，工况依次为沿轴向开挖 32m、38m、52m、56.5m、61m、75m、81m 7 个阶段。在掌子面后方 1m 处布设监控断面，进行对比研

究，从孔隙水压力、渗流速度、最大应力、位移、塑性区的变化角度研究隧洞穿越断层破碎带涌水突泥机理。

三、孔隙水压力及渗流场

隧洞开挖穿越断层破碎带过程中，围岩孔隙水压力场及渗流场变化如图 4-3 所示。以下列出掌子面开挖至 32m、38m、52m、56.5m、61m、75m、81m 时孔隙水压力分布整体剖切图及其后方 1m 处监测断面的孔隙水压力分布图。

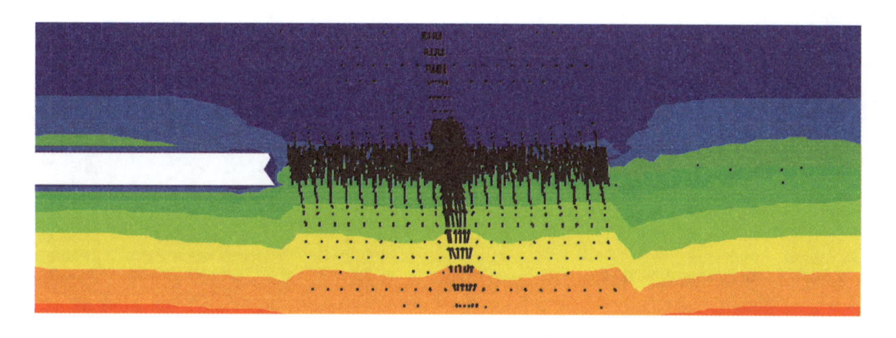

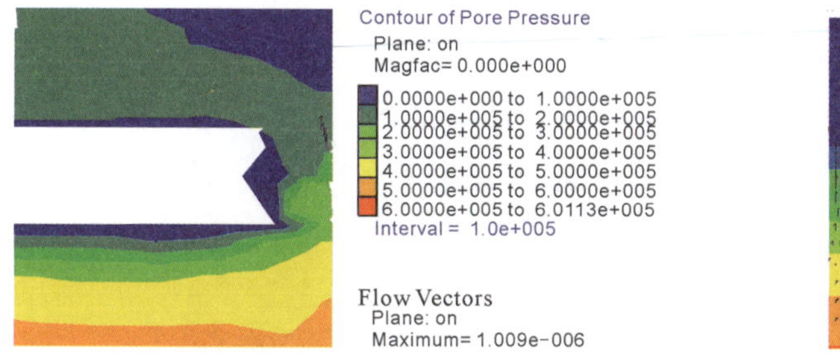

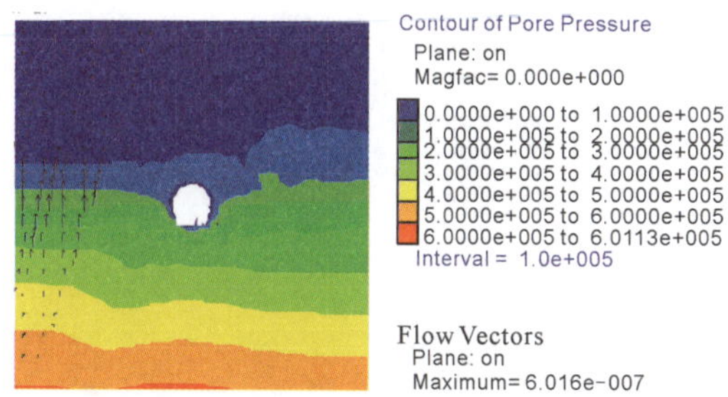

（a）开挖32m孔隙水压力场及渗流场分布

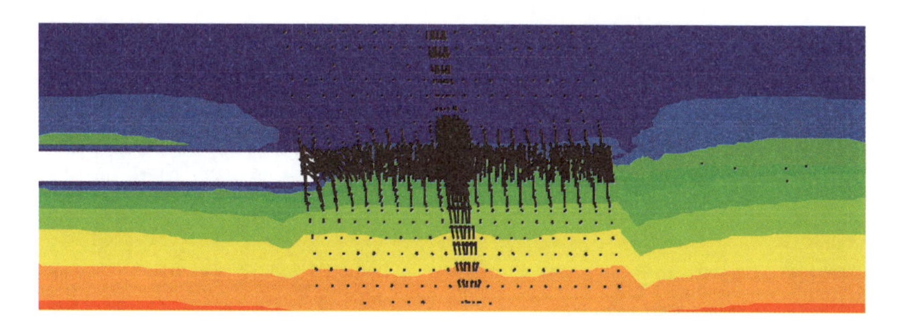

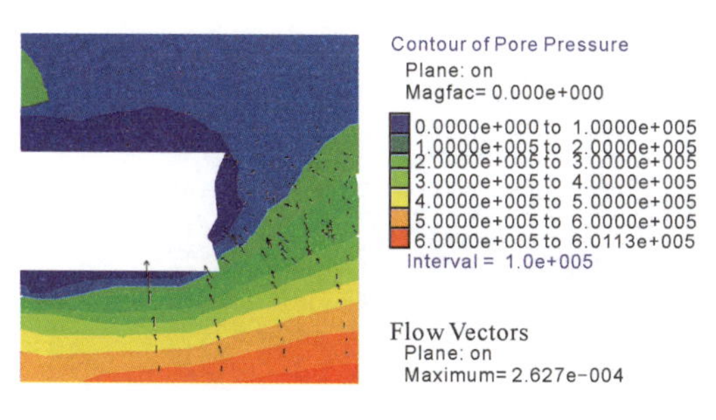

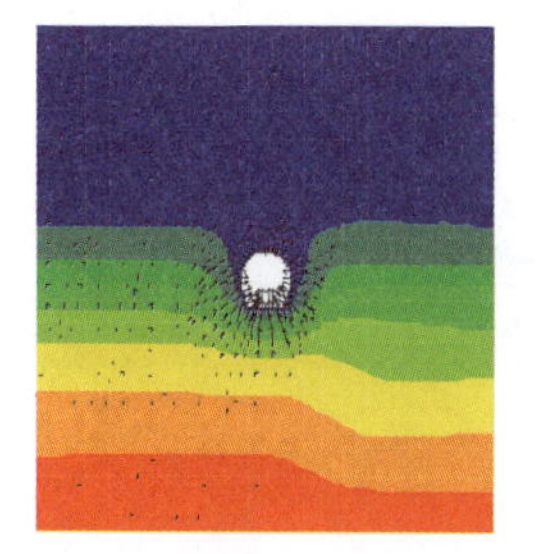

（b）开挖38m孔隙水压力场及渗流场分布

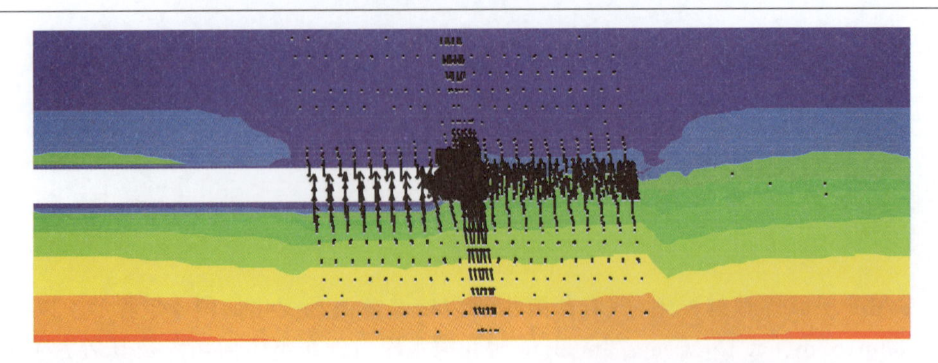

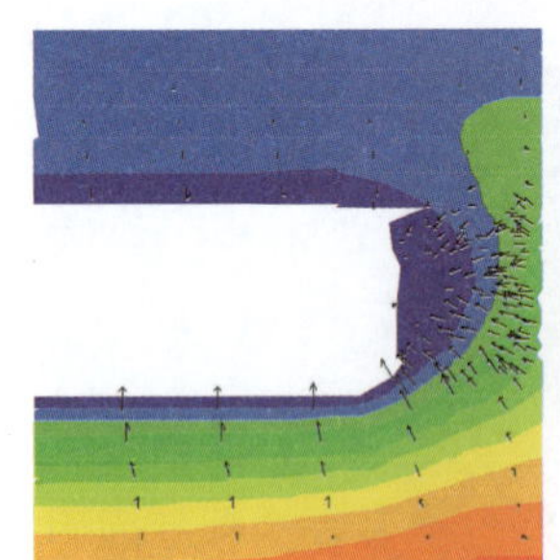

Contour of Pore Pressure
Plane: on
Magfac= 0.000e+000
0.0000e+000 to 1.0000e+005
1.0000e+005 to 2.0000e+005
2.0000e+005 to 3.0000e+005
3.0000e+005 to 4.0000e+005
4.0000e+005 to 5.0000e+005
5.0000e+005 to 6.0000e+005
6.0000e+005 to 6.0113e+005
Interval = 1.0e+005

Flow Vectors
Plane: on
Maximum= 3. 907e-004

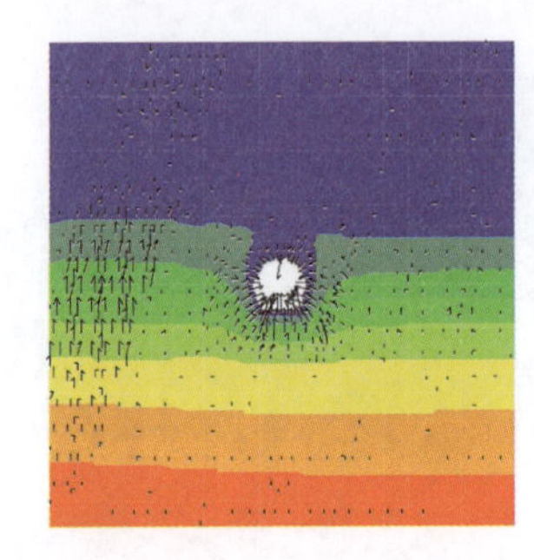

Contour of Pore Pressure
Plane: on
Magfac= 0.000e+000
0.0000e+000 to 1.0000e+005
1.0000e+005 to 2.0000e+005
2.0000e+005 to 3.0000e+005
3.0000e+005 to 4.0000e+005
4.0000e+005 to 5.0000e+005
5.0000e+005 to 6.0000e+005
6.0000e+005 to 6.0113e+005
Interval = 1.0e+005

Flow Vectors
Plane: on
Maximum= 2. 965e-004

(c) 开挖52m孔隙水压力场及渗流场分布

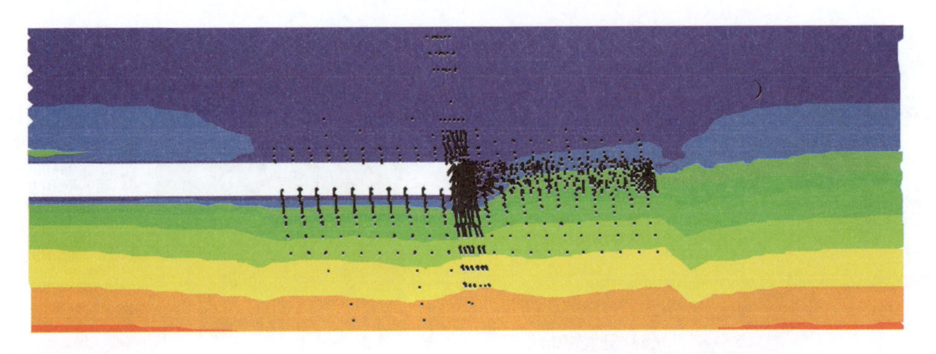

Contour of Pore Pressure
Plane: on
Magfac= 0.000e+000
0.0000e+000 to 1.0000e+005
1.0000e+005 to 2.0000e+005
2.0000e+005 to 3.0000e+005
3.0000e+005 to 4.0000e+005
4.0000e+005 to 5.0000e+005
5.0000e+005 to 6.0000e+005
6.0000e+005 to 6.0113e+005
Interval = 1.0e+005

Flow Vectors
Plane: on
Maximum= 9. 659e-004

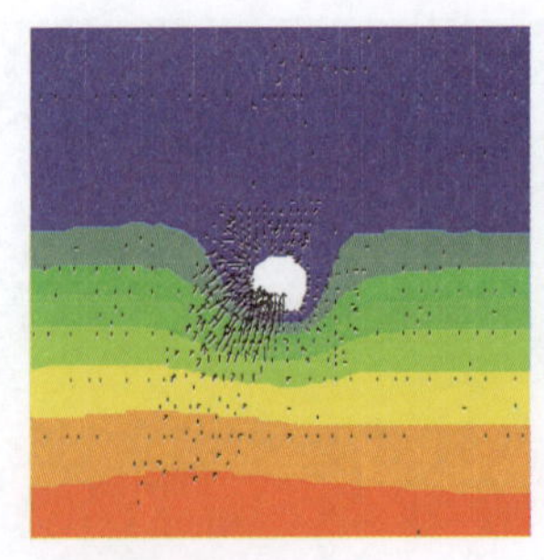

Contour of Pore Pressure
Plane: on
Magfac= 0.000e+000
0.0000e+000 to 1.0000e+005
1.0000e+005 to 2.0000e+005
2.0000e+005 to 3.0000e+005
3.0000e+005 to 4.0000e+005
4.0000e+005 to 5.0000e+005
5.0000e+005 to 6.0000e+005
6.0000e+005 to 6.0113e+005
Interval = 1.0e+005

Flow Vectors
Plane: on
Maximum= 9. 655e-004

(d) 开挖56. 5m孔隙水压力场及渗流场分布

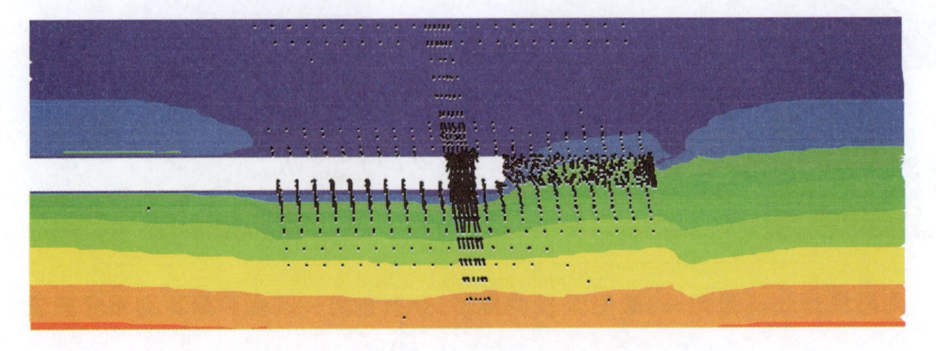

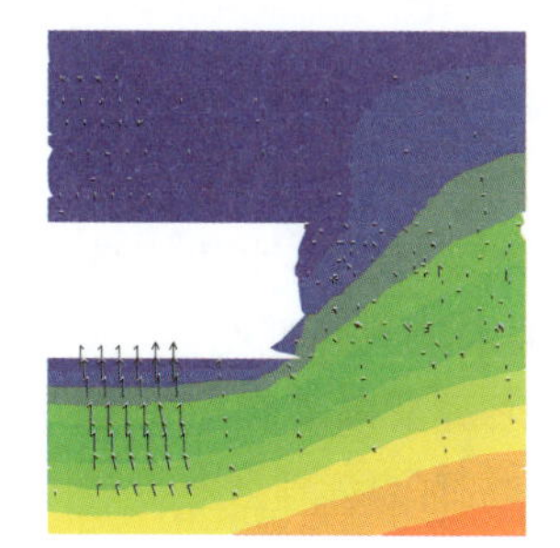

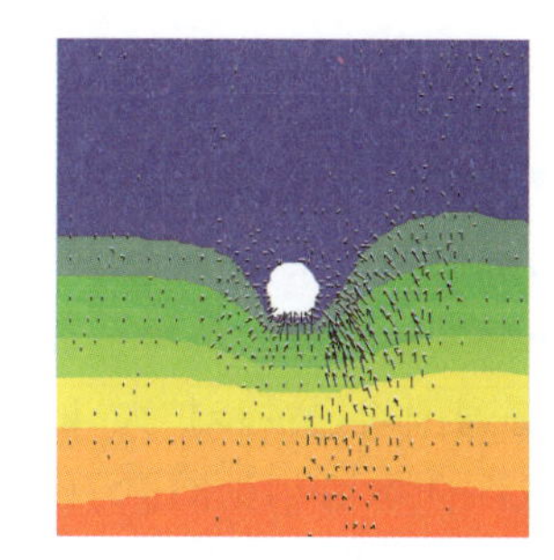

（e）开挖61m孔隙水压力场及渗流场分布

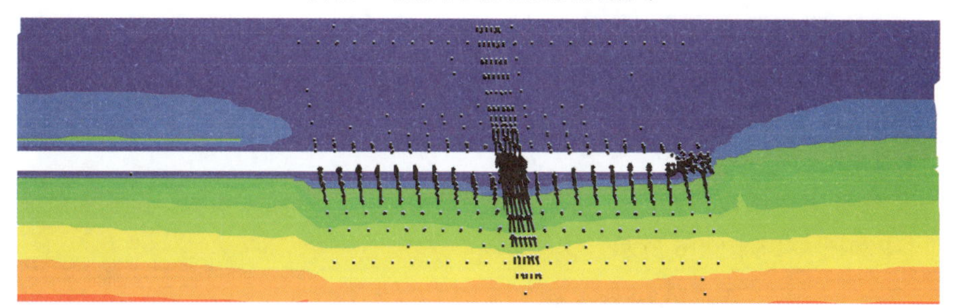

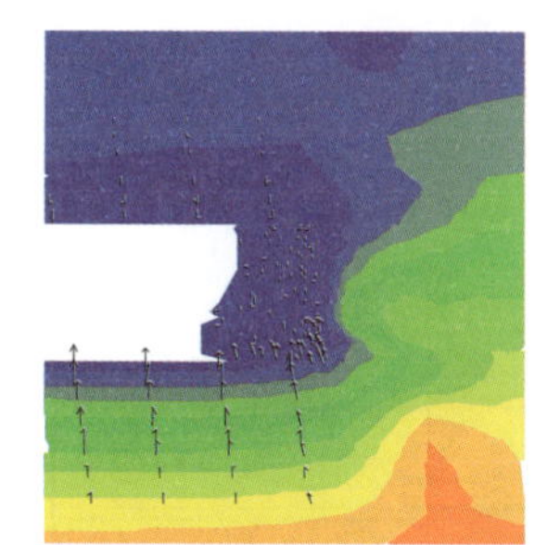

（f）开挖75m孔隙水压力场及渗流场分布

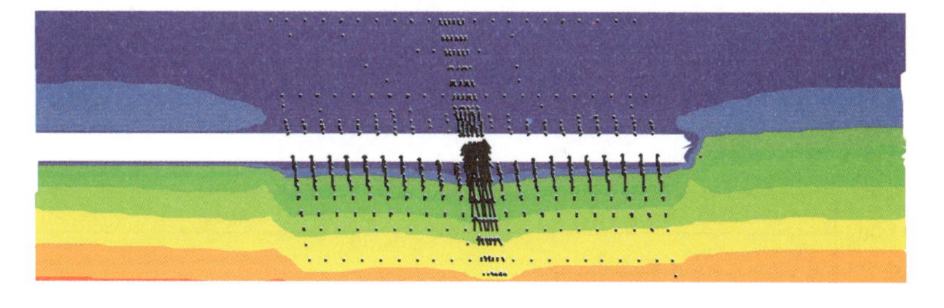

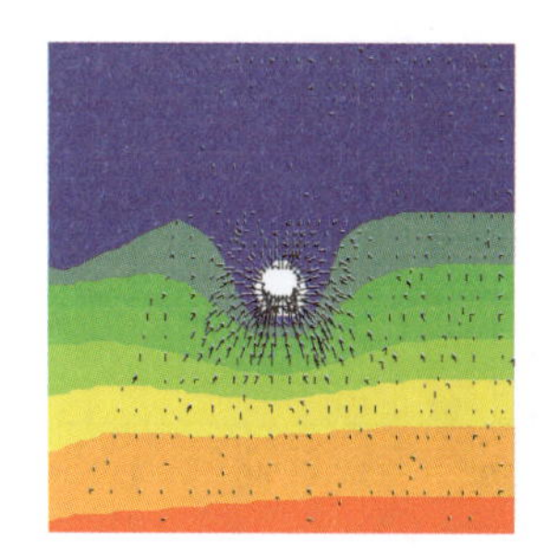

（g）开挖81m孔隙水压力场及渗流场分布

图 4-3　隧洞开挖后孔隙水压力场及渗流场分布云图

1. 孔隙水压力场

分析图 4-3 可知：开挖前，初始孔隙水压力在普通围岩与断层带两者间的分布场一样，均随着深度的增加而增加。开挖后，围岩孔隙水压力场发生明显变化，隧洞周围孔隙水压力等势面密集，水压力较低，形成类似于漏斗状的低孔隙水压力区域。此外，当隧洞挖入断层破碎带后，孔隙水压力降低明显，低孔隙水压力区域相比于普通围岩进一步扩大，隧洞开挖由 37m 推进至 81m 时，整个隧洞模型孔隙水压力变化不大，但是掌子面后的最大孔隙水压力由 0.814MPa 变为 0.735MPa，降低 9.7%。

由上述分析可知，隧洞穿越断层带时，孔隙水压力消散，导致水力坡降增大，引起渗流速度和渗透动水压力变大，地下水更容易向洞内渗透，形成冲刷、潜蚀作用，导致结构面进一步扩展，并造成围岩软化，力学性能降低，从而加剧断层破碎带岩体的失稳破坏，如不采取注浆等加固措施，极易导致涌水突泥灾害的发生，造成工程和环境等方面的问题。

2. 渗流场

隧洞开挖后，渗流速度场分布如图 4-3 所示，最大渗流速度、总涌水量、掌子面涌水量随开挖推进距离变化的如表 4-4 和图 4-4～图 4-6 所示。

表 4-4　隧洞掌子面及其后方 1m 监测断面最大渗流速度和涌水量计算表

掌子面处			掌子面后 1m 处		总涌水量 (m^3/h)
开挖距离 (m)	最大涌水速度 (m/s)	掌子面涌水量 (m^3/h)	最大涌水速度 (m/s)	隧洞洞径涌水量 (m^3/h)	
32	1.01×10^{-6}	0.03	6.10×10^{-7}	0.75	0.78
38	2.63×10^{-4}	12.11	2.87×10^{-4}	32.04	48.99
52	3.91×10^{-4}	18.02	2.96×10^{-4}	188.63	206.65
56.5	9.66×10^{-4}	44.50	9.65×10^{-4}	281.74	326.24
61	3.68×10^{-4}	16.95	2.00×10^{-4}	299.97	312.08
75	1.63×10^{-4}	6.98	1.51×10^{-4}	312.95	319.93
81	5.38×10^{-5}	2.48	6.17×10^{-7}	314.80	317.28

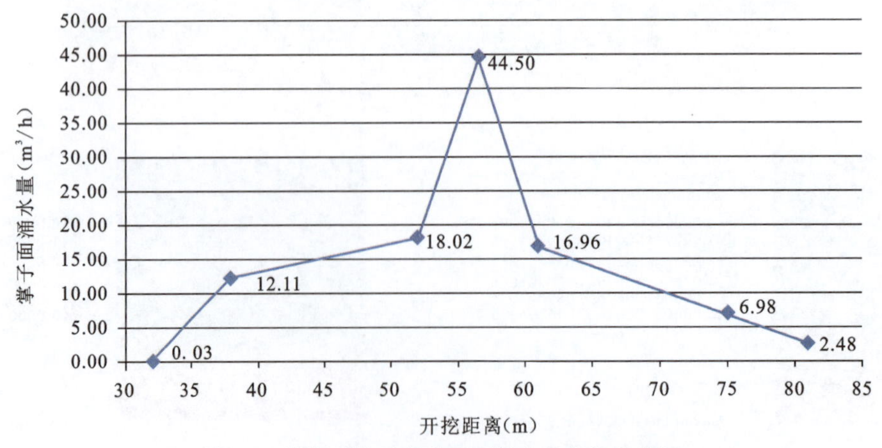

图 4-4　隧洞开挖过程掌子面涌水量变化曲线图

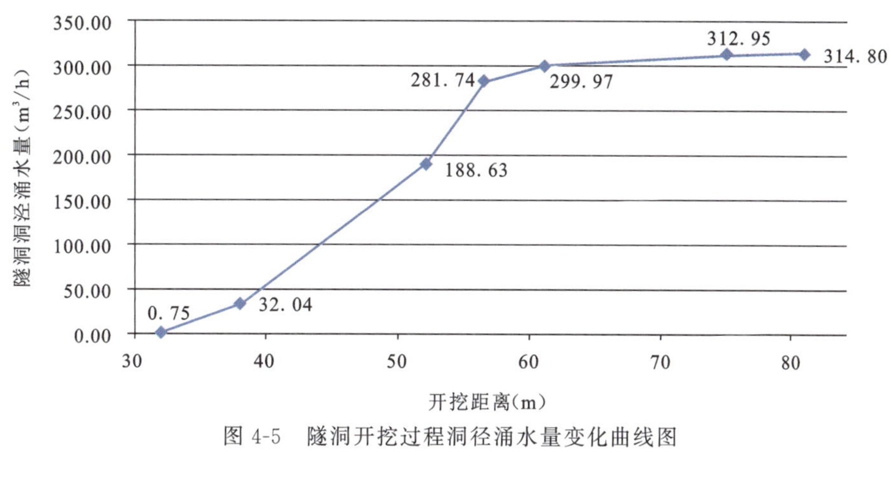

图 4-5　隧洞开挖过程洞径涌水量变化曲线图

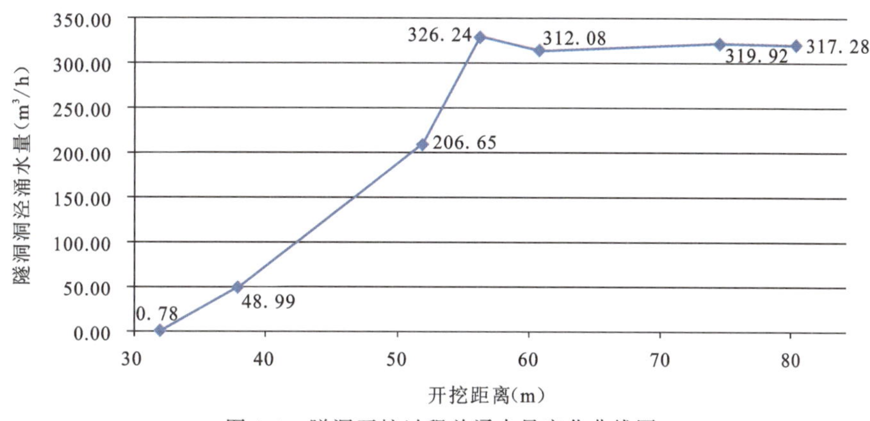

图 4-6　隧洞开挖过程总涌水量变化曲线图

分析上述图及表格可知：隧洞开挖后，隧洞周围 3～5m 范围内及掌子面附近区域渗流速度较大。从纵向上看，随着隧洞开挖，渗流方向由原来的断层方向逐步变为向临空掌子面偏转，在断层处的影响更为明显；从横向上看，隧洞拱脚附近区域渗流速度最大，高渗流速度区呈现类似于蝴蝶翼形式分布。因此，在隧洞掌子面两侧拱脚附近，渗流速度较大，易发展形成涌水突泥，施工时应加强观测和预防。

从掌子面涌水量变化曲线来看，随着隧洞向断层推进，掌子面附近围岩的渗流速度发生急剧性、突变性增大。隧洞开挖进入破碎带区域前，地下水流动较为稳定，流速变化不大，隧洞开挖 32m 时，涌水量仅为 0.03m^3/h，但是开挖至 38m、进入破碎带时，最大涌水量达到 16.95m^3/h。开挖至 52m 时(距断层带距离 1 倍洞径范围内)，受断层带影响，涌水量变为 18.02m^3/h，增幅 6%。隧洞开挖进入断层带后，涌水量发生突变现象，呈现突然急剧性增大，掌子面推进至 56.5m 时，最大涌水量达到 44.5m^3/h，增幅高达 147%。隧洞施工至断层带后，涌水量急剧增大，地下水对围岩的蚀馈破坏作用加大，极易造成涌水突泥灾害，设计施工时应重点防范。

从总涌水量变化曲线来看，隧洞开挖从普通围岩向断层带推进过程中，涌水量有明显增大。在隧洞开挖进入断层带前，隧洞总涌水量增长较为稳定，隧洞总涌水量曲线斜率变化不大；开挖进入断层带后，隧洞总涌水量曲线斜率较大幅度增加，斜率较大的两个过程为穿越断层的过程。在第一次进入破碎带后，总涌水量由 48.99m^3/h 增长至 206.65m^3/h，增幅为 321.82%；进入断层后，总涌水量由 206.65m^3/h 增长至326.24m^3/h，增幅为 57.87%；隧洞开挖穿越过断层进入破碎带后的几个阶段，总涌水量没有较大增长，几乎持平，说明隧洞的涌水绝大部分来自断层带内的承压水，少部分来自破碎带的裂隙水。

综上所述，隧洞开挖至断层带时，隧洞渗流速度和渗流量明显大幅增加，由于岩体破碎软弱，地下水沿岩体内的裂隙和孔隙通道大量涌出，不断渗透、软化和潜蚀围岩，造成隧洞围岩力学强度和渗透性不断恶化，导致岩体失稳，大量地下水及泥屑物质涌进隧洞，造成涌水突泥灾害。因此，断层破碎带是整个隧洞的薄弱地段，设计施工中应予以突出重视，积极采取有效的防控措施。

四、应力场

隧洞开挖穿越断层破碎带过程中，同样取隧洞掌子面后方 1m 处的断面为监测面，研究分析隧洞围岩最大应力变化情况。以下列出掌子面开挖 32m、38m、52m、56.5m、61m、75m、81m 时监测断面及洞周局部放大的应力分布云图，如图 4-7 所示。

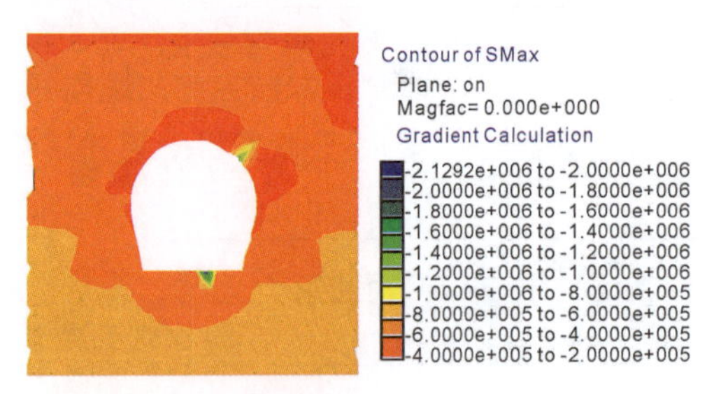

(a) 开挖32m掌子面后最大应力分布(掌子面后1m)

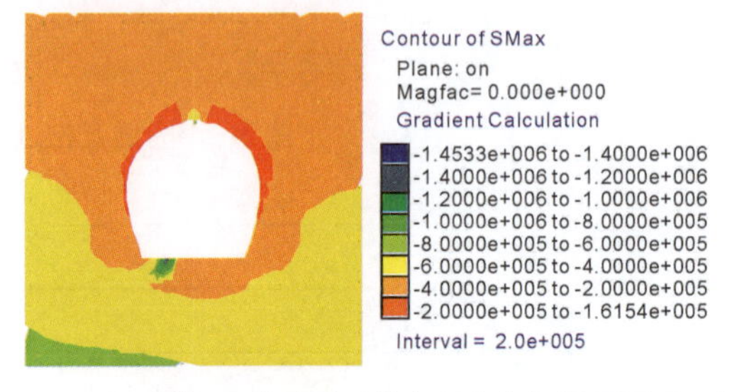

(b) 开挖38m掌子面后最大应力分布(掌子面后1m)

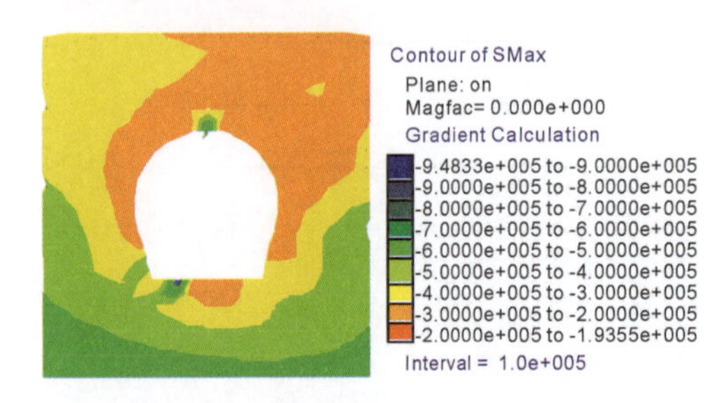

(c) 开挖52m掌子面后最大应力分布(掌子面后1m)

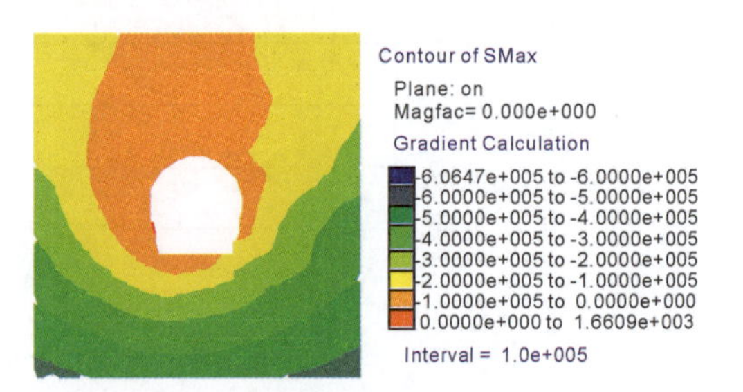

(d) 开挖56.5m掌子面后最大应力分布(掌子面后1m)

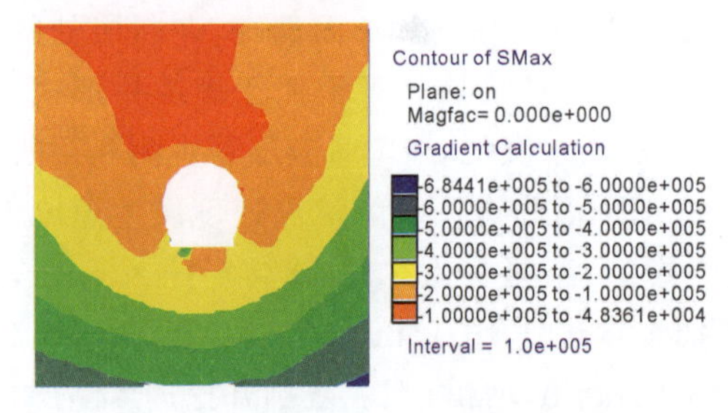

(e) 开挖61m掌子面后最大应力分布(掌子面后1m)

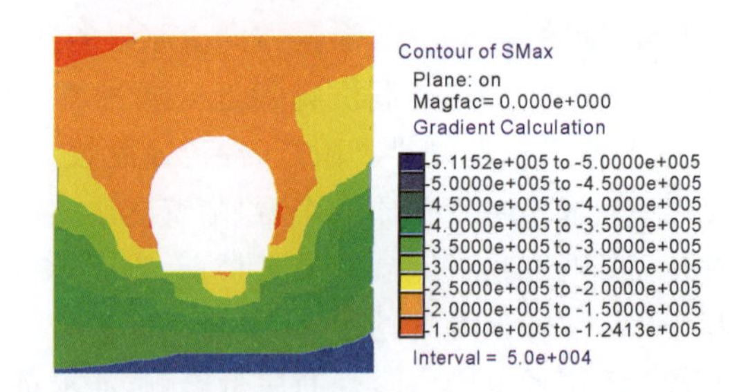

(f) 开挖75m掌子面后最大应力分布(掌子面后1m)

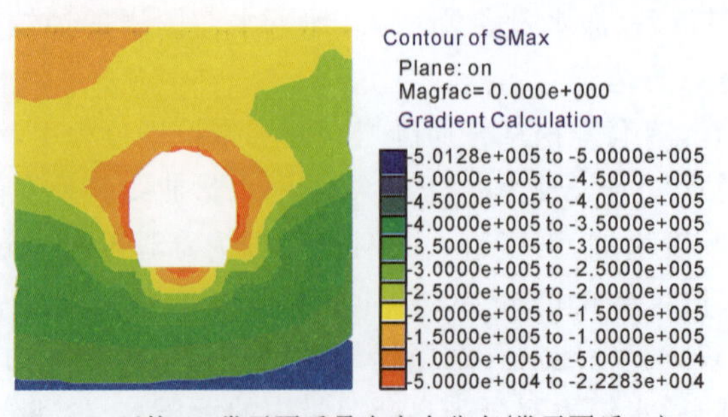

(g) 开挖81m掌子面后最大应力分布(掌子面后1m)

图 4-7　各开挖推进距离掌子面后最大应力分布云图

根据上述应力场统计出隧洞随隧洞开挖推进距离变化的曲线，具体趋势如图 4-8 所示。

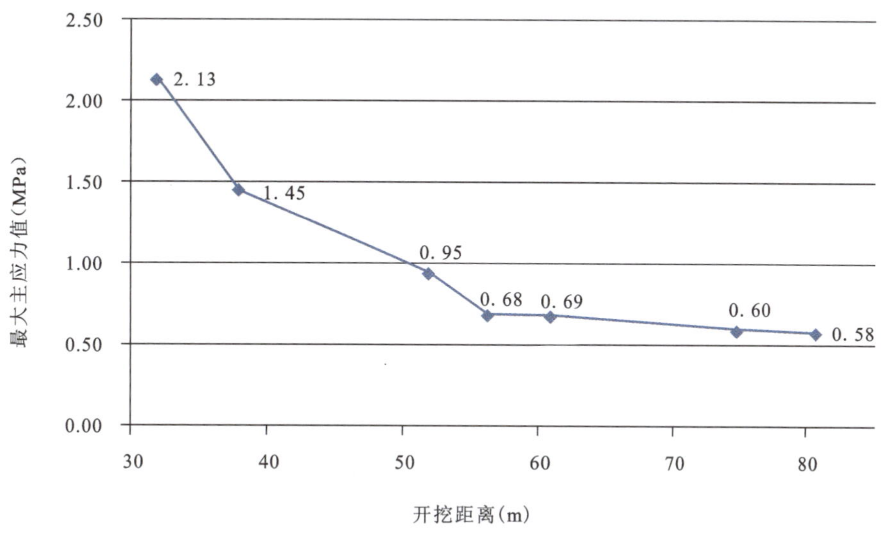

图 4-8　最大主应力随隧洞开挖推进距离的变化曲线图

分析图 4-7、图 4-8 可知：隧洞开挖后，围岩应力重分布，产生应力集中现象，压应力主要集中在隧洞侧壁、拱脚附近区域；拉应力主要集中在拱顶和底板区域。进入破碎带前，随着隧洞开挖推进，围岩的第一主应力最大值逐渐增大，应力集中现象加剧，开挖 32m 时，第一主应力最大值为 2.13MPa；此外，应力集中区范围也有所扩大，较大范围的高应力集中极易导致围岩失稳，发生涌水突泥灾害。隧洞开挖进入断层带后，应力急剧变化，在 56.5m 单层处，应力降低至 0.68MPa。

同时由 56.5m 断面图可以看到，隧洞洞周围出现大范围卸荷、应力松弛现象。大范围应力释放使得岩体向隧洞开挖临空面以膨胀破坏等形式释放能量，导致隧洞围岩裂(孔)隙扩展发育，渗透性增大，进一步恶化可导致涌水突泥灾害发生。施工中应做好监控量测及加固措施，防止应力达到极限抗压、抗拉强度，围岩破坏，形成涌水突泥点，导致灾害发生。

五、位移场

隧洞开挖穿越断层破碎带过程中，研究分析隧洞围岩多种位移变化情况，围岩的竖向位移、掌子面水平位移分布如图 4-9 所示。以下列出掌子面开挖 32m、38m、52m、56.5m、61m、75m、81m 时位移分布云图。

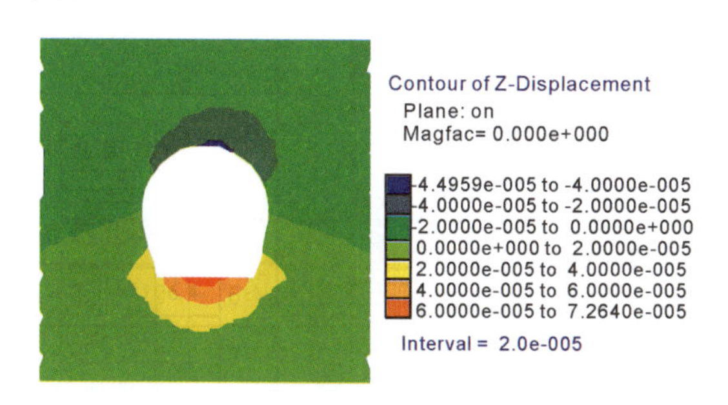

(a) 开挖32m 竖向位移(掌子面后1m)

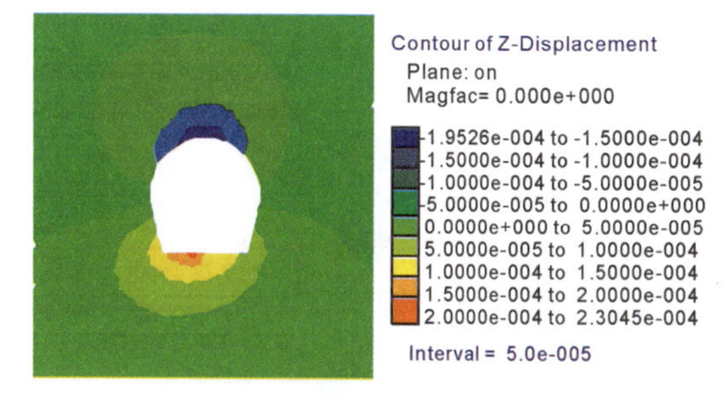

(b) 开挖38m竖向位移(掌子面后1m)

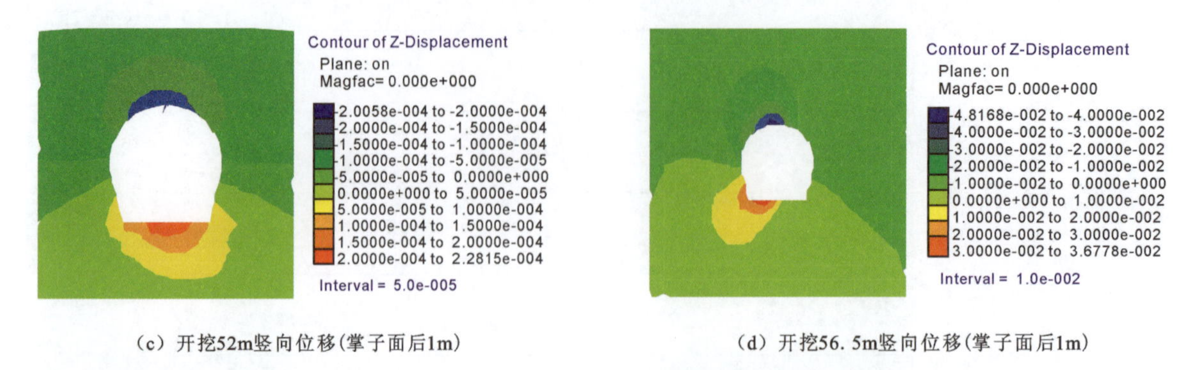

（c）开挖52m竖向位移(掌子面后1m)　　（d）开挖56.5m竖向位移(掌子面后1m)

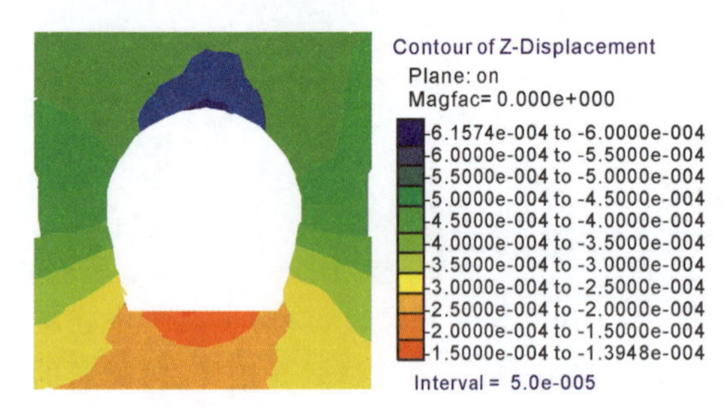

（e）开挖61m竖向位移(掌子面后1m)

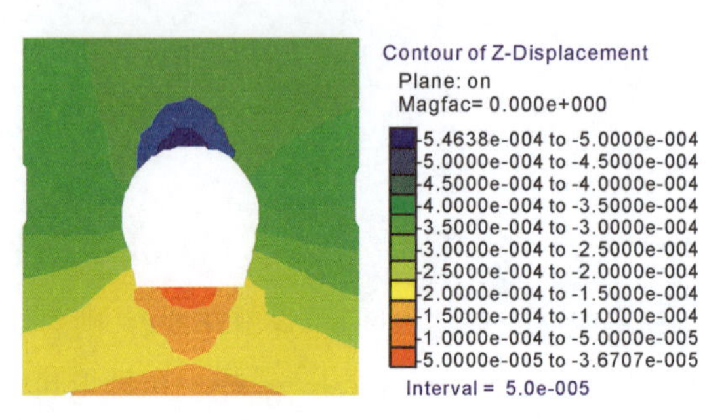

（f）开挖75m竖向位移(掌子面后1m)

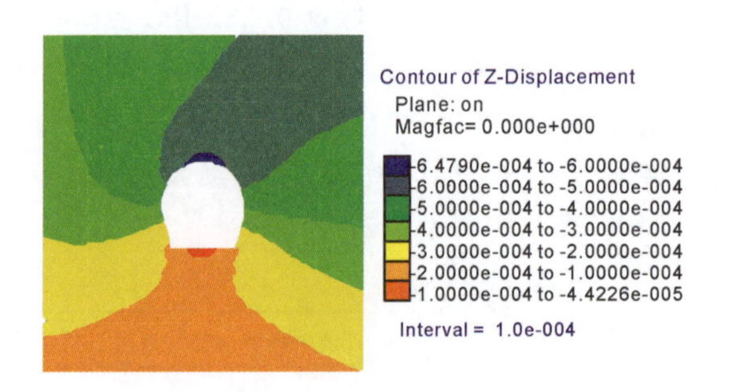

（g）开挖81m竖向位移(掌子面后1m)

图 4-9　不同开挖推进距离隧洞竖向位移分布云图

根据上述位移场统计出隧洞竖向位移结果，正值表示拱底隆起，负值表示拱顶沉降，具体趋势如图 4-10 所示。

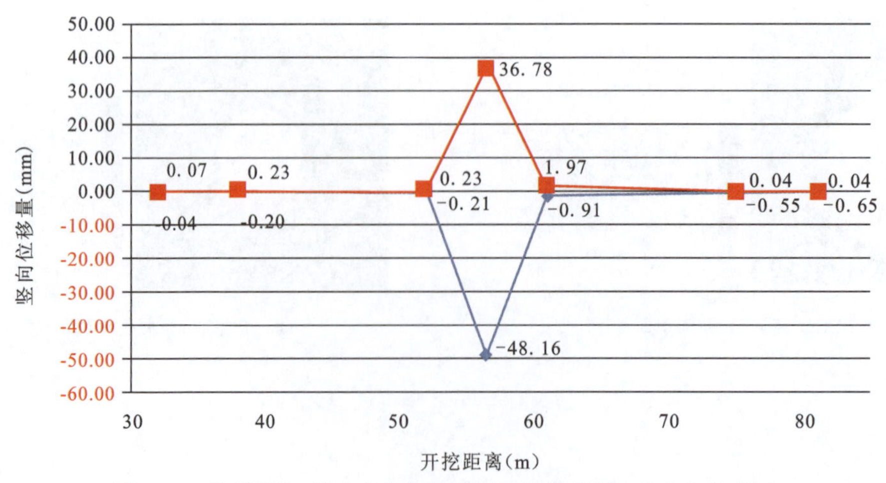

图 4-10　拱顶沉降、拱底隆起值随隧洞开挖推进距离的变化曲线图

由图 4-9、图 4-10 可知，隧洞开挖推进至断层前，隧洞围岩竖向位移变化不大，位移值基本稳定在某个较小值附近。以竖向位移计算结果为例，隧洞开挖由 32m 向 52m 推进过程中，拱顶沉降由 0.04mm 变为 0.2mm，增幅量仅为 0.008mm/m；拱底隆起由 0.07mm 变成 0.23mm，增幅量仅为 0.008mm/m。随着隧洞开挖进入断层后，位移量出现急剧性、突变性增大的现象。从竖向位移角度来看，隧洞开挖推进至第一断层时，拱顶沉降值达到 48.16mm，拱底隆起值达到 36.78mm。继续开挖穿越过断层进入至破碎带，隧洞沉降值及隆起值又急剧降低，整个位移量变化受隧洞穿越不同地层的过程影响。

可见，隧洞施工穿越断层带后，由于岩体软弱破碎，围岩竖向位移、水平位移和掌子面先行位移发生急剧性、突变性增加，隧洞极有可能产生大变形。倘若施工方法不当，支护没有紧跟，断层附近地下水丰富，围岩大变形极有可能引起塌方甚至涌水突泥地质灾害。因此，隧洞施工至断层带附近时，应加强监控量测，采取多种合理有效措施防止涌水突泥灾害发生。

第二节　组合断层

一、几何模型

以引水隧洞引 2+960 段作为背景，研究隧洞穿越双断层破碎带涌水突泥机理。隧洞在此断层区域平均埋深 500m，地下水位线平均高度位于地表下 50m，隧洞断面为底宽 3.0m，直径 3.9m 的扩底圆形断面。F_{55} 断层宽度约 3m，倾向 11°，倾向与隧洞走向夹角 40°，倾角 70°。F_{54} 断层宽度约 3m，倾向 92°，倾向与隧洞走向夹角 30°，倾角 90°。断层周边破碎带按 15m 考虑。地下洞室开挖仅在距离洞室中心点 3～5 倍洞径范围内的围岩应力、位移产生较大影响，在 3 倍洞径之外影响在 5%以下。因此，综合考虑计算精度和计算效率，水平方向上，计算模型由隧洞轴线向两侧各取 18m；竖直方向上、下边界各取 18m。计算模型纵向范围也应作相应的延伸，由断层向两侧各延伸 35m。整个计算模型三维尺寸为 36m×36m×130m，如图 4-11～图 4-13 所示。

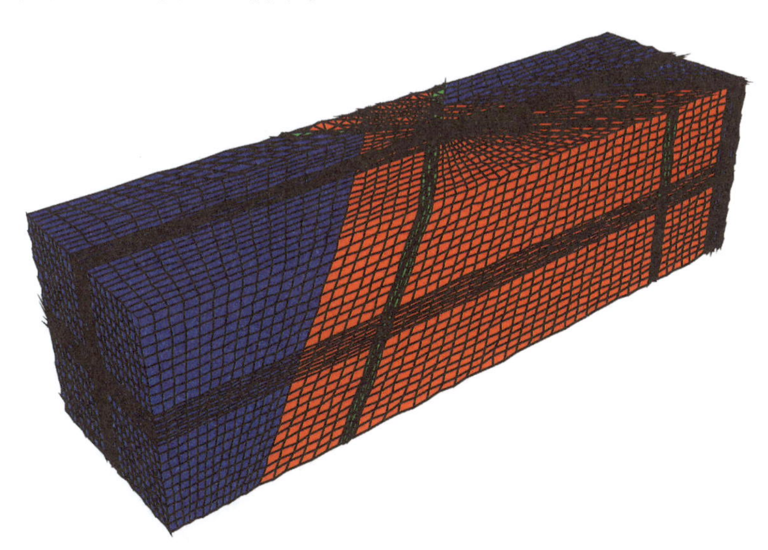

图 4-11　计算模型及网格划分图

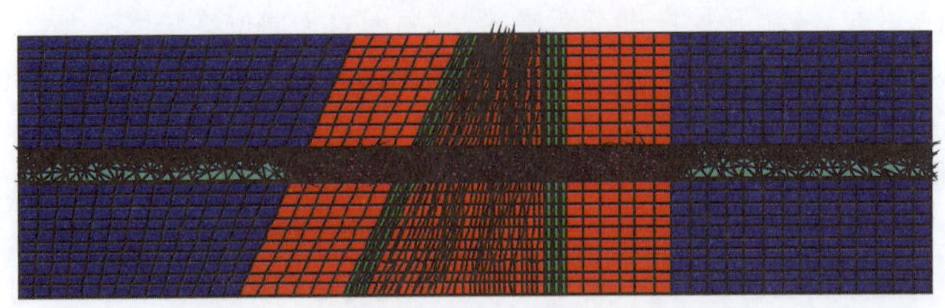

图 4-12　隧洞竖向剖面与断层相对位置图

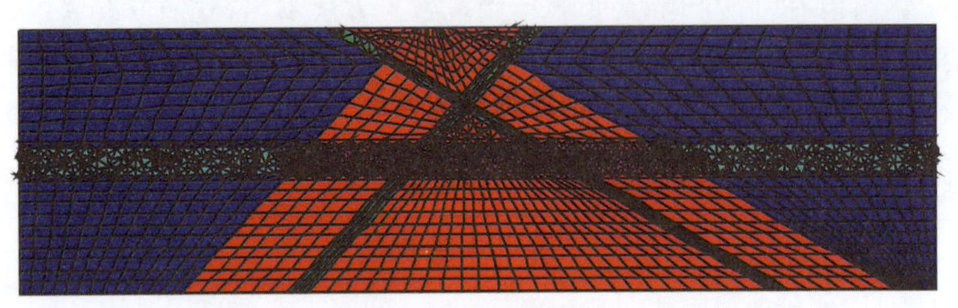

图 4-13　隧洞水平剖面与断层相对位置图

渗流场边界条件：模型上表面为自由水面，设置孔隙水压力为零边界；隧洞开挖周边及掌子面由于与大气相通，也设置孔隙水压力为零边界；隧洞左右、前后以及底部设为无流动边界。应力、位移场边界条件：深埋隧洞模型不计上覆岩土体重力作用，仅施加构造应力；隧洞开挖周边及掌子面为自由边界；隧洞左右、前后限制水平位移，设为辊支承约束；隧洞底部设为固定约束。

二、计算参数

为方便计算和建模，将计算模型的围岩视为普通围岩、破碎带围岩和断层带围岩 3 种形式的岩体，根据研究区工程地质勘察报告，普通围岩按Ⅲ级围岩，破碎带按Ⅳ级围岩考虑，断层带按Ⅵ级围岩考虑。各计算参数主要参考龙津溪引水工程地质报告，部分不详参数参考隧洞断层破碎带常见围岩状况并根据《工程地质手册》(第四版)有关规定进行选取，各参数具体取值见表 4-5。

表 4-5　围岩物理力学参数取值表

材料名称	弹性模量(GPa)	重度(kN/m^3)	泊松比	内摩擦角(°)	黏聚力(MPa)	渗透率($m^2 \cdot Pa^{-1} \cdot s^{-1}$)	孔隙率
Ⅲ围岩(普通围岩)	15	27	0.21	45	0.42	1.0×10^{-13}	0.01
Ⅳ围岩(破碎带围岩)	5	25	0.35	30	0.18	1.0×10^{-9}	0.1
Ⅵ围岩(断层带围岩)	0.02	19	0.3	23	0.03	1.0×10^{-8}	0.5

本章主要研究隧洞穿越断层时涌水突泥机理及规律，因此，对隧洞开挖施工模拟作了适当的简化，即几个工况针对穿越破碎带界面前后各 3m。隧洞采用全断面开挖，工况依次为沿轴向开挖 37m、43m、52m、56.5m、66.5m、76.5m、82m、90m、96m 9 个阶段。在掌子面后方 1m 处布设监控断面，进行对比研究，从孔隙水压力、渗流速度、最大应力、位移的变化角度研究隧洞穿越断层破碎带涌水突泥机理。

三、孔隙水压力及渗流场分析

隧洞开挖穿越断层破碎带过程中，围岩孔隙水压力场及渗流场变化如图 4-14 所示。以下列出掌子面开挖至 37m、43m、52m、56.5m、66.5m、76.5m、82m、90m、96m 时孔隙水压力分布整体剖切图及其后方 1m 处监测断面的孔隙水压力分布图。

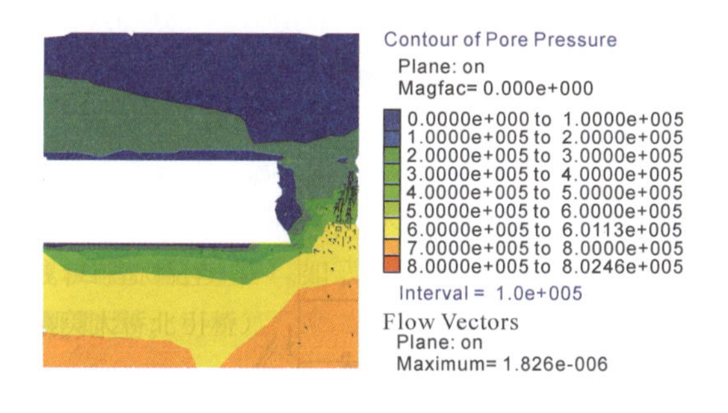

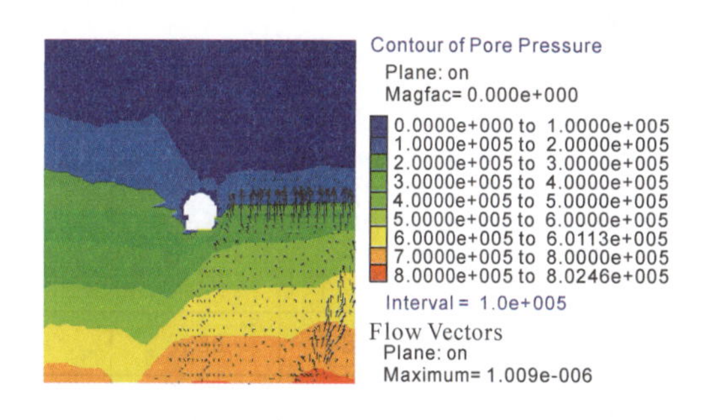

(a) 开挖37m孔隙水压力场及渗流场分布

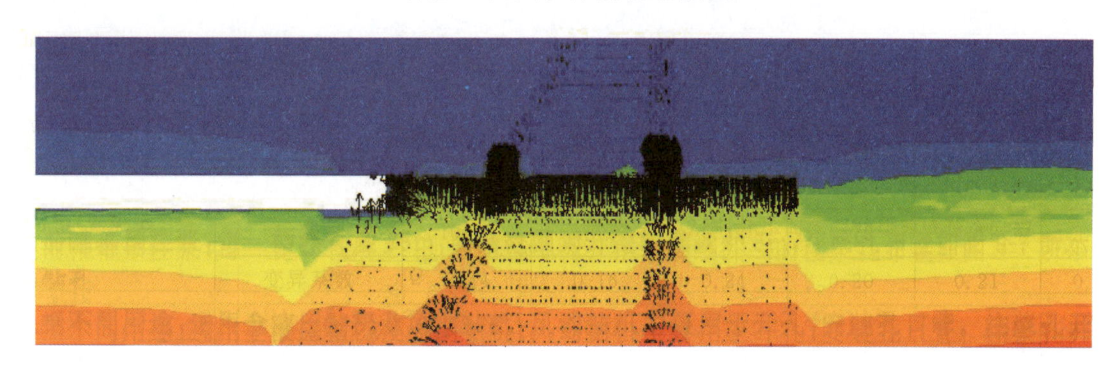

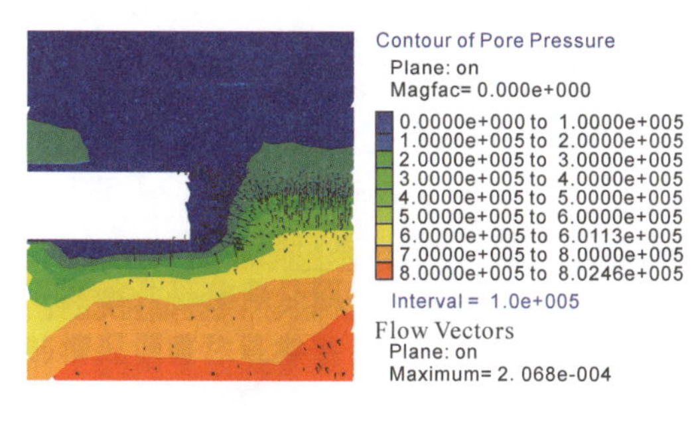

(b) 开挖43m孔隙水压力场及渗流场分布

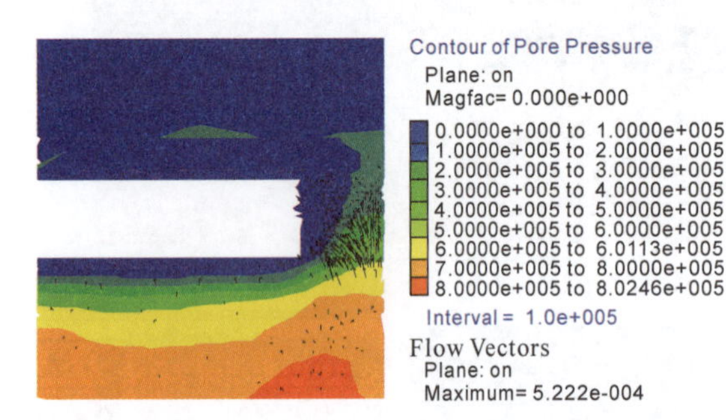

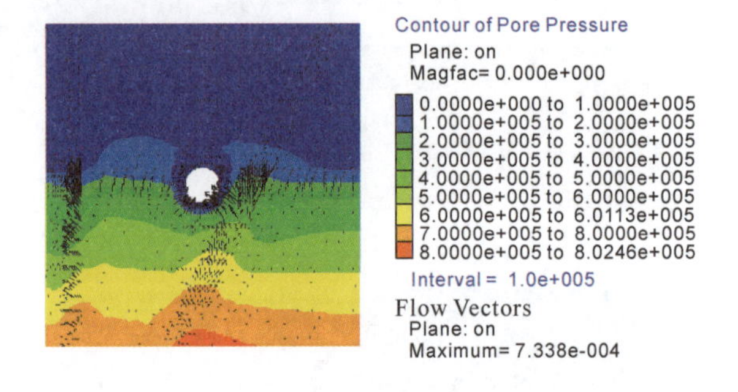

(c) 开挖52m孔隙水压力场及渗流场分布

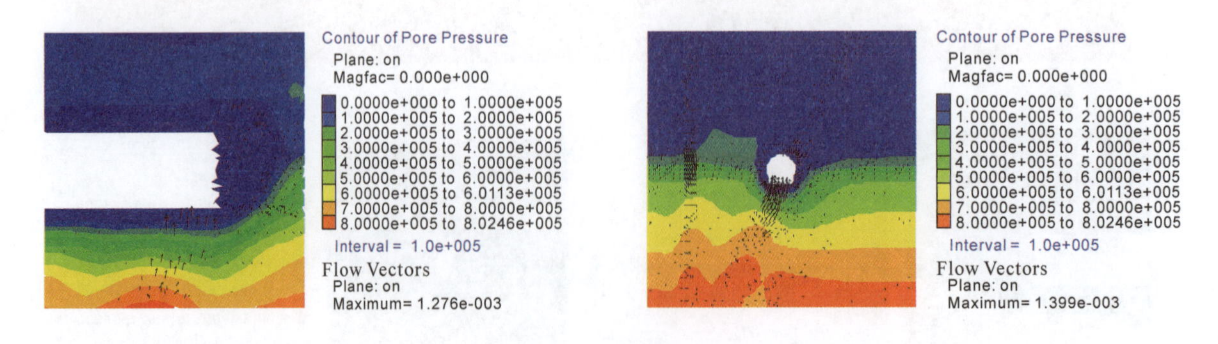

(d) 开挖56.5m孔隙水压力场及渗流场分布

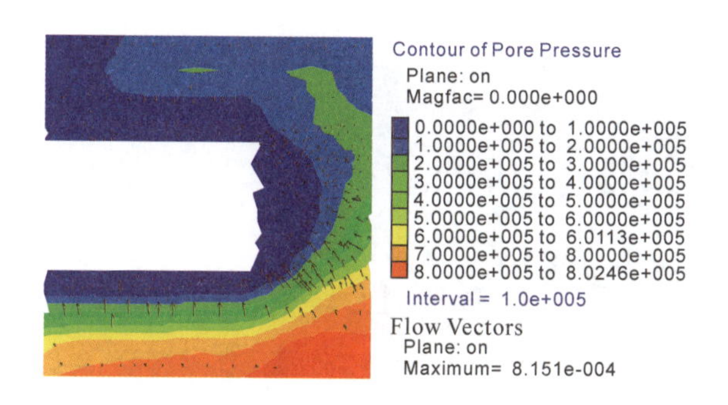

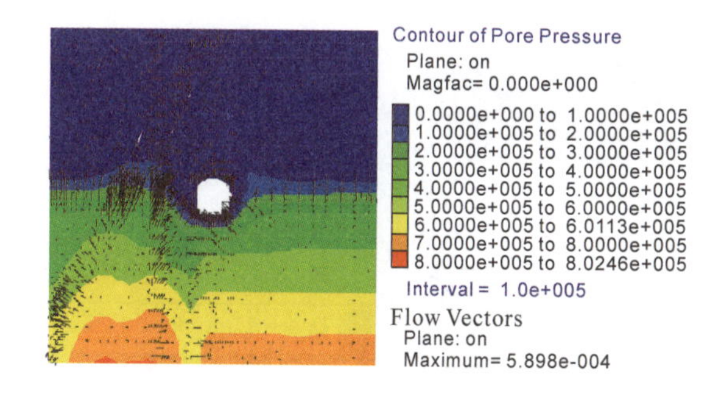

（e）开挖66.5m孔隙水压力场及渗流场分布

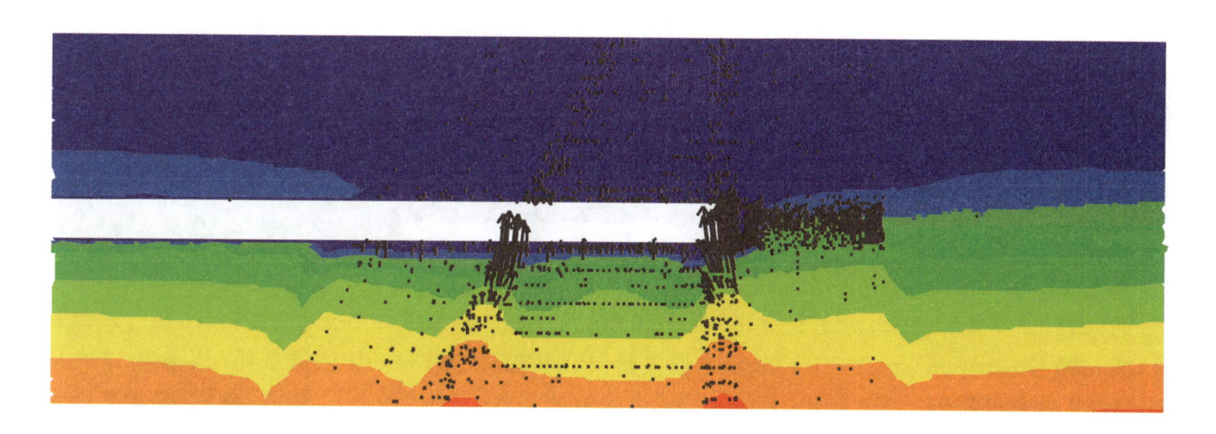

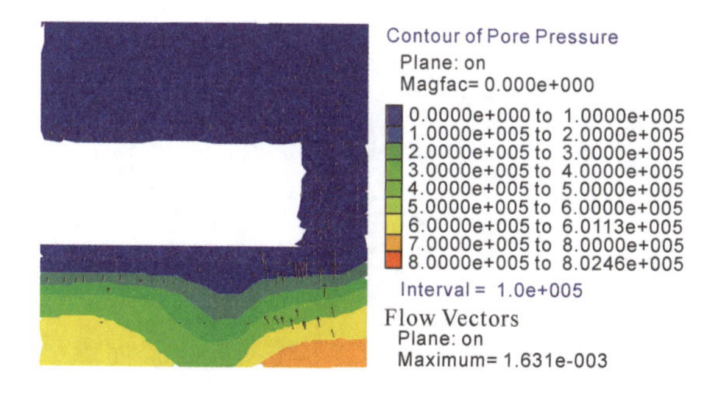

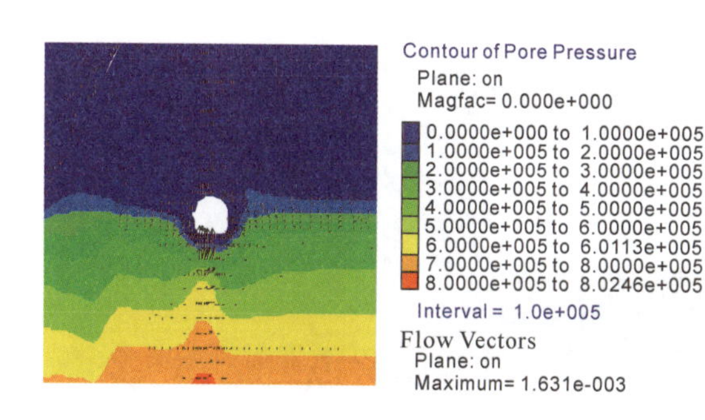

（f）开挖76.5m孔隙水压力场及渗流场分布

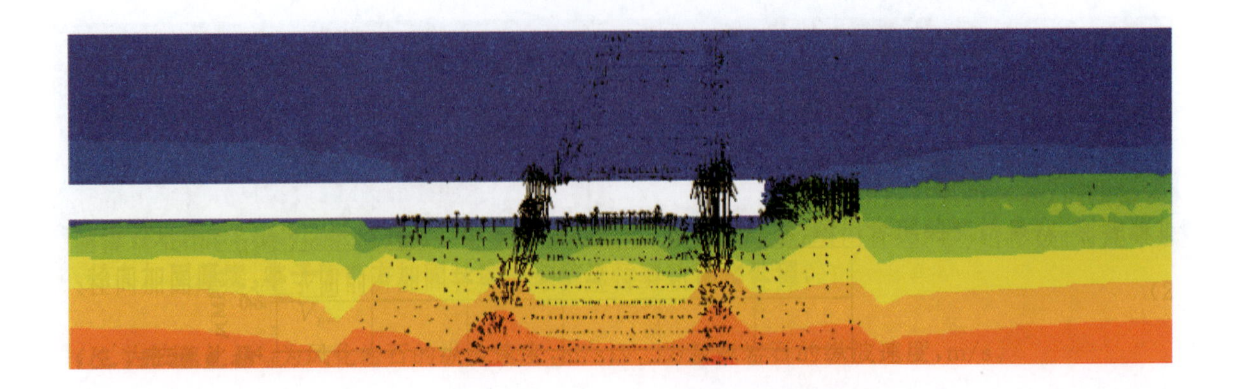

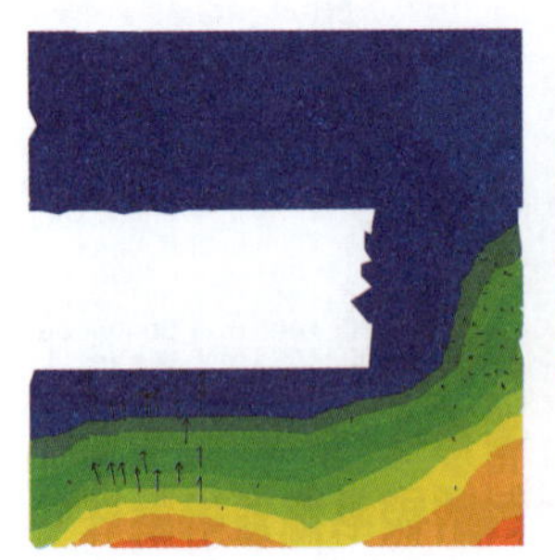

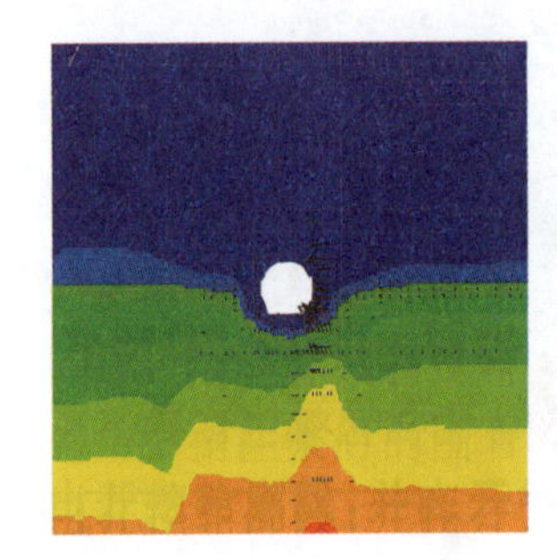

(g) 开挖82m孔隙水压力场及渗流场分布

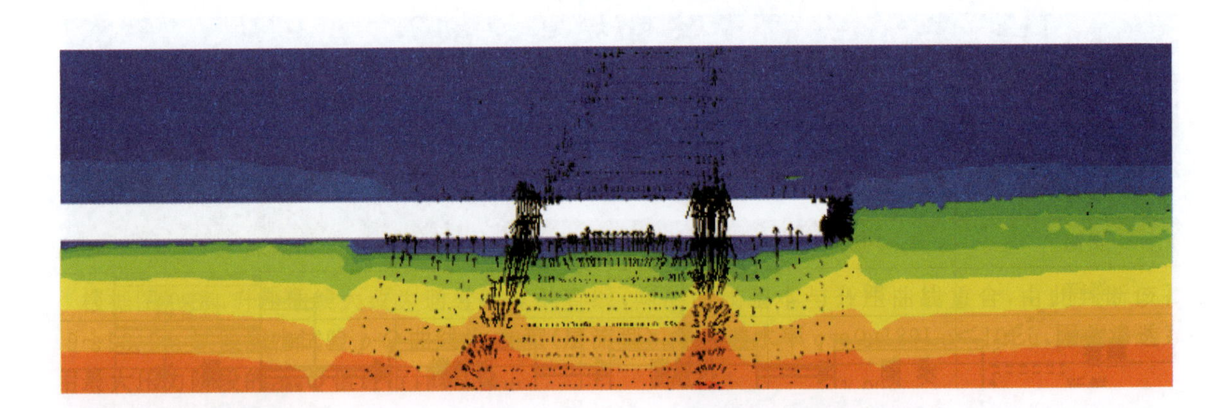

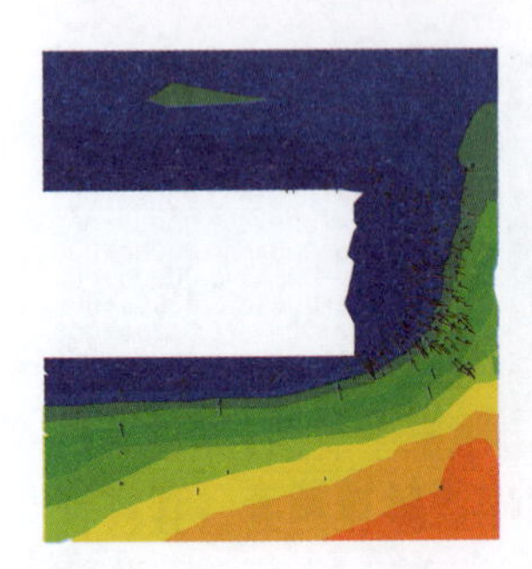

Contour of Pore Pressure
Plane: on
Magfac= 0.000e+000
0.0000e+000 to 1.0000e+005
1.0000e+005 to 2.0000e+005
2.0000e+005 to 3.0000e+005
3.0000e+005 to 4.0000e+005
4.0000e+005 to 5.0000e+005
5.0000e+005 to 6.0000e+005
6.0000e+005 to 6.0113e+005
7.0000e+005 to 8.0000e+005
8.0000e+005 to 8.0246e+005
Interval = 1.0e+005
Flow Vectors
Plane: on
Maximum= 2.915e-004

(h) 开挖90m孔隙水压力场及渗流场分布

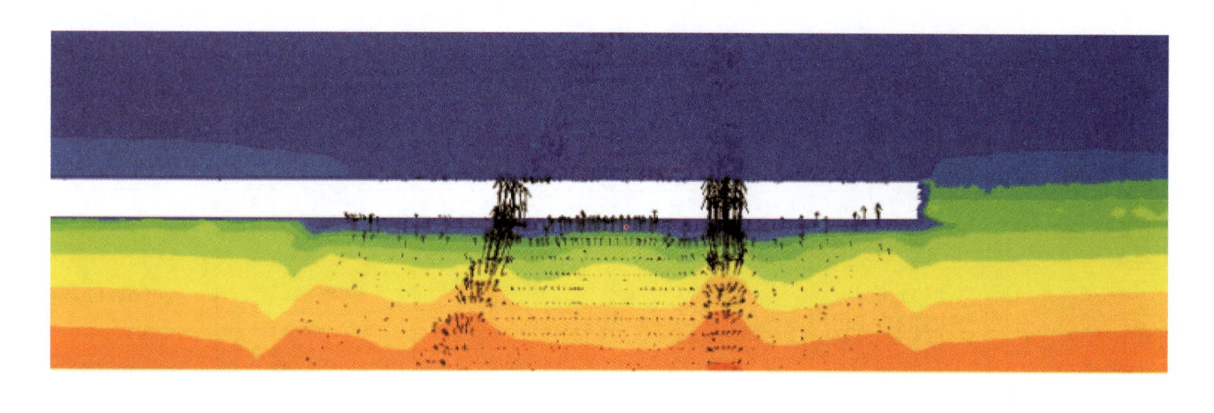

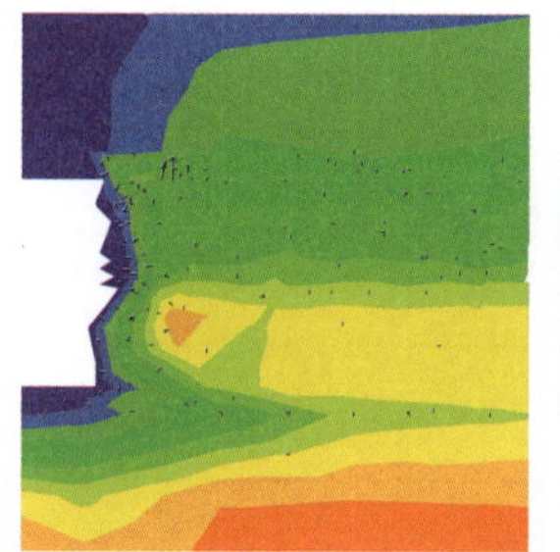

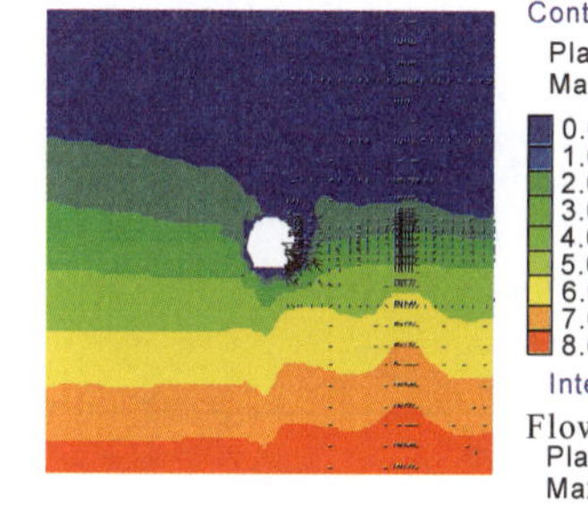

(i) 开挖96m孔隙水压力场及渗流场分布

图 4-14　隧洞开挖后孔隙水压力场及渗流场分布云图

1. 孔隙水压力场

分析图 4-14 可知：开挖前，初始孔隙水压力在普通围岩与断层带两者间的分布场一样，均随着深度的增加而增加。开挖后，围岩孔隙水压力场发生明显变化，隧洞周围孔隙水压力等势面密集，水压力较低，形成类似于漏斗状的低孔隙水压力区域。此外，当隧洞开挖进入断层破带后，孔隙水压力降低明显，低孔隙水压力区域相比于普通围岩的进一步扩大，隧洞开挖由 37m 推进至 76.5m 时，最大孔隙水压力由 1.534MPa 变为 1.027MPa，降低了 33.1%。

由上述分析可知，隧洞穿越断层带时，孔隙水压力大幅消散，导致水力坡降增大，引起渗流速度和渗透动水压力变大，地下水更容易向洞内渗透，造成围岩软化，力学性能降低，从而加剧断层破碎带岩体的失稳破坏，如不采取注浆等加固措施，极易导致涌水突泥灾害的发生，造成工程和环境等方面的问题。

2. 渗流场

隧洞开挖后，渗流速度场分布如图 4-14 所示，最大渗流速度、总涌水量、掌子面涌水量随开挖推进距离变化如表 4-6 和曲线图 4-15～图 4-17 所示。

表 4-6　掌子面及其后方 1m 监测断面最大渗流速度及涌水量计算表

掌子面处			掌子面后 1m 处		总涌水量 (m^3/h)
开挖距离 (m)	最大涌水速度 (m/s)	掌子面涌水量 (m^3/h)	最大涌水速度 (m/s)	隧洞洞径涌水量 (m^3/h)	
37	1.83×10^{-6}	0.08	1.01×10^{-6}	1.03	1.12
43	2.07×10^{-4}	9.54	1.98×10^{-4}	17.10	26.64

续表 4-6

开挖距离(m)	掌子面处		掌子面后 1m 处		总涌水量(m^3/h)
	最大涌水速度(m/s)	掌子面涌水量(m^3/h)	最大涌水速度(m/s)	隧洞洞径涌水量(m^3/h)	
52	5.22×10^{-4}	24.07	7.34×10^{-4}	109.56	133.63
56.5	1.28×10^{-3}	58.84	1.40×10^{-3}	231.14	289.98
66.5	8.15×10^{-4}	37.59	5.90×10^{-4}	376.16	413.75
76.5	1.63×10^{-3}	74.38	1.38×10^{-3}	671.87	746.25
82	3.49×10^{-4}	16.11	6.24×10^{-4}	734.71	750.82
90	4.22×10^{-4}	19.44	2.92×10^{-4}	746.73	766.18
96	1.94×10^{-6}	0.09	8.49×10^{-6}	747.33	747.42

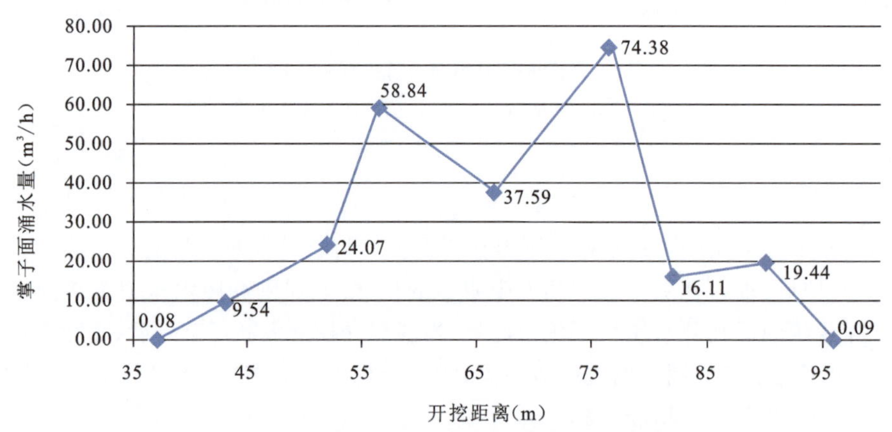

图 4-15　隧洞开挖过程掌子面涌水量变化曲线图

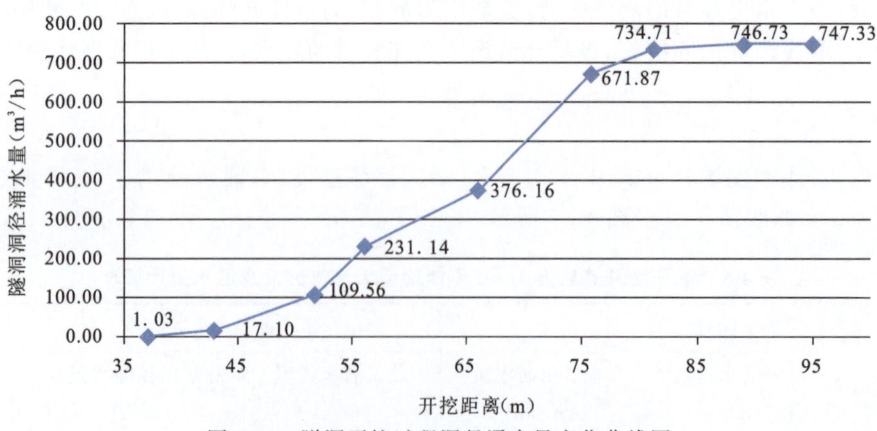

图 4-16　隧洞开挖过程洞径涌水量变化曲线图

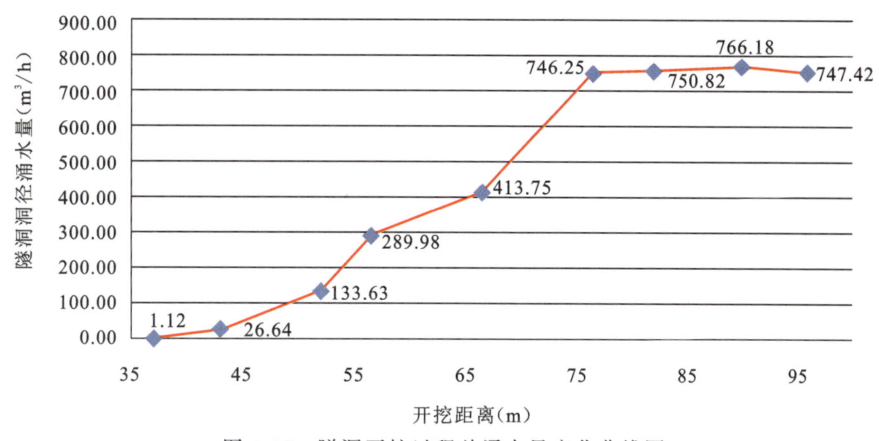

图 4-17　隧洞开挖过程总涌水量变化曲线图

分析上述表格及图可知：隧洞开挖后，隧洞周围 3～5m 范围内及掌子面附近区域渗流速度较大。从纵向上看，随着隧洞开挖，渗流方向由原来的断层方向逐步变为向临空掌子面偏转，在断层处的影响更为明显；从横向上看，隧洞拱脚附近区域渗流速度最大，高渗流速度区呈现类似于蝴蝶翼形式分布。因此，在隧洞掌子面两侧拱脚附近，渗流速度较大，易发展形成涌水突泥，施工时应加强观测和预防。

从掌子面涌水量变化曲线来看，随着隧洞向断层推进，掌子面附近围岩的渗流速度发生急剧性、突变性增大。隧洞开挖进入破碎带区域前，地下水流动较为稳定，流速变化不大，隧洞开挖 37m 时，涌水量仅为 0.08m^3/h，但是开挖至 43m，进入破碎带时，最大涌水量达到 9.54m^3/h，增加了 118.25 倍。开挖至 52m 时(距断层带距离 1 倍洞径范围内)，受断层带影响，涌水量变为 24.07m^3/h，增幅达到 152%。隧洞开挖进入断层带后，涌水量发生突变现象，呈现突然急剧性增大，掌子面推进至 56.5m 时，最大涌水量达到 58.84m^3/h，增幅高达 103%，掌子面推进至 76.5m 时，最大涌水量达到 74.38m^3/h。因此，隧洞施工至断层带后，涌水量急剧增大，地下水对围岩的蚀馈破坏作用加大，极易造成涌水突泥灾害，设计施工时应重点防范。

从总涌水量变化曲线来看，隧洞开挖从普通围岩向断层带推进过程中，涌水量有明显增大。在隧洞开挖进入断层带前，隧洞总涌水量增长较为稳定，隧洞总涌水量曲线斜率变化不大。隧洞开挖进入断层带后，隧洞总涌水量曲线斜率有较大幅度增加，斜率较大的两个过程分别为穿越第一、第二断层的过程。在第一次进入破碎带时，总涌水量由 26.64m^3/h 增长至 133.63m^3/h，增幅为 402%；进入第一断层后，总涌水量由 133.63m^3/h 增长至 289.98m^3/h，增幅为 117%；在穿越第二断层后，总涌水量达到 746.25m^3/h，较穿越第一断层时增加了 157%。隧洞开挖穿越过两个断层进入破碎带后的几个阶段，总涌水量没有较大增长，几乎保持持平，说明隧洞的涌水绝大部分来自断层带内的承压水，少部分来自破碎带的裂隙水。

综上所述，隧洞开挖至断层带时，隧洞渗流速度和渗流量明显大幅增加，由于岩体破碎软弱，地下水沿岩体内的裂隙和孔隙通道大量涌出，不断渗透、软化和潜蚀围岩，造成隧洞围岩力学强度和渗透性不断恶化，导致岩体失稳，大量地下水及泥屑物质涌进隧洞，造成涌水突泥灾害。因此，断层破碎带是整个隧洞的薄弱地段，设计施工中应予以突出重视，积极采取有效的防控措施。

四、应力场

隧洞开挖穿越断层破碎带过程中，同样取隧洞掌子面后方 5m 处的断面为监测面，研究分析隧洞围岩最大应力变化情况。如图 4-18 所示，列出掌子面开挖推进 37m、43m、52m、56.5m、66.5m、76.5m、82m、90m、96m 时监测断面及洞周局部放大的应力分布云图。

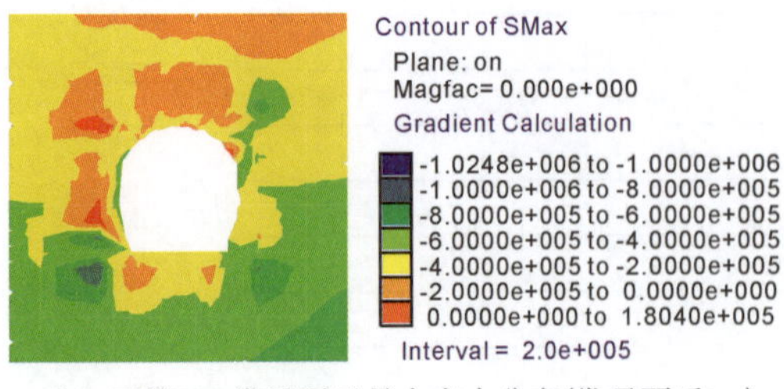

(a) 开挖37m掌子面后最大应力分布(掌子面后1m)

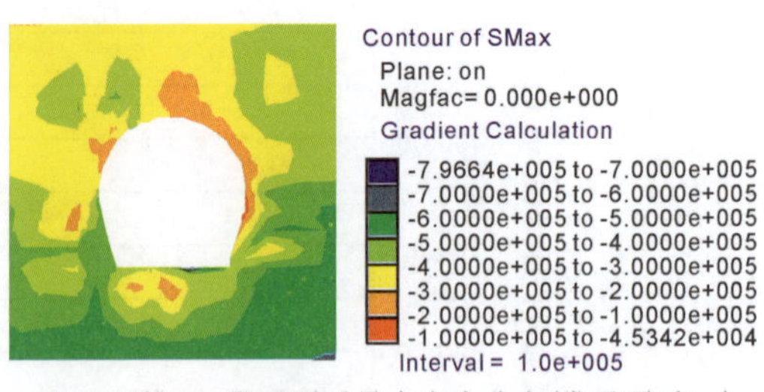

(b) 开挖42m掌子面后最大应力分布(掌子面后1m)

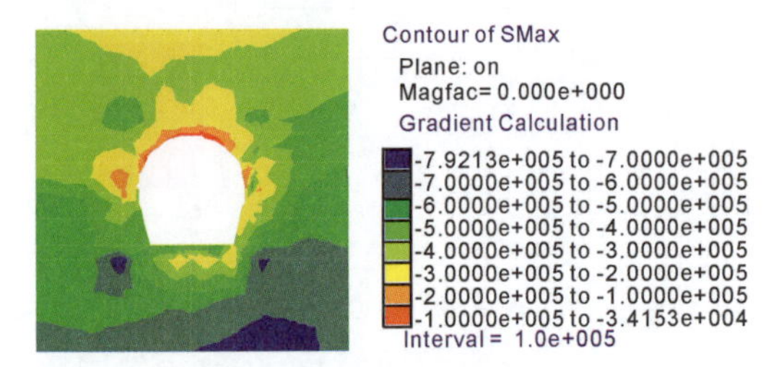

(c) 开挖52m掌子面后最大应力分布(掌子面后1m)

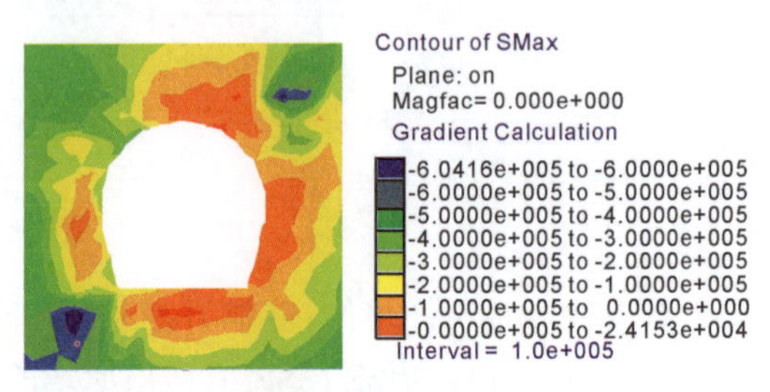

(d) 开挖56.5m掌子面后最大应力分布(掌子面后1m)

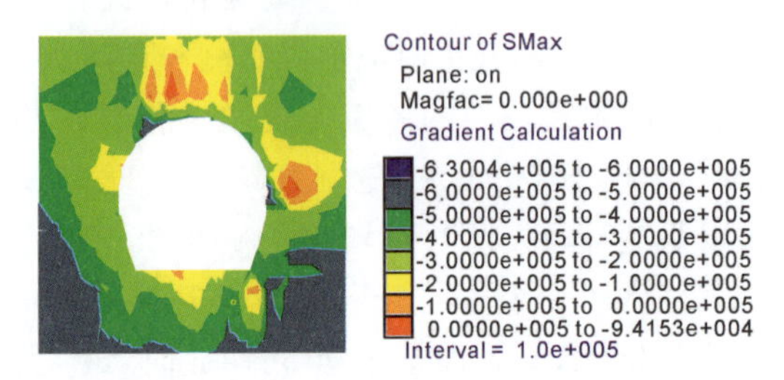

(e) 开挖66.5m掌子面后最大应力分布(掌子面后1m)

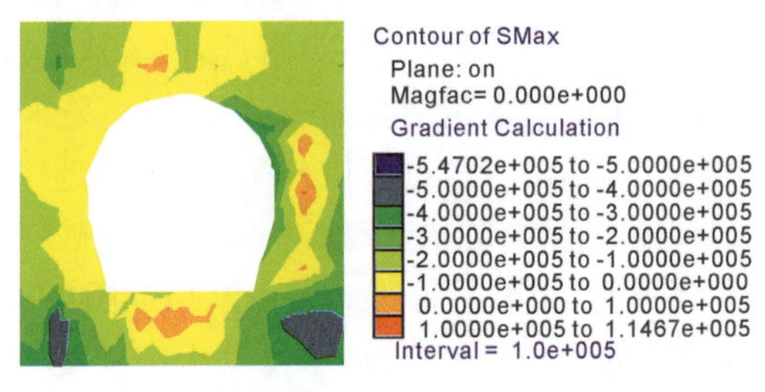

(f) 开挖76.5m掌子面后最大应力分布(掌子面后1m)

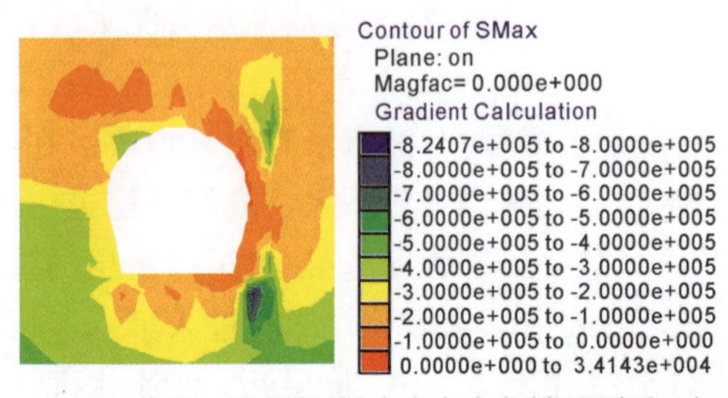

(g) 开挖82m掌子面后最大应力分布(掌子面后1m)

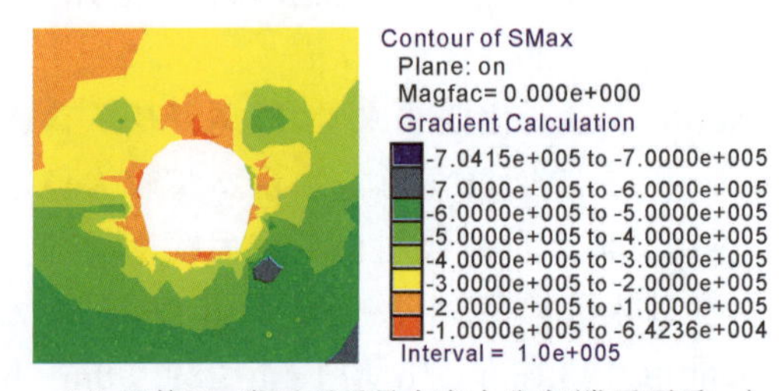

(h) 开挖90m掌子面后最大应力分布(掌子面后1m)

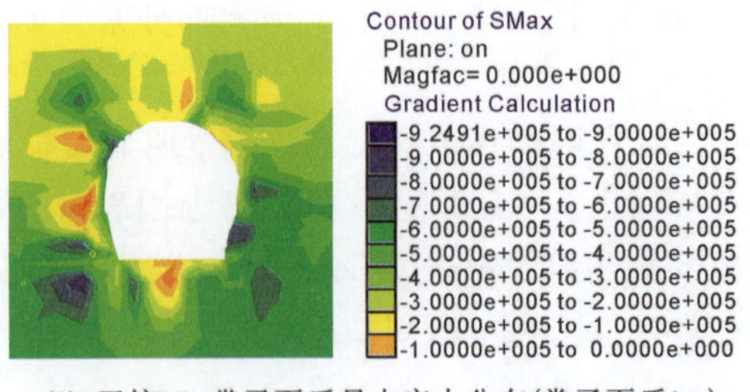

(i) 开挖96m掌子面后最大应力分布(掌子面后1m)

图 4-18　各开挖推进距离掌子面后最大应力分布云图

根据上述应力场统计出隧洞随隧洞开挖推进距离变化的曲线，具体趋势如图 4-19 所示。

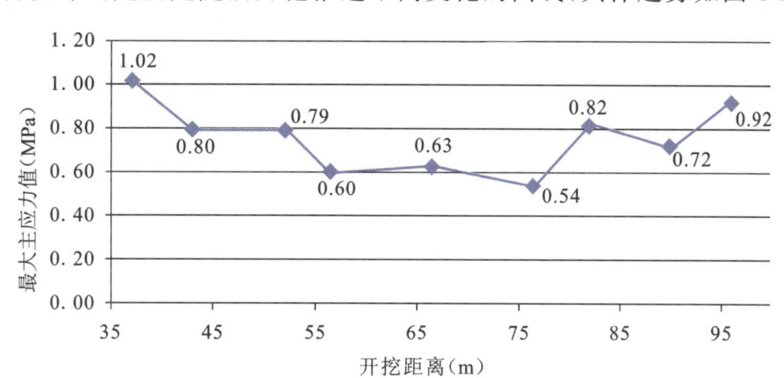

图 4-19　最大主应力随隧洞开挖推进距离的变化曲线图

分析图 4-19 可知：隧洞开挖后，围岩应力重分布，产生应力集中现象，压应力主要集中在隧洞侧壁、拱脚附近区域；拉应力主要集中在拱顶和底板区域。进入破碎带前，随着隧洞开挖推进，围岩的第一主应力最大值逐渐增大，应力集中现象加剧，开挖至 32m 时，第一主应力最大值为 1.02MPa。此外，应力集中区范围也有所扩大，较大范围的高应力集中极易导致围岩失稳，发生涌水突泥灾害。隧洞开挖进入断层带后，应力急剧变化，在 56.5m 单层处，应力降低至 0.6MPa，在 76.5m 断层处，应力降低至 0.54MPa。同时由 56.5m 断面图及 76.5m 断面图可以看到，隧洞洞周围出现大范围卸荷、应力松弛现象。

大范围应力释放使得岩体向隧洞开挖临空面以膨胀破坏等形式释放能量，导致隧洞围岩裂(孔)隙扩展发育，渗透性增大，进一步恶化可导致涌水突泥灾害发生。施工中应做好监控量测及加固措施，防止应力达到极限抗压、抗拉强度，围岩破坏，形成涌水突泥点，导致灾害发生。

五、位移场

隧洞开挖穿越断层破碎带过程中，研究分析隧洞围岩多种位移变化情况，围岩的竖向位移、掌子面水平位移分布如图 4-20 所示。以下列出掌子面开挖推进 37m、43m、52m、56.5m、66.5m、76.5m、82m、90m、96m 时位移分布云图。

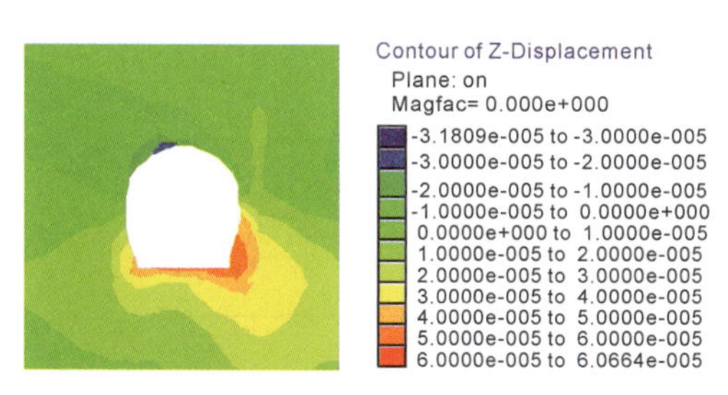

(a) 开挖37m竖向位移(掌子面后1m)

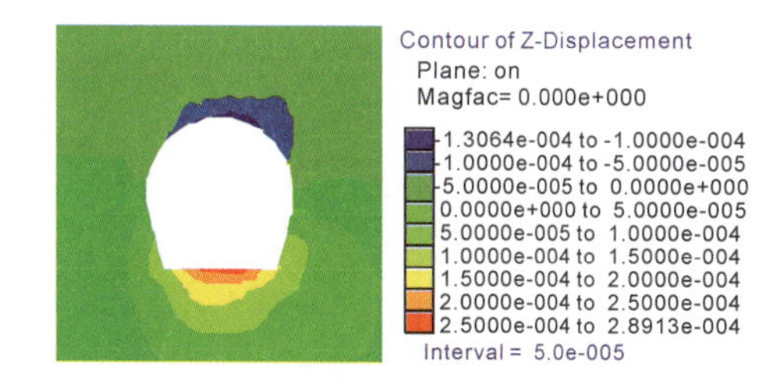

(b) 开挖43m竖向位移(掌子面后1m)

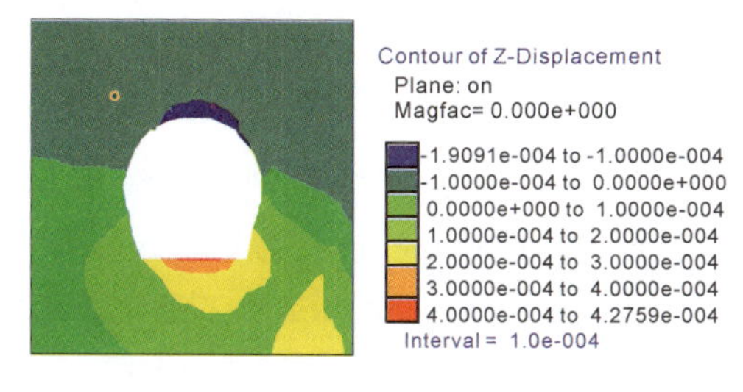

(c) 开挖52m竖向位移(掌子面后1m)

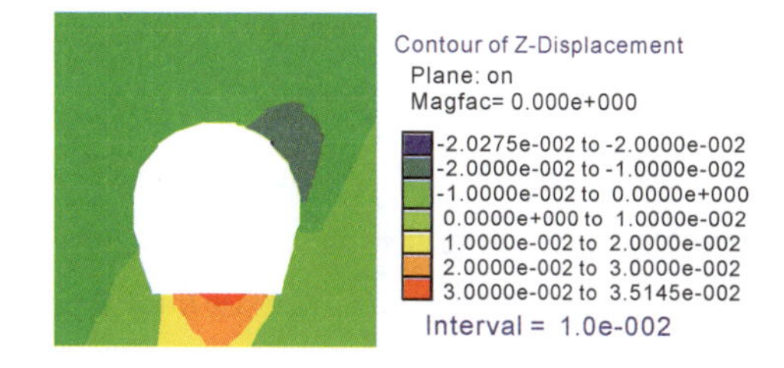

(d) 开挖56.5m竖向位移(掌子面后1m)

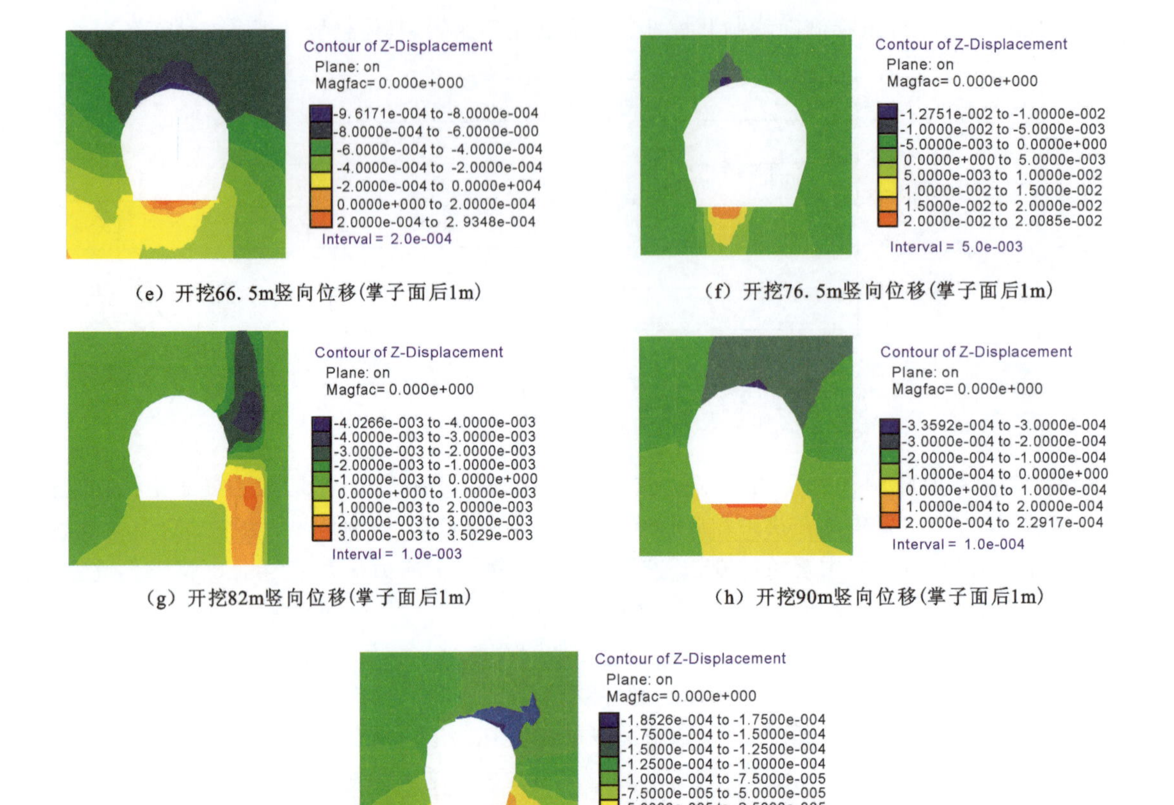

(e) 开挖66. 5m竖向位移(掌子面后1m)　　(f) 开挖76. 5m竖向位移(掌子面后1m)

(g) 开挖82m竖向位移(掌子面后1m)　　(h) 开挖90m竖向位移(掌子面后1m)

(i) 开挖96m竖向位移(掌子面后1m)

图 4-20　不同开挖推进距离隧洞竖向位移分布云图

根据上述位移场统计出隧洞竖向位移结果,正值表示拱底隆起,负值表示拱顶沉降,具体趋势如图 4-21所示。

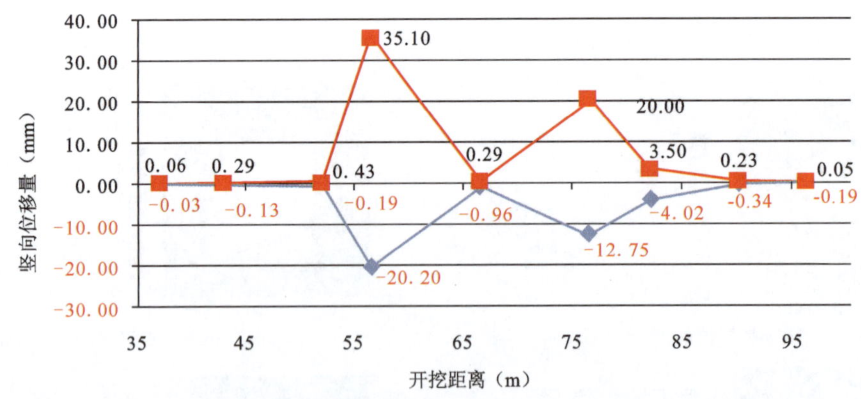

图 4-21　拱顶沉降、拱底隆起值随隧洞开挖推进距离的变化曲线图

隧洞开挖推进至断层前,隧洞围岩竖向位移变化不大,位移值基本稳定在某个较小值附近。以竖向位移计算结果为例,隧洞开挖由 32m 向 52m 推进过程中,拱顶沉降由 0. 03mm 变为 0. 19mm,增幅量仅为 0. 008 5mm/m;拱底隆起值由 0. 06mm 变成 0. 43mm,增幅量仅为 0. 018 5mm/m。随着隧洞开挖进入断层后,位移量出现急剧性、突变性增大的现象。从竖向位移角度来看,隧洞开挖推进至第一断层时,拱顶沉降值达到 20. 2mm,拱底隆起值达到 35. 1mm。继续开挖推进至两断层之间的破碎带,隧洞沉降值及隆起值又急剧降低,并在开挖至第二个断层后再次急剧升高,整个位移量变化受隧洞穿越不同地层

的过程影响。

由此可见，隧洞施工穿越断层带后，由于岩体软弱破碎，围岩竖向位移、水平位移和掌子面先行位移发生急剧性、突变性增加，隧洞极有可能产生大变形。倘若施工方法不当，支护没有紧跟，断层附近地下水丰富，围岩大变形极有可能引起塌方甚至涌水突泥地质灾害。因此，隧洞施工至断层带附近时，应加强监控量测，采取多种合理有效措施防止涌水突泥灾害发生。

第三节　断层倾角及组合断层交叉点位置的影响

一、数值模拟方案

计算模型的边界条件以及开挖模拟方法均与现场实际标段的计算模型一致，仅改变模型中断层角度及组合断层交叉点相对位置。设计按照如下 9 种模拟方案进行研究。

工况一：单断层倾角 30°；

工况二：单断层倾角 45°；

工况三：单断层倾角 60°；

工况四：组合断层倾角 30°(断层交叉点上覆于隧洞)；

工况五：组合断层倾角 30°(断层交叉点下伏于隧洞)；

工况六：组合断层倾角 45°(断层交叉点上覆于隧洞)；

工况七：组合断层倾角 45°(断层交叉点下伏于隧洞)；

工况八：组合断层倾角 60°(断层交叉点上覆于隧洞)；

工况九：组合断层倾角 60°(断层交叉点下伏于隧洞)。

二、断层倾角的影响

1. 计算几何模型及边界条件

隧洞平均埋深 300m，地下水位线平均高度位于地表下 50m；隧洞断面为底宽 3.0m，直径 3.9m 的扩底圆形断面；断层宽度约 3m。地下洞室开挖仅在距离洞室中心点 3～5 倍洞径范围内的围岩应力、位移产生较大影响，在 3 倍洞径之外的影响小于 5%。因此，综合考虑计算精度和计算效率，水平方向上，计算模型由隧洞轴线向两侧各取 18m；竖直方向上、下边界各取 18m。计算模型纵向范围也应作相应的延伸，由断层向两侧各延伸 20m。整个计算模型三维尺寸为 36m×36m×113m，如图 4-22～图 4-27 所示，以隧洞轴向为 Y 轴，竖直向上为 Z 轴，垂直于 YZ 平面为 X 轴，原点为模型底部前视角点处。

渗流场边界条件：设置上表面孔隙水压力；隧洞开挖周边及掌子面由于与大气相通，设置孔隙水压力为零边界；隧洞左右、前后以及底部设为无流动边界。应力、位移场边界条件：模型不计上覆岩土体重力作用，隧洞开挖周边及掌子面为自由边界；隧洞左右、前后限制水平位移，设为辊支承约束；隧洞底部设为固定约束。

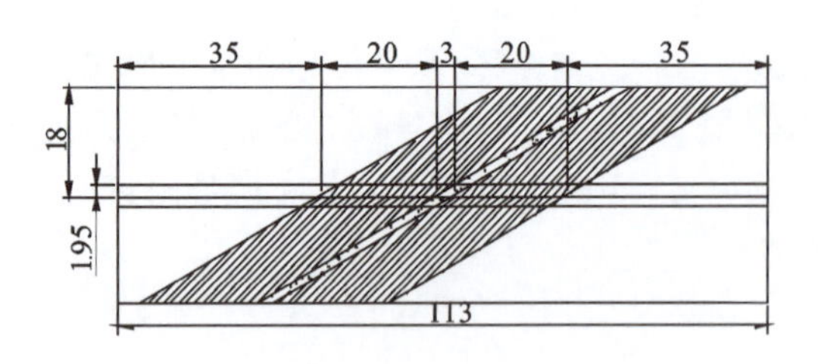

图 4-22 单断层倾角 30°计算模型纵断面图

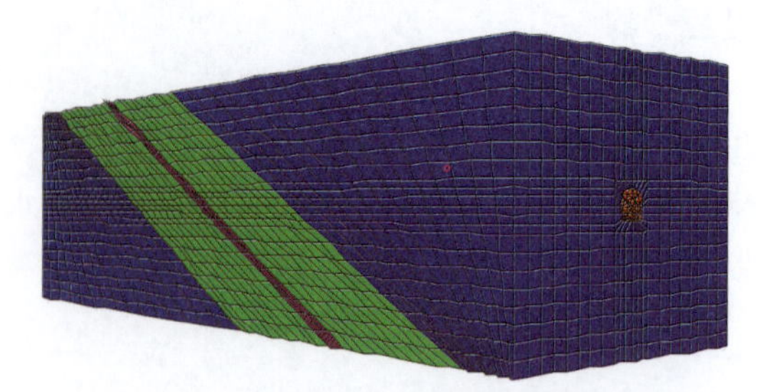
图 4-23 单断层倾角 30°计算模型网格划分图

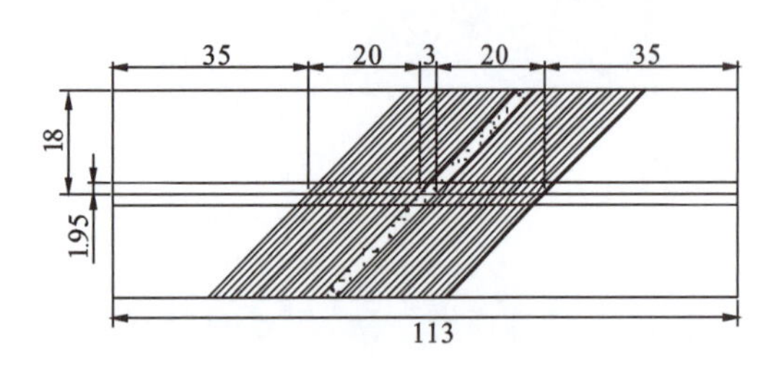

图 4-24 单断层倾角 45°计算模型纵断面图

图 4-25 单断层倾角 45°计算模型纵断面图

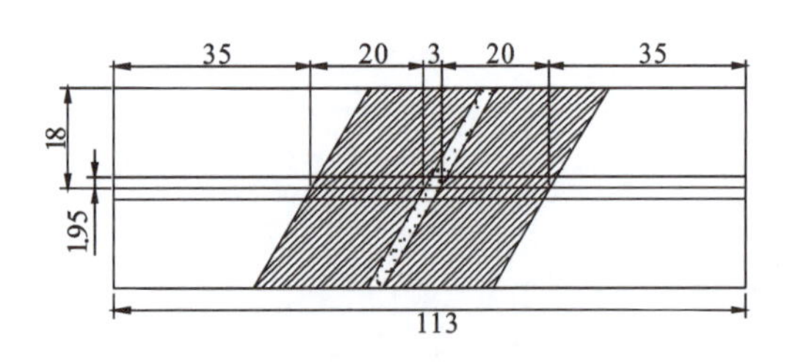

图 4-26 单断层倾角 60°计算模型纵断面图

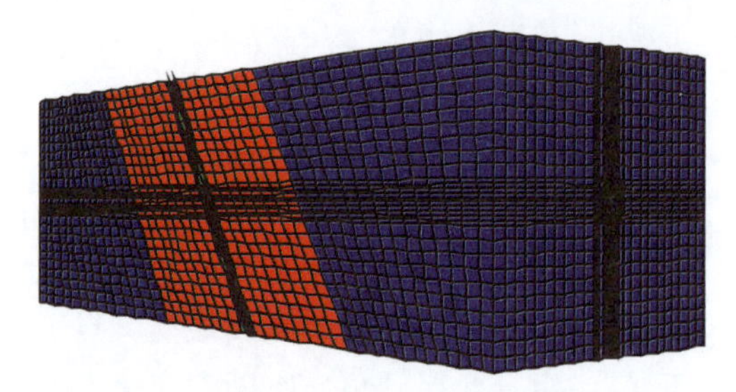
图 4-27 单断层倾角 60°计算模型网格划分图

2. 计算参数及模拟方法

为方便计算和建模，将计算模型的围岩视为普通围岩、破碎带围岩和断层带围岩 3 种形式的岩体，根据研究区工程地质勘察报告，普通围岩按Ⅳ级围岩，破碎带按Ⅴ级围岩考虑，断层带按Ⅵ级围岩考虑。各计算参数主要参考龙津溪引水工程地质报告，部分不详参数参考隧洞断层破碎带常见围岩状况并根据《工程地质手册》(第四版)有关规定进行选取，各参数具体取值见表 4-7。

表 4-7 围岩物理力学参数取值表

材料名称	弹性模量(GPa)	重度(kN/m^3)	泊松比	内摩擦角(°)	黏聚力(MPa)	渗透率($m^2 \cdot Pa^{-1} \cdot s^{-1}$)	孔隙率
Ⅲ围岩(普通围岩)	15	27	0.21	45	0.42	1.0×10^{-13}	0.01
Ⅳ围岩(破碎带围岩)	5	25	0.35	30	0.18	1.0×10^{-9}	0.1
Ⅵ围岩(断层带围岩)	0.02	19	0.3	23	0.03	1.0×10^{-8}	0.5

这里主要研究隧洞断层涌水突泥机理及规律，因此，对隧洞开挖施工模拟作了适当的简化：隧洞采用全断面开挖，工况依次为沿轴向开挖至 32m、38m、52m、56.5m、61m、75m、81m。在掌子面后方 1m

(即开挖至 51m、55.5m、60m)处布设监控断面，进行对比研究，从孔隙水压力、渗流速度、最大应力、位移随断层角度变化研究隧洞穿越断层破碎带涌水突泥机理。

3. 孔隙水压力及渗流场分析

隧洞开挖穿越断层破碎带过程中，围岩孔隙水压力场及渗流场变化如图 4-28 所示。以掌子面开挖至 52m、56.5m、61m 为例，列出孔隙水压力分布整体剖切图及其后方 1m 处监测断面的孔隙水压力分布图。

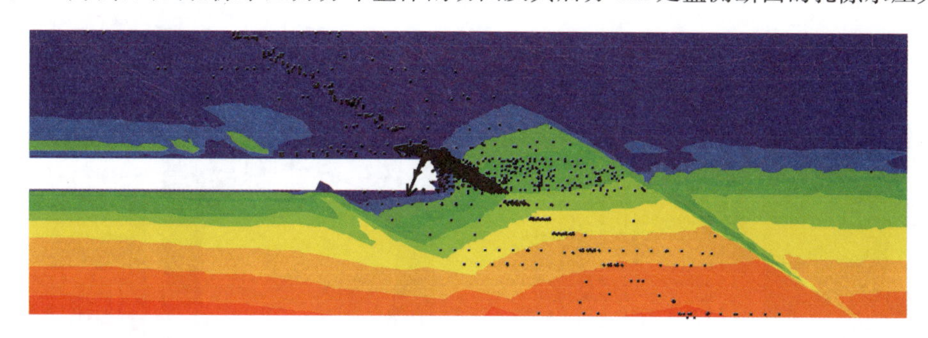

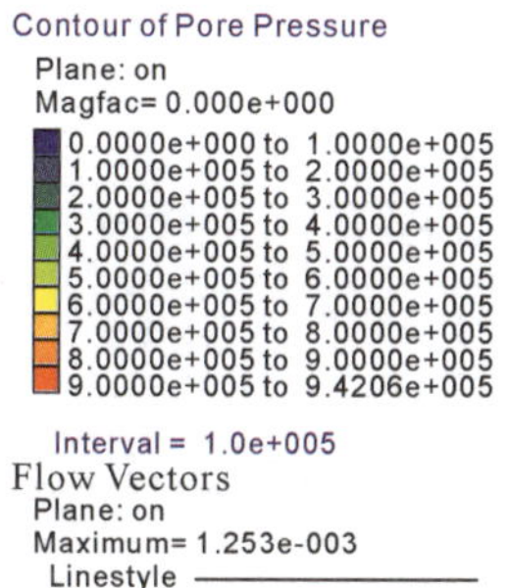

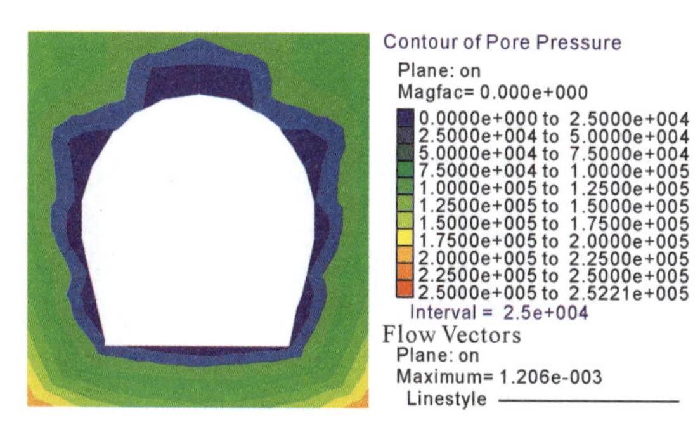

(a) 开挖52m后孔隙水压力及渗流场分布（工况一）

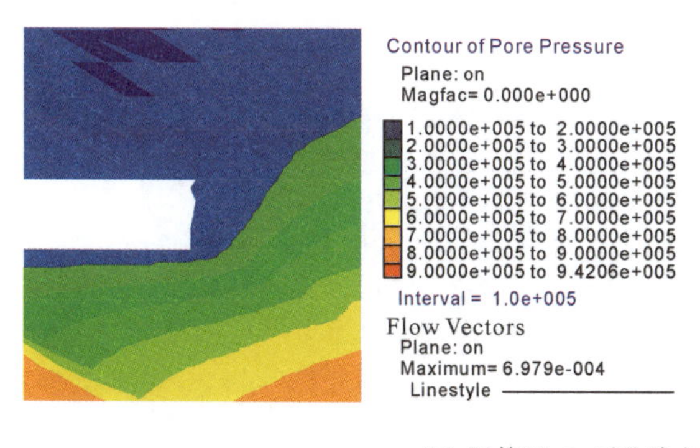

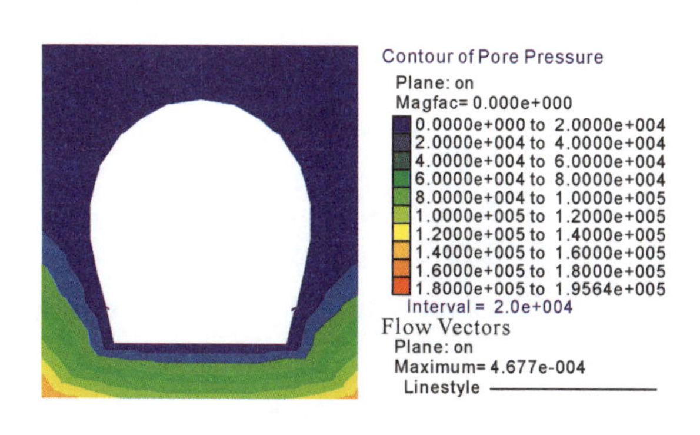

(b) 开挖56.5m后孔隙水压力及渗流场分布（工况一）

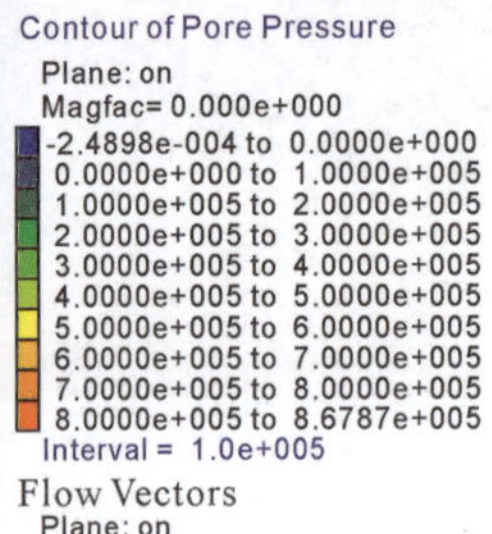

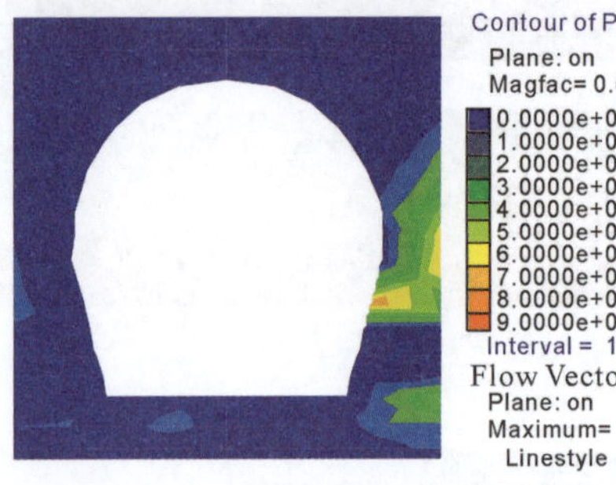

(c) 开挖61m后孔隙水压力及渗流场分布（工况一）

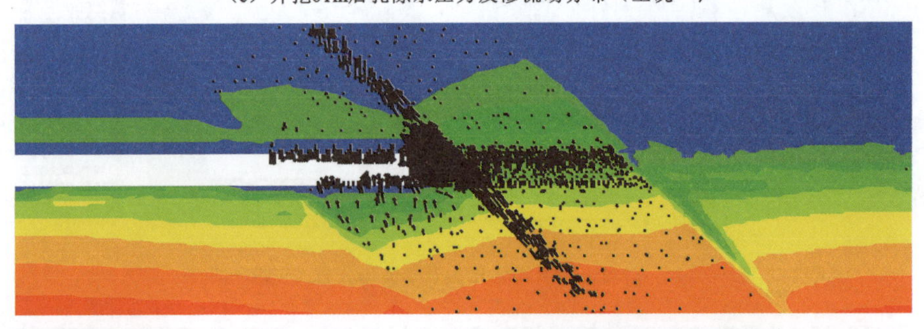

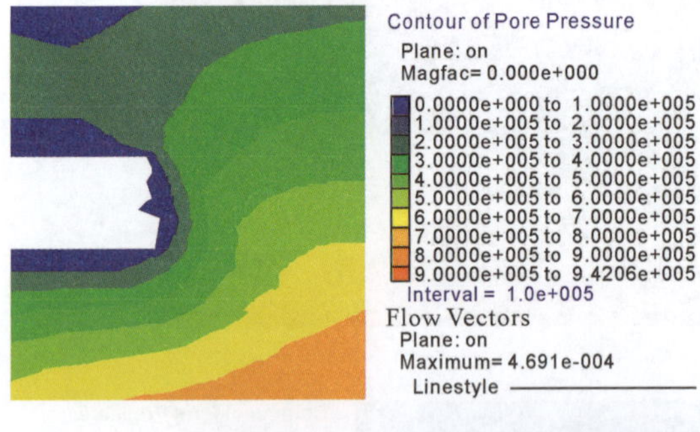

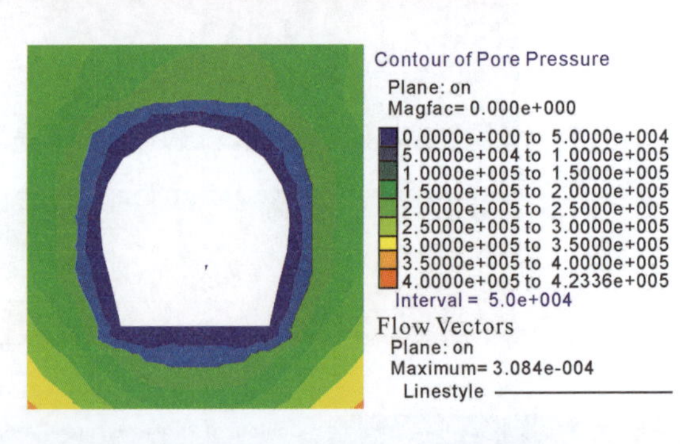

(d) 开挖52m后孔隙水压力及渗流场分布（工况二）

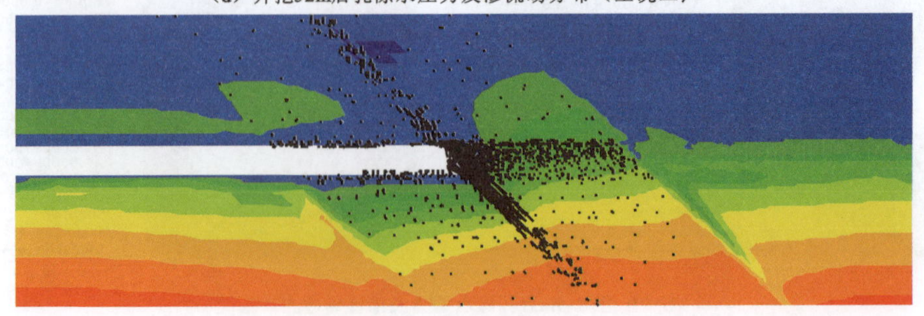

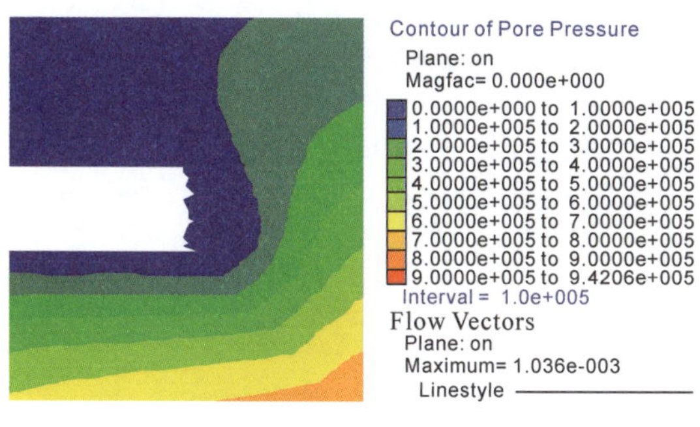

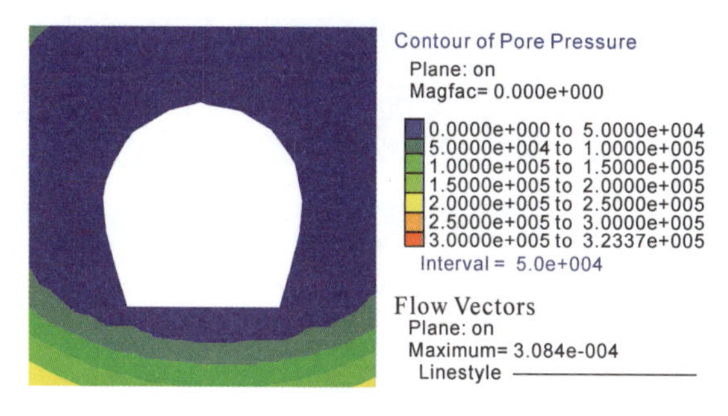

(e) 开挖56.5m后孔隙水压力及渗流场分布（工况二）

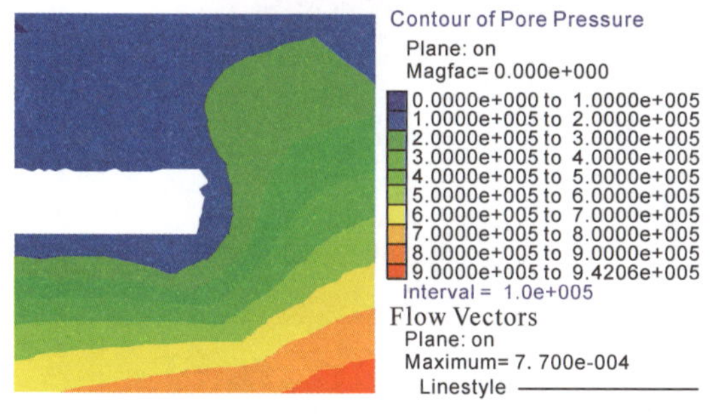

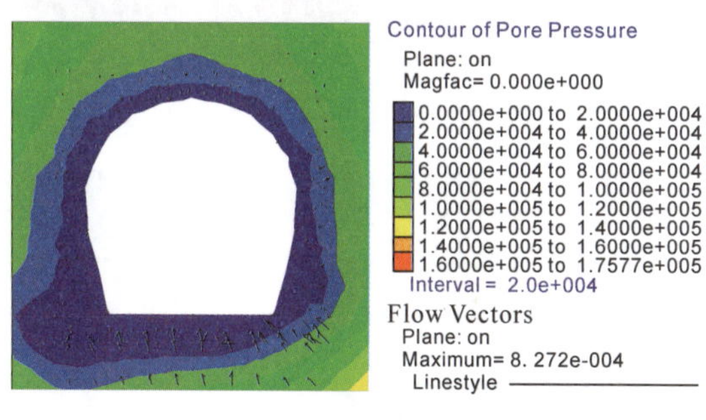

(f) 开挖61m后孔隙水压力及渗流场分布（工况二）

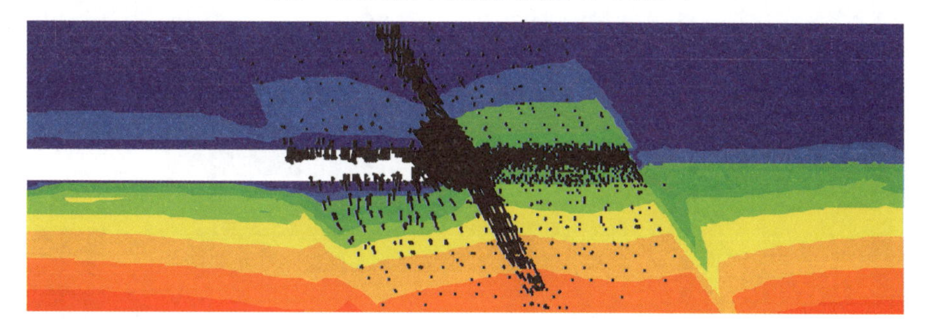

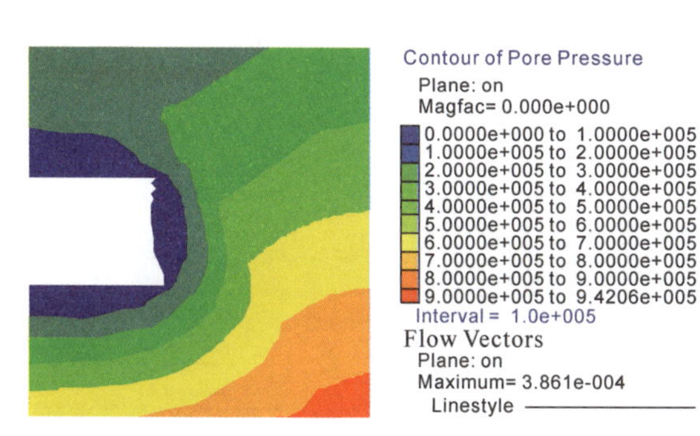

(g) 开挖52m后孔隙水压力及渗流场分布（工况三）

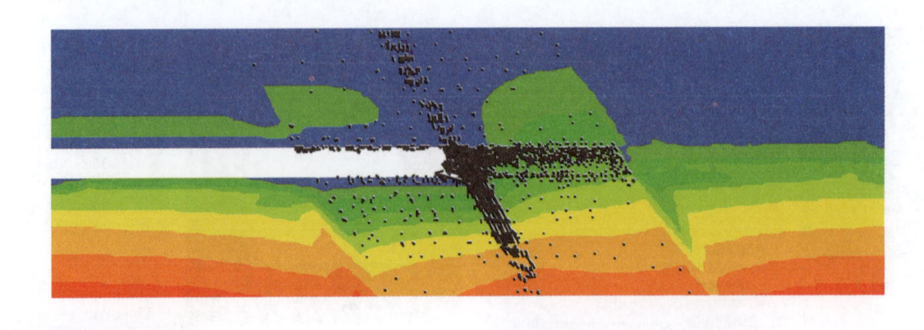

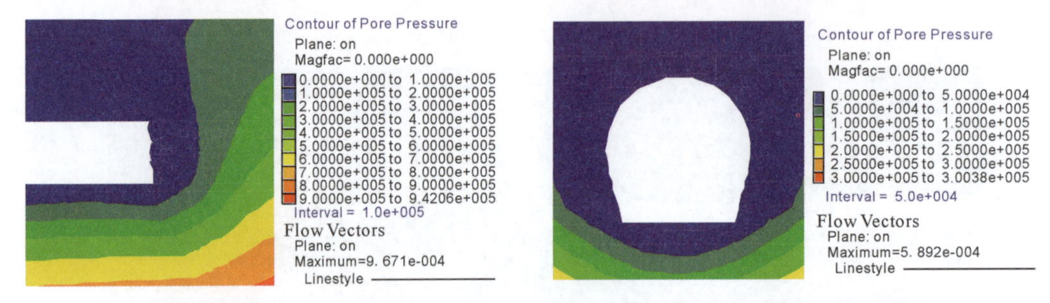

(h) 开挖56.5m后孔隙水压力及渗流场分布（工况三）

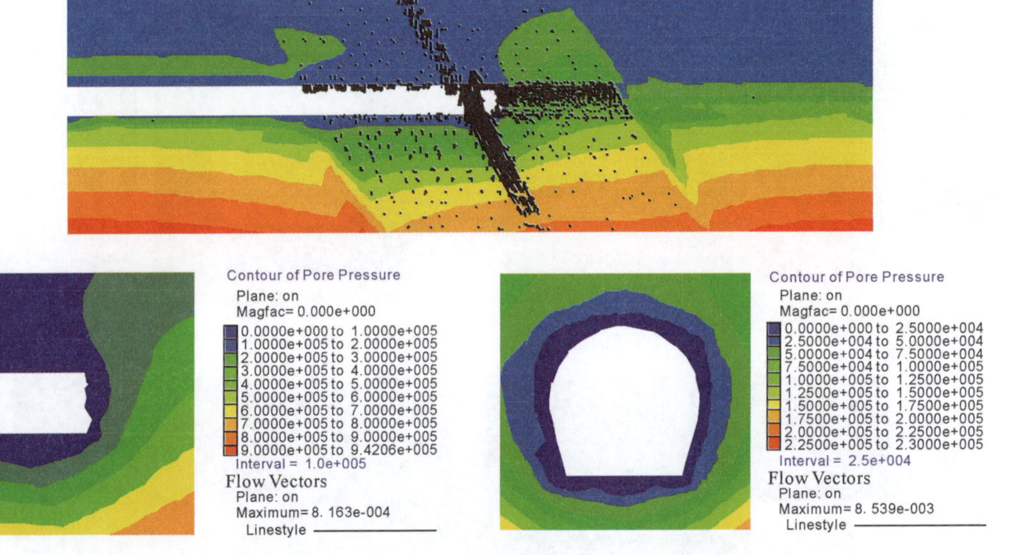

(i) 开挖61m后孔隙水压力及渗流场分布（工况三）

图 4-28 隧洞开挖后孔隙水压力场及渗流场分布云图

从图 4-28 对比分析可知：开挖后，围岩孔隙水压力场发生明显变化，隧洞周围孔隙水压力等势面密集，水压力较低，形成类似于漏斗状的低孔隙水压力区域。并以开挖至 52m、56.5m、61m 3 个断面为例，如表 4-8 中列出洞径周围最大孔隙水压力值。

表 4-8 各工况最大孔隙水压力值表

工况分类	最大孔隙水压力值(MPa)		
	开挖 52m	开挖 56.5m	开挖 61m
工况一	0.250	0.196	0.009
工况二	0.423	0.323	0.176
工况三	0.415	0.300	0.230

从表 4-8 中可以看出：随着隧洞开挖，3 种断层倾角情况下，最大孔隙水压力都呈下降趋势，同时，洞径周围的低孔隙水压力区域在进一步扩大。当隧洞开挖至 56.5m 时，即由破碎带开挖至断层时，工况一的最大孔隙水压力从 0.25MPa 下降至 0.196MPa，下降了 21.6%；工况二最大孔隙水压力从 0.423MPa下降到 0.323MPa，下降了 23.6%；工况三最大孔隙水压力从 0.415MPa 下降到 0.300MPa，下降了 27.7%。当隧洞继续开挖至右侧破碎带时，工况一的最大孔隙水压力从 0.18MPa 骤降到 0.009MPa，降幅达 95%；工况二和工况三的降幅分别仅为 46%和 23%。开挖至 52m、56.5m、61m 3 个断面过程中，工况二和工况三总的最大孔隙水压力总降幅相差不大，且随着开挖下降规律相似，而工况一的总降幅达96.4%。破碎带和断层岩体的渗透性相较普通围岩的渗透性大，会引起隧洞孔隙水压力降低，低水压力区的扩大，而且越深入断层，这种效应越显著，从而更容易引发涌水突泥灾害。

隧洞开挖后，渗流速度分布如图 4-28 各开挖步所示，洞径最大渗流速度和掌子面最大渗流速度随隧洞开挖变化曲线如图 4-29 和图 4-30 所示。

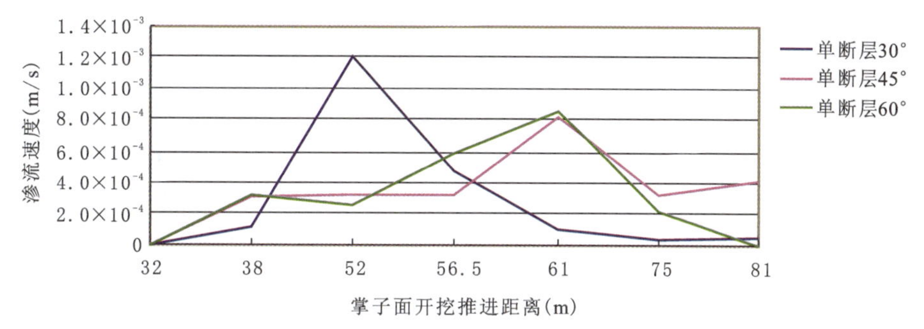

图 4-29　各工况洞径最大渗流速度随隧洞开挖变化曲线图

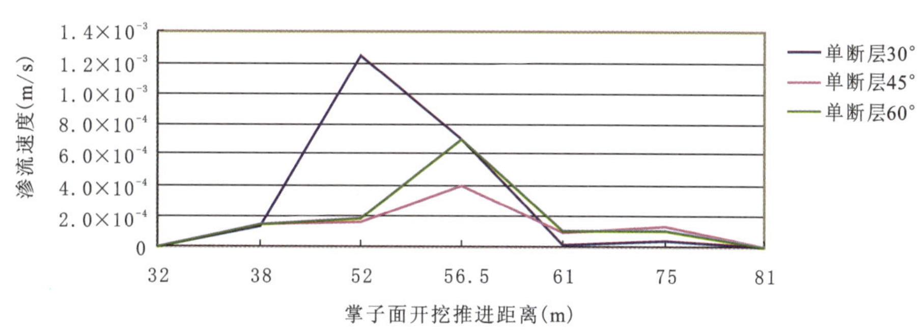

图 4-30　各工况掌子面最大渗流速度随隧洞开挖变化曲线图

分析图 4-29 和图 4-30 可知：随着隧洞的开挖推进，洞径最大渗流速度和掌子面最大渗流速度都呈现先增大至峰值、后下降至平稳的趋势。但从到达峰值对应的推荐距离可以看出工况二和工况三规律相似，洞径最大渗流速度峰值出现在开挖至 61m 时，其值分别为 8.272×10^{-4}m/s 和 8.539×10^{-4}m/s，掌子面最大渗流速度峰值出现在开挖至 56.5m 处，即开挖至断层，其值分别为 7.052×10^{-4}m/s 和 3.918×10^{-4}m/s。并从整个渗流速度包络线情况可知，工况三在整个开挖过程中，洞径最大渗流速度和掌子面最大渗流速度所产生的涌水量应大于工况二，说明倾角 60°单断层较倾角 45°单断层在隧洞开挖过程中更易使水力坡降增大，渗流速度增加，造成渗水通道拖拽、冲刷、溶蚀作用增强，导致涌水量增加。而工况一，即倾角 30°单断层则在隧洞开挖至 52m，即隧洞深入破碎带的位置，洞径最大渗流速度和掌子面最大渗流速度同时到达峰值，其值分别为 1.206×10^{-3}m/s 和 1.253×10^{-3}m/s。从上图中能明显看出该值大于工况二和工况三中的峰值，说明隧洞开挖至此，工况一会呈现涌水量突然急剧性增大，更易造成涌水突泥。可见，倾角 30°单断层在隧洞轴线方向的影响范围与倾角 45°单断层和倾角 60°单断层不同，其对隧洞轴线方向有着更长的影响距离，隧洞开挖至临近断层位置，就受到断层的影响，渗流速度有着较大增幅。

4. 应力场分析

隧洞开挖穿越断层破碎带过程中，围岩的最大主应力变化如图 4-31 所示。同样取隧洞掌子面后方 1m 处的断面为监测面，研究分析隧洞围岩最大应力变化情况。以下以掌子面开挖至 52m、56.5m、61m 为例，列出此时监测断面及洞周局部放大的应力分布云图。

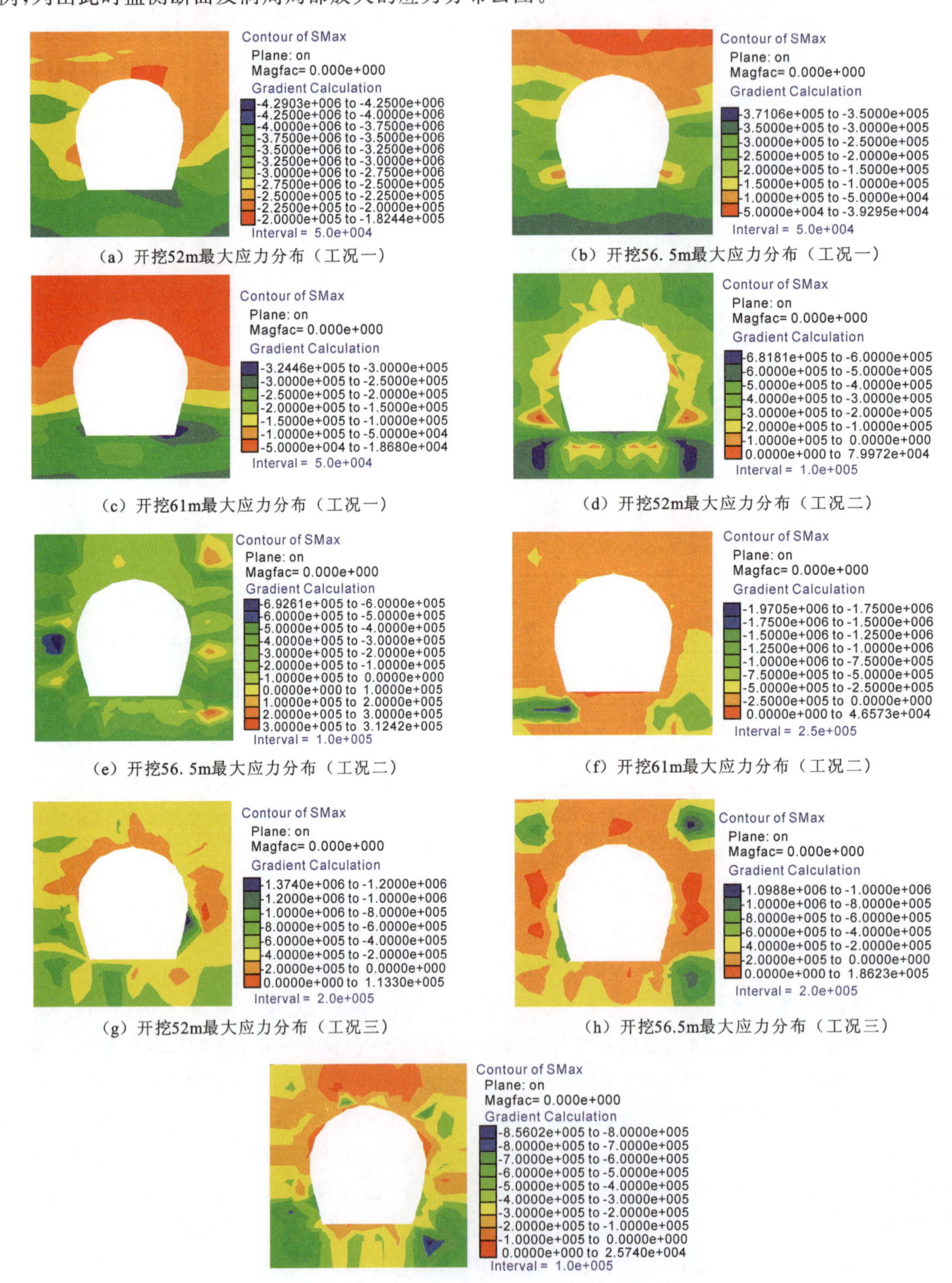

（a）开挖52m最大应力分布（工况一）　（b）开挖56.5m最大应力分布（工况一）

（c）开挖61m最大应力分布（工况一）　（d）开挖52m最大应力分布（工况二）

（e）开挖56.5m最大应力分布（工况二）　（f）开挖61m最大应力分布（工况二）

（g）开挖52m最大应力分布（工况三）　（h）开挖56.5m最大应力分布（工况三）

（i）开挖61m最大应力分布（工况三）

图 4-31　各开挖推进距离掌子面后最大应力分布云图

从图 4-31 对比分析可知：隧洞开挖后，随着断层角度的不同，隧洞围岩应力有明显的变化，围岩应力重分布，产生应力集中现象，压应力主要集中在隧洞侧壁、拱脚附近区域；拉应力主要集中在拱顶和底板区域。当断层倾角变大时，围岩受拉区和低应力区范围扩大。同时，分别就工况一、工况二、工况三而言，随着隧洞开挖，洞周的受拉区范围也在逐渐增加，最大主应力位移向拱脚位置扩大。

根据上述应力场统计出 3 种工况情况，最大主应力随隧洞开挖推进距离变化的曲线，具体趋势如图 4-32 所示。

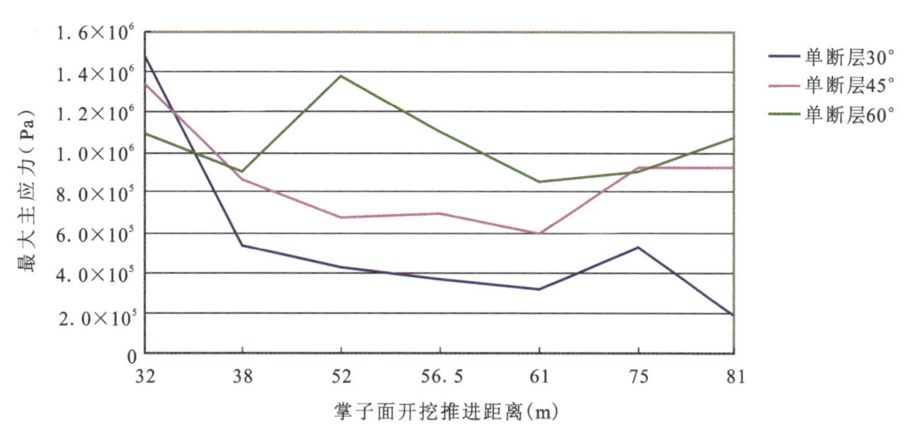

图 4-32　各工况最大主应力随隧洞开挖变化曲线图

从图 4-32 中可以看出，工况一和工况二的最大主应力呈现先减小、后增大的趋势，而工况三的最大主应力则在开始下降后，在开挖至 52m 处出现一个峰值，值为 1.374MPa。同时可以明显看出，在开挖过程中，单断层倾角越大，洞周最大主应力较大，越易造成围岩屈服破坏范围扩大，隧洞更容易失稳破坏发生涌水突泥灾害。

5. 位移场分析

隧洞开挖穿越断层破碎带过程中，研究分析隧洞围岩多种位移变化情况，围岩的竖向位移、掌子面水平位移分布如图 4-33 所示。以掌子面开挖至 52m、56.5m、61m 为例，列出掌子面开挖推进时位移分布云图。

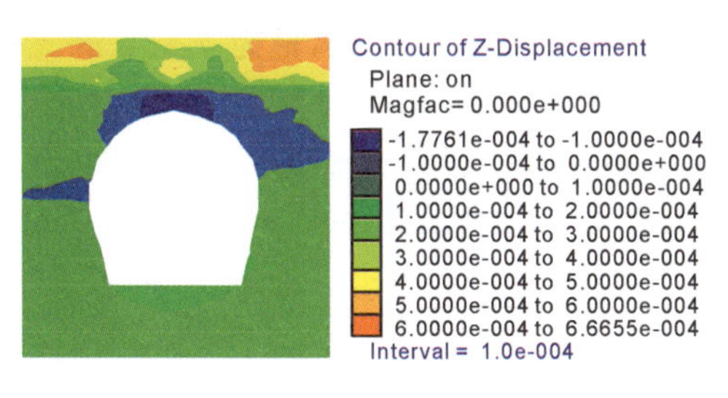

(a) 开挖52m位移横向断面图（工况一）

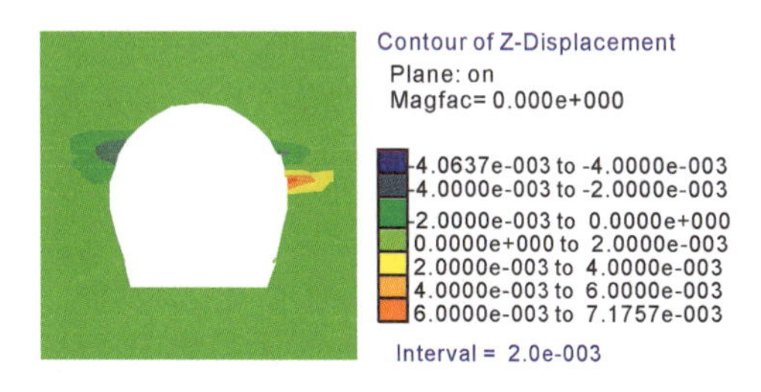

(b) 开挖56.5m位移横向断面图（工况一）

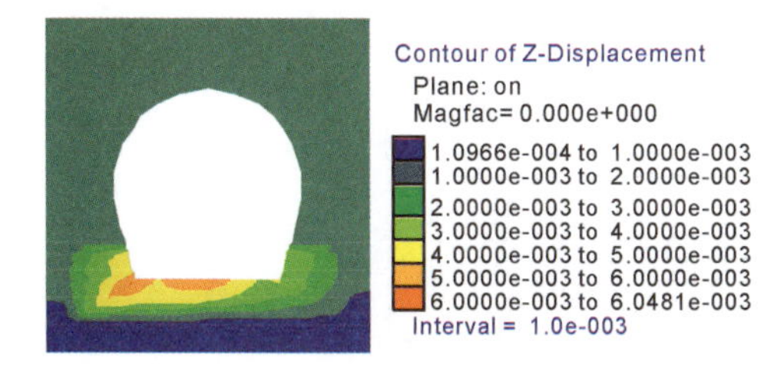

(c) 开挖61m位移横向断面图（工况一）

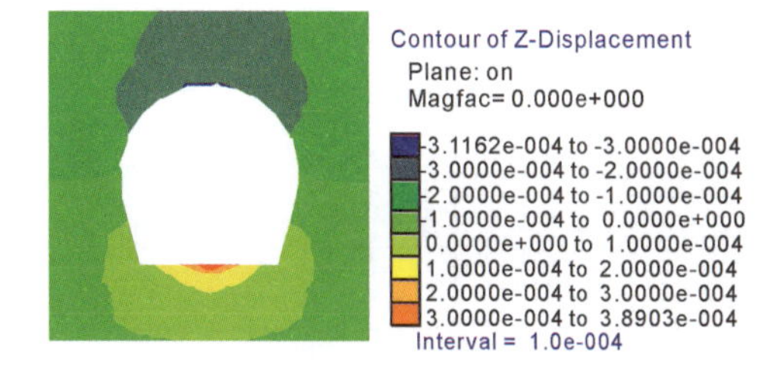

(d) 开挖52m位移横向断面图（工况二）

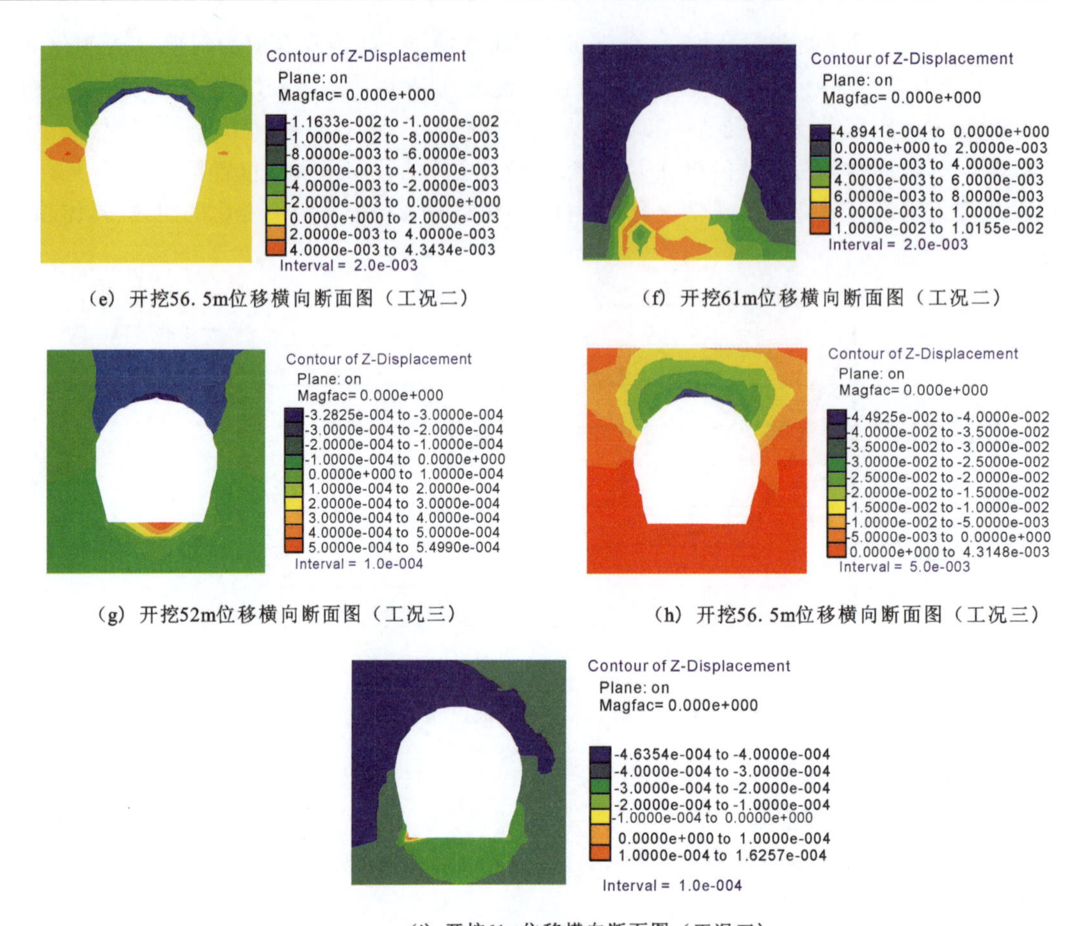

(e) 开挖56.5m位移横向断面图（工况二）　　(f) 开挖61m位移横向断面图（工况二）

(g) 开挖52m位移横向断面图（工况三）　　(h) 开挖56.5m位移横向断面图（工况三）

(i) 开挖61m位移横向断面图（工况三）

图 4-33　不同开挖推进距离隧洞竖向位移分布云图

从图 4-34 中可以看出，随着单断层倾角的增加断层带围岩的拱顶沉降有所增加。在 3 种工况下，隧洞开挖推进至断层前，隧洞围岩竖向位移变化不大，位移值基本稳定在某个较小值附近。当隧洞开挖由 32m 向 52m 推进过程中位移很小，而当隧洞开挖由 52m 向 56.5m，进入断层后，位移量出现急剧性、突变性增大的现象。工况一的拱顶沉降由 0.178mm 变为峰值 4.064mm，增幅量为 0.86mm/m；工况二的拱顶沉降由 0.312mm 变为峰值 11.63mm，增幅量为 2.51mm/m；工况三的拱顶沉降由 0.328mm 变为峰值 44.930mm，增幅量 9.91mm/m。继续开挖，隧洞拱顶沉降值又急剧降低，整个位移量变化受隧洞穿越不同地层的过程影响。可见，隧洞施工穿越断层带后，由于岩体软弱破碎，围岩竖向位移发生急剧性、突变性增加，隧洞极有可能产生大变形。倘若施工方法不当，支护没有紧跟，断层附近地下水丰富，围岩大变形极其可能引起塌方甚至涌水突泥地质灾害。

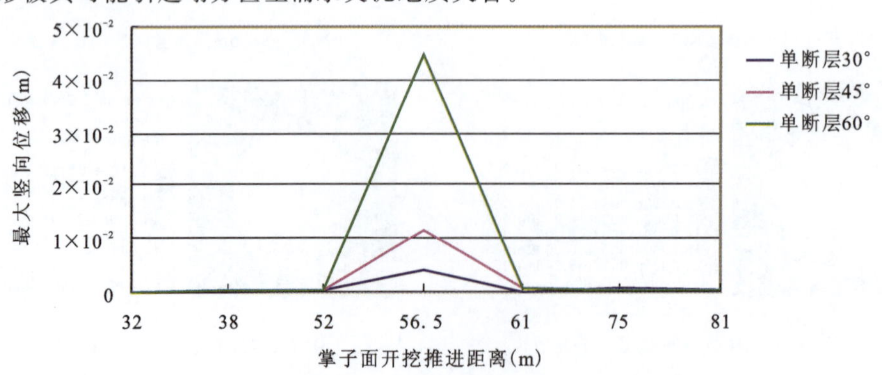

图 4-34　各工况拱顶沉降随隧洞开挖变化曲线图

而工况三中，竖向位移峰值比工况一和工况二中的大得多，随着单断层倾角的增加断层带围岩的拱顶沉降峰值有所增加，更易发生涌水突泥危险。因此，隧洞施工至断层带附近时，应加强监控量测，采取多种合理有效措施防止涌水突泥灾害发生。

三、组合断层交叉点位置的影响

1. 计算几何模型及边界条件

隧洞平均埋深 300m，地下水位线平均高度位于地表下 50m；隧洞断面为底宽 3.0m，直径 3.9m 的扩底圆形断面；断层宽度 3m。地下洞室开挖仅在距离洞室中心点 3～5 倍洞径范围内的围岩应力、位移产生较大影响，而在 3 倍洞径之外的影响则小于 5%。因此，综合考虑计算精度和计算效率时，水平方向上，计算模型由隧洞轴线向两侧各取 18m；竖直方向上、下边界各取 18m。计算模型纵向范围也应作相应的延伸，由断层向两侧各延伸 20m。整个计算模型三维尺寸为 36m×36m×140m，如图 4-35～图 4-38 所示，以隧洞轴向为 Y 轴，竖直向上为 Z 轴，垂直于 YZ 平面为 X 轴，原点为模型底部前视角点处。

渗流场边界条件：设置上表面孔隙水压力；隧洞开挖周边及掌子面由于与大气相通，也设置孔隙水压力为零边界；隧洞左右、前后以及底部设为无流动边界。应力、位移场边界条件：模型不计上覆岩土体重力作用，隧洞开挖周边及掌子面为自由边界；隧洞左右、前后限制水平位移，设为辊支承约束；隧洞底部设为固定约束。

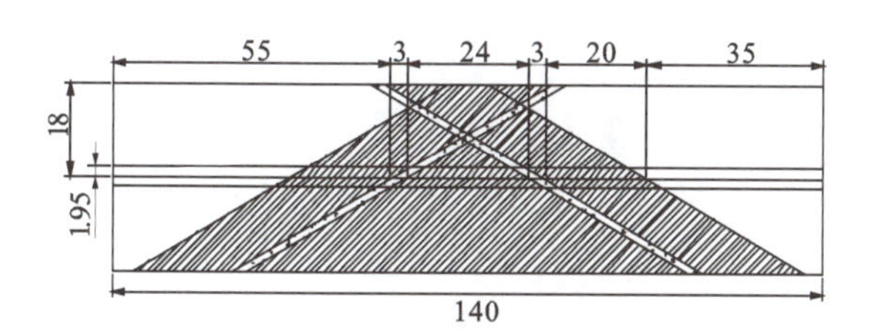

图 4-35　组合断层倾角 30°计算模型纵断面图
（断层交叉点上覆于隧洞）

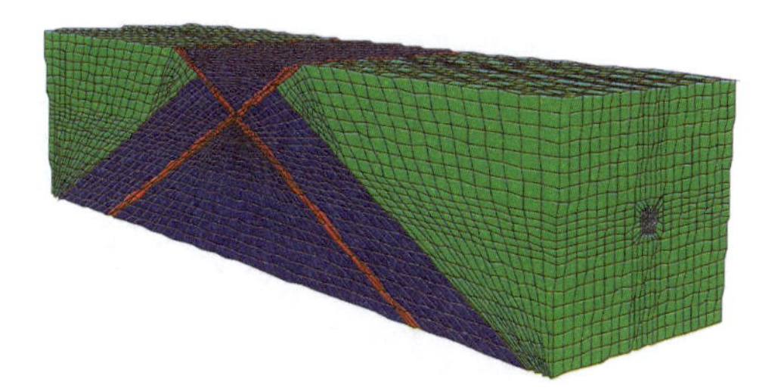

4-36　组合断层倾角 30°计算模型网格划分图
（断层交叉点上覆于隧洞）

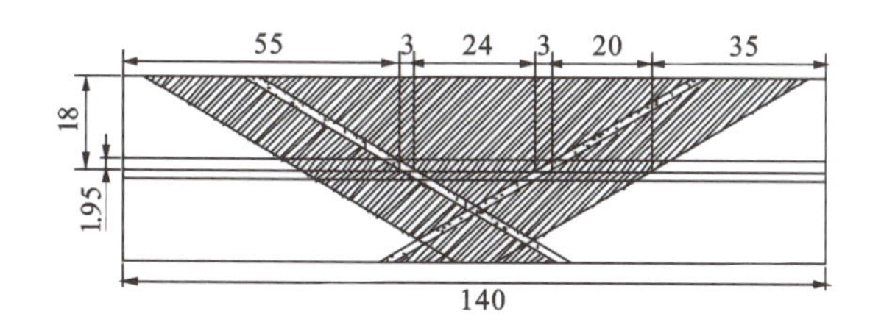

图 4-37　组合断层倾角 30°计算模型纵断面图
（断层交叉点下伏于隧洞）

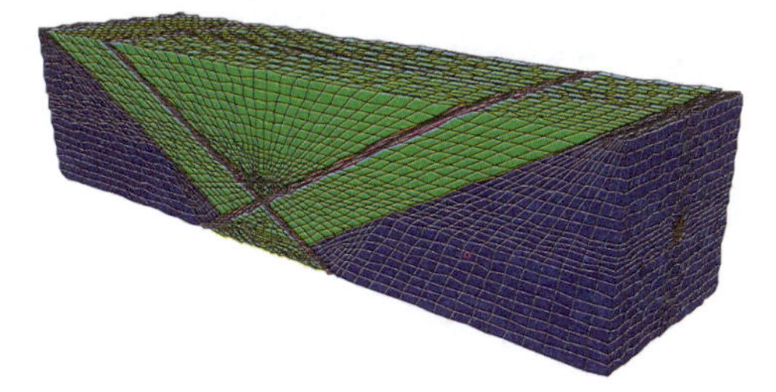

4-38　组合断层倾角 30°计算模型网格划分图
（断层交叉点下伏于隧洞）

2. 计算参数及模型方法

为方便计算和建模，将计算模型的围岩视为普通围岩、破碎带围岩和断层带围岩 3 种形式的岩体。根据研究区工程地质勘察报告，普通围岩按Ⅳ级围岩考虑，破碎带按Ⅴ级围岩考虑，断层带按Ⅵ级围岩考虑。各计算参数主要参考龙津溪引水工程地质报告，部分不详参数参考隧洞断层破碎带常见围岩状况并根据《工程地质手册》（第四版）有关规定进行选取，各参数具体取值见表 4-9。

表 4-9　围岩物理力学参数取值表

材料名称	弹性模量（GPa）	重度（kN/m^3）	泊松比	内摩擦角（°）	黏聚力（MPa）	渗透率（$m^2 \cdot Pa^{-1} \cdot s^{-1}$）	孔隙率
Ⅲ围岩（普通围岩）	15	27	0.21	45	0.42	1.0×10^{-13}	0.01
Ⅳ围岩（破碎带围岩）	5	25	0.35	30	0.18	1.0×10^{-9}	0.1
Ⅵ围岩（断层带围岩）	0.02	19	0.3	23	0.03	1.0×10^{-8}	0.5

本章主要研究隧洞断层涌水突泥机理及规律，因此，对隧洞开挖施工模拟作了适当的简化：隧洞采用全断面开挖，工况依次为沿轴向开挖至 32m、38m、52m、56.5m、65m、78m、84m、89m、102m。在掌子面后方 1m（对比 3～7 步，即 55.5m、64m、77m、83m、88m）处布设监控断面，进行对比研究，从孔隙水压力、渗流速度、最大应力、位移随断层角度变化研究隧洞穿越断层破碎带涌水突泥机理。

3. 孔隙水压力场及渗流场分析

隧洞开挖穿越断层破碎带过程中，围岩孔隙水压力场及渗流场变化如图 4-39 所示。以掌子面开挖至 56.5m、65m、78m 为例，列出孔隙水压力分布整体剖切图及其后方 1m 处监测断面的孔隙水压力分布。

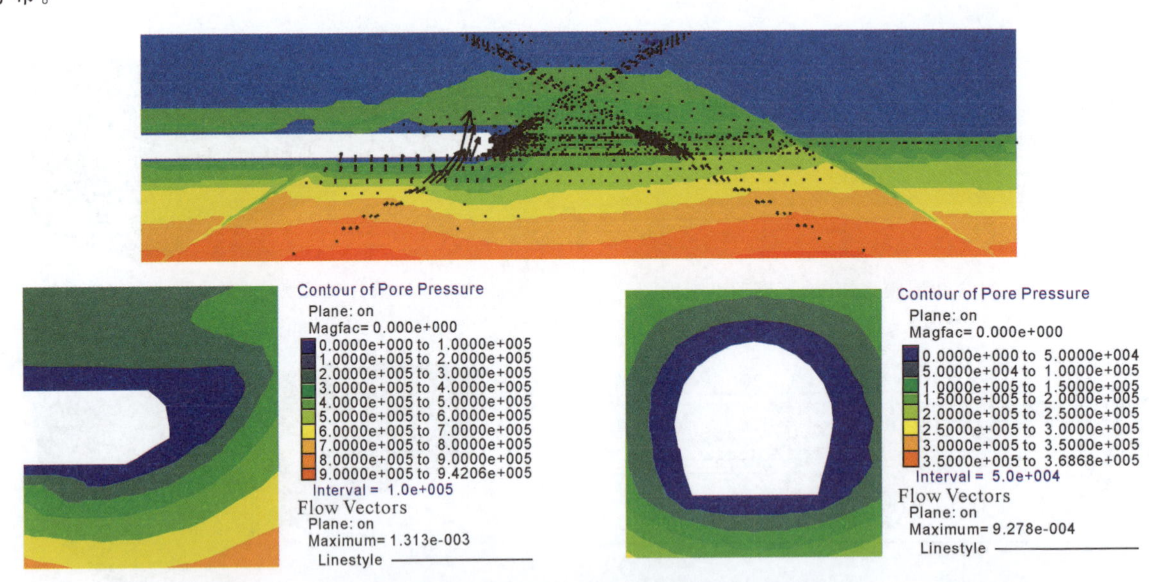

（a）开挖56.5m后孔隙水压力场及渗流场分布（工况四）

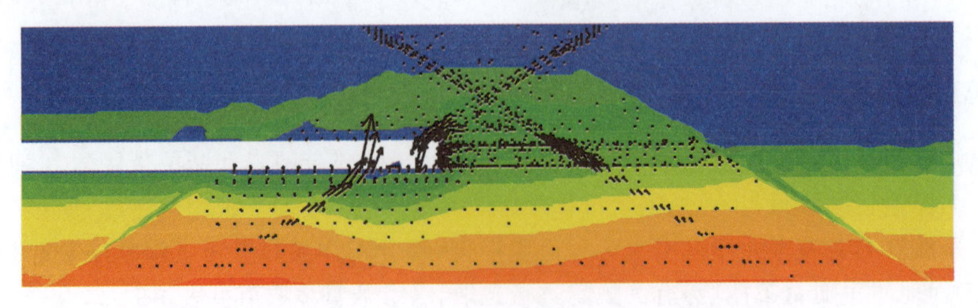

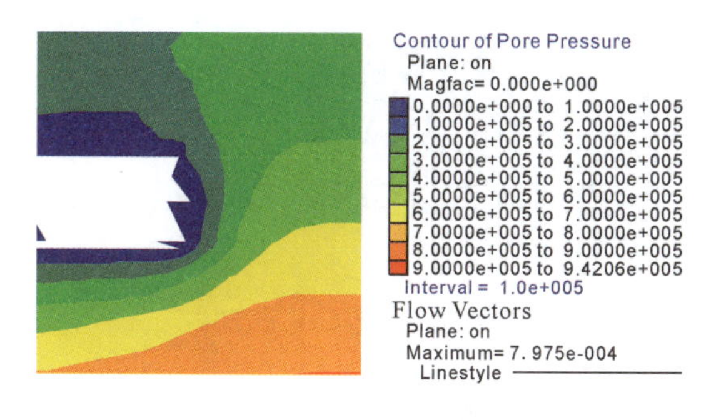

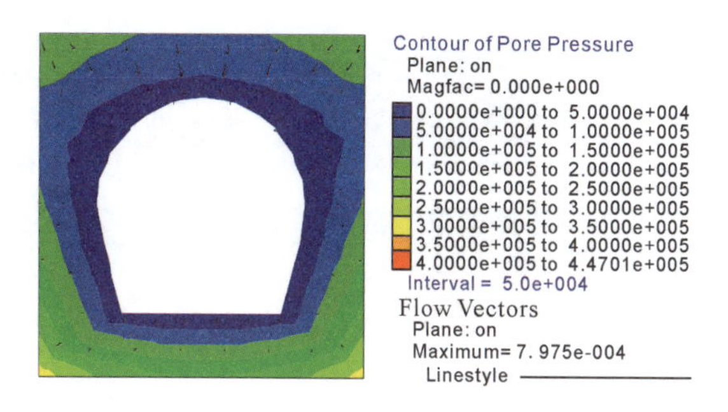

（b）开挖65m后孔隙水压力场及渗流场分布（工况四）

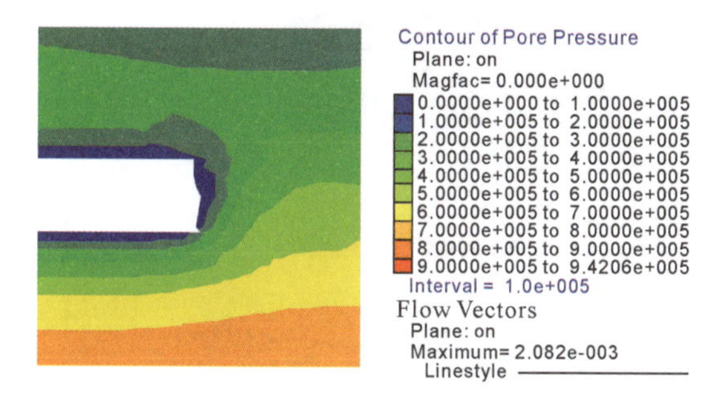

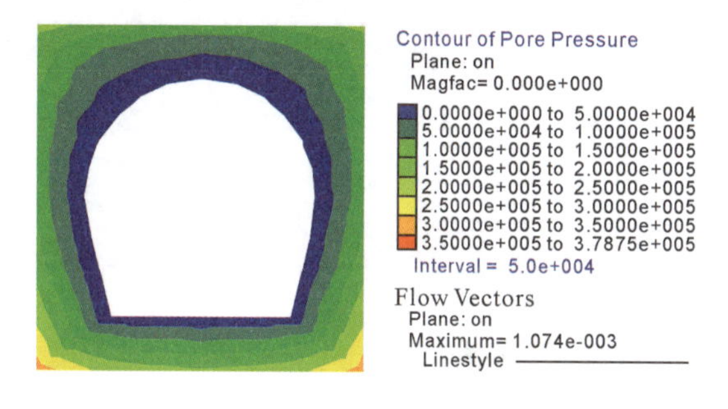

（c）开挖78m后孔隙水压力场及渗流场分布（工况四）

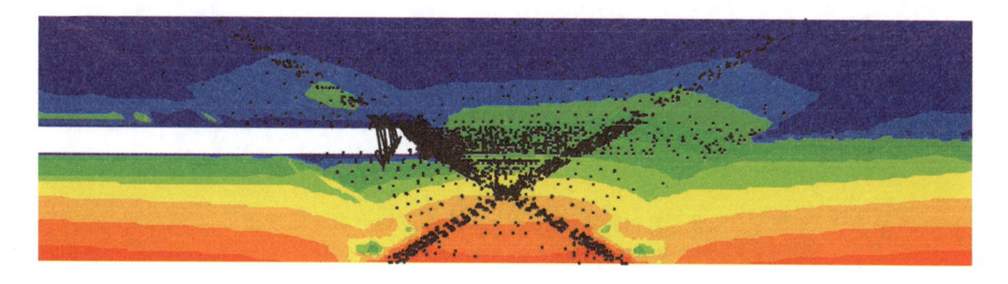

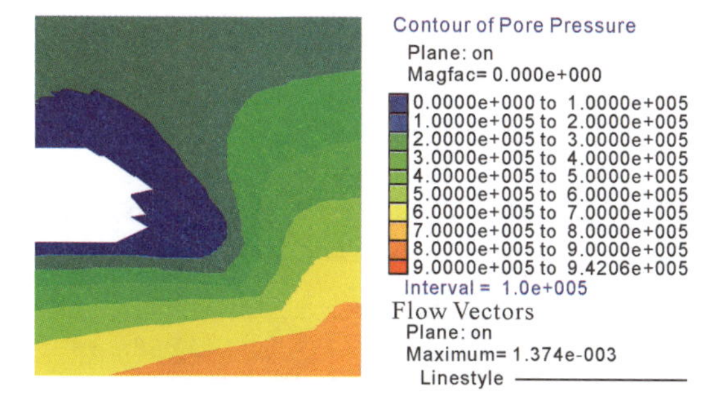

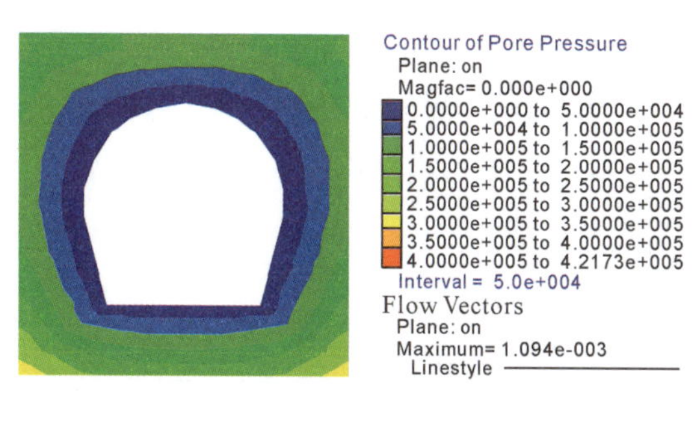

（d）开挖56.5m后孔隙水压力场及渗流场分布（工况五）

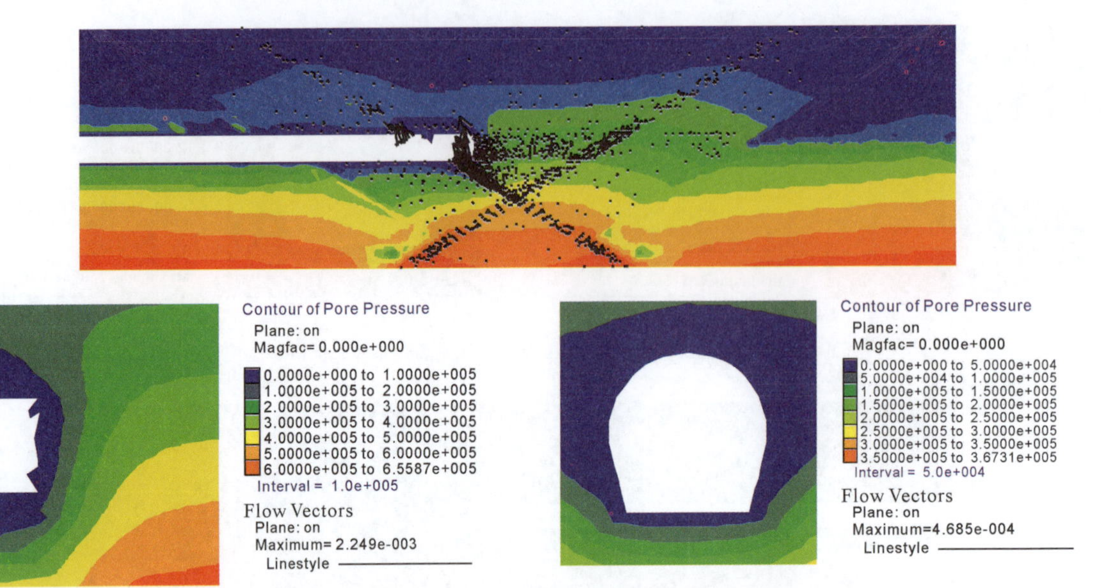

(e) 开挖65m后孔隙水压力场及渗流场分布（工况五）

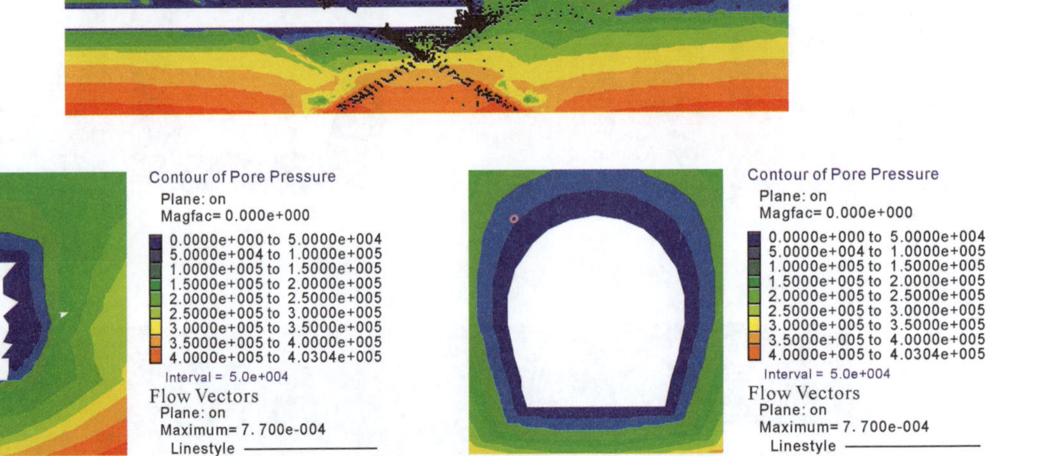

(f) 开挖78m后孔隙水压力场及渗流场分布（工况五）

图 4-39 隧洞开挖后孔隙水压力场及渗流场分布云图

从图 4-39 中可知：开挖后，围岩孔隙水压力场发生明显变化，隧洞周围孔隙水压力等势面密集，水压力较低，形成类似于漏斗状的低孔隙水压力区域。并以开挖至 56.5m、65m、78m 三个断面为例，如表 4-10中列出洞径周围最大孔隙水压力值。

表 4-10 各工况最大孔隙水压力值表

工况分类	最大孔隙水压力值(MPa)		
	开挖 56.5m	开挖 65m	开挖 78m
工况四	0.35	0.40	0.35
工况五	0.90	0.35	0.40

从表 4-10 中可以看出：随着隧洞开挖，两种组合断层交叉点位置情况下，工况四的最大孔隙水压力

几乎持平，而工况五的则是呈下降趋势，同时，洞径周围的低孔隙水压力区域在进一步扩大。当隧洞开挖至 65m 时，即由破碎带开挖至断层时，工况四的最大孔隙水压力从 0.35MPa 上升至 0.40MPa，上升 14%；工况五最大孔隙水压力从 0.90MPa 下降到 0.35MPa，下降 61%。当隧洞继续开挖至右侧破碎带时，工况四的最大孔隙水压力从 0.40MPa 降到 0.35MPa，降幅达 12.5%；工况五的涨幅为 14%。开挖至 56.5m、65m、78m 三个断面过程中，工况一总的最大孔隙水压力总的升降幅相差不大，且随着开挖下降规律相似，而工况五的总降幅达 55.6%。破碎带和断层岩体的渗透性相较普通围岩的渗透性大，会引起隧洞孔隙水压力降低，低水压力区的扩大，而且越深入断层，这种效应越显著，从而更容易引发涌水突泥灾害。

隧洞开挖后，渗流速度分布如图 4-39，洞径最大渗流速度和掌子面最大渗流速度随隧洞开挖变化曲线如图 4-40 和图 4-41 所示。

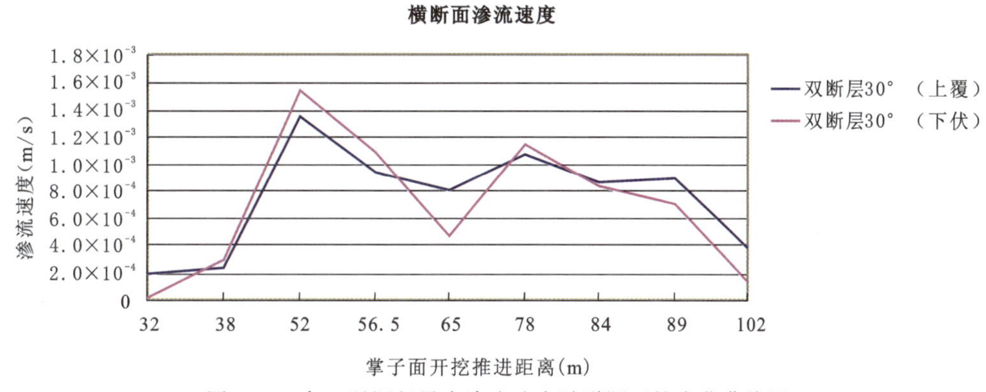

图 4-40　各工况洞径最大渗流速度随隧洞开挖变化曲线图

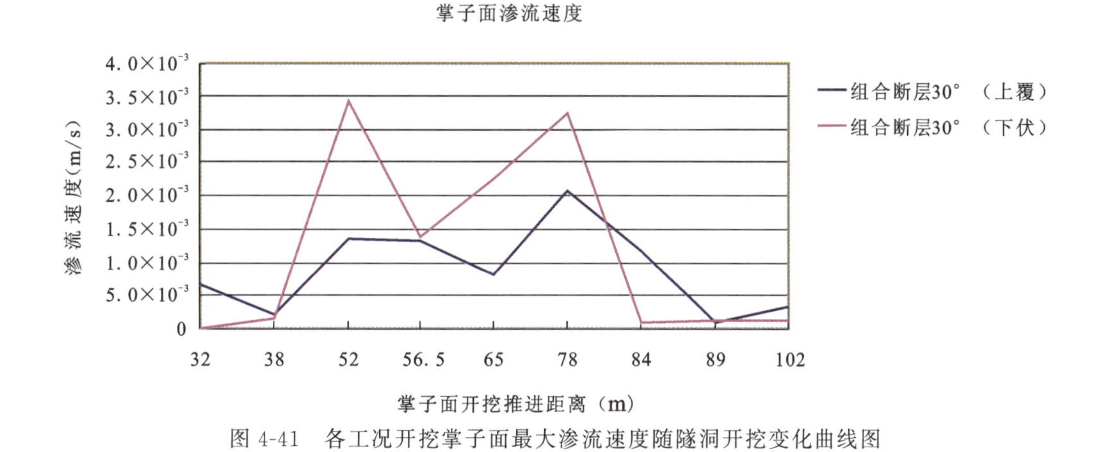

图 4-41　各工况开挖掌子面最大渗流速度随隧洞开挖变化曲线图

分析图 4-40 和图 4-41 可知：随着隧洞的开挖推进，洞径最大渗流速度和掌子面最大渗流速度都呈现先增大至峰值，后下降，而后增大，最后下降至平稳的趋势。但从到达峰值对应的推荐距离可以看出在工况五，洞径最大渗流速度和掌子面最大渗流速度同时到达峰值，其值分别为 3.244×10^{-3} m/s 和 1.074×10^{-4} m/s。而工况四，即断层交叉点上覆时则在隧洞开挖至 78m，即隧洞深入破碎带的位置，洞径最大渗流速度和掌子面最大渗流速度同时到达峰值，其值分别为 3.224×10^{-3} m/s 和 1.140×10^{-3} m/s。从上图中能明显看出该值大于工况四的峰值，说明隧洞开挖至此，工况五会呈现涌水量突然急剧性增大，更易造成涌水突泥。

4. 应力场分析

隧洞开挖穿越断层破碎带过程中，围岩的最大主应力变化如图 4-42 所示。同样取隧洞掌子面后方

1m 处的断面为监测面，研究分析隧洞围岩最大应力变化情况。以掌子面开挖至 56.5m、65m、78m 为例，列出此时监测断面及洞周局部放大的应力分布云图。

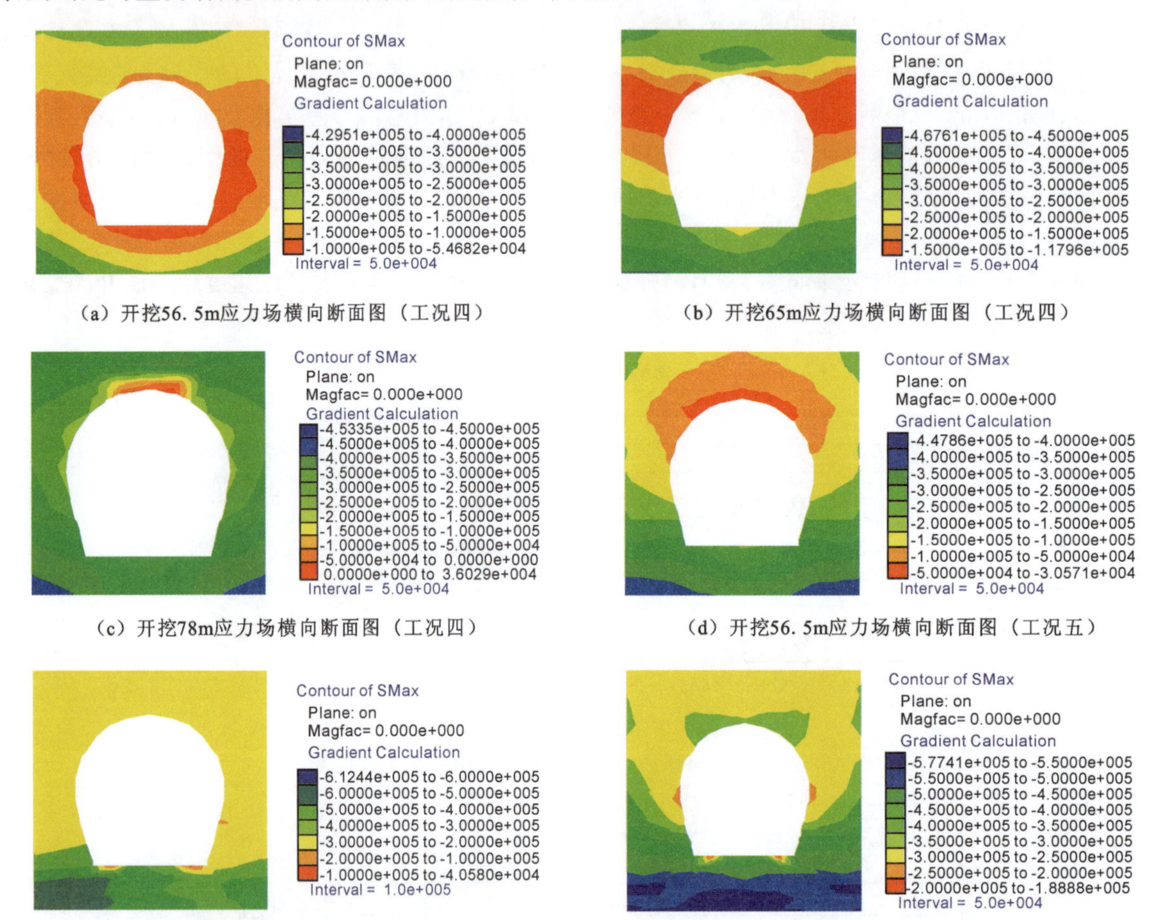

图 4-42 各开挖推进距离掌子面后最大应力分布云图

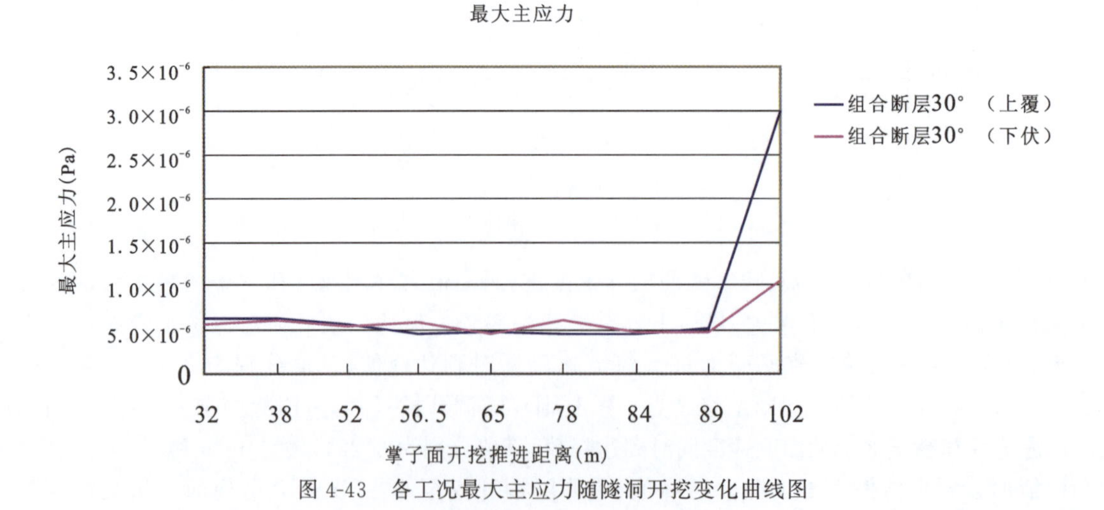

图 4-43 各工况最大主应力随隧洞开挖变化曲线图

分析图 4-43 可知：隧洞开挖后，围岩应力重分布，产生应力集中现象，压应力主要集中在隧洞侧壁、拱脚附近区域；拉应力主要集中在拱顶和底板区域。进入破碎带前，随着隧洞开挖推进，围岩的第一主应力最大值逐渐增大，应力集中现象加剧，开挖至 32m 时，工况四和工况五第一主应力最大值分别为

0.632MPa 和 0.554MPa。此外，应力集中区范围也有所扩大，较大范围的高应力集中极易导致围岩失稳，发生涌水突泥灾害。工况四隧洞开挖进入断层带后，应力急剧变化，在 56.5m 处，应力降低至 0.429MPa；在 65m 断层处，应力上升至 0.468MPa；在 78m 处，应力降低至 0.453MPa。工况五隧洞开挖进入断层带后，应力急剧变化，在 56.5m 处，应力上升至 0.577MPa；在 65m 断层处，应力降低至 0.448MPa；在 78m 处，应力上升至 0.612MPa。同时由 56.5m 断面图至 78m 断面图可以看到，隧洞在穿越断层及破碎带时，工况五的应力明显大于工况四，在开挖时，工况五更易发生涌水突泥等事故。

5. 位移场分析

隧洞开挖穿越断层破碎带过程中，研究分析隧洞围岩多种位移变化情况，围岩的竖向位移、掌子面水平位移分布如图 4-44 所示。以掌子面开挖至 56.5m、65m、78m 为例，列出掌子面开挖推进时位移分布云图。

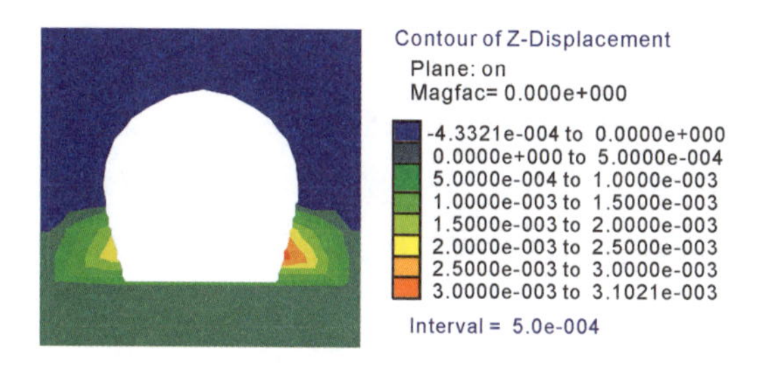

(a) 开挖56.5m位移场横向断面图（工况四）

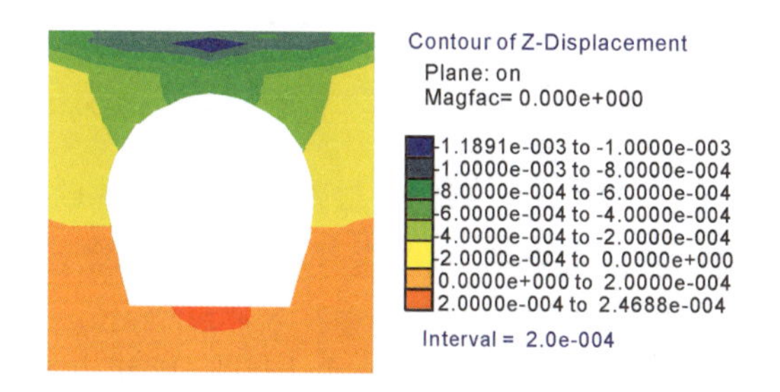

(b) 开挖65m位移场横向断面图（工况四）

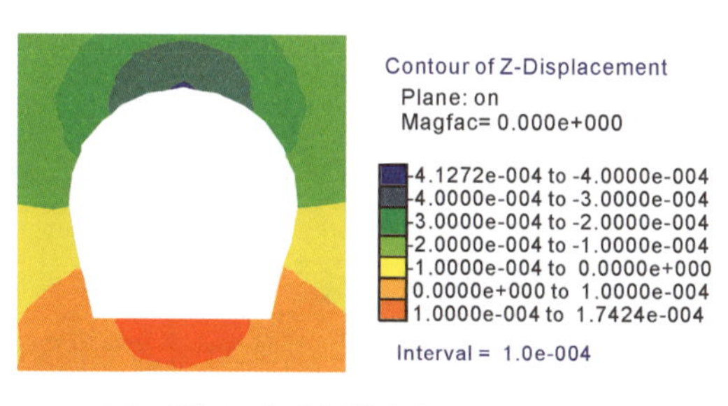

(c) 开挖78m位移场横向断面图（工况四）

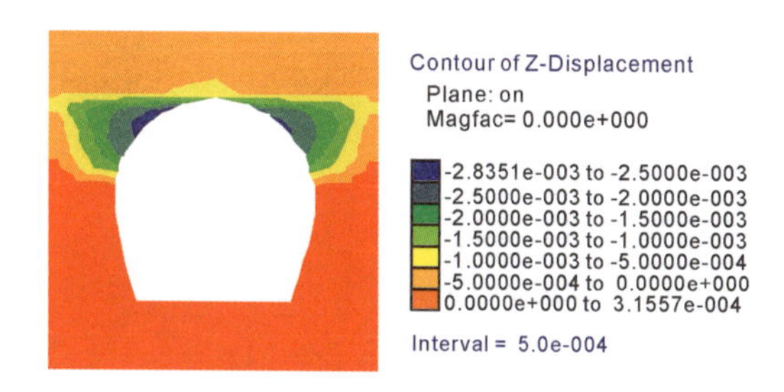

(d) 开挖56.5m位移场横向断面图（工况五）

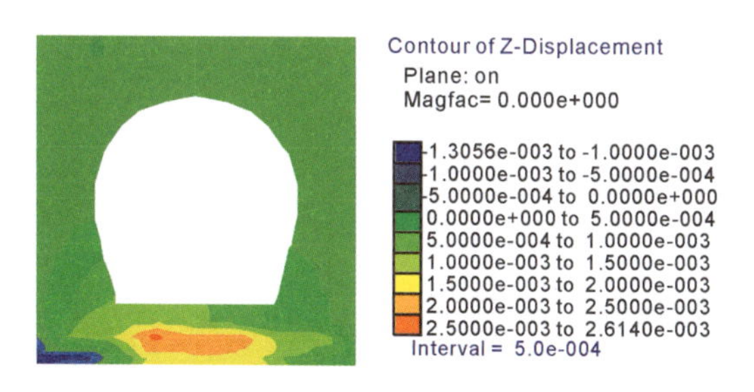

(e) 开挖65m位移场横向断面图（工况五）

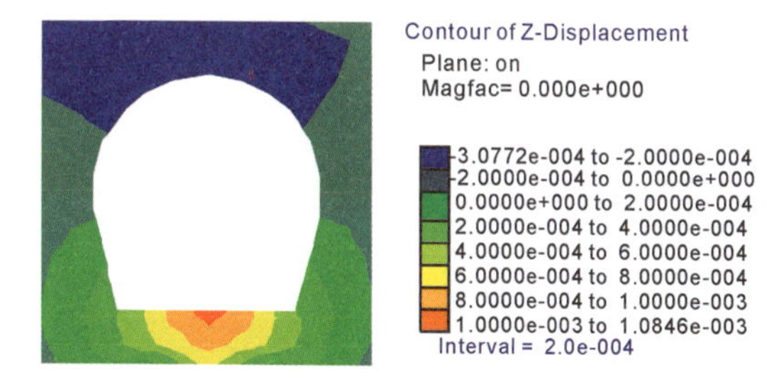

(f) 开挖78m位移场横向断面图（工况五）

图 4-44　不同开挖推进距离隧洞竖向位移分布云图

从图 4-45 中可知：隧洞开挖推进至断层前，隧洞围岩竖向位移变化不大，位移值基本稳定在某个较小值附近。以竖向位移计算结果为例，隧洞开挖由 32m 向 52m 推进过程中，工况四与工况五拱顶沉降由 0.03mm 变为 0.15mm，由 0.06mm 变为 0.29mm，增幅仅为 0.006mm/m 和 0.011 5mm/m。随着隧洞开挖进入断层后，位移量出现急剧性、突变性增大的现象。工况四情况下，隧洞开挖推进至第一断层时，拱顶沉降值达到 0.43mm，继续开挖推进至两断层之间的破碎带（65m 处），隧洞沉降值达到一个小峰值，为 1.19mm，并在开挖至第二个断层后再次急剧升高，在 84m 处沉降值达到该工况最大值，为

3.78mm。而在工况五中，隧洞开挖推进至第一断层时，拱顶沉降值直接达到一个小峰值，为 2.84mm，继续开挖推进至两断层之间的破碎带(65m 处)，隧洞沉降值为 1.31mm，并在开挖至第二个断层后再次急剧升高，在 84m 处沉降值达到该工况最大值，为 8.66mm。

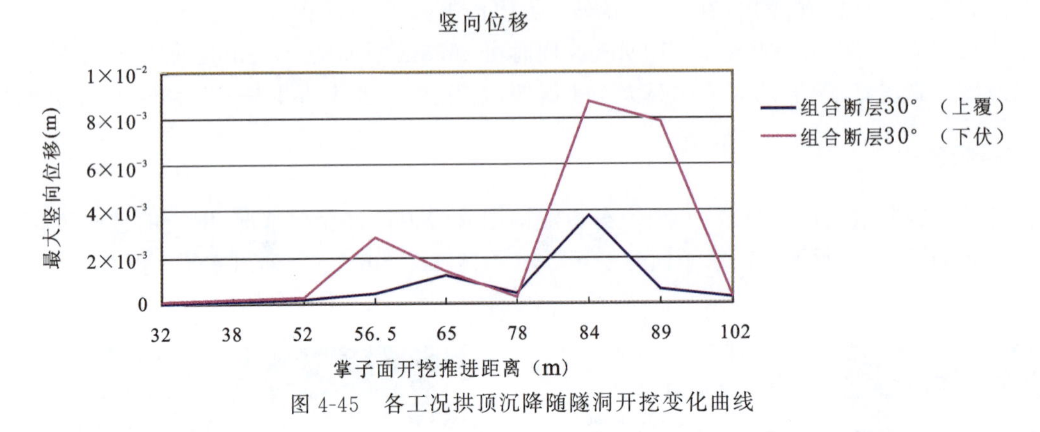

图 4-45　各工况拱顶沉降随隧洞开挖变化曲线

可见，隧洞施工穿越断层带后，由于岩体软弱破碎，围岩竖向位移、水平位移和掌子面先行位移发生急剧性、突变性增加，隧洞极有可能产生大变形。而工况五中，竖向位移的值比工况四中的大得多，工况五较工况四而言，更易发生涌水突泥危险。

同时我们验证了工况六至工况九，即组合断层倾角 45°(断层交叉点上覆于隧洞)与组合断层倾角 45°(断层交叉点下伏于隧洞)和组合断层倾角 60°(断层交叉点上覆于隧洞)与组合断层倾角 60°(断层交叉点下伏于隧洞)两组对比组，有着与工况四和工况五相似的规律，由于篇幅问题，不再赘述。

第五章　隧洞穿越富水风化花岗岩断层破碎带围岩塌落及裂纹演化过程

第一节　概述

采用有限差分软件，基于流固耦合模式，对深埋隧洞穿越风化花岗岩断层带涌水突泥机理进行研究，在此基础上，以临界塑性区的开展为控制条件，通过正交数值模拟试验得到了涌水突泥风险的综合影响模型。研究区二次突涌事故导致工程停工半年之久，最终不得不改线。基于对花岗岩断层带风化特点的分析，以及室内对花岗岩风化残留物所做的各种物理力学试验可知，花岗岩宽大断层带内极易形成风化深槽，导致岩石全风化呈残积土状、松散砂土状。通过现场对洞内塌方引发涌水突泥段、二次涌水突泥段的调查分析，认为此类围岩极度松散，施工开挖后特别容易引发裂纹开展以及大变形破坏，并形成塌落拱结构，在裂纹开展及塌落拱的动态发展下形成拱顶空腔聚水结构，从而为二次涌水突泥埋下隐患。

因此，对花岗岩断层带风化深槽内松散围岩中裂纹开展和塌落拱的发展规律及形成机制进行研究，对于揭示涌水突泥及二次涌水突泥机理至关重要。而一般的有限元及有限差分方法属于连续介质力学分析方法，对于此类松散围岩的大变形、非连续破坏模式不适用，必须借助离散元方法。

本章结合工程实际，借助颗粒离散元方法，采用 PFC2D 软件建立深埋隧洞穿越风化花岗岩断层带的数值分析模型，并对围岩裂纹开展及塌落拱动态演化进行研究。

第二节　数值模拟方案

一、PFC2D 简介

PFC2D (Particle Follow Code 2 Dimension)颗粒流程序基于 Cundall 1979 年提出的离散单元法[48]，它通过圆形离散单元来模拟颗粒介质的运动及其相互作用。该方法在模拟过程中作了一定的假设[49]，假设颗粒单元为刚性体，接触发生在很小的范围内，即点接触等。PFC2D 可以模拟颗粒间的相互作用和大变形问题等，适用于岩体坍塌、破碎和岩块的流动问题。因此，采用 PFC 软件非常适合本章节需要研究的松散围岩裂纹开展及塌落等问题。

二、模拟方案及细观参数标定

为了真实地模拟工程实际中塌方、涌水突泥后，经过抽排地下水后喷混凝土、注浆封闭并加固松散塌落体，之后重新掘进又面临二次涌水突泥的过程，整个计算设计由5个阶段组成：①细观参数标定；②初始地应力场平衡；③初次开挖；④塌方后的局部加固；⑤二次开挖。

采用PFC2D进行工程开挖计算前，需要进行双轴数值试验来进行参数标定。现选取一高宽尺寸为20m×10m的数值试样进行双轴压缩数值试验，试验过程中保持围压不变，设定为100kPa，不断增加轴向压力，以获得轴向应力-轴向应变曲线。通过不断微调细观参数，使得轴向应力-应变曲线与常规室内试验结果相符。双轴压缩应力-应变曲线见图5-1。由图5-1可以看出，在轴向压力小于峰值应力前，应力-应变曲线呈直线上升，轴向压力超过峰值应力后，应力-应变曲线逐渐下降，最后收敛于土的残余强度。通过数值试验得到100kPa围压下该类土的峰值强度在430kPa左右，该数据与东南沿海地区花岗岩残积土实际工程强度比较吻合，可供进一步研究使用。通过大量数值双轴试验后，获得最后土样细观参数见表5-1，试样内部平行胶结破裂见图5-2(b)。由图5-2(b)可以看出，试样内部平行胶结产生“X”形剪切破裂，与土的一般室内压缩试验结果相符。

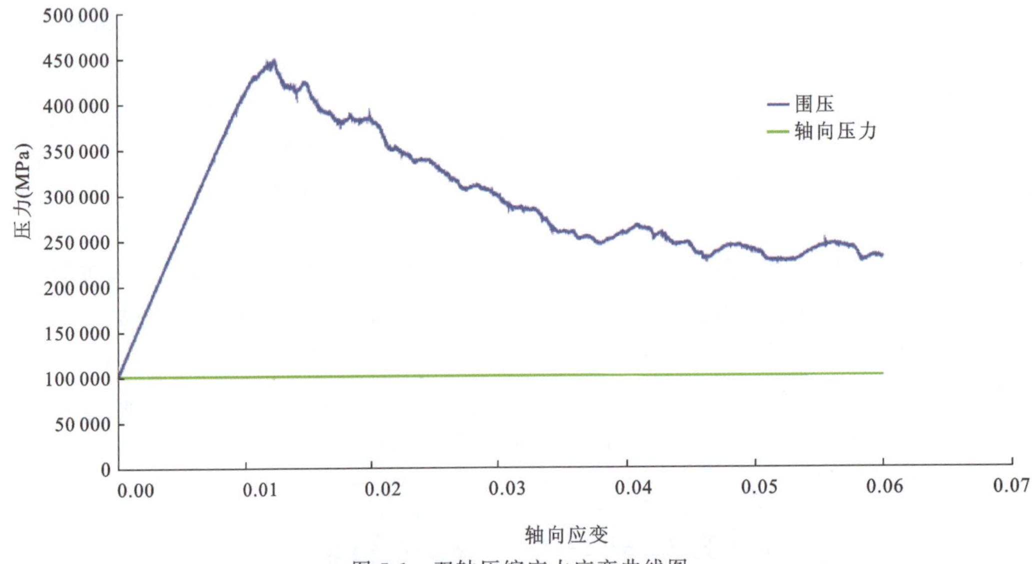

图5-1　双轴压缩应力应变曲线图

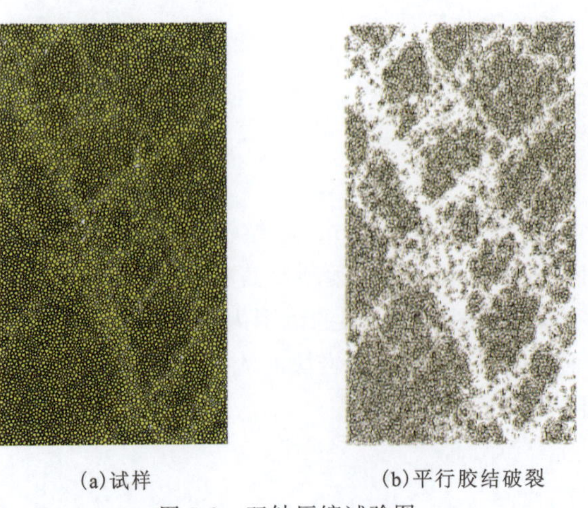

(a)试样　　(b)平行胶结破裂

图5-2　双轴压缩试验图

表 5-1　颗粒集合细观参数表

最小粒径(m)	颗粒半径比	体积密度(g/cm^3)	颗粒模量(MPa)	颗粒刚度比	摩擦系数	平行黏结模量(MPa)	平行黏结刚度比	平行黏结半径因子	平行黏结抗拉强度(kPa)	平行黏结抗剪强度(kPa)
0.05	2.0	2	20.0	1.5	0.8	20.0	1.5	1.0	250.0	250.0

三、计算模型及初始地应力场平衡

通过标定，获得颗粒集合细观参数后即可进行隧洞开挖计算。建立如图 5-3 所示盒子计算模型，模型高 50m，宽 60m，要开挖的隧洞区域位于模型中线靠下部。隧洞断面与实际施工一致，仍然为底宽 3.0m、直径 3.9m 的扩底圆形断面。在隧洞顶部区域设置 68 个测量圆，以测量隧洞开挖后围岩地应力场的扰动。

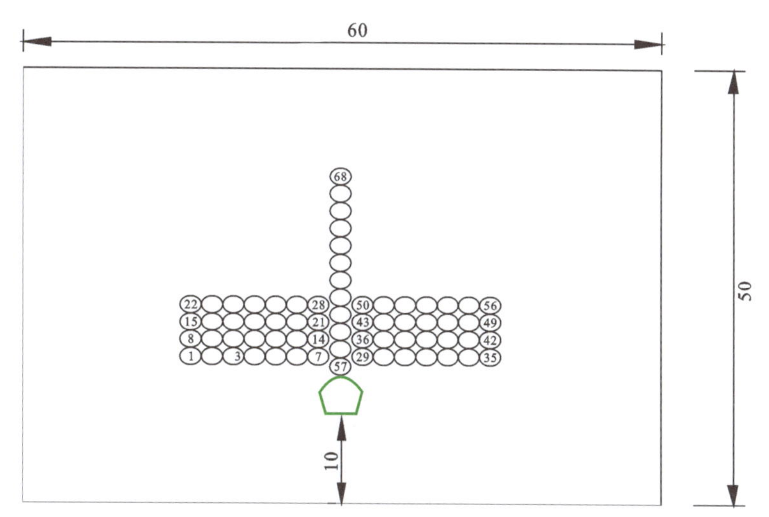

图 5-3　计算模型及测量圆布置图(单位:m)

颗粒流模型见图 5-4(a)，共 145 998 个颗粒单元，为了直观、形象地观测及分析围岩变形，设置蓝色条带为变形标志层，图 5-4(b)为局部放大图。初始地应力场平衡后的接触力分布见图 5-4(c)，可见接触力分布越靠近地表越小，越靠近模型底部越大，说明初始地应力场计算整体符合重力梯度分布。为了防止初始地应力平衡过程中平行胶结产生破裂，将平行胶结法向抗拉强度和抗剪强度设置为大值，初始地应力场计算平衡后再将两个强度设置为实际值。

(a) 初始地应力平衡后的计算模型

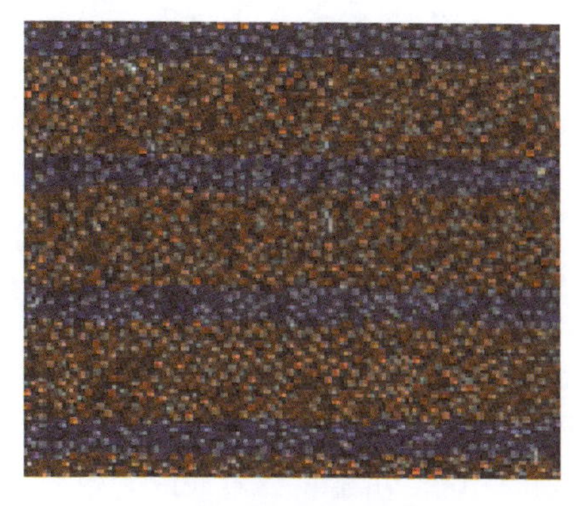
(b) 局部颗粒放大图

(c) 初始地应力平衡后的接触力分布

5-4　PFC 模型及初始地应力场平衡图

第三节　围岩塌落及裂纹演化

一、初次开挖围岩塌落变形分析

初始地应力场施加平衡后对隧洞进行开挖。由于研究的主要目的是观测隧洞顶部塌落拱的形成，并与实际施工全断面开挖方式一致，采取将隧洞区域内的颗粒一次删除来模拟初次开挖。初次开挖后，计算平衡前可见隧洞轮廓形态清晰、完整，洞周蓝色条带均为水平直线状态，如图 5-5 所示。

图 5-5　隧洞初次开挖图

初次开挖包括两个阶段：①删除隧洞区域内部的颗粒模拟初次开挖，洞壁轮廓形成；②隧洞区域内部颗粒删除，计算平衡后，由于隧洞断面面积过小，且由于岩土体的松胀效应，隧洞出渣所运出的塌落堆积体岩土体积要大于隧洞初始轮廓对应的理论开挖量，故将上部塌落到隧洞区域内的颗粒再次进行删除,并计算平衡,以模拟隧洞实际开挖后的出渣过程。实际上,深埋富水条件下,塌落体本身很难自然堆积在下方洞室内。因为在隧洞施工当中,富水花岗岩断层带一旦形成拱顶大范围塌方后,风化残留物内形成的大量高液限黏土矿物吸水饱和后具备良好的流动效应,富含岩粉、岩屑的塌落体必然混合成泥水状,裹挟风化残留岩块,伴随着高压涌水突入洞内,形成泥石流状涌水突泥体,可冲出极远距离,此过程也类似一个出渣效果。

隧洞初次开挖第一阶段计算平衡后围岩塌落变形状态如图 5-6 所示,隧洞初次开挖第二阶段(出渣)计算平衡后围岩塌落变形状态如图 5-7 所示。

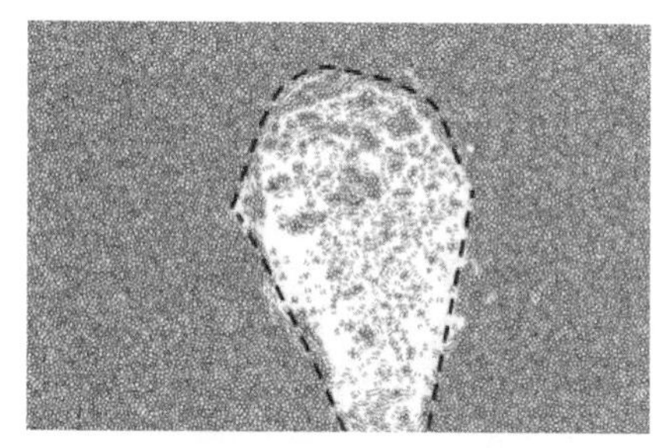

图 5-6　第一阶段平衡后塌落形态图

图 5-7　第二阶段平衡后塌落形态图

由图 5-6、图 5-7 可以看出,当把花岗岩断层带隧洞区域内的岩体挖除后,隧洞周围的岩体由于应力释放,失去原有平衡状态,开始向隧洞内部区域运动。由于围岩为花岗岩全风化后残留的松散状砂土,强度较低。根据普氏理论,容易形成自然平衡拱效应,最后在隧洞上部形成一塌落拱,塌落拱下部为塌落堆积体,堆积体内土体松散,由于松胀效应及变形效应,堆积体将塌落拱下方几乎填满。根据模型尺寸设置,两条蓝色条带之间红色区域厚约 2.0m。图中可以看出,原本占据两条红色区域的洞身完全垮塌,原拱顶上方形成几乎占据 4 条红色区域,共 8.0m 高的塌落区域,并在上部塌落范围内出现空洞区域。伴随着洞周围岩塌落变形,岩体内空洞增多,且模拟出渣后塌落范围进一步扩大,实际工程中对应着涌水突泥后,塌落进一步扩展。

二、初次开挖模型内部受力特征分析

图 5-8 为隧洞初次开挖第一阶段计算平衡后模型内部接触力分布,图 5-9 为隧洞初次开挖第二阶段计算平衡后模型内部接触力分布。由图 5-8 和图 5-9 可以看出,隧洞周围岩体内部接触力力链呈拱形,在两肩处高度集中,说明塌落拱侧壁及拱脚承受较大压力,而拱顶力链密度明显较低,证明拱顶结构大变形后相对松散。而第二阶段中力链整体接触更为密集,显示塌落进一步发展后洞壁承受更大的作用力。

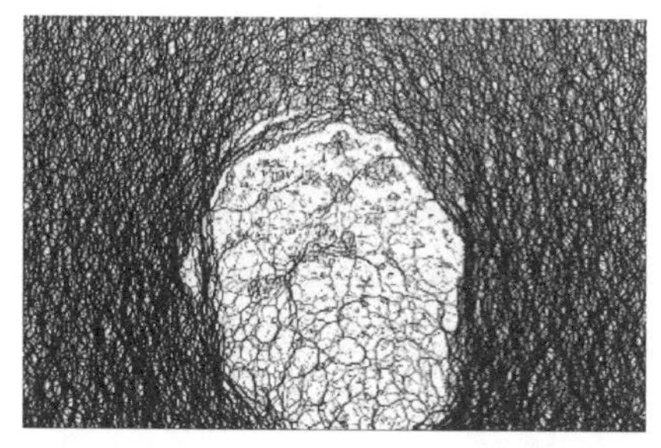

图 5-8　第一阶段平衡后力链分布图

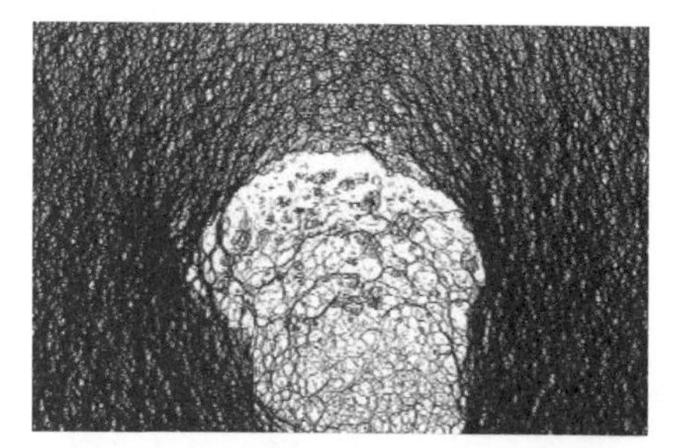

图 5-9　第二阶段平衡后力链分布图

图 5-10 为隧洞初次开挖第一阶段计算平衡后洞周平行黏结破裂图,图 5-11 为隧洞初次开挖第二阶段计算平衡后洞周平行黏结破裂图,由图 5-10 和图 5-11 可以看出平行黏结破裂范围呈拱形,说明隧洞顶部形成了塌落拱,出渣后塌落拱范围有所扩大。

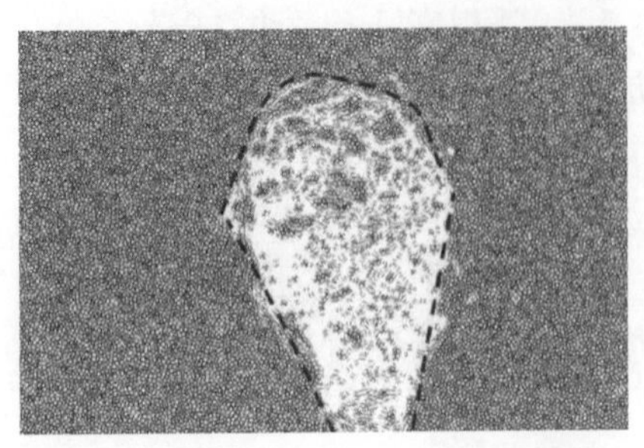

图 5-10　第一阶段洞周平行黏结破裂图

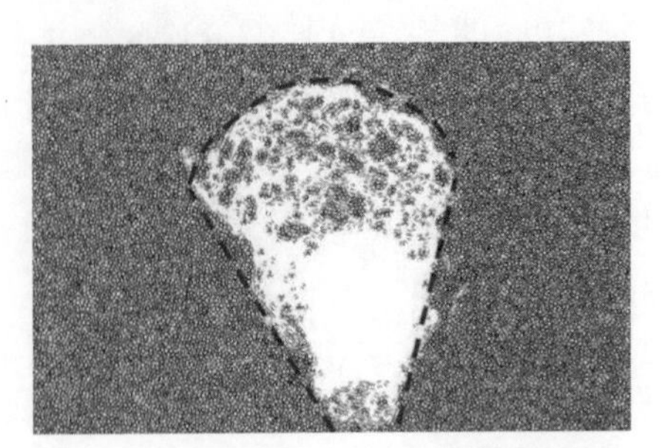

图 5-11　第二阶段洞周平行黏结破裂图

三、初次开挖围岩细观裂纹演化特点分析

图 5-12 为隧洞初始开挖第一阶段计算平衡后洞周围岩内部细观裂纹分布(蓝色部分)，图 5-13 为第二阶段计算平衡后洞周围岩内部细观裂纹分布。由图 5-12 和图 5-13 可以看出，隧洞开挖后围岩内产生了大量细观裂纹，通过观察彩色条带形态可知，除塌落松动围岩范围内存在大量裂纹，拱顶及两侧尚未发生明显变形的区域也存在相当数量的裂纹，证明围岩中裂纹先行开展，逐步发展、外拓后继而发生大变形，显示围岩劣化的动态发展并逐步破坏的过程。实际工程中，这一发展变化过程对应于围岩内空隙率及水力通道的逐步扩大，最终面临大范围渗透变形及破坏。第二阶段裂纹范围进一步扩展，更加密集，显示围岩裂纹的动态发展与逐步向外延伸。

图 5-12　第一阶段围岩细观裂纹分布图

图 5-13　第二阶段围岩细观裂纹分布图

通过裂纹监测记录，绘制隧洞初次开挖过程中围岩内部细观裂纹随时间演化的曲线，如图 5-14 所示。可以看出，在第一阶段开始删除隧洞区域颗粒后，由于围岩强度低，围岩内部细观裂纹开始萌生扩展，直到隧洞顶部出现稳定的塌落拱为止。由裂纹性质可知，整个裂纹扩展阶段，以张拉裂纹的不断增长为主，剪切裂纹几乎没有明显增长，以初始开挖破坏阶段产生的裂纹为主。由此可见，风化花岗岩断层带围岩松散，隧洞开挖后，围岩以塌落、张裂、剥离为主，且裂纹开展迅速，直到洞顶形成短暂的平衡拱。

本次研究是无渗流状态的塌落模拟，实际中，当裂纹开展、渗流通道不断拓展之后，渗水、淋水甚至局部直涌水会不断发展。在流固耦合模式下，加上逐步的渗透破坏及风化花岗岩的不断软化，断层带内的松散围岩几乎很难形成长期稳定的平衡拱，在不加以加固治理的情况下，这种动态的发展将会具有持久性。正是这种持续的发展，造成了实际工程中大量的涌水突泥、滞后涌水突泥及二次涌水突泥事故。

在第二阶段开始后，由于塌落体内部分堆积体被清理，导致塌落体内部应力重新调整，隧洞围岩区细观张拉裂纹在此基础上进一步扩展，直至达到新的应力平衡为止。对应于实际工程中，塌落体在不断的涌水、泥石流的冲击搬运下被带走较远距离，而塌落拱及围岩裂纹也会随之进一步动态扩展，为拱顶形成高空隙率的松散聚水结构或者空洞区域埋下隐患。

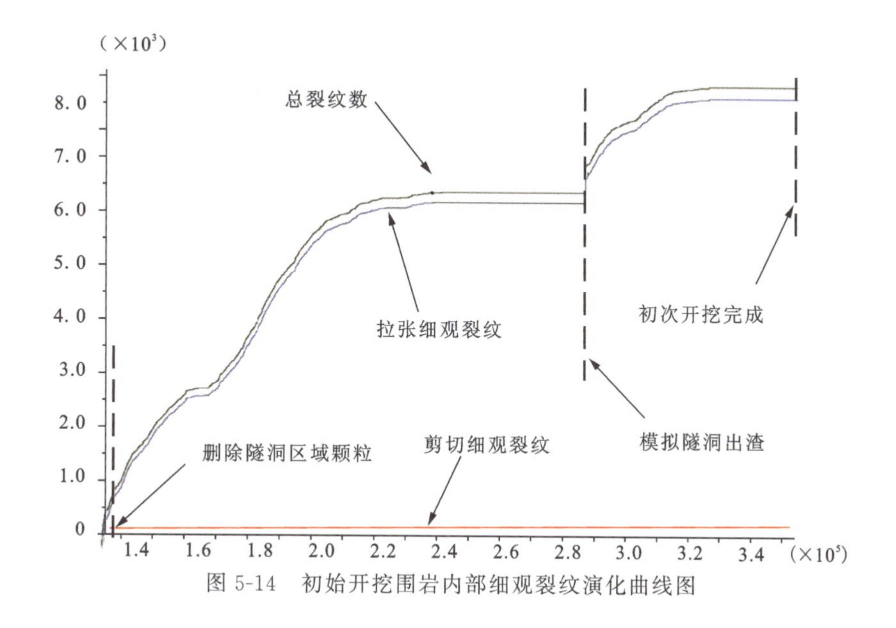

图 5-14 初始开挖围岩内部细观裂纹演化曲线图

四、初次开挖围岩应力监测分析

为了监测围岩内应力分布特征，在初始开挖的第二阶段于洞周布置了大量的测量圆，如图 5-15 所示。

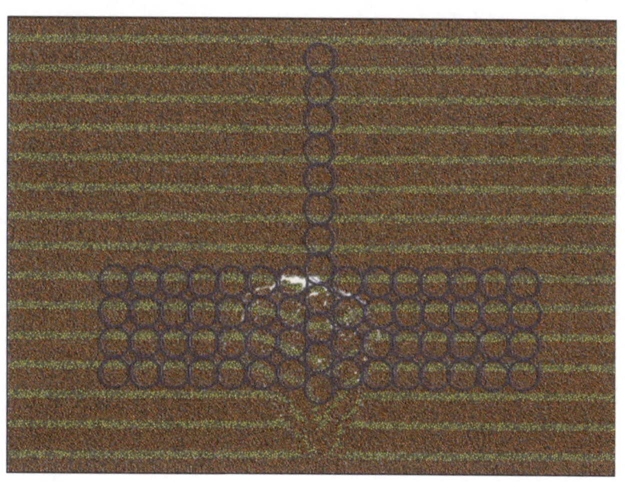
图 5-15 初始开挖第二阶段计算平衡后测量圆布置图

绘制初始开挖第二阶段计算平衡后沿洞顶横向不同高层测量圆(共 4 排，上下共 8m 范围，左右各 7 列，共 14m 范围，加上中部垂向一列测量圆，共监测左右各 15m，水平横向 30m 范围)竖向应力分布，如图 5-16 所示。

根据应力监测结果，绘制初始开挖第二阶段计算平衡后洞顶垂向不同高程测量圆内(垂直方向上共布置上下 12 个，直径 2m，共 24m 高度范围)竖向应力分布，如图 5-17 所示。

由图 5-16 可以看出，在隧洞轴向左右两侧 8m 处，竖向应力急剧减少，超过该区域后，竖向应力趋于稳定，急剧减小区域为塌落体堆积区。上下 4 排测量圆监测到的应力分布趋势整体较为一致，显示洞周左右两侧围岩变形、破坏模式的一致性。由图 5-17 可以看出，沿洞顶(塌落后的空洞顶)垂向以上 2m 后竖向应力才趋于平稳，说明洞室顶部塌落、松动区域高出初始隧洞拱顶距离为 12m，与实际工程中现场测量的部分初次塌落空腔高度范围 8～15m 较为吻合。

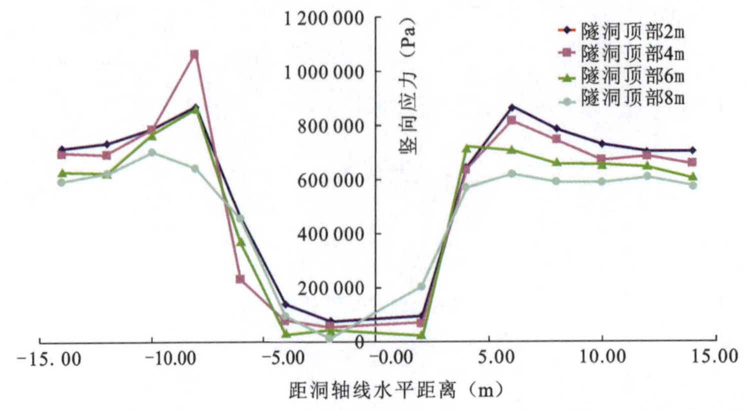

5-16　初始开挖第二阶段计算平衡后洞顶横向不同高程竖向应力分布图

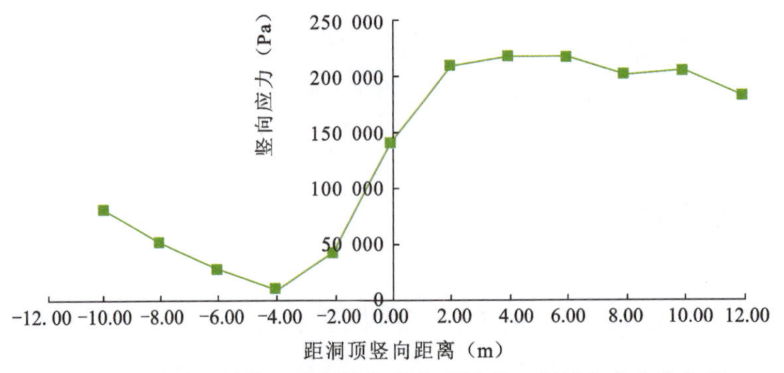

图 5-17　初始开挖第二阶段计算平衡后洞顶垂向竖向应力分布图

五、塌方段治理后二次开挖塌方堆积体注浆加固处理

初次开挖完成后，由于围岩力学性质太差，导致隧洞开挖区域被上部塌方堆积体完全覆盖，堆积体结构松散，在二次开挖之前，需要对其进行注浆加固处理，以保证二次开挖可以顺利进行。此过程对应于实际工程中对于大规模塌方堆积体的封闭、注浆加固后重新掘进。

塌方堆积体注浆加固区域如图 5-18 所示，比隧洞初始尺寸厚 1.14m，其 PFC 模型见图 5-19(a)、(b)，在松散堆积体颗粒接触上重新设置平行黏结，以模拟注浆加固，见图 5-19(c)，注浆区设置好后，进行计算直到力学平衡。

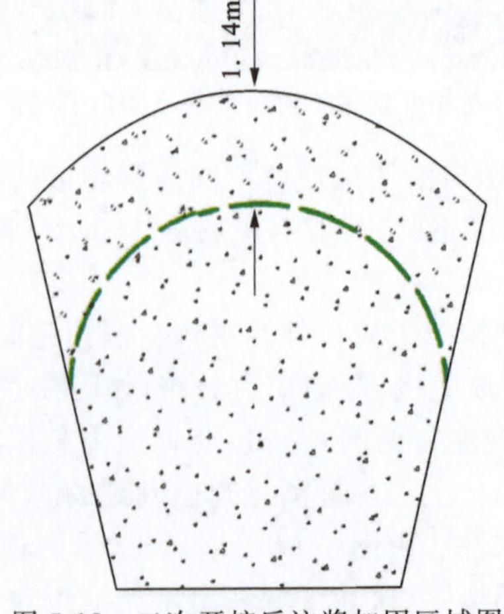

图 5-18　二次开挖后注浆加固区域图

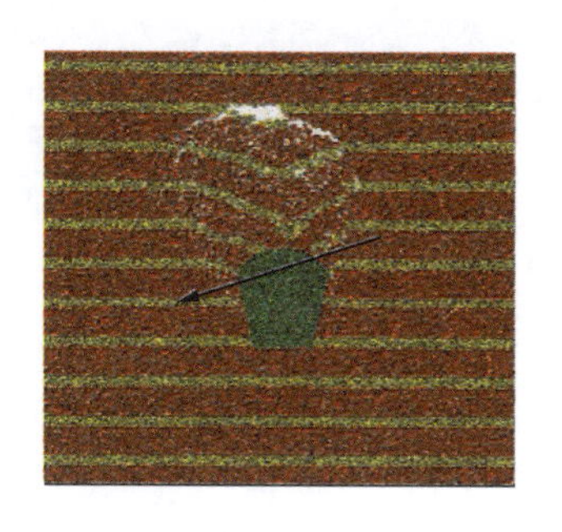

(a) 加固区

(b) 加固区局部放大

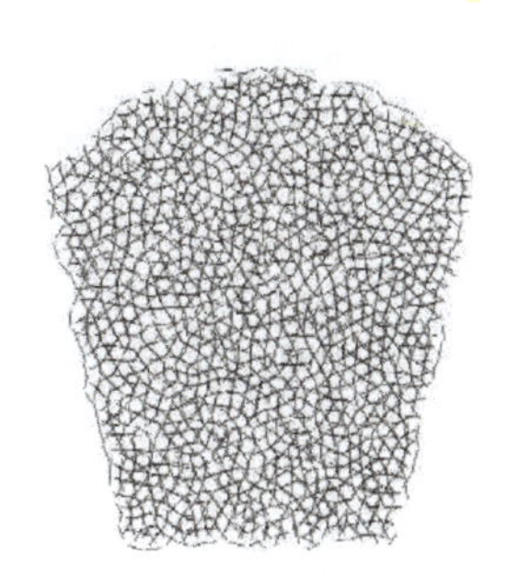

(c) 加固区粒间平行胶结

图 5-19 二次挖前对塌方堆积体局部加固图

六、二次开挖阶段围岩塌落过程分析

当加固区计算平衡后，在塌落体加固区内进行二次开挖，开挖位置及尺寸与原来一致，以此来模拟实际工程中喷混凝土封闭塌方堆积体，采取常规注浆手段局部加固后重新掘进的施工过程。

实际工程中，初次开挖导致围岩裂纹开展，拱顶塌落不断扩展，在隧洞上方或洞身两侧水力通道不断扩展下，最终引发大规模塌方及涌水突泥，在深厚、宽大的断层带中，此类涌水突泥模式与掌子面前方防突层破坏后引发涌水突泥显然是有区别的，且更具有滞后性。

在第一次涌水突泥后，由于深厚、宽大断层带的不均匀性，含水及渗流的不均匀性，加之上方塌落范围不断扩展后下部塌落体及侧壁不断被压密（如上节初次开挖第二阶段模型内部受力特点），塌落拱拱顶也由于压力拱的存在，有局部压密区域。同时，对于富含黏土矿物的风化花岗岩内涌水突泥后泥水中软化崩解、分散的黏土矿物还有一个沉积、充填裂隙的过程。因此，经过大力抽排地下水，洞顶空腔区域及洞身附近松动区之外地下水不能及时补给的情形下，洞内实际上可以获得一个相对平稳的短暂缓冲期。实际工程中，在此期间，地下水被抽排，塌落拱相对平衡，松散堆积体局部被压实，裂隙被充填。表面看起来，洞内相对稳定了，经过处置后可以重新开挖掘进，此阶段类似图 5-20(a)所示二次开挖后的初始状态。

实际工程中由于目前阶段工程界对风化花岗岩断层带软弱围岩动态形变预计不足，以及对深厚富水断层带内二次涌水突泥孕育过程、演化机理的认识不够，导致加固区范围有限。在后续的拱顶持续变形、围岩裂纹继续开展后，水力通道再次扩展，以及拱顶空洞区、裂纹开展松动区等聚水结构内逐步接受后续地下水渗流补给，直至空隙被地下水完全充填，造成拱顶或洞周再一次与周围建立良好的水力联系，将高压静水压力以突变方式由周围水体内传导至拱顶。加上拱顶原有分布的大量塌落堆积体，在原有塌落体自重的基础上，以静水压力加载的方式对拱顶造成二次破坏，塌方、涌水突泥再次发生，此现象对应图 5-20(b)阶段。随着塌落破坏的扩展，破坏范围逐步扩大，如图 5-20(c)所示，直到塌落堆积体将洞内塞满，形成堰塞效应后获得再次平衡，顶部形成二次塌落拱，如图 5-20(d)所示。

研究区实际工程中类似的大规模二次塌方、涌水突泥事故直接导致钢拱架被压垮，洞内再次涌水突泥，不仅造成又一次灾难性后果，而且对整个工期的影响，后期整治，以及对作业人员的心理冲击，乃至不得不废弃原有设计方案重新选择开挖线路等一系列的重大影响，较初次涌水突泥更甚。

七、二次开挖阶段围岩裂纹演化分析

图 5-21 为二次开挖后加固区内细观裂纹扩展图，由图可知，二次开挖后，当拱顶再次承受上方较大

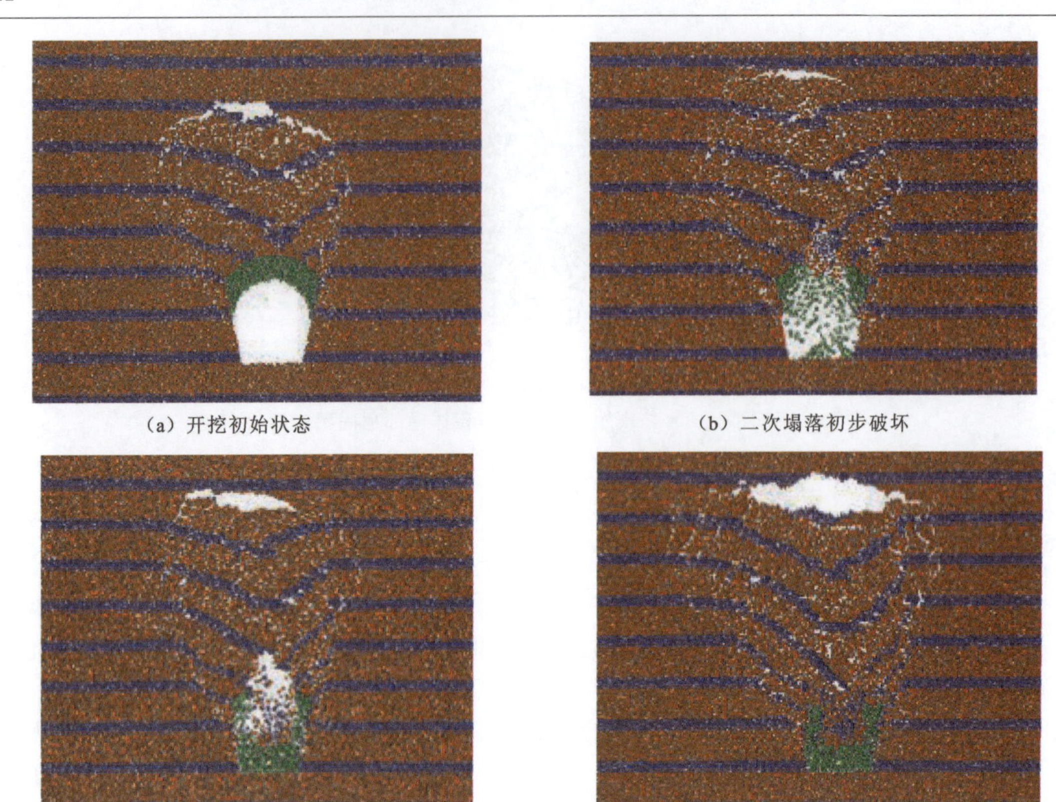
(a) 开挖初始状态　(b) 二次塌落初步破坏
(c) 二次塌落破坏范围拓展　(d) 二次塌落拱形成

图 5-20　围岩二次塌落演化过程图

压载(相当于实际工程中拱顶空洞及松动区聚水引流后的高压静水压力)后,加固区内逐渐产生大量裂纹,直到整个加固区完全破坏。

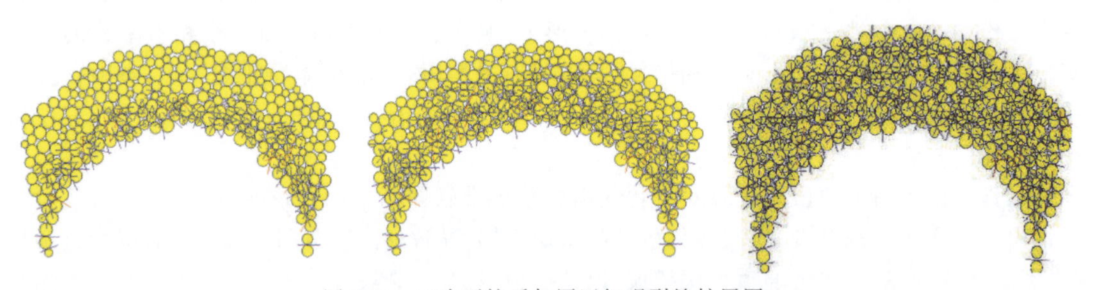

图 5-21　二次开挖后加固区细观裂缝扩展图

图 5-22 为二次开挖后隧洞围岩细观裂纹扩展(蓝色为张拉裂纹),由图可以看出二次开挖后,随着上述拱顶二次加载效应,导致塌落拱顶部区域围岩继续变形、破坏,裂纹进一步向纵深方向扩展,直到塌落过程达到新的平衡。

(a) 开挖初始裂纹分布

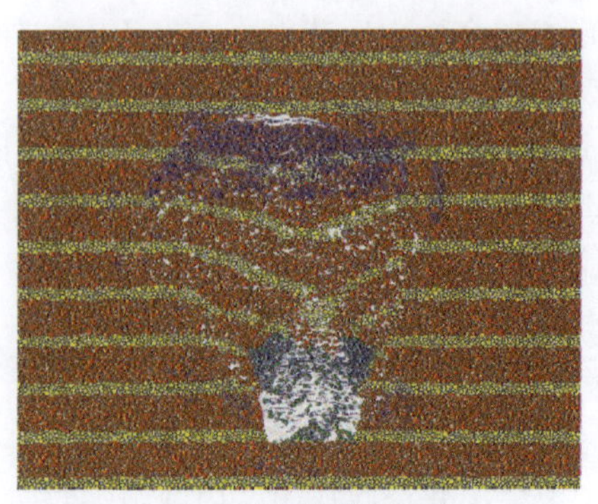

(b) 二次塌落裂纹扩展

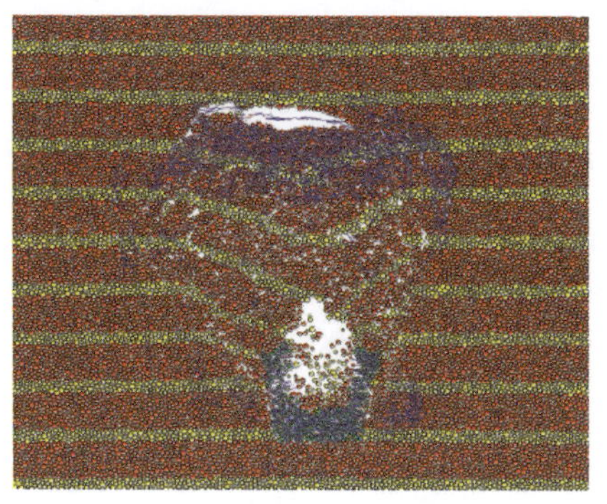

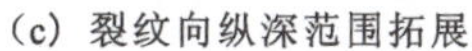
(c) 裂纹向纵深范围拓展　　(d) 裂纹持续扩展至新平衡态

图 5-22　围岩二次塌落细观裂纹演化过程图

图 5-23 为整个开挖计算过程中洞周围岩内部细观裂纹演化曲线，由图可知，伴随着每次开挖及围岩变形，围岩内部都会产生新的裂纹，而且均以拉张裂纹为主。在二次开挖、拱顶再次塌落过程中，张拉裂纹增长依然迅速，说明在实际工程中，如果加固区域和加固强度有限，则二次塌方、涌水突泥难以避免。

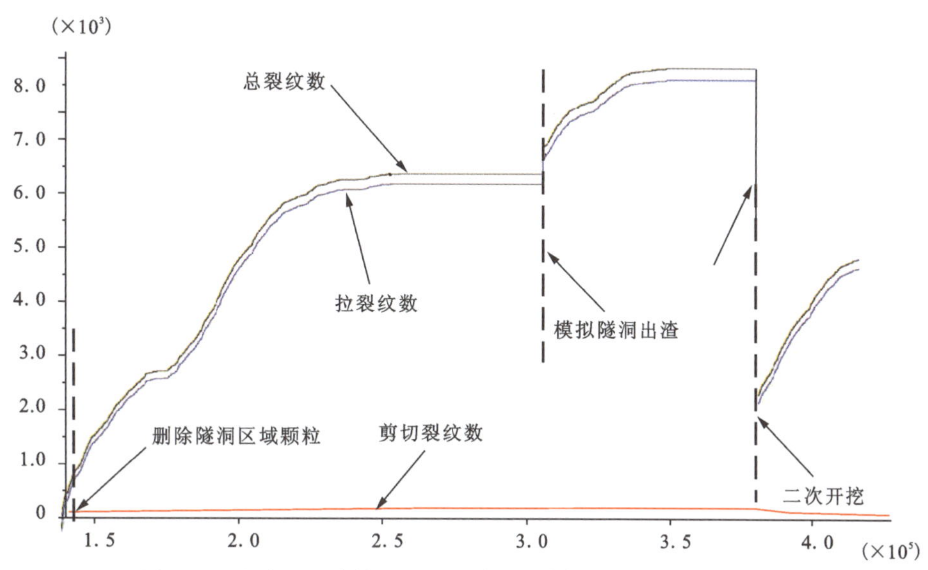

图 5-23　整个开挖计算过程中洞周围岩内部细观裂纹演化曲线图

分析结果显示：

(1)风化花岗岩断层带内围岩极度松散，施工开挖后特别容易引发裂纹开展以及大变形破坏，极易诱发初次涌水突泥并形成塌落拱结构，在裂纹开展及塌落拱的动态发展下形成拱顶空腔聚水结构，为二次涌水突泥埋下隐患。

(2)监测显示，隧洞开挖后围岩内产生了大量细观裂纹，且裂纹先行开展，逐步发展、外扩后继而发生大变形，显示围岩劣化动态发展并逐步破坏的过程。裂纹扩展阶段以拉裂纹不断增长为主，剪切裂纹几乎没有明显增长。

(3)应力监测表明，隧洞初次塌落后在隧洞轴向左右两侧 8m 处，竖向应力急剧减少，超过该区域后，竖向应力趋于稳定，急剧减小区域对应为塌落体堆积区。沿洞顶(塌落后的空洞顶)垂向以上 2m 后竖向应力才趋于平稳，说明洞室顶部塌落、松动区域高出初始隧洞拱顶距离为 12m。

(4)由模型中塌落拱的发展过程可知，在第一次涌水突泥后，如果洞顶空腔区域及洞身附近松动区之外地下水不能及时补给，对初次塌方堆积体加固有限，在后续的变形发展中，聚水构造内重新渗流补给平衡，高压静水压力以突变方式传导至拱顶形成加载效应，塌方、涌水突泥将会再次发生。

第六章　隧洞穿越富水风化花岗岩断层破碎带防突层安全厚度

第一节　隧洞防突层安全厚度理论计算

一、理论计算力学模型

隧洞穿越富水断层带时，可以将掌子面与断层面之间的岩体看作是简单的两端固定的固支梁模型。隧洞开挖防突的关键在于该岩体在较高地下水压力及岩体应力综合作用下不发生失稳。作力学简化时，应考虑如下几点：

(1)与隧洞尺寸相比，断层与隧洞之间相当于线面关系。当断层位于隧洞掌子面前方时，仅考虑掌子面轴线高度1m内的岩体，即岩体的跨度在计算时不考虑随洞径弧形的影响，按照等跨变截面梁进行计算。

(2)将断层带内部堆积物对隧洞掌子面前方的岩体压力简化为断层充填物均布荷载分力和断层水压力两种，根据隧道开挖方向与断层倾向的夹角分析两种力的叠加。

(3)考虑到岩体塑性很低，把断层与掌子面之间的岩体看作各向同性结构，运用弹性力学和结构力学对于该岩体进行力学稳定性验算，以保证防突厚度计算的正确性。压性断层下，掌子面前方的岩体可按照完整岩体考虑，受力模型可简化为固支梁；张性断层下，由于断层涌水是沿着裂隙通道涌出，应假设岩体在隧道跨度内含有裂隙，掌子面前方岩体按不完整岩体考虑，受力模型可简化为悬挑梁。

二、隧洞开挖方向与断层倾向为锐角时的防突层安全厚度理论计算

针对以上断层对岩溶隧洞周边岩层产生的相关影响，同时考虑断层与隧洞相交，断层倾向与隧洞开挖方向的夹角存在锐角及钝角两种情况时，提出压性断层和张性断层的力学计算模型，进而推导出防突岩体厚度与断层倾角、隧洞直径、水压力、围岩等级等相关因子之间的关系。

1. 压性断层防突岩体安全厚度

当断层走向正交于隧洞轴线，隧洞开挖方向与断层倾向呈锐角时，如图6-1、图6-2所示，掌子面前的防突岩体受到岩体自重应力沿断层面方向的分力、断层内部填充物自重对岩体产生的压应力的分力以及断层水压力。

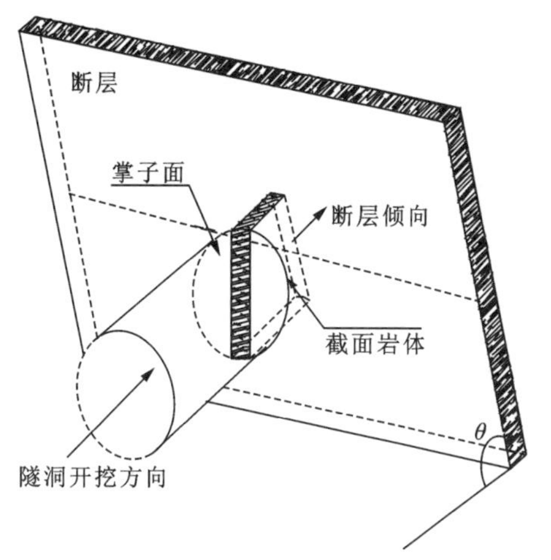

图 6-1　断层倾向与隧洞开挖方向呈锐角时示意图

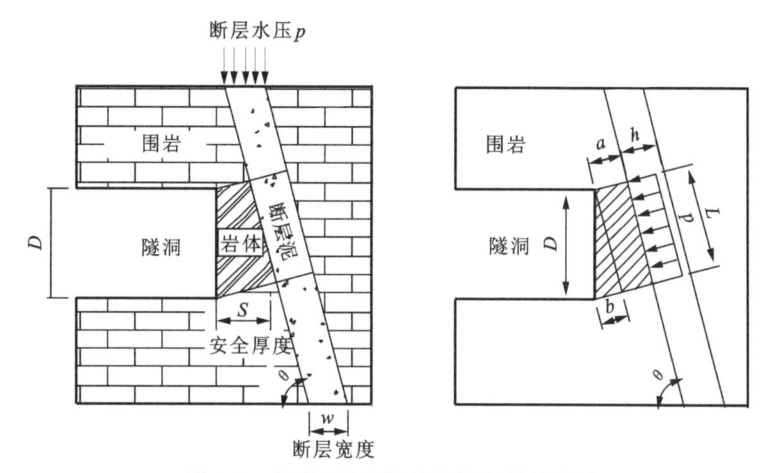

图 6-2　掌子面防突岩体计算模型示意图

其中，D 为隧洞直径，m；p 为隧洞轴线处断层水压，kPa；θ 为断层倾角，m；S 为防突安全厚度，m；a 为隧洞拱顶到断层的垂直距离，m；$a+b$ 为隧洞拱底到断层的垂直距离，m；w 为断层宽度，m；h 为断层厚度，m，$h=w\sin\theta$；L 为岩体计算跨度，m，$L=D\sin\theta$。

压性断层下，掌子面前方的岩体可按照完整岩体考虑，将岩体简化为受均梯形荷载分布的固支梁力学模型，岩体受到岩体自重应力分力、断层泥自重应力分力造成的压力、断层水压力三者相叠加，简化后的力学模型如图 6-3 所示。

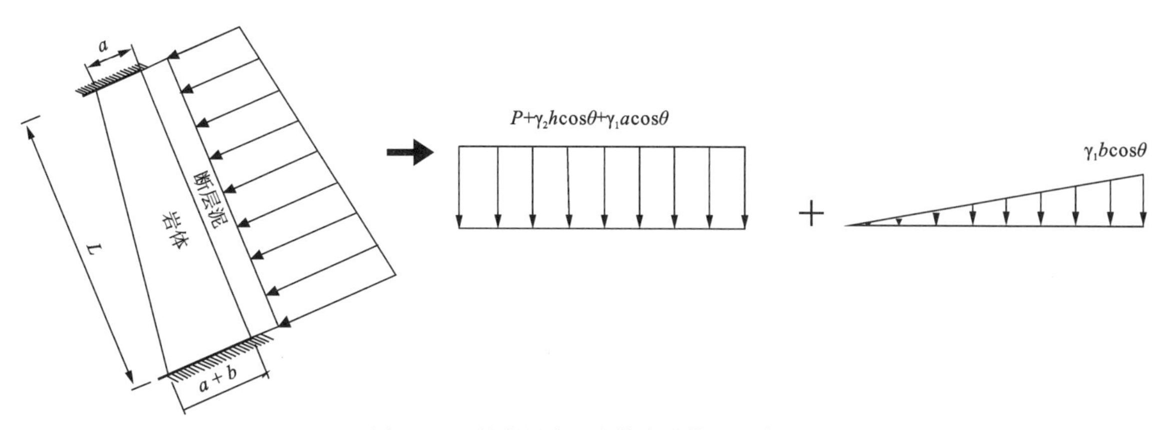

图 6-3　压性断层完整岩体力学模型示意图

由图 6-3 可知，最不利截面是左边长度为 a 的截面，以该截面按照抗剪和抗弯计算：

$$岩体剪力：Q=\frac{1}{2}(p+\gamma_2 h\cos\theta+\gamma_1 a\cos\theta)L+\frac{3}{20}\gamma_1 b\cos\theta L \tag{6-1}$$

$$岩体弯矩：M=\frac{1}{12}(p+\gamma_2 h\cos\theta+\gamma_1 a\cos\theta)L^2+\frac{1}{30}\gamma_1 b\cos\theta L^2 \tag{6-2}$$

式中，γ_1 为岩体重度，kN/m³；γ_2 为断层重度，kN/m³。

令：$\gamma_1'=\gamma_1\cos\theta$，$\gamma_2'=\gamma_2\cos\theta$ 代入式(6-1)、式(6-2)，根据抗剪强度 $\frac{3Q}{2Ba}\leqslant[\tau]$ 进行验算可得：

$$a\geqslant\frac{30p+30\gamma_2'h+9\gamma_1'b}{40[\tau]-30\gamma_1'L}L \tag{6-3}$$

式中，a 为岩体的高度，即隧洞拱顶到断层的垂直距离，m；B 为岩体宽度，取 1m；$[\tau]$ 为岩体许用抗剪强度，kPa。

由于掌子面处的岩体塑性低、脆性高，需要对岩体的参数进行整体修正，取 $n(0<n<1)$，将公式(6-3)乘以修正系数得到修正后的隧洞拱顶到断层的垂直距离 a：

$$a\geqslant n\frac{30p+30\gamma_2'h+9\gamma_1'b}{40[\tau]-30\gamma_1'L}L \tag{6-4}$$

根据抗弯强度 $\frac{6M}{Ba^2}\leqslant[\sigma]$ 验算，并经过修正后可得：

$$a\geqslant n\frac{5\gamma_1'L^2+L\sqrt{25\gamma_1'^2L^2+40[\sigma](5p+5\gamma_2'h+2\gamma_1'b)}}{20[\sigma]} \tag{6-5}$$

式中，$[\sigma]$ 为岩体许用抗弯强度，kPa。

根据几何关系，将式(6-4)、式(6-5)中的 a 代入式(6-6)即可得岩体防突安全厚度：

$$S=\frac{a}{\sin\theta}+\frac{D}{2\tan\theta} \tag{6-6}$$

2. 张性断层防突岩体安全厚度

张性断层下，由于断层涌水是沿着裂隙通道涌出，考虑到掌子面前方岩体的不完整性，应假设岩体在隧道跨度内含有裂隙。此时可将岩体简化为受均梯形荷载分布的悬挑梁力学模型，岩体受到岩体自重应力分力、断层泥自重应力分力造成的压力、断层水压力三者相叠加，简化后的力学模型如图 6-4 所示。

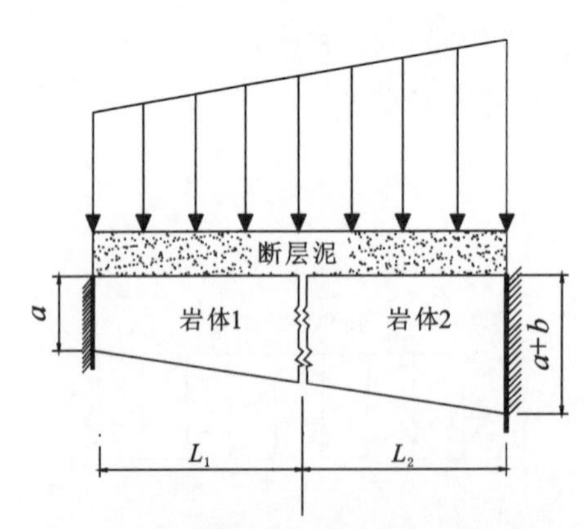

图 6-4　张性断层含裂隙岩体力学模型示意图

1)岩体 1 强度计算

对于图 6-4 中岩体 1 部分，受到的荷载可简化为如图 6-5 所示的矩形荷载与三角形荷载方向相同(岩体在跨度区域内非等截面造成的)叠加而成。

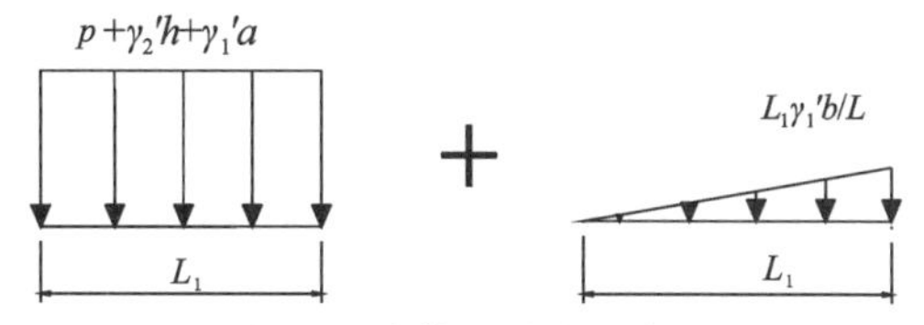

图 6-5　岩体 1 受力示意图

由图 6-4 可知，最不利截面是左边长度为 a 的悬挑端截面，以该截面按照抗剪和抗弯计算：

$$岩体1剪力：Q=(p+\gamma_2'h+\gamma_1'a)L_1+\frac{1}{2}\gamma_1'b\frac{L_1^2}{L} \tag{6-7}$$

$$岩体1弯矩：M=\frac{1}{2}(p+\gamma_2'h+\gamma_1'a)L_1^2+\frac{1}{3}\gamma_1'b\frac{L_1^3}{L} \tag{6-8}$$

由式(6-7)、式(6-8)可知，当 $L_1=L$ 时，为最不利情况，即岩体裂隙位于拱底处时，岩体 1 端部受力最大。

令 $L_1=L$，根据抗剪强度 $\frac{3Q}{2Ba}\leqslant[\tau]$ 验算，经修正后可得：

$$a\geqslant n\frac{6p+\gamma_2'h+3\gamma_1'b}{4[\tau]-6\gamma_1'L}L \tag{6-9}$$

令 $L_1=L$，根据抗弯强度 $\frac{6M}{Ba^2}\leqslant[\sigma]$ 验算，经修正后可得：

$$a\geqslant n\frac{3\gamma_1'L^2+L_1\sqrt{9\gamma_1'^2L^2+4[\sigma](3p+3\gamma_2'h+2\gamma_1'b)}}{2[\sigma]} \tag{6-10}$$

根据几何关系，将式(6-9)、式(6-10)中的 a 代入式(6-6)即可得岩体防突安全厚度。

2)岩体 2 强度计算

对于图 6-4 中岩体 2 部分，受到的荷载可简化为图 6-6 所示的两个矩形荷载与一个三角形荷载方向相同(岩体在跨度区域内非等截面造成的)叠加而成。

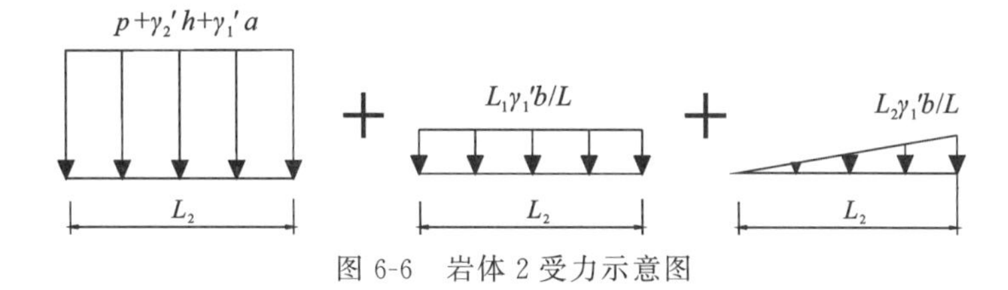

图 6-6　岩体 2 受力示意图

由图 6-4 可知，最不利截面是左边长度为$(a+b)$的悬挑端截面，以该截面按照抗剪和抗弯计算：

$$岩体2剪力：Q=\left(p+\gamma_2'h+\gamma_1'a+\gamma_1'b\frac{L_1}{L}\right)L_2+\frac{1}{2}\gamma_1'b\frac{L_2^2}{L} \tag{6-11}$$

$$岩体2弯矩：M=\frac{1}{2}\left(p+\gamma_2'h+\gamma_1'a+\gamma_1'b\frac{L_1}{L}\right)L_2^2+\frac{1}{6}\gamma_b'\frac{L_2^3}{L} \tag{6-12}$$

由式(6-10)、式(6-11)可知，当 $L_2=L$，$L_1=0$ 时，为最不利情况，即岩体裂隙位于拱顶处时，岩体 2 端部受力最大。

令 $L_2=L$，$L_1=0$，根据抗剪强度 $\frac{3Q}{2B(a+b)}\leqslant[\tau]$ 验算，经修正后可得：

$$a\geqslant\frac{6pL+6\gamma_2'hL+3\gamma_1'bL-4b[\tau]}{4[\tau]-6\gamma_1'L} \tag{6-13}$$

令 $L_2=L$，$L_1=0$，根据抗弯强度 $\frac{6M}{B(a+b)^2}\leqslant[\sigma]$ 验算，经修正后可得：

$$a \geqslant \frac{3\gamma_1' L^2 - 2[\sigma]b + \sqrt{(2[\sigma]b - 3\gamma_1' L^2)^2 - 4[\sigma]L^2\left(\frac{b^2[\sigma]}{L^2} - 3p - 3\gamma_2' h - \gamma_1' b\right)}}{2[\sigma]} \tag{6-14}$$

根据几何关系，将式(6-13)、式(6-14)中的 a 代入式(6-6)即可得岩体防突安全厚度。

三、隧洞开挖方向与断层倾向为钝角时的防突层安全厚度理论计算

1. 压性断层防突岩体安全厚度

当断层走向正交于隧洞轴线，隧洞开挖方向与断层倾向呈钝角时，掌子面前的防突岩体受到岩体自重应力沿断层面方向的分力以及断层水压力如图 6-7、图 6-8 所示。

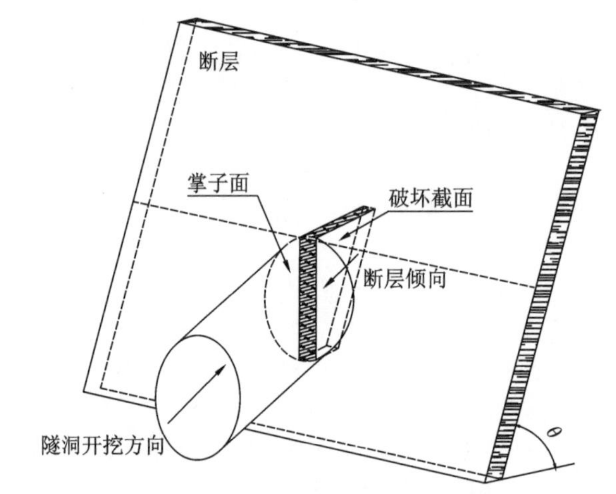

图 6-7　断层倾向与隧洞开挖方向呈钝角时示意图

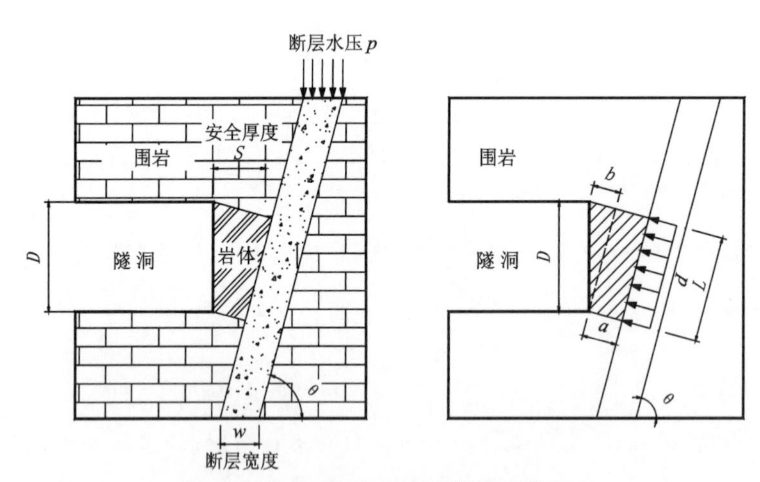

图 6-8　掌子面防突岩体计算模型示意图

压性断层下，掌子面前方的岩体可按照完整岩体考虑，将岩体简化为受均梯形荷载分布的固支梁力学模型，岩体受到岩体自重应力分力与断层水压力两者相叠加，简化后的力学模型如图 6-9 所示。

由图 6-9 可知，最不利截面是左边长度为 a 的截面，以该截面按照抗剪和抗弯计算：

$$\text{岩体剪力：} Q = \frac{1}{2}(p - \gamma_1' a)L - \frac{3}{20}\gamma_1' bL \tag{6-15}$$

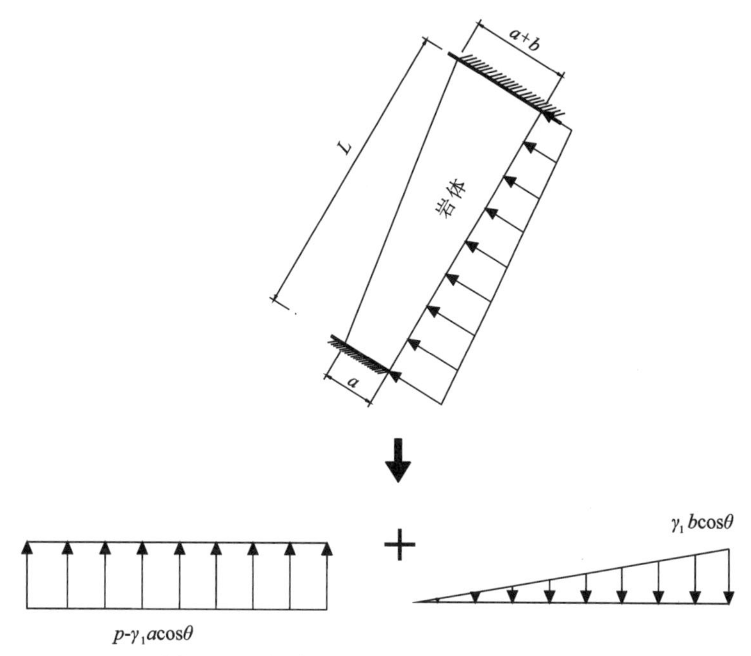

图 6-9　压性断层完整岩体力学模型示意图

$$岩体弯矩：M=\frac{1}{12}(p-\gamma_1' a)L^2-\frac{1}{30}\gamma_1' bL^2 \tag{6-16}$$

根据抗剪强度$\frac{3Q}{2Ba}\leqslant[\tau]$验算，经修正后可得：

$$a\geqslant n\frac{30p-9\gamma_1' b}{40[\tau]+30\gamma_1' L}L \tag{6-17}$$

根据抗弯强度$\frac{6M}{Ba^2}\leqslant[\sigma]$验算，经修正可得：

$$a\geqslant n\frac{-5\gamma_1' L^2+L\sqrt{25\gamma_1'^2 L^2-40[\sigma](2\gamma_1' b-5p)}}{20[\sigma]} \tag{6-18}$$

根据几何关系，将式(6-17)、式(6-18)中的 a 代入式(6-6)即可得岩体防突安全厚度。

2. 张性断层防突岩体安全厚度

张性断层下，由于断层涌水是沿着裂隙通道涌出，考虑到掌子面前方岩体的不完整性，应假设岩体在隧道跨度内含有裂隙。此时可将岩体简化为受均梯形荷载分布的悬挑梁力学模型，岩体受到岩体自重应力分力与断层水压力两者相叠加，简化后的力学模型如图 6-10 所示。

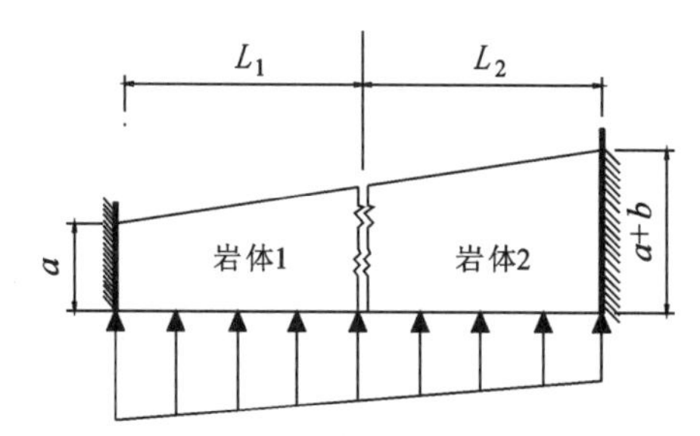

图 6-10　张性断层含裂隙岩体力学模型示意图

1)岩体 1 强度计算

对于图 6-10 中岩体 1 部分，受到的荷载可简化为图 6-11 所示的矩形荷载与方向相反的三角形荷载

(岩体在跨度区域内非等截面造成的)叠加而成。

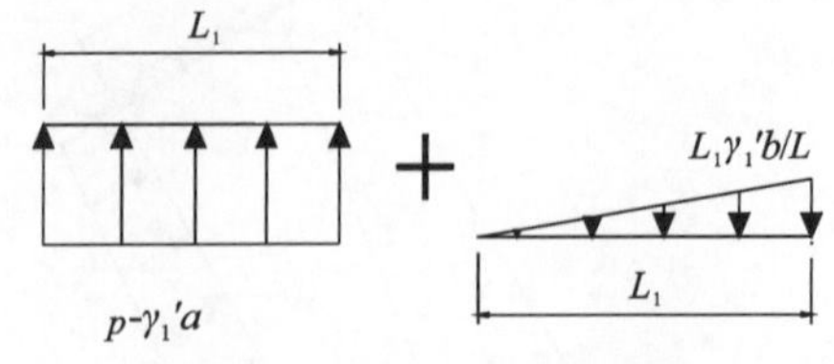

图 6-11　岩体 1 受力示意图

由图 6-10 可知,岩体 1 最不利截面是左边长度为 a 的悬挑端截面,以该截面按照抗剪和抗弯计算:

$$\text{岩体 1 剪力}:Q=(p-\gamma_1'a)L_1-\frac{1}{2}\gamma_1'b\frac{L_1^2}{L} \tag{6-19}$$

$$\text{岩体 1 弯矩}:M=\frac{1}{2}(p-\gamma_1'a)L_1^2-\frac{1}{3}\gamma_1'b\frac{L_1^3}{L} \tag{6-20}$$

根据抗剪强度$\frac{3Q}{2Ba}\leqslant[\tau]$验算,经修正后可得:

$$a\geqslant n\frac{6pL_1-3\gamma_1'b\frac{L_1^2}{L}}{4[\tau]+6\gamma_1'L_1} \tag{6-21}$$

根据抗弯强度$\frac{6M}{Ba^2}\leqslant[\sigma]$验算,经修正后可得:

$$a\geqslant n\frac{-3\gamma_1'L_1^2+L_1\sqrt{9\gamma_1'^2L_1^2-4[\sigma]\left(2\gamma_1'b\frac{L_1}{L}-3p\right)}}{2[\sigma]} \tag{6-22}$$

根据几何关系,将式(6-21)、式(6-22)中的 a 代入式(6-6)即可得岩体防突安全厚度。

2)岩体 2 强度计算

对于图 6-10 中岩体 2 部分,受到的荷载可简化为图 6-12 所示的一个矩形荷载、方向相反的矩形荷载、方向相反的三角形荷载叠加而成。

对于图 6-10 中岩体 2 部分,对其进行力学分析,将梯形荷载简化为图 6-12 所示的三角形荷载和矩形荷载。

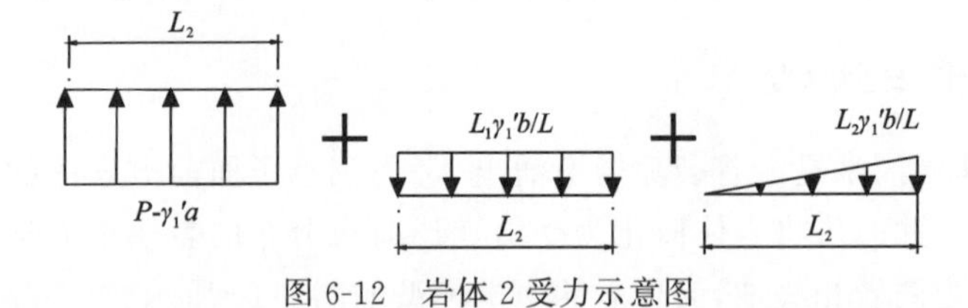

图 6-12　岩体 2 受力示意图

由图 6-10 可知,岩体 2 最不利截面是右边长度为$(a+b)$的悬挑端截面,以该截面按照抗剪和抗弯计算:

$$\text{岩体 2 剪力}:Q=\left(p-\gamma_1'a-\gamma_1'b\frac{L_1}{L}\right)L_2-\frac{1}{2}\gamma_1'b\frac{L_2^2}{L} \tag{6-23}$$

$$\text{岩体 2 弯矩}:M=\frac{1}{2}\left(p-\gamma_1'a-\gamma_1'b\frac{L_1}{L}\right)L_2^2-\frac{1}{6}\gamma_1'b\frac{L_2^3}{L} \tag{6-24}$$

根据抗剪强度$\frac{3Q}{2B(a+b)}\leqslant[\tau]$验算,经修正后可得:

$$a\geqslant n\frac{6pL_2-3\gamma_1'bL_2\frac{2L_1+L_2}{L}-4b[\tau]}{4[\tau]+6\gamma_1'L_2} \tag{6-25}$$

根据抗弯强度$\frac{6M}{B(a+b)^2}\leqslant[\sigma]$验算，经修正后可得：

$$a\geqslant n\frac{-3\gamma_1' L_2^2-2b[\sigma]+\sqrt{(3\gamma_1' L_2^2+2b[\sigma])^2-4[\sigma]L_2^2\left(\frac{[\sigma]b^2}{L_2^2}-3p+2\gamma_1' b\frac{3L_1+L_2}{L}\right)}}{2[\sigma]} \tag{6-26}$$

根据几何关系，将式(6-25)、式(6-26)中的a代入式(6-6)即可得岩体防突安全厚度。

第二节　隧洞防突层安全厚度影响因素

为将以上推导公式应用于工程中，应对按照抗剪强度与按照抗弯强度的适用情况进行分析，同时为了直观了解各因素变化对防突岩体安全厚度的影响，下面讨论断层倾角、水压、隧洞直径、断层宽度、岩体许用抗剪强度、岩体许用抗弯强度6个因子变化时所造成的影响，表6-1为各单因素水平取值，γ_1，γ_2保持不变。

表6-1　完整岩体防突厚度计算参数表

编号	断层倾角 θ(°)	水压 p(MPa)	隧洞直径 D(m)	断层宽度 w(m)	$[\tau]$ (MPa)	$[\sigma]$ (MPa)	γ_1 (kN/m³)	γ_2 (kN/m³)
1	30	1	6	3	1.6	2.4	25	18
2	40	1	6	3	1.6	2.4	25	18
3	50	1	6	3	1.6	2.4	25	18
4	60	1	6	3	1.6	2.4	25	18
5	70	1	6	3	1.6	2.4	25	18
6	80	1	6	3	1.6	2.4	25	18
7	90	1	6	3	1.6	2.4	25	18
8	60	0.3	6	3	1.6	2.4	25	18
9	60	0.6	6	3	1.6	2.4	25	18
10	60	0.9	6	3	1.6	2.4	25	18
11	60	1.2	6	3	1.6	2.4	25	18
12	60	1.5	6	3	1.6	2.4	25	18
13	60	1.8	6	3	1.6	2.4	25	18
14	60	2.1	6	3	1.6	2.4	25	18
15	60	1	2	3	1.6	2.4	25	18
16	60	1	4	3	1.6	2.4	25	18
17	60	1	6	3	1.6	2.4	25	18
18	60	1	8	3	1.6	2.4	25	18
19	60	1	10	3	1.6	2.4	25	18
20	60	1	12	3	1.6	2.4	25	18
21	60	1	14	3	1.6	2.4	25	18
22	60	1	6	1	1.6	2.4	25	18
23	60	1	6	1.5	1.6	2.4	25	18

续表 6-1

编号	断层倾角 θ(°)	水压 p(MPa)	隧洞直径 D(m)	断层宽度 w(m)	$[\tau]$ (MPa)	$[\sigma]$ (MPa)	γ_1 (kN/m^3)	γ_2 (kN/m^3)
24	60	1	6	2	1.6	2.4	25	18
25	60	1	6	2.5	1.6	2.4	25	18
26	60	1	6	3	1.6	2.4	25	18
27	60	1	6	3.5	1.6	2.4	25	18
28	60	1	6	4	1.6	2.4	25	18
29	60	1	6	3	0.4	2.4	25	18
30	60	1	6	3	0.8	2.4	25	18
31	60	1	6	3	1.2	2.4	25	18
32	60	1	6	3	1.6	2.4	25	18
33	60	1	6	3	2.0	2.4	25	18
34	60	1	6	3	2.4	2.4	25	18
35	60	1	6	3	2.8	2.4	25	18
36	60	1	6	3	1.6	1.0	25	18
37	60	1	6	3	1.6	1.5	25	18
38	60	1	6	3	1.6	2.0	25	18
39	60	1	6	3	1.6	2.5	25	18
40	60	1	6	3	1.6	3.0	25	18
41	60	1	6	3	1.6	3.5	25	18
42	60	1	6	3	2	4.0	25	18

对由压性断层下抗剪强度计算公式、抗弯强度计算公式，张性断层下岩体 1 和岩体 2 抗剪强度计算公式、抗弯强度计算公式计算出的结果进行对比，见表 6-2～表 6-4，其中“＋”代表夹角为锐角计算结果，“－”代表夹角为钝角计算结果。

表 6-2　压性岩体防突厚度计算表

编号	抗剪 S(m)		抗弯 S(m)		编号	抗剪 S(m)		抗弯 S(m)	
	＋	－	＋	－		＋	－	＋	－
1	6.73	6.51	6.63	6.51	9	3.23	2.54	3.15	2.76
2	5.11	4.90	5.01	4.90	10	3.96	2.94	3.45	3.00
3	4.04	3.85	3.94	3.85	11	4.68	3.35	3.71	3.20
4	3.23	3.08	3.15	3.07	12	5.41	3.76	3.93	3.38
5	2.56	2.46	2.49	2.44	13	6.13	4.17	4.14	3.54
6	1.97	1.92	1.91	1.89	14	6.86	4.58	4.33	3.69
7	1.41	1.41	1.37	1.37	15	1.06	1.04	1.04	1.03
8	2.51	2.13	2.76	2.44	16	2.14	2.07	2.09	2.05

续表 6-2

编号	抗剪 S(m)		抗弯 S(m)		编号	抗剪 S(m)		抗弯 S(m)	
	+	−	+	−		+	−	+	−
17	3.23	3.08	3.15	3.07	30	4.83	4.35	3.15	3.07
18	4.34	4.08	4.21	4.08	31	3.75	3.51	3.15	3.07
19	5.46	5.08	5.28	5.08	32	3.23	3.08	3.15	3.07
20	6.60	6.06	6.36	6.08	33	2.93	2.82	3.15	3.07
21	7.75	7.02	7.44	7.07	34	2.72	2.64	3.15	3.07
22	3.21	3.08	3.14	3.07	35	2.58	2.51	3.15	3.07
23	3.22	3.08	3.14	3.07	36	3.23	3.08	4.61	4.37
24	3.22	3.08	3.14	3.07	37	3.23	3.08	3.75	3.61
25	3.23	3.08	3.15	3.07	38	3.23	3.08	3.37	3.27
26	3.23	3.08	3.15	3.07	39	3.23	3.08	3.15	3.07
27	3.24	3.08	3.15	3.07	40	3.23	3.08	3.00	2.93
28	3.24	3.08	3.15	3.07	41	3.23	3.08	2.88	2.83
29	8.36	6.69	3.15	3.07	42	3.23	3.08	2.80	2.75

表 6-3　张性岩体 1 防突厚度计算表

编号	抗剪 S(m)		抗弯 S(m)		编号	抗剪 S(m)		抗弯 S(m)	
	+	−	+	−		+	−	+	−
1	8.43	7.70	8.84	8.30	18	6.59	5.69	7.13	6.50
2	6.81	6.09	7.21	6.69	19	8.39	7.01	9.00	8.03
3	5.71	5.07	6.12	5.67	20	10.26	8.29	10.92	9.53
4	4.85	4.33	5.29	4.92	21	12.20	9.54	12.87	11.00
5	4.11	3.76	4.59	4.34	22	4.81	4.33	5.26	4.92
6	3.44	3.27	3.95	3.83	23	4.82	4.33	5.27	4.92
7	2.81	2.81	3.35	3.35	24	4.83	4.33	5.28	4.92
8	3.36	2.48	4.34	3.37	25	4.84	4.33	5.28	4.92
9	4.85	3.27	5.29	4.16	26	4.85	4.33	5.29	4.92
10	6.35	4.07	6.03	4.75	27	4.86	4.33	5.30	4.92
11	7.85	4.86	6.66	5.25	28	4.88	4.33	5.30	4.92
12	9.35	5.66	7.21	5.69	29	17.23	10.61	5.29	4.92
13	10.84	6.45	7.71	6.08	30	8.41	6.65	5.29	4.92
14	12.34	7.25	8.17	6.44	31	5.99	5.14	5.29	4.92
15	1.56	1.49	1.73	1.68	32	4.85	4.33	5.29	4.92
16	3.18	2.93	3.49	3.32	33	4.20	3.84	5.29	4.92
17	4.85	4.33	5.29	4.92	34	3.77	3.50	5.29	4.92

续表 6-3

编号	抗剪 S(m)		抗弯 S(m)		编号	抗剪 S(m)		抗弯 S(m)	
	+	−	+	−		+	−	+	−
35	3.47	3.26	5.29	4.92	39	4.85	4.33	5.29	4.92
36	4.85	4.33	9.11	7.89	40	4.85	4.33	4.90	4.60
37	4.85	4.33	6.84	6.18	41	4.85	4.33	4.62	4.36
38	4.85	4.33	5.86	5.40	42	4.85	4.33	4.40	4.17

表 6-4　张性岩体 2 防突厚度计算表

编号	抗剪 S(m)		抗弯 S(m)		编号	抗剪 S(m)		抗弯 S(m)	
	+	−	+	−		+	−	+	−
1	3.23	2.80	3.39	3.30	22	3.07	2.70	3.45	3.26
2	3.24	2.75	3.44	3.27	23	3.09	2.70	3.46	3.26
3	3.20	2.71	3.47	3.25	24	3.10	2.70	3.46	3.26
4	3.12	2.70	3.48	3.26	25	3.11	2.70	3.47	3.26
5	3.02	2.71	3.46	3.27	26	3.12	2.70	3.48	3.26
6	2.91	2.75	3.41	3.31	27	3.13	2.70	3.48	3.26
7	2.81	2.81	3.35	3.35	28	3.14	2.70	3.49	3.26
8	1.62	0.85	2.49	1.76	29	15.50	9.22	3.48	3.26
9	3.12	1.64	3.48	2.51	30	6.67	5.11	3.48	3.26
10	4.62	2.44	4.23	3.08	31	4.25	3.53	3.48	3.26
11	6.12	3.23	4.86	3.57	32	3.12	2.70	3.48	3.26
12	7.61	4.03	5.42	4.01	33	2.46	2.19	3.48	3.26
13	9.11	4.82	5.93	4.40	34	2.04	1.84	3.48	3.26
14	10.61	5.62	6.40	4.75	35	1.74	1.58	3.48	3.26
15	0.99	0.92	1.14	1.11	36	3.12	2.70	7.21	6.28
16	2.02	1.82	2.30	2.19	37	3.12	2.70	4.99	4.54
17	3.12	2.70	3.48	3.26	38	3.12	2.70	4.04	3.74
18	4.28	3.56	4.67	4.30	39	3.12	2.70	3.48	3.26
19	5.50	4.39	5.89	5.32	40	3.12	2.70	3.10	2.92
20	6.79	5.20	7.12	6.32	41	3.12	2.70	2.82	2.68
21	8.16	6.00	8.38	7.30	42	3.12	2.70	2.60	2.48

由表 6-2～表 6-4 可知，隧洞开挖方向与断层倾向夹角呈锐角时需要的岩体安全厚度略大于钝角的情况，这是由于相交夹角为锐角时岩体受到均布断层堆积物荷载、断层水压力荷载及岩体自重。根据计算所得的岩体安全厚度要大于隧洞开挖方向与断层倾向反向时计算所得的结果，说明正向穿越断层时更容易发生破坏，但两者之间计算结果差异不大。下面以隧洞开挖方向与断层倾向同向时，各因子对岩体厚度的影响进行分析。

一、断层倾角

由以上数据可以得出的曲线如图 6-13 所示，压性岩体、张性岩体 1 按抗弯及抗剪公式得出的安全厚度值随断层倾角的增大呈非线性减小，而张性岩体 2 所得出的安全厚度值对于角度的敏感性不高，近似水平。对比 6 条曲线可以发现，安全厚度最大值的情况是按照张性岩体 1 抗弯计算所得，此时曲线基本在其他 5 条曲线之上。因此为安全起见，应该按式(6-10)、式(6-22)所求出的 a 进行计算，从而求解防突岩体的安全厚度。

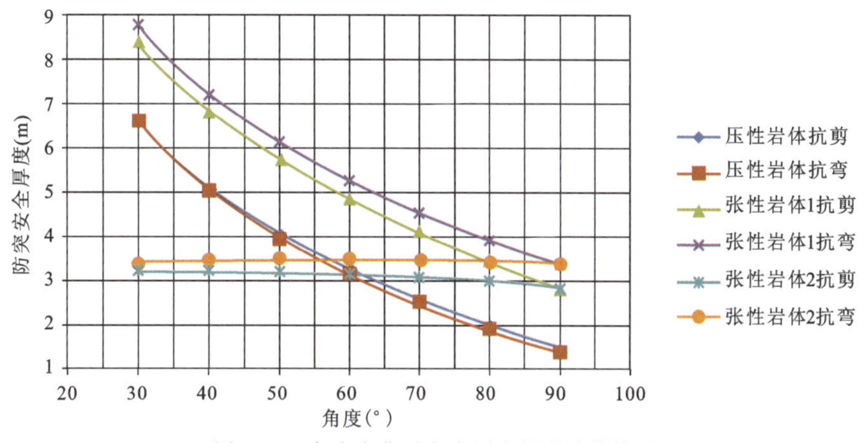

图 6-13　角度变化对安全厚度的影响曲线图

二、断层水压

由以上数据可以得出的曲线如图 6-14 所示，压性岩体、张性岩体 1、张性岩体 2 按抗剪公式得出的安全厚度值随断层水压的增大呈线性增大，而按照抗弯强度公式得到 6 条曲线的增大程度随水压的增加而变缓。当水压小于 1.35MPa 时，以张性岩体 1 按抗弯强度得出的安全厚度值为准；当水压大于 1.35MPa后，以张性岩体 1 按抗剪强度得出的安全厚度值为准。

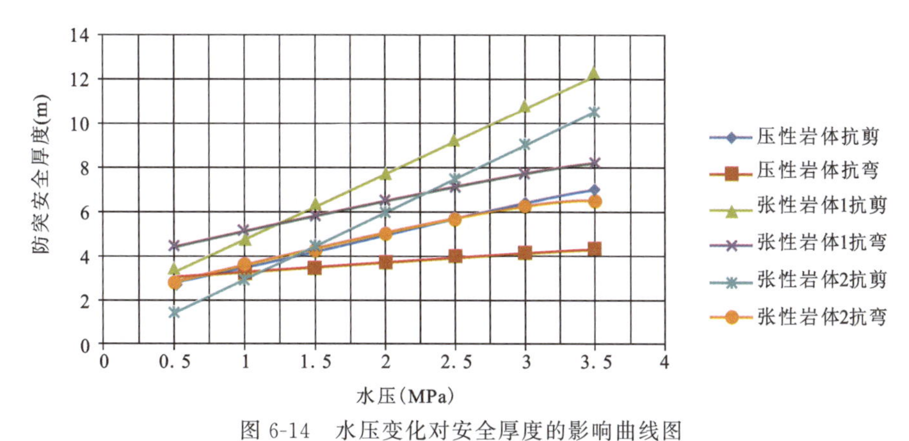

图 6-14　水压变化对安全厚度的影响曲线图

三、隧洞直径

由以上数据可以得出的曲线如图 6-15 所示，由图可知，岩体厚度随着隧洞直径的增加基本呈线性增长状态，张性岩体 1 按抗弯公式及抗剪公式得出的安全厚度的增长斜率最大，压性断层与张性岩体 2 的计算结果相近。对比 6 条曲线，应以张性岩体 1 按抗弯公式计算所得为准，从而求解防突岩体的安全厚度。

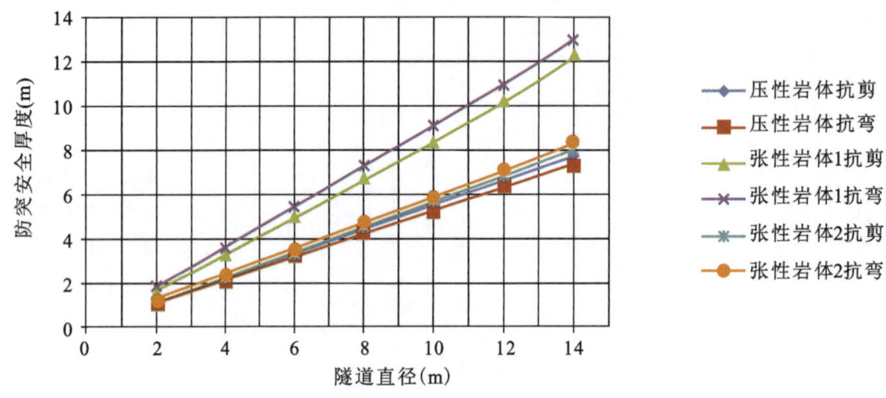

图 6-15　隧洞直径变化对安全厚度的影响曲线图

四、断层宽度

由于断层内的断层泥对岩体影响只是其自重产生的压力，相对于断层水压，断层宽度所造成的影响如图 6-16 所示，6 条曲线近似水平，增长缓慢，张性岩体 1 按抗弯计算所得的结果仍然大于其他公式所计算的结果。

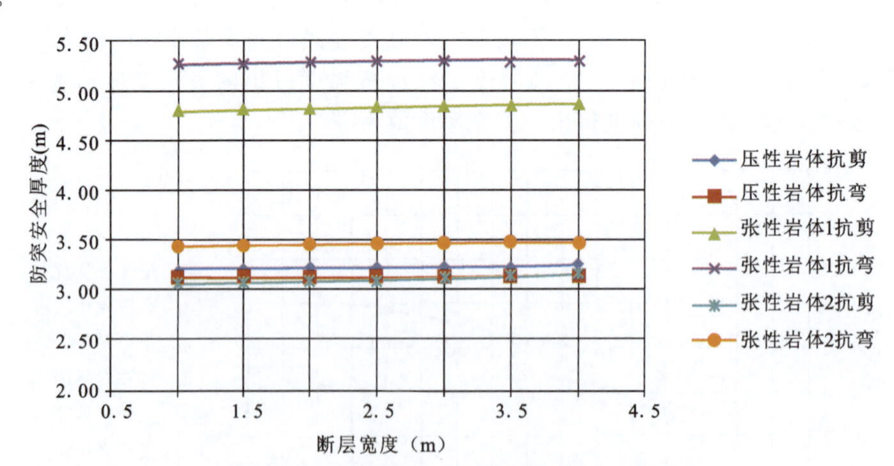

图 6-16　不同断层宽度对安全厚度的影响曲线图

五、岩体强度

1. 许用抗剪强度[τ]对隧洞防突岩体安全厚度的影响

由图 6-17 可知，3 条曲线的趋势大致一样，变化规律大致呈两个阶段：第一阶段当[τ]≤0.8MPa 时，[τ]的增加会造成安全厚度值急剧降低；第二阶段当[τ]>0.8MPa 后，安全厚度随[τ]的增加缓慢降低。对比 3 条曲线，在考虑[τ]影响的情况下，应以张性岩体 1 按抗剪计算所得的结果为准。

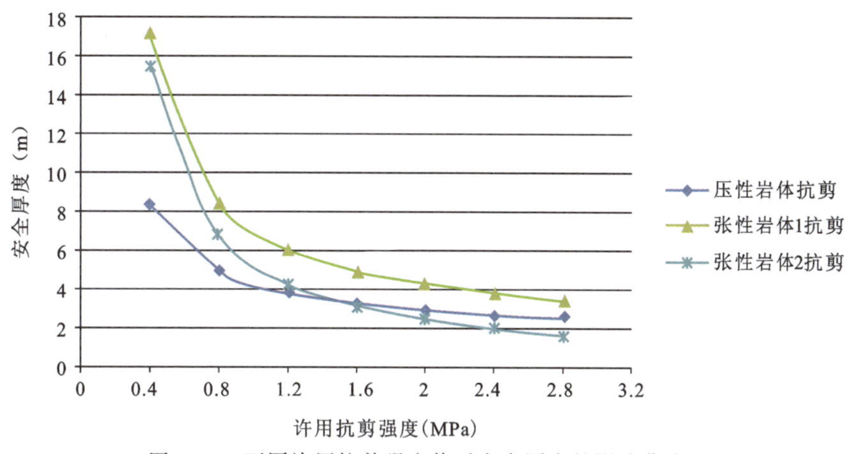

图 6-17　不同许用抗剪强度值对安全厚度的影响曲线图

2. 岩体许用抗弯强度[σ]对隧洞防突岩体安全厚度的影响

许用抗弯强度[σ]对防突安全厚度的影响与许用抗剪强度类似，由图 6-18 可知，3 条曲线的趋势大致一样，变化规律大致呈两个阶段：第一阶段当[σ]≤1.2MPa 时，[σ]的增加会造成安全厚度值急剧降低；第二阶段当[σ]>1.2MPa 后，安全厚度随[σ]的增加缓慢降低。对比 3 条曲线，在考虑[σ]影响情况下，应以张性岩体 1 按抗弯计算所得的结果为准。

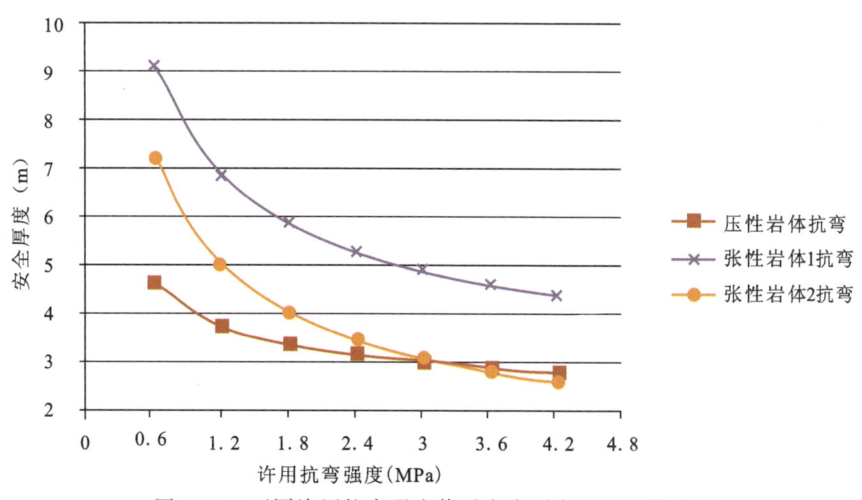

图 6-18　不同许用抗弯强度值对安全厚度的影响曲线图

对比隧洞开挖方向断层截面呈锐角和钝角两种情况，当开挖方向断层截面呈锐角时，由于岩体受到均布断层堆积物荷载、断层水压力荷载及岩体自重，根据计算所得的岩体安全厚度要大于开挖方向断层截面呈钝角时计算所得的结果，说明隧洞开挖方向断层截面呈锐角时更容易发生破坏。

分析 6 种强度理论下的计算结果，安全厚度计算模型应以张性岩体 1 为准，考虑水压影响时，当水压小于 1.35MPa 时，应以张性岩体 1 按抗弯强度得出的安全厚度值为准，当水压大于 1.35MPa 后，以张性岩体 1 按抗剪强度得出的安全厚度值为准。若存在多因素影响时，应对比张性岩体 1 按抗弯强度、抗剪强度下两种解析式的结果，以较大值为准作为安全厚度。

第三节　隧洞防突层安全厚度数值模拟

由于在数值模拟中很难模拟出断层的张压性，所以在模拟过程中，忽略断层的张压性，将断层破碎带的空间构造和渗透系数作为重要因素考虑，研究隧洞的防突厚度。

一、开挖方向与断层倾向呈锐角

采用 $FLAC^{3D}$ 数值模拟判断隧洞与溶洞之间的临界厚度，通过观察塑性区域范围能显示正在发生和曾经发生上述破坏的区域，试验以塑性区贯通时的掌子面中心点至断层面的水平距离为准。通过不断改变水平距离的大小，得到贯通较多、临界贯通、未贯通 3 种状态，最终求得临界安全厚度值。

1. 模型建立与计算方案

1)计算模型

以龙津溪引水隧洞为背景，研究断层构造参数对防突安全厚度的影响。该隧洞区段正处于富水断层带发育强烈的区域，在隧洞开挖线路中共需穿越 10 多段不同的断层带。经统计，该区域内的断层宽度多在 1.0～5.0m 之间，以 2m、3m 宽度的断层为主。隧洞在该区域平均位于地表下 200～300m，地下水位平均为 200m，隧洞断面为 $D=3.9$m 的圆形断面，底部仰拱长度为 3m。隧洞因完整岩体占围岩的比例很大，设计不要求施工对隧洞进行衬砌，施工过程模拟按照全断面开挖考虑[50]。

计算模型以隧洞轴线方向为 Y 轴，竖直方向为 Z 轴，水平横向为 X 轴，计算模型由隧洞轴线向 Y 向、Z 向各取 4 倍直径长度，Y 方向根据各组合及开挖情况作相应的延伸，YZ 方向计算模型如图 6-19 所示，典型数值模型网格划分如图 6-20 所示。

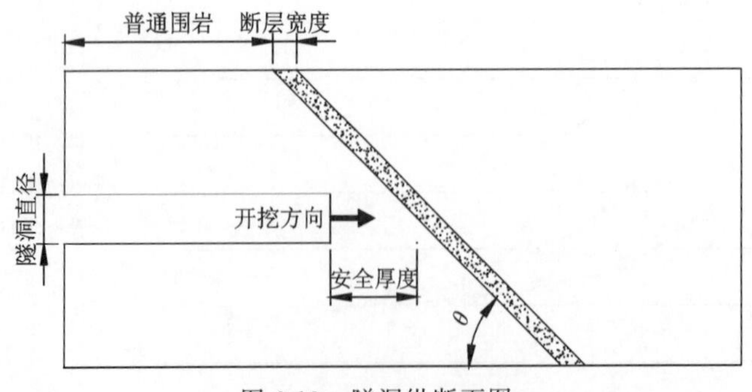

图 6-19　隧洞纵断面图

2)边界条件

渗流场边界条件：渗流边界为零的界面是模型上表面、掌子面及隧洞内表面。模型四周竖直边界按照梯度进行水压设置，模型底部及中心设置初始断层水压。应力及位移场边界条件：本隧洞为深埋隧洞，不计入上部岩土自重，仅考虑深埋隧洞构造应力，隧洞仅 Y 向位移自由，其他向位移固定。开挖面

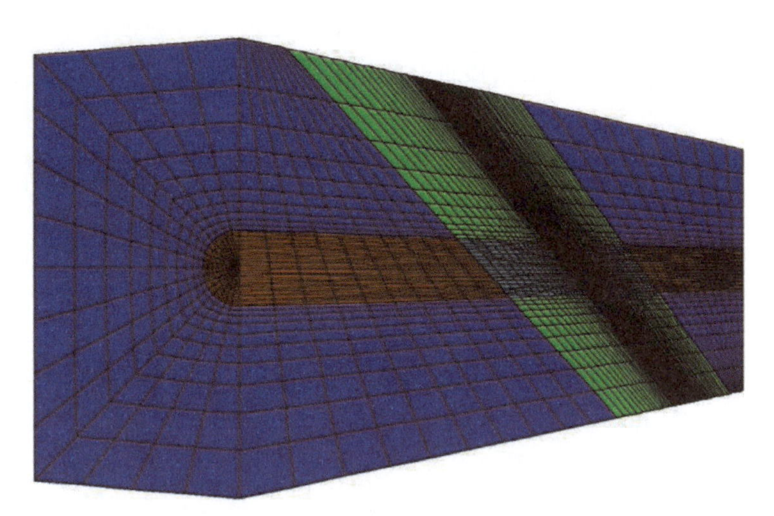

图 6-20　典型数值计算模型剖面图

对 X、Y、Z 三向位移设为自由边界。

3)模型参数选取

隧洞穿越断层前，需经过普通围岩、破碎过渡带围岩最终穿越断层带，本章仅研究破碎过渡带防突岩体强度对断层的影响。根据模拟试验计划表，模拟计算时应保持断层参数不变，改变防涌水岩体的围岩等级，岩体参数具体取值见表 6-5。

表 6-5　岩层力学参数表

围岩级别		γ	E_s	泊松比	φ	c	渗透率	孔隙率
基本级别	亚级	(kN/m³)	(GPa)		(°)	(MPa)	($m^2 \cdot Pa^{-1} \cdot s^{-1}$)	
Ⅲ	$Ⅲ_1$	24	15	0.26	47	1.3	3.0×10^{-11}	0.08
	$Ⅲ_2$	23	9	0.28	41	0.9	1.0×10^{-11}	0.12
Ⅳ	$Ⅳ_1$	22	5.5	0.30	37	0.6	7.0×10^{-10}	0.16
	$Ⅳ_2$	21	3.1	0.32	33	0.4	4.0×10^{-10}	0.20
	$Ⅳ_3$	20	1.9	0.34	29	0.25	1.0×10^{-10}	0.24
断层		18	1	0.4	24	0.13	1.0×10^{-9}	0.36

4)流固耦合数值计算假定

(1)岩体视为均匀、各向同性的连续渗透介质。

(2)隧洞开挖前，自由水面下的岩体为饱和状态，开挖后地下水流动满足 Darcy 定律，渗流为单相饱和流动。

(3)将岩体变形视为弹塑性变形，岩体采用摩尔库伦弹塑性本构模型。

(4)根据现场实际施工情况，不施做初支和二衬，仅按毛洞进行模拟分析，有利于更好地分析和揭示涌水突泥信息规律。

(5)计算方案：为了能够综合研究断层倾角、断层宽度、断层水压、隧道直径、围岩级别 5 种因子对防突安全厚度的影响，进行 5 因子 5 水平正交试验，选择 $L_{25}(56)$正交试验表，正交试验计划如表 6-6 所示，每种影响因子选择 5 个不同的值。

断层倾角从 30°至 90°，共 5 个水平值，每级增长 15°；

断层宽度从 1m 至 5m，共 5 个水平值，每级增长 1m；

断层水压从 1MPa 至 5MPa，共 5 个水平值，每级增长 1MPa；

隧洞直径从 4m 至 12m，共 5 个水平值，每级增长 2m；

围岩等级从 1 至 5，5 个水平值，分别对应Ⅲ$_1$、Ⅲ$_2$、Ⅳ$_1$、Ⅳ$_2$、Ⅳ$_3$级别。

表 6-6 正交模拟试验表

组合 \ 影响因子	断层角度 θ(°)	断层宽度 w(m)	水压 p(MPa)	隧洞直径 D(m)	围岩等级 T	空因子
1	30	1	1	4	1	1
2	30	2	2	6	2	2
3	30	3	3	8	3	3
4	30	4	4	10	4	4
5	30	5	5	12	5	5
6	45	1	2	8	4	5
7	45	2	3	10	5	1
8	45	3	4	12	1	2
9	45	4	5	4	2	3
10	45	5	1	6	3	4
11	60	1	3	12	2	4
12	60	2	4	4	3	5
13	60	3	5	6	4	1
14	60	4	1	8	5	2
15	60	5	2	10	1	3
16	75	1	4	6	5	3
17	75	2	5	8	1	4
18	75	3	1	10	2	5
19	75	4	2	12	3	1
20	75	5	3	4	4	2
21	90	1	5	10	3	2
22	90	2	1	12	4	3
23	90	3	2	4	5	4
24	90	4	3	6	1	5
25	90	5	4	8	2	1

2. 模拟计算及分析

1)正交试验结果

模拟计算 25 种组合分析 5 种影响因子对隧洞防突安全厚度 S 的影响。试验以塑性区贯通时的掌子面中心点至断层面的水平距离为准。通过不断改变水平距离的大小，得到贯通较多(危险)、临界贯通、未贯通(安全)3 种塑性区分布状态，最终求得临界安全厚度值。图 6-21 为 25 种组合下的掌子面塑性区分布图。

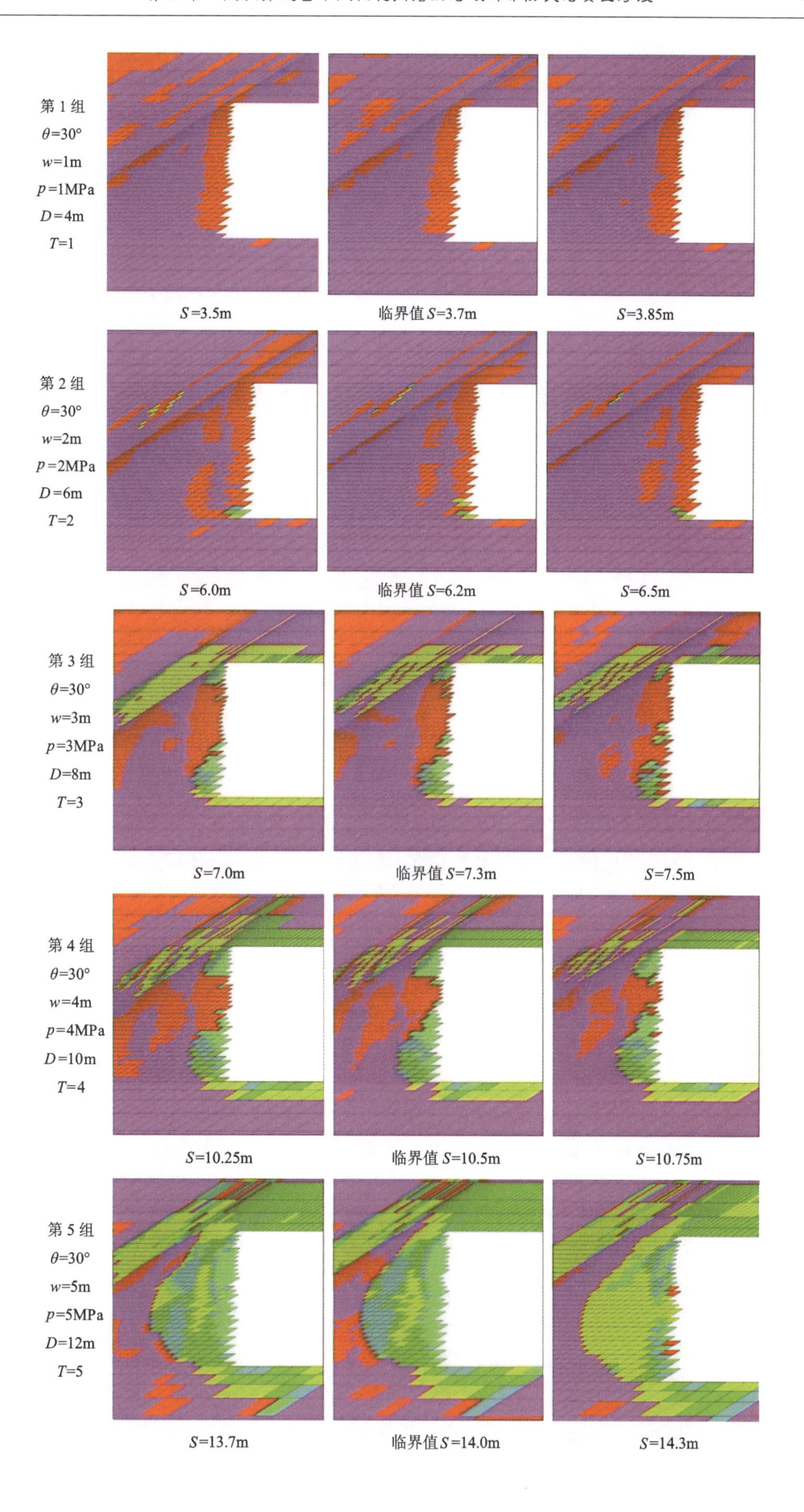
第1组
θ=30°
w=1m
p=1MPa
D=4m
T=1
S=3.5m
临界值S=3.7m
S=3.85m
第2组
θ=30°
w=2m
p=2MPa
D=6m
T=2
S=6.0m
临界值S=6.2m
S=6.5m
第3组
θ=30°
w=3m
p=3MPa
D=8m
T=3
S=7.0m
临界值S=7.3m
S=7.5m
第4组
θ=30°
w=4m
p=4MPa
D=10m
T=4
S=10.25m
临界值S=10.5m
S=10.75m
第5组
θ=30°
w=5m
p=5MPa
D=12m
T=5
S=13.7m
临界值S=14.0m
S=14.3m

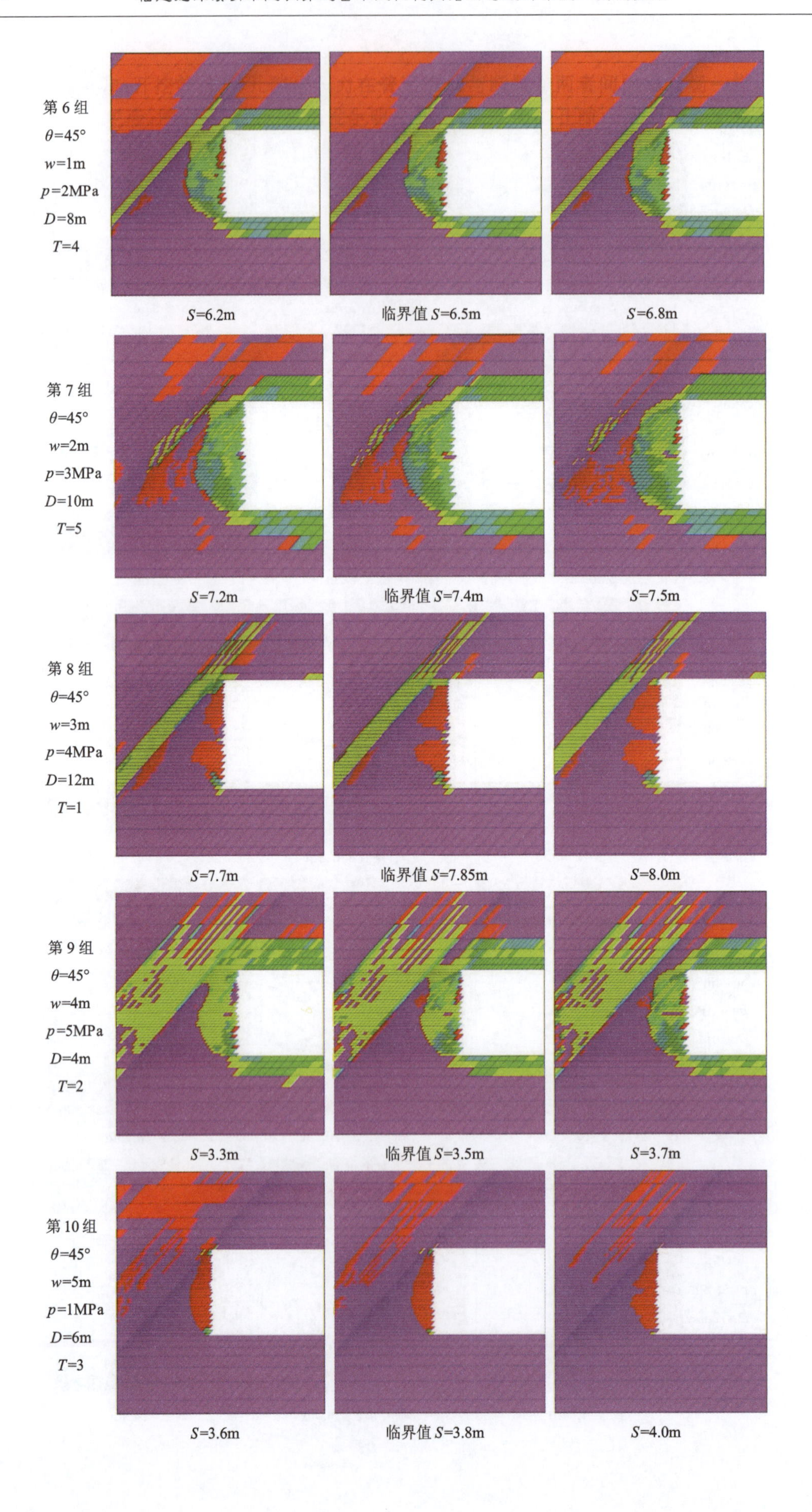
第6组
θ=45°
w=1m
p=2MPa
D=8m
T=4
S=6.2m
临界值S=6.5m
S=6.8m
第7组
θ=45°
w=2m
p=3MPa
D=10m
T=5
S=7.2m
临界值S=7.4m
S=7.5m
第8组
θ=45°
w=3m
p=4MPa
D=12m
T=1
S=7.7m
临界值S=7.85m
S=8.0m
第9组
θ=45°
w=4m
p=5MPa
D=4m
T=2
S=3.3m
临界值S=3.5m
S=3.7m
第10组
θ=45°
w=5m
p=1MPa
D=6m
T=3
S=3.6m
临界值S=3.8m
S=4.0m

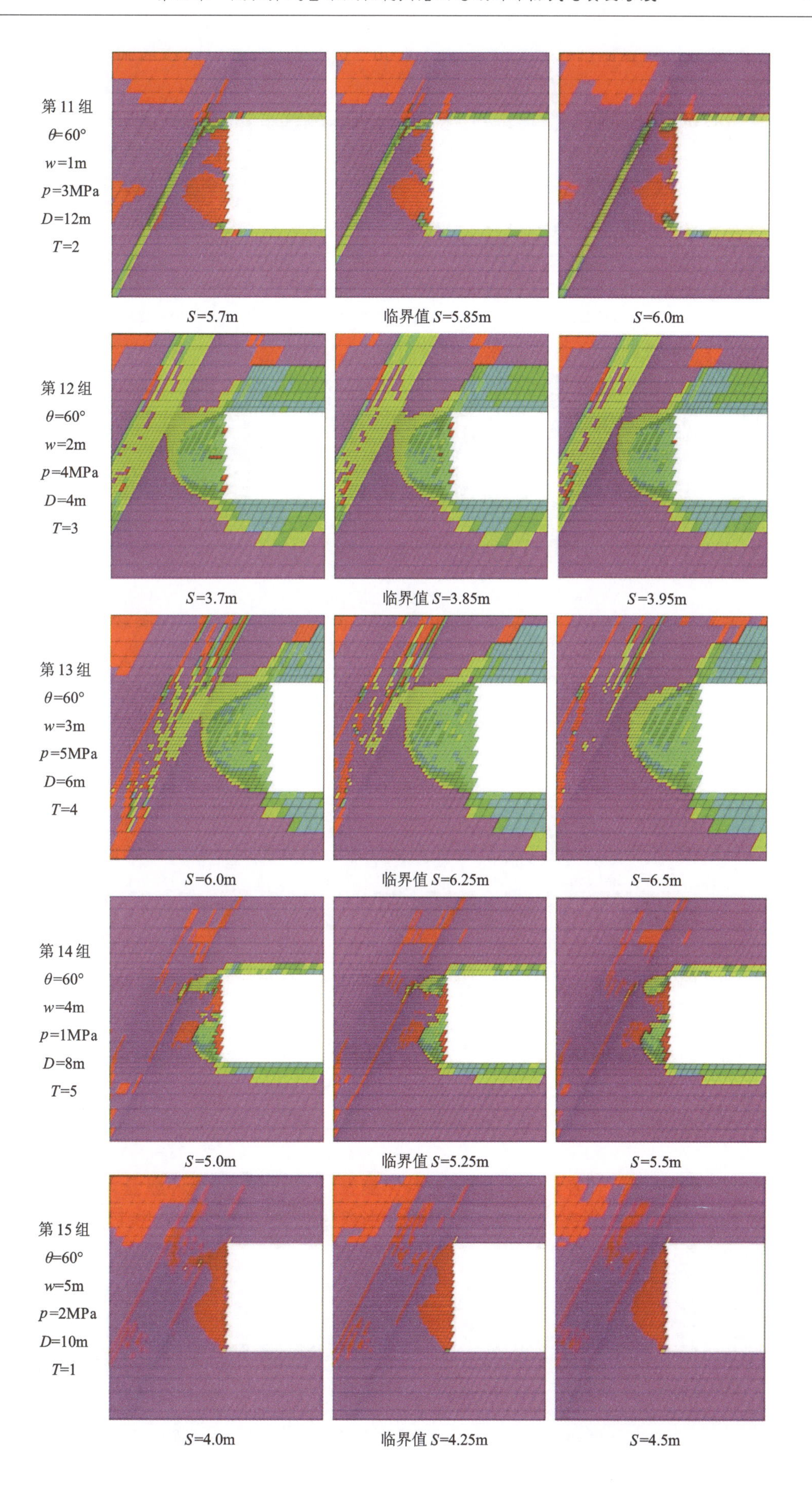

第11组
θ=60°
w=1m
p=3MPa
D=12m
T=2
S=5.7m
临界值S=5.85m
S=6.0m
第12组
θ=60°
w=2m
p=4MPa
D=4m
T=3
S=3.7m
临界值S=3.85m
S=3.95m
第13组
θ=60°
w=3m
p=5MPa
D=6m
T=4
S=6.0m
临界值S=6.25m
S=6.5m
第14组
θ=60°
w=4m
p=1MPa
D=8m
T=5
S=5.0m
临界值S=5.25m
S=5.5m
第15组
θ=60°
w=5m
p=2MPa
D=10m
T=1
S=4.0m
临界值S=4.25m
S=4.5m

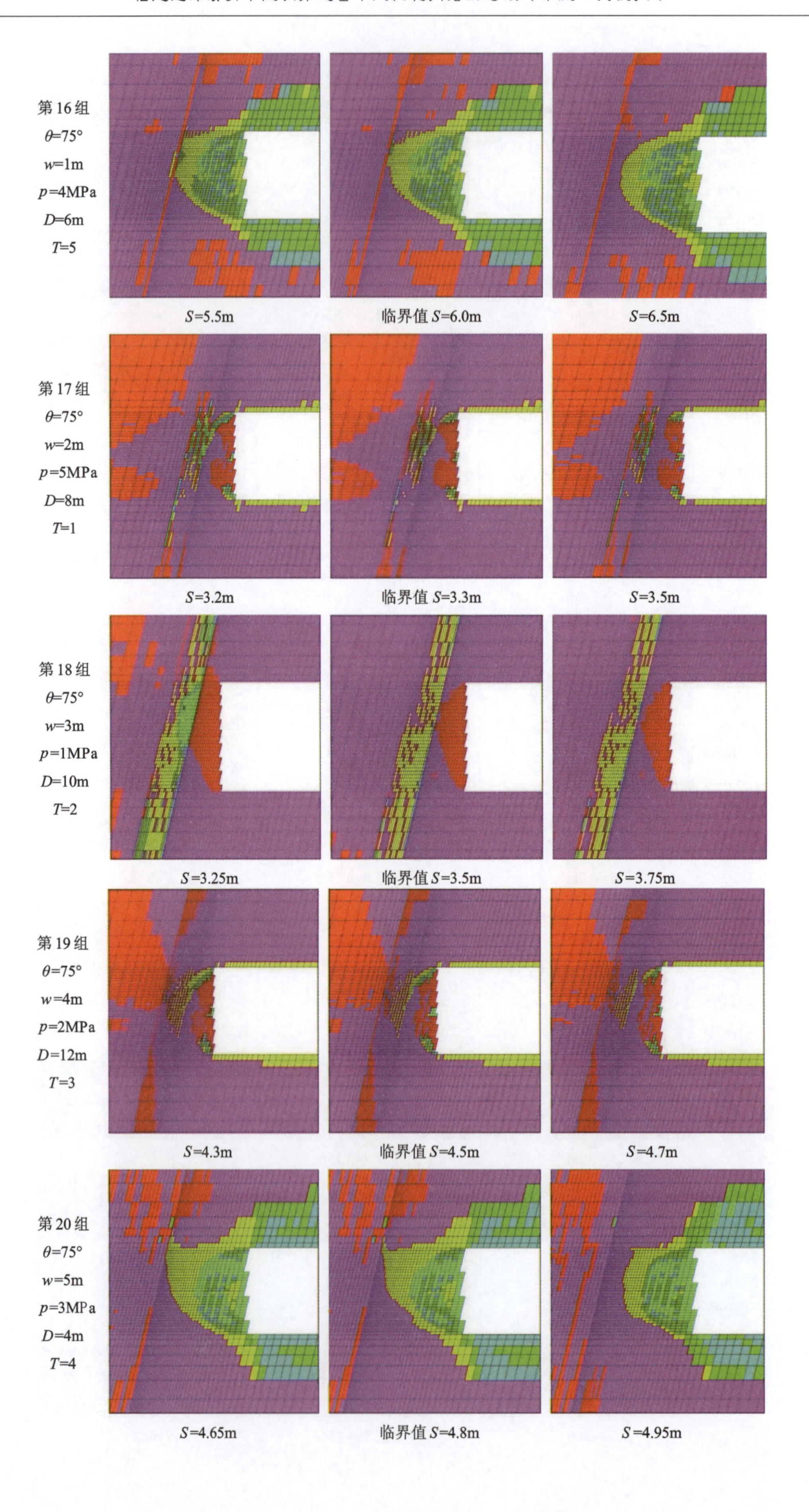
第16组
θ=75°
w=1m
p=4MPa
D=6m
T=5
S=5.5m
临界值 S=6.0m
S=6.5m
第17组
θ=75°
w=2m
p=5MPa
D=8m
T=1
S=3.2m
临界值 S=3.3m
S=3.5m
第18组
θ=75°
w=3m
p=1MPa
D=10m
T=2
S=3.25m
临界值 S=3.5m
S=3.75m
第19组
θ=75°
w=4m
p=2MPa
D=12m
T=3
S=4.3m
临界值 S=4.5m
S=4.7m
第20组
θ=75°
w=5m
p=3MPa
D=4m
T=4
S=4.65m
临界值 S=4.8m
S=4.95m

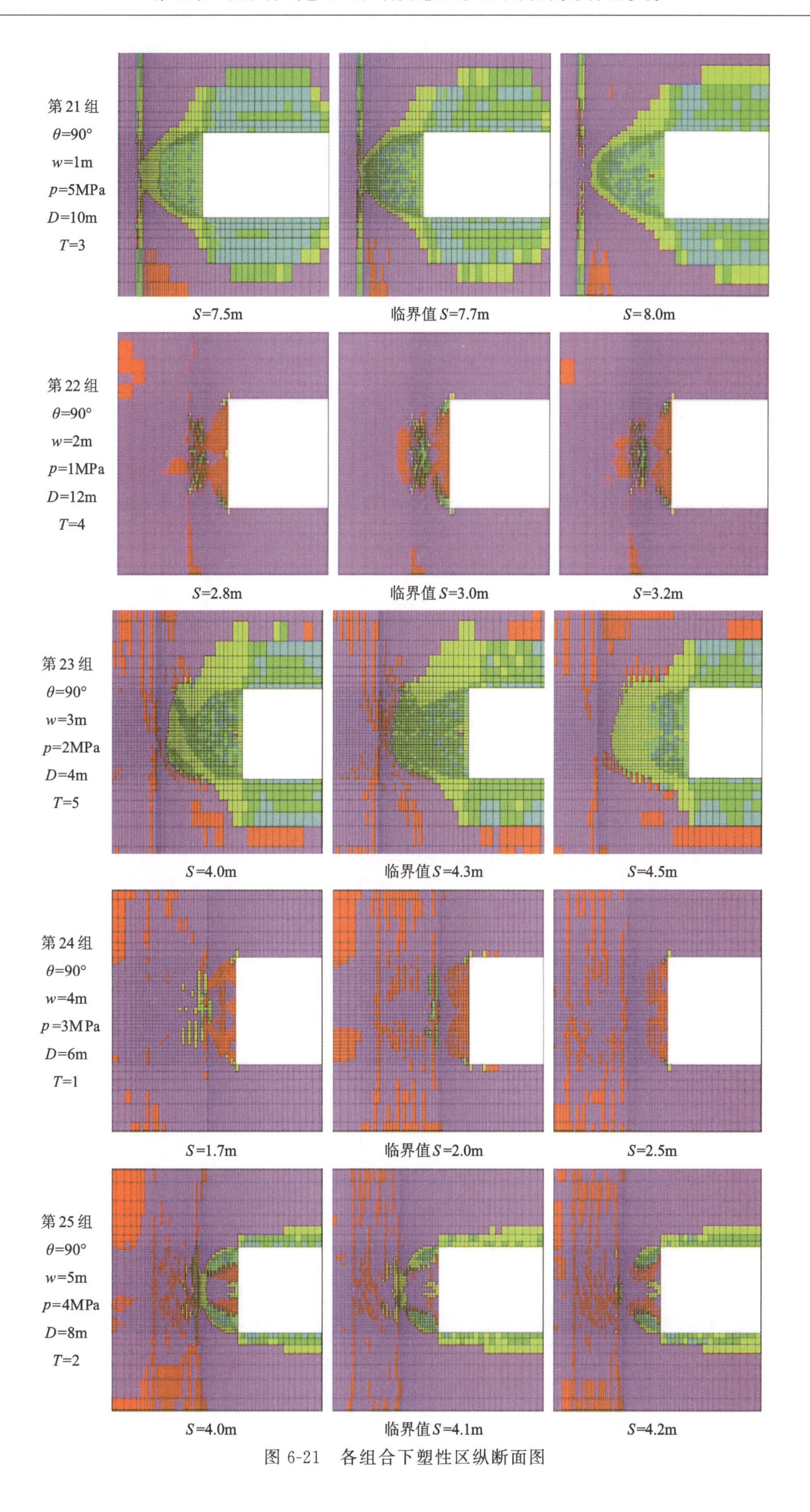

图 6-21 各组合下塑性区纵断面图

由模拟计算结果可知，随着隧洞逐渐向断层界面靠近，塑性区的范围也在相应增加，在断层界面的塑性区向临空掌子面扩大，最终与掌子面塑性区贯通，此时说明高压富水断层将击穿掌子面前方岩体。若继续向断层界面开挖，塑性区域将进一步扩大，造成涌水突泥灾害发生。塑性区贯通范围与第一节理论计算最不利区域一致，均为沿着最小结构面破坏。当围岩级别较高时，出现的塑性区以张拉破坏为主；当围岩级别较低时，出现的塑性区以剪切破坏为主，贯通区域多在发生隧洞拱顶。

正交试验模拟计算出各组合下安全厚度的统计见表 6-7。

表 6-7　正交模拟试验计算结果表

影响因子	断层角度 θ(°)	断层宽度 w(m)	隧洞处水压 p(MPa)	隧洞直径 D(m)	围岩等级	模拟安全厚度 S(m)
1	30	1	1	4	1	3.70
2	30	2	2	6	2	6.20
3	30	3	3	8	3	7.3
4	30	4	4	10	4	10.50
5	30	5	5	12	5	14.00
6	45	1	2	8	4	6.50
7	45	2	3	10	5	7.40
8	45	3	4	12	1	7.85
9	45	4	5	4	2	3.50
10	45	5	1	6	3	3.80
11	60	1	3	12	2	5.85
12	60	2	4	4	3	3.85
13	60	3	5	6	4	6.25
14	60	4	1	8	5	5.25
15	60	5	2	10	1	4.25
16	75	1	4	6	5	6.00
17	75	2	5	8	1	3.30
18	75	3	1	10	2	3.50
19	75	4	2	12	3	4.50
20	75	5	3	4	4	4.80
21	90	1	5	10	3	7.70
22	90	2	1	12	4	3.00
23	90	3	2	4	5	4.30
24	90	4	3	6	1	2.00
25	90	5	4	8	2	4.10

根据 25 种组合计算得出的结果，对以上 5 种因子进行极差分析，以得到各影响因子对防突安全厚度的影响程度，极差分析见表 6-8。

表 6-8　正交试验极差分析表

编号 \ 影响因子	断层角度 θ(°)	断层宽度 w(m)	隧洞水压 p(MPa)	隧洞直径 D(m)	围岩等级
K1	41.70	29.75	19.25	20.15	21.10
K2	29.05	23.75	25.75	24.25	23.15
K3	25.45	29.20	27.35	26.45	27.15
K4	22.10	25.75	32.30	33.35	31.05
K5	21.10	30.95	34.75	35.20	36.95
k1	8.34	5.95	3.85	4.03	4.22
k2	5.81	4.75	5.15	4.85	4.63
k3	5.09	5.84	5.47	5.29	5.43
k4	4.42	5.15	6.46	6.67	6.21
k5	4.22	6.19	6.95	7.04	7.39
极差 R	20.60	7.20	15.50	15.05	15.85

从正交试验极差分析表 6-8 中可以看出，相对掌子面安全厚度的显著性，断层角度影响很强，隧洞水压、隧洞直径、围岩等级影响较强，断层宽度影响相对较弱。

2）断层倾角 θ 与防突安全厚度 S 的关系

经过多种非线性回归对比，断层倾角与防突安全厚度的关系利用指数函数进行拟合，具有较高的相关性，如图 6-22 所示。进行非线性拟合后得到式(6-27)，θ 与 S 的相关系数为 0.969。由于小角度对隧洞的影响范围很大，当倾角较小时，随 θ 增加，S 降低速度较快，30°时所需的安全厚度约为 90°时的 2 倍，因此需提前进行超前注浆加固，当倾角大于 75°以后，安全厚度对角度的变化敏感性不高。

$$S=65.56\theta^{-0.62} \tag{6-27}$$

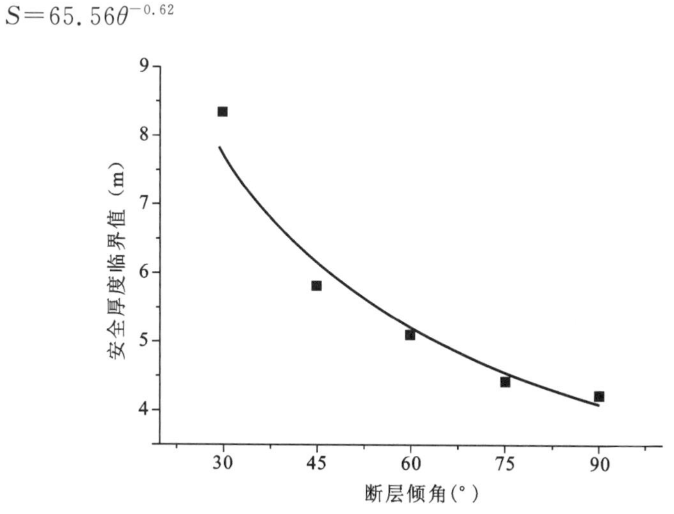

图 6-22　断层倾角与安全厚度临界值关系曲线图

3）断层宽度 w 与防突安全厚度 S 的关系

由图 6-23 可知，断层宽度对掌子面安全厚度的影响不大。这是由于深埋隧洞下，隧洞影响范围内断层泥的自重相对于水压造成的影响很少，在第一节理论计算分析中已进行过说明，同时由于正交试验考虑多个因素影响，掌子面安全厚度的大小由其他主导因素决定，造成数据产生波动。w 与 S 之间的关系可用式(6-28)表示。

$$S=0.088w+5.312 \tag{6-28}$$

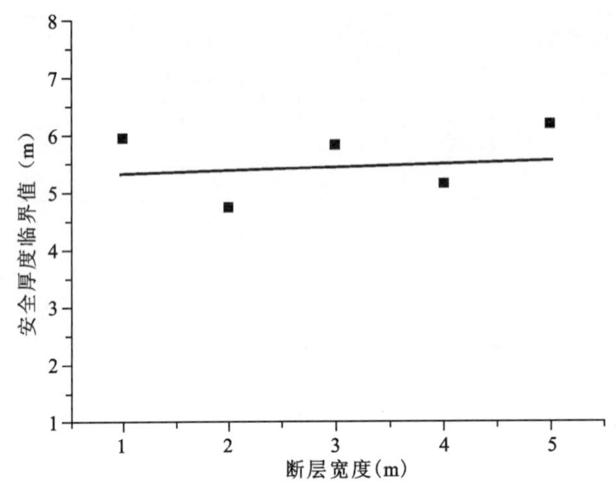

图 6-23　断层宽度与安全厚度临界值关系曲线图

4)水压 p 与防突安全厚度 S 的关系

隧洞处水压与防突安全厚度之间存在线性增函数变化关系，如图 6-24 所示。且水压变化对安全厚度的影响很大，进行拟合后，p 与 S 之间的关系可用式(6-29)表示，相关系数为 0.965。

$$S=0.751p+3.323 \tag{6-29}$$

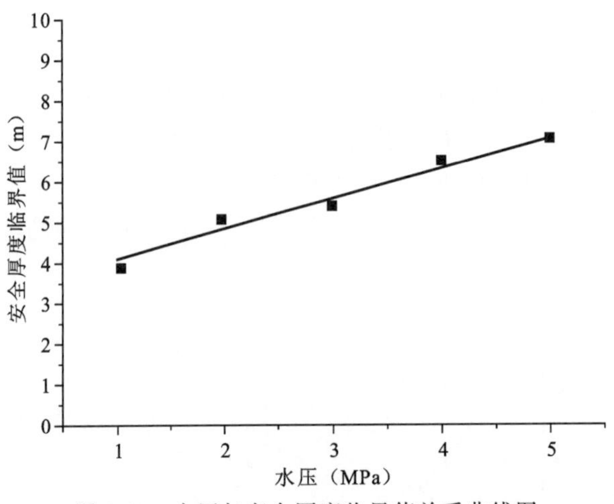

图 6-24　水压与安全厚度临界值关系曲线图

5)隧洞直径 D 与防突安全厚度 S 的关系

随洞径的增加，所需掌子面防突安全厚度也随之增加，两者间同样存在近似的线性增函数关系，如图 6-25 所示。直径对安全厚度的影响效果次于水压造成的影响。进行拟合后，D 与 S 之间的关系可用式(6-30)来描述，相关系数达到 0.969。

$$S=0.392D+2.44 \tag{6-30}$$

6)隧洞围岩级别 T 与防突安全厚度 S 的关系

随围岩级别的降低，所需安全厚度也持续增大，两者间同样存在近似的线性增函数关系，如图 6-26 所示。且围岩级别的变化对安全厚度的影响很大。进行拟合后，T 与 S 之间的关系可用式(6-31)来描述，相关系数达到 0.972。

$$S=0.792T+3.2 \tag{6-31}$$

对比各因素线性回归后的斜率大小，对掌子面安全厚度影响程度依次为：断层倾角 θ>围岩级别 T>隧洞水压 p>隧洞直径 D>断层宽度 w。

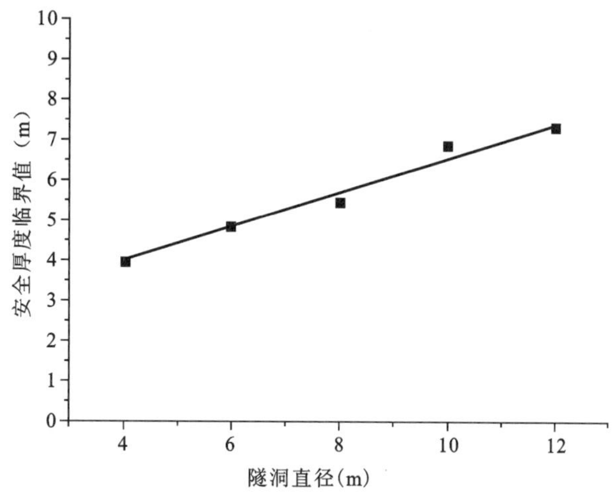

图 6-25　隧洞直径与安全厚度临界值关系曲线图

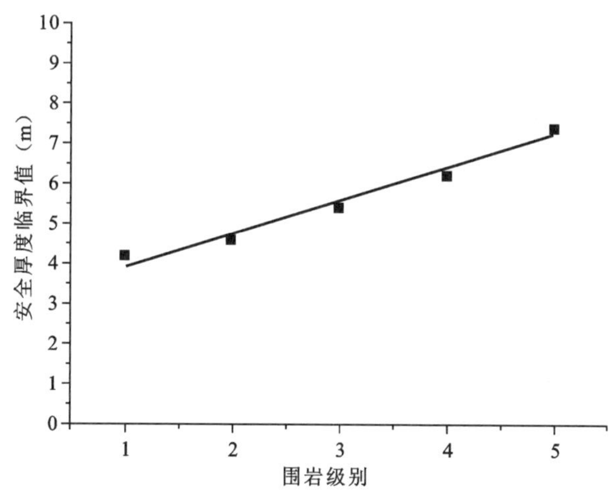

图 6-26　围岩级别与安全厚度临界值关系曲线图

3. 掌子面安全厚度预测模型

基于以上对各因子影响程度的分析，在建立预测模型时需同时考虑各种因素的影响。首先假定防突安全厚度与断层角度、断层宽度、断层水压、隧道直径、围岩等级之间存在如下线性关系：

$$S'=C_1\theta^{-0.62}+C_2\omega+C_3p+C_4D+C_5T+C_6 \tag{6-32}$$

式中，C_1、C_2、C_3、C_4、C_5、C_6为待定系数。

根据式(6-27)～式(6-31)将 $\theta^{-0.62}$、w、p、D、T 看作自变量，S'作为因变量，经过多元线性回归，求得待定系数，最后得到掌子面安全厚度预测模型，如式(6-33)所示。

$$S'=68.979\theta^{-0.62}+0.088w+0.751p+0.392D+0.792T-8.316 \tag{6-33}$$

从预测模型中也可看出，对于深埋富水隧洞情况下，断层宽度 w 对掌子面防突安全厚度的影响很小。

4. 模拟数据与预测模型对比

将各组合下的参数代入公式(6-33)，得到最终安全厚度 S'（表 6-9），两组数据的相关系数达到 0.956。对比模拟结果和拟合结果两组数据，发现最大误差为 1.69m。这是因为个别偏差过大的情况，由于在 90°情况下，安全厚度为最小，此时单因素 θ 下的模拟结果均值比拟合结果大 0.5 左右，造成误差值相对过大。而且由于角度因素对安全厚度影响程度最大，因此对于垂直或 80°以上的断层，此预测模型应适当考虑一定安全系数。

表 6-9 拟合结果对比表

组合编号	模拟安全厚度 S(m)	拟合安全厚度 S′(m)	组合编号	模拟安全厚度 S(m)	拟合安全厚度 S′(m)
1	3.70	3.26	14	5.25	5.33
2	6.20	5.67	15	4.25	3.79
3	7.3	8.09	16	6.00	5.83
4	10.50	10.50	17	3.30	4.29
5	14.00	12.92	18	3.50	2.95
6	6.50	6.09	19	4.50	5.36
7	7.40	8.51	20	4.80	3.86
8	7.85	6.96	21	7.70	6.06
9	3.50	5.46	22	3.00	4.72
10	3.80	4.12	23	4.30	3.22
11	5.85	5.76	24	2.00	1.67
12	3.85	4.26	25	4.10	4.09
13	6.25	6.67			

二、开挖方向与断层倾向成钝角

1. 模型建立与计算方案

当隧洞掘进方向与断层倾向反向时，保持计算模型、组合情况不变，仅改变隧洞的穿越方向，试验控制指标为塑性区贯通时的预留安全厚度。计算模型如图 6-27、图 6-28 所示。

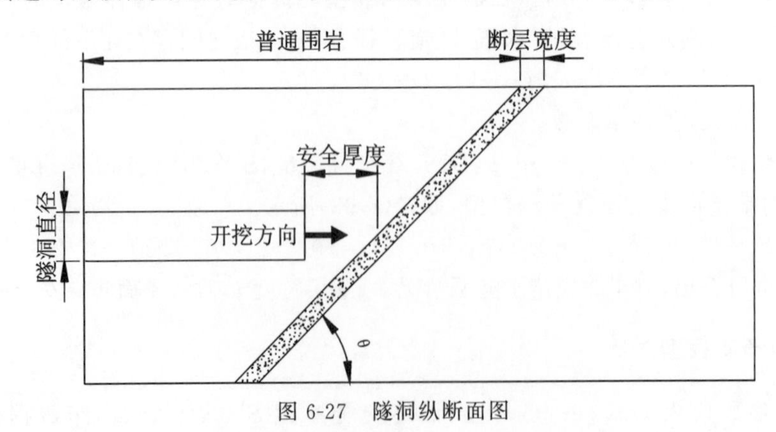

图 6-27 隧洞纵断面图

图 6-28　典型数值计算模型剖面图

2. 模拟计算及分析

1)正交试验结果

试验以塑性区贯通时的掌子面中心点至断层面的水平距离为准。通过不断改变水平距离的大小，得到贯通较多(危险)、临界贯通、未贯通(安全)3 种塑性区分布状态，最终求得临界安全厚度值。图 6-29为前 20 种组合情况下的纵截面塑性区分布图，剩余 90°断层的 5 种组合模拟计算结果同掌子面安全厚度预测模型[式(6-33)]计算结果一致。

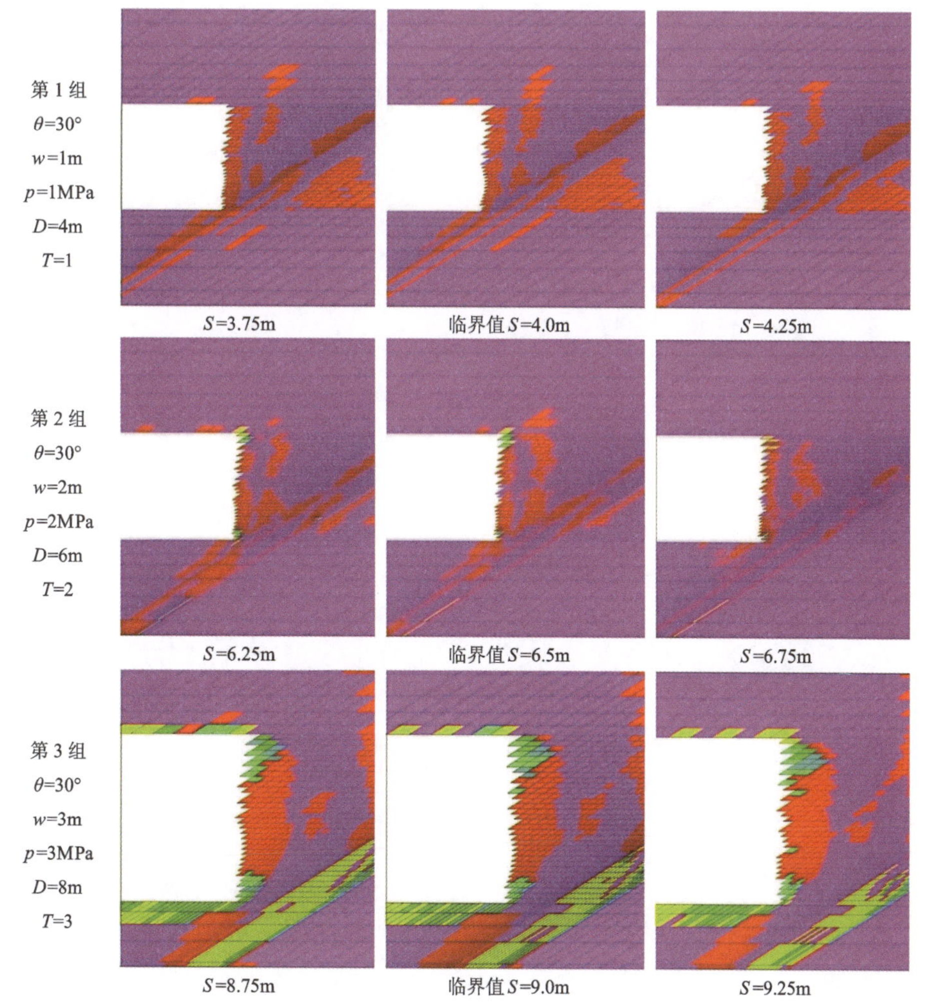

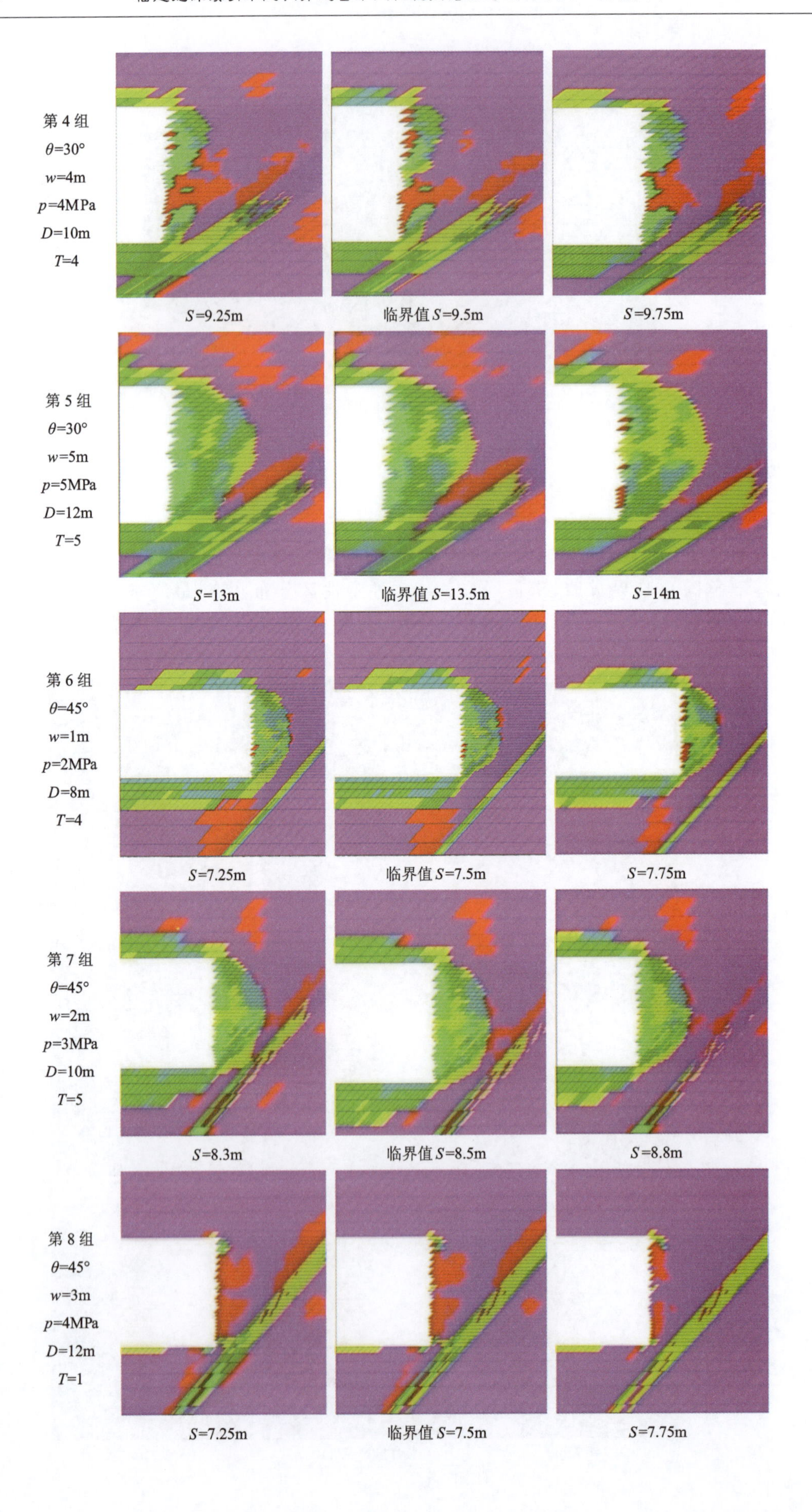
第4组
θ=30°
w=4m
p=4MPa
D=10m
T=4
S=9.25m
临界值S=9.5m
S=9.75m
第5组
θ=30°
w=5m
p=5MPa
D=12m
T=5
S=13m
临界值S=13.5m
S=14m
第6组
θ=45°
w=1m
p=2MPa
D=8m
T=4
S=7.25m
临界值S=7.5m
S=7.75m
第7组
θ=45°
w=2m
p=3MPa
D=10m
T=5
S=8.3m
临界值S=8.5m
S=8.8m
第8组
θ=45°
w=3m
p=4MPa
D=12m
T=1
S=7.25m
临界值S=7.5m
S=7.75m

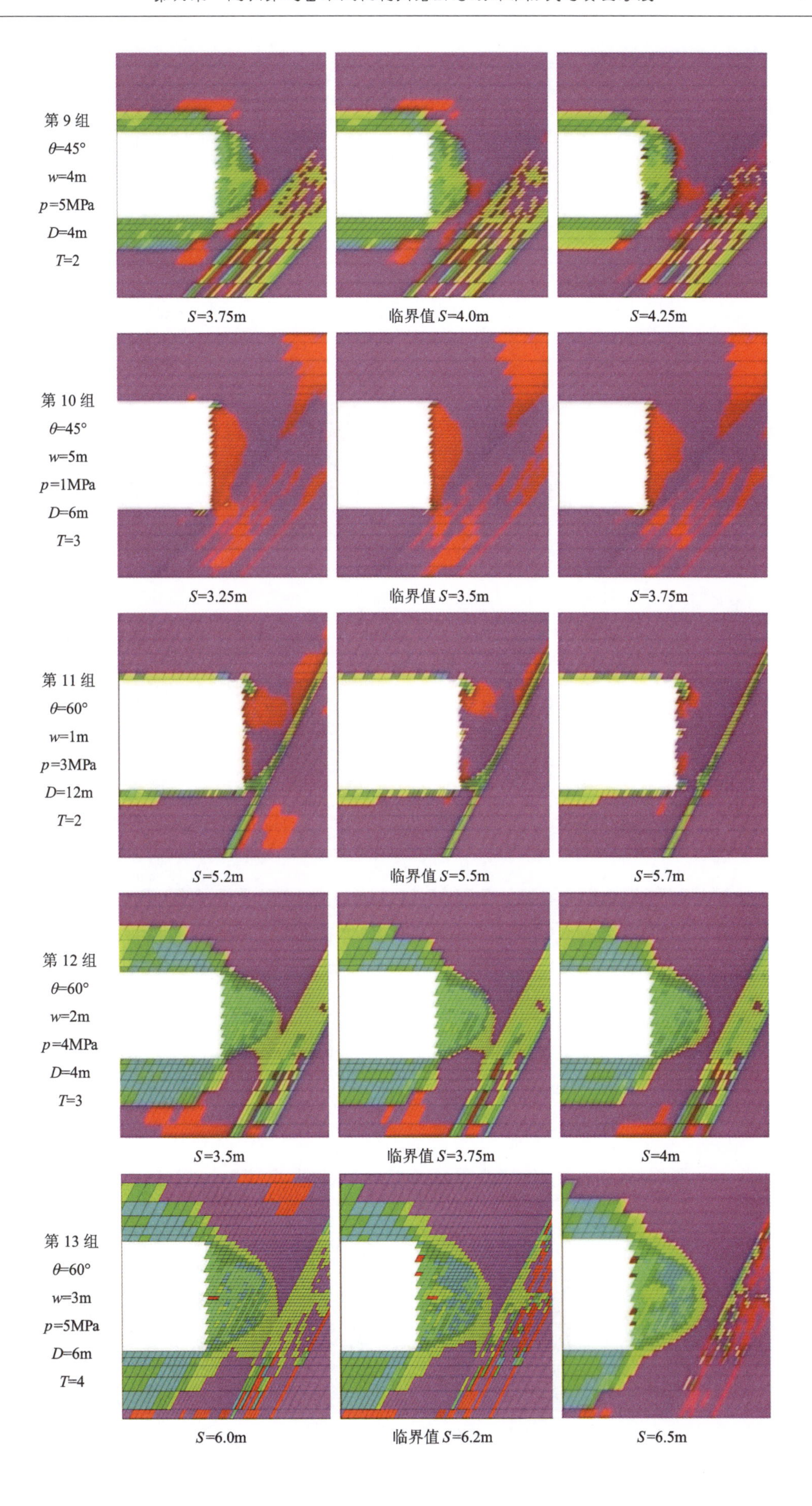
第 9 组
θ=45°
w=4m
p=5MPa
D=4m
T=2
S=3.75m
临界值 S=4.0m
S=4.25m
第 10 组
θ=45°
w=5m
p=1MPa
D=6m
T=3
S=3.25m
临界值 S=3.5m
S=3.75m
第 11 组
θ=60°
w=1m
p=3MPa
D=12m
T=2
S=5.2m
临界值 S=5.5m
S=5.7m
第 12 组
θ=60°
w=2m
p=4MPa
D=4m
T=3
S=3.5m
临界值 S=3.75m
S=4m
第 13 组
θ=60°
w=3m
p=5MPa
D=6m
T=4
S=6.0m
临界值 S=6.2m
S=6.5m

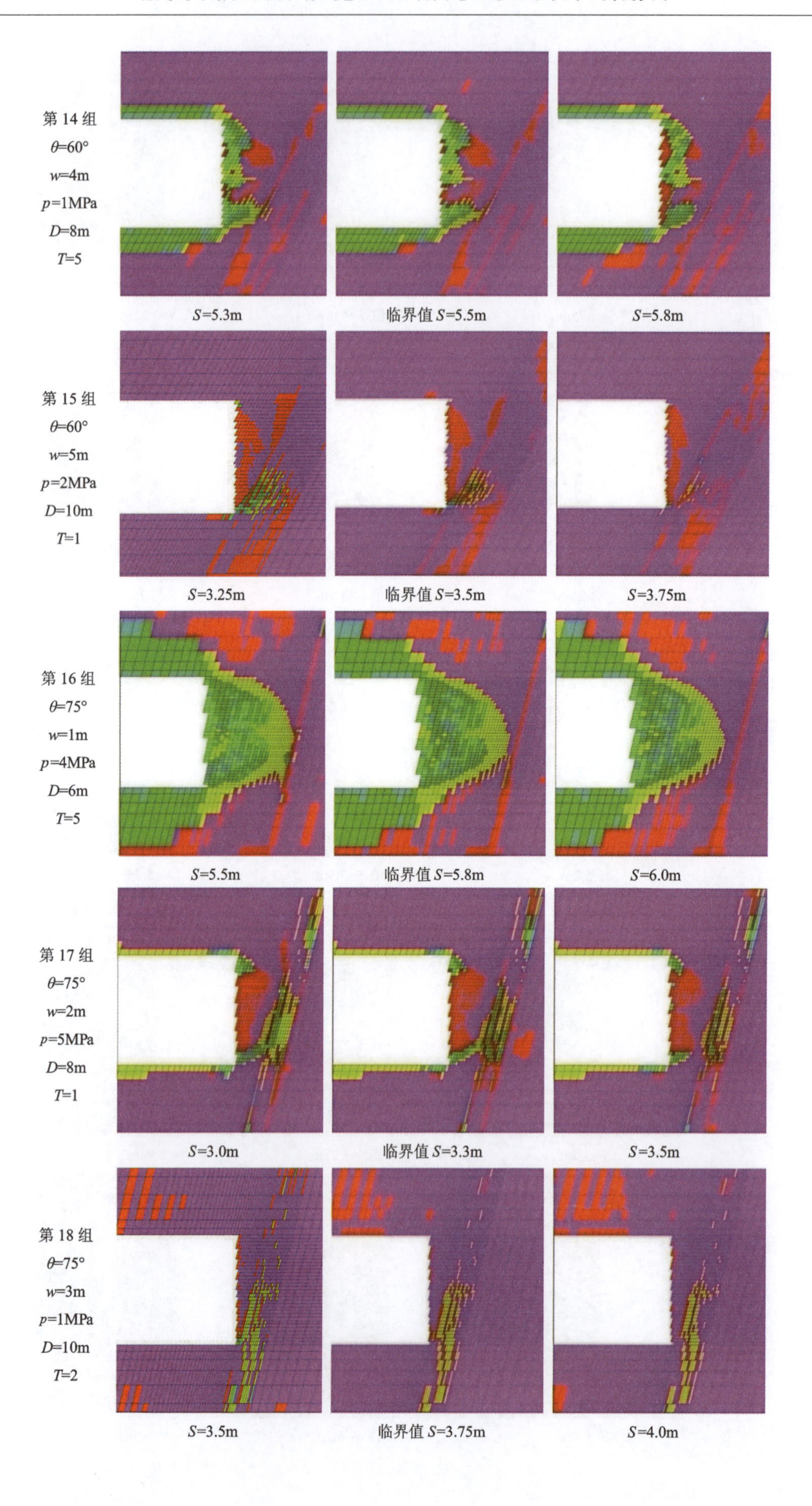
第14组
θ=60°
w=4m
p=1MPa
D=8m
T=5
S=5.3m
临界值S=5.5m
S=5.8m
第15组
θ=60°
w=5m
p=2MPa
D=10m
T=1
S=3.25m
临界值S=3.5m
S=3.75m
第16组
θ=75°
w=1m
p=4MPa
D=6m
T=5
S=5.5m
临界值S=5.8m
S=6.0m
第17组
θ=75°
w=2m
p=5MPa
D=8m
T=1
S=3.0m
临界值S=3.3m
S=3.5m
第18组
θ=75°
w=3m
p=1MPa
D=10m
T=2
S=3.5m
临界值S=3.75m
S=4.0m

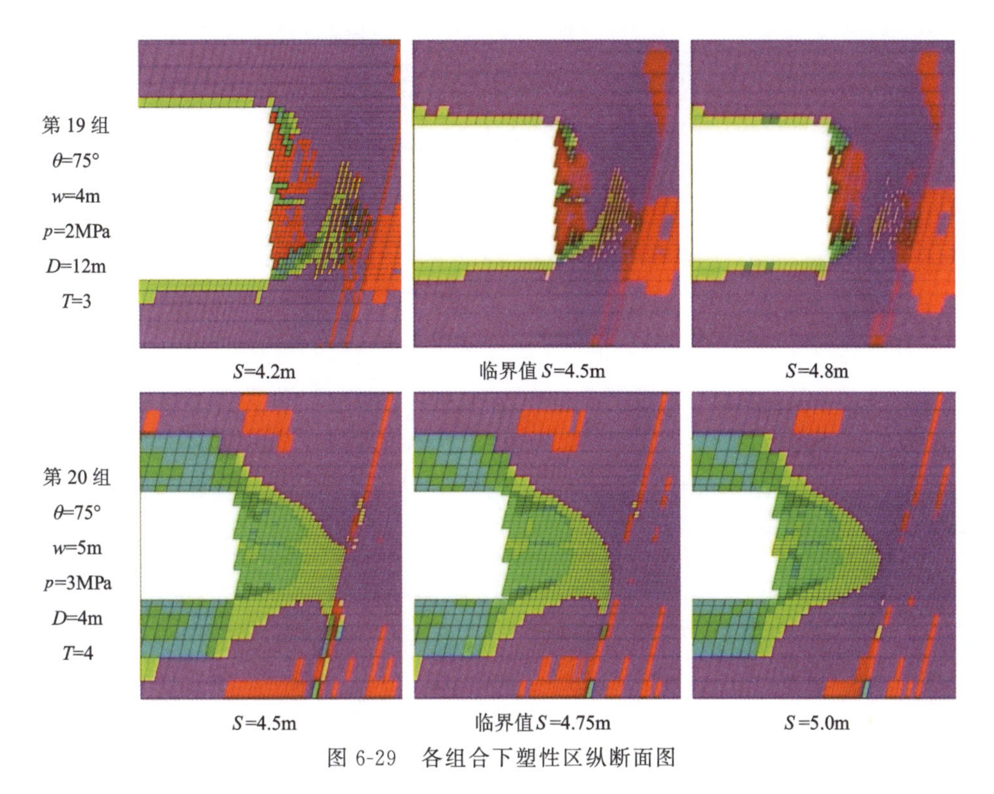

图 6-29 各组合下塑性区纵断面图

由模拟计算结果可知，随着隧洞逐渐向断层界面靠近，塑性区的范围也在相应增加，在断层界面的塑性区向临空掌子面扩大，最终与掌子面塑性区贯通，此时说明高压富水断层将击穿掌子面前方岩体。若继续向断层界面开挖，塑性区域进一步扩大，造成涌水突泥灾害发生。塑性区贯通范围与第一节理论计算最不利区域一致，均为沿着最小结构面破坏。当围岩级别较高时，出现的塑性区以张拉破坏为主；当围岩级别较低时，出现的塑性区以剪切破坏为主，贯通区域多在发生隧洞拱底。

正交试验模拟计算出各组合下安全厚度的统计见表 6-10。

表 6-10 正交模拟试验计算结果表

影响因子	断层角度 θ(°)	断层宽度 w(m)	隧洞处水压 p(MPa)	隧洞直径 D(m)	围岩等级 T	模拟安全厚度 S(m)
1	30	1	1	4	1	4.00
2	30	2	2	6	2	6.50
3	30	3	3	8	3	9.00
4	30	4	4	10	4	9.50
5	30	5	5	12	5	13.50
6	45	1	2	8	4	7.50
7	45	2	3	10	5	8.50
8	45	3	4	12	1	7.50
9	45	4	5	4	2	4.00
10	45	5	1	6	3	3.50
11	60	1	3	12	2	5.50
12	60	2	4	4	3	3.75

续表 6-10

影响 因子	断层角度 θ(°)	断层宽度 w(m)	隧洞处水压 p(MPa)	隧洞直径 D(m)	围岩等级 T	模拟安全厚度 S(m)
13	60	3	5	6	4	6.20
14	60	4	1	8	5	5.50
15	60	5	2	10	1	3.50
16	75	1	4	6	5	5.80
17	75	2	5	8	1	3.30
18	75	3	1	10	2	3.75
19	75	4	2	12	3	4.50
20	75	5	3	4	4	4.75
21	90	1	5	10	3	7.70
22	90	2	1	12	4	3.00
23	90	3	2	4	5	4.30
24	90	4	3	6	1	2.00
25	90	5	4	8	2	4.10

根据 25 种组合计算得出的结果，对以上 5 种因子进行极差分析，以得到各影响因子对防突安全厚度的影响程度，极差分析见表 6-11。

表 6-11　正交试验极差分析表

影响因子 编号	断层角度 θ(°)	断层宽度 w(m)	隧洞处水压 p(MPa)	隧洞直径 D(m)	围岩等级 T
K1	42.50	30.50	19.75	20.80	20.30
K2	31.00	25.05	26.30	24.00	23.85
K3	24.45	30.75	29.75	29.40	28.45
K4	22.10	25.50	30.65	32.95	30.95
K5	21.10	29.35	34.70	34.00	37.60
k1	8.5	6.1	3.95	4.16	4.06
k2	6.2	5.01	5.26	4.8	4.77
k3	4.89	6.15	5.95	5.88	5.69
k4	4.42	5.1	6.13	6.59	6.19
k5	4.22	5.87	6.94	6.8	7.52
极差 R	21.40	5.70	14.95	13.20	17.30

从正交试验极差分析表 6-11 中可以看出，相对掌子面安全厚度的显著性，断层角度影响很强，隧洞水压、隧洞直径、围岩等级影响较强，而断层宽度影响相对较弱。

2)断层倾角 θ 与防突安全厚度 S 的关系

经过多种非线性回归对比，断层倾角与防突安全厚度的关系利用指数函数进行拟合具有较高的相关性，如图 6-30 所示。进行非线性拟合后得到式(6-34)，θ 与 S 的相关系数为 0.973。由于小角度对隧洞的影响范围很大，当倾角较小时，随 θ 增加，S 降低速度较快，30°时所需的安全厚度约为 90°时的 2 倍，因此需提前进行超前注浆加固，当倾角大于 75°以后，安全厚度对角度的变化敏感性不高。

$$S=77.13\theta^{-0.65} \tag{6-34}$$

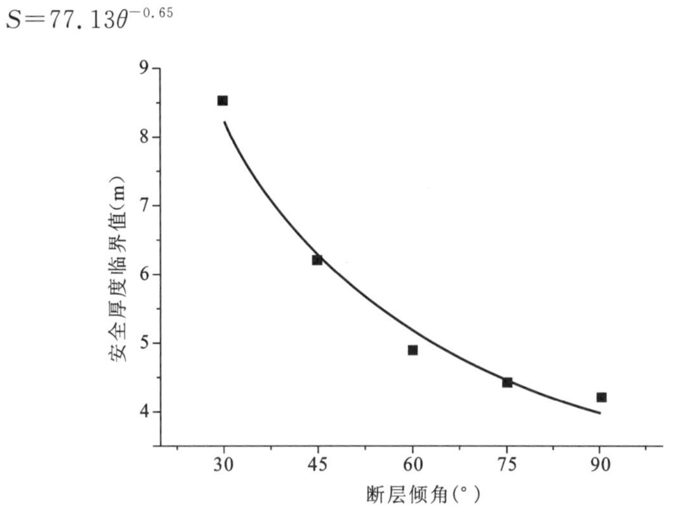

图 6-30　断层倾角与安全厚度临界值关系曲线图

3）断层宽度 w 与防突安全厚度 S 的关系

由图 6-31 可知，断层宽度变化对掌子面安全厚度的影响不大。这是由于隧洞影响范围内断层泥的自重相对于水压造成的影响很小，在第二节理论计算分析中也进行过说明，同时由于正交试验考虑多个因素影响，掌子面安全厚度的大小由其他主导因素决定，造成数据产生波动。w 与 S 之间的关系可用式(6-35)表示。

$$S=-0.037w+5.757 \tag{6-35}$$

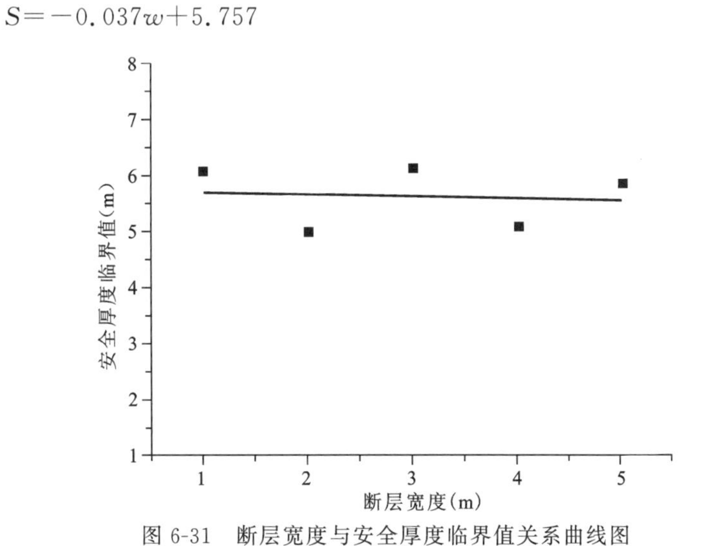

图 6-31　断层宽度与安全厚度临界值关系曲线图

4）水压 p 与防突安全厚度 S 的关系

隧洞处水压与防突安全厚度之间存在线性增函数变化关系，如图 6-32 所示。且水压变化对安全厚度的影响很大，进行拟合后，p 与 S 之间的关系可用式(6-36)表示，相关系数为 0.933。

$$S=0.685p+3.591 \tag{6-36}$$

5）隧洞直径 D 与防突安全厚度 S 的关系

随洞径的增加，所需掌子面防突安全厚度也随之增加，两者间同样存在近似的线性增函数关系，如图 6-33 所示。直径对安全厚度的影响效果次于水压造成的影响。进行拟合后，D 与 S 之间的关系可用式(6-37)来描述，相关系数达到 0.961。

$$S=0.353D+2.818 \tag{6-37}$$

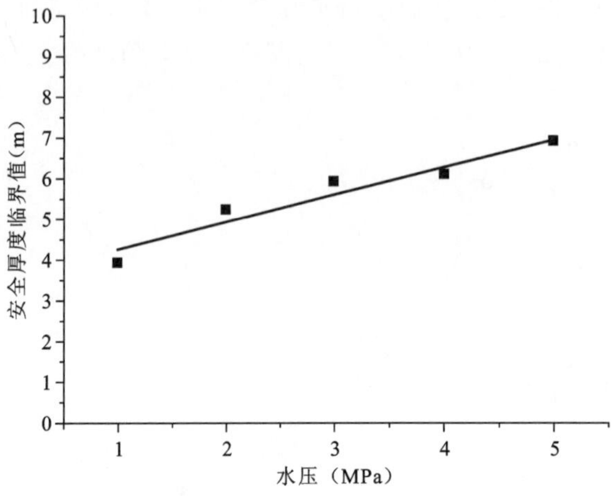

图 6-32　水压与安全厚度临界值关系曲线图

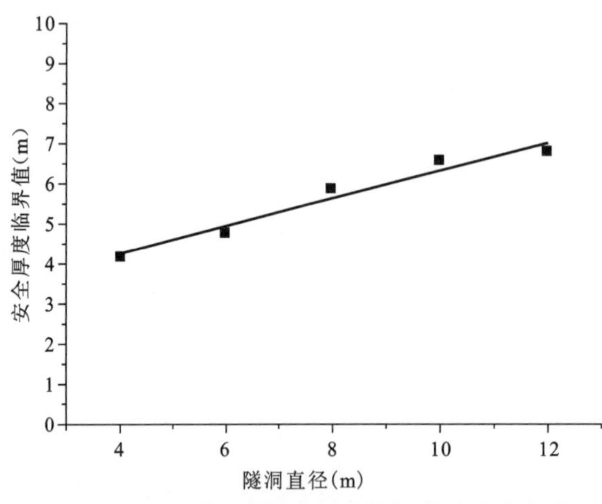

图 6-33　隧洞直径与安全厚度临界值关系曲线图

6)隧洞围岩级别 T 与防突安全厚度 S 的关系

随围岩级别的降低，所需安全厚度也持续增大，两者关系同样为线性增加，如图 6-34 所示。且围岩级别的变化对安全厚度的影响很大，进行拟合后，T 与 S 之间的关系可用式(6-38)来描述，相关系数达到 0.980。

$$S=0.834T+3.144 \tag{6-38}$$

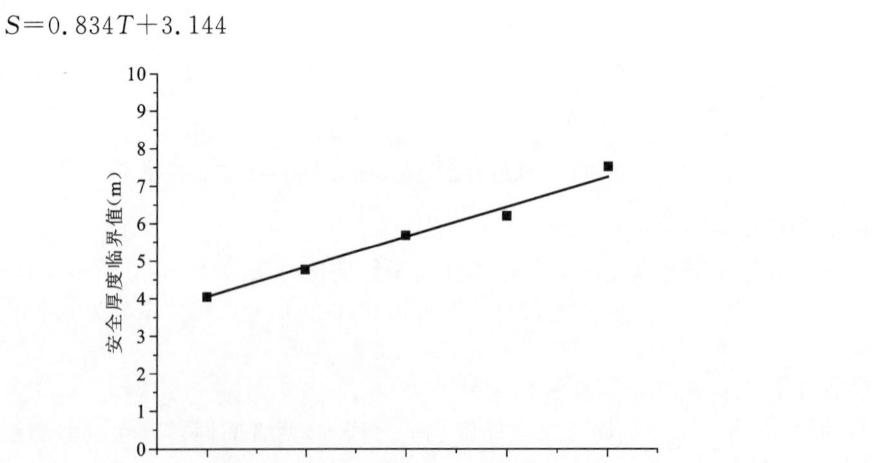

图 6-34　围岩级别与安全厚度临界值关系曲线图

对比各因素线性回归后的斜率大小，对掌子面安全厚度影响程度依次为：断层倾角 θ>围岩级别 T>隧洞水压 p>隧洞直径 D>断层宽度 w。

3. 掌子面安全厚度预测模型

基于以上对各因子影响程度的分析，在建立预测模型时需同时考虑各种因素的影响。首先假定防突安全厚度与断层角度、断层宽度、断层水压、隧洞直径、围岩等级之间存在如下线性关系：

$$S'=C_1\theta^{-0.65}+C_2w+C_3p+C_4D+C_5T+C_6 \tag{6-39}$$

式中，C_1、C_2、C_3、C_4、C_5、C_6 为待定系数。

根据式(6-34)～式(6-38)将 $\theta^{-0.65}$、w、p、D、T 作为自变量，S' 作为因变量，经过多元线性回归，求得待定系数，最后得到掌子面安全厚度预测模型，如式(6-40)所示。

$$S'=79\theta^{-0.65}-0.037w+0.685p+0.354D+0.834T-7.597 \tag{6-40}$$

从预测模型中也可以看出，对于深埋富水隧洞情况下，断层宽度 w 对掌子面安全厚度的影响很小。

4. 模拟数据与预测模型对比

将各组合下的参数代入公式(6-40)，得到最终安全厚度 S'(表 6-12)，两组数据的相关系数达到 0.946。对比模拟结果和拟合结果两组数据，发现最大误差为 1.64m。这是因为个别偏差过大的情况，由于在 90°情况下，安全厚度为最小，此时单因素 θ 下的模拟结果均值比拟合结果大 0.5 左右，造成误差值相对过大。而且由于角度因素对安全厚度影响程度最大，因此对于垂直或 80°以上的断层，此预测模型应适当考虑一定安全系数。

表 6-12　拟合结果对比表

组合编号	模拟安全厚度 S(m)	拟合安全厚度 S'(m)	组合编号	模拟安全厚度 S(m)	拟合安全厚度 S'(m)
1	4.00	3.96	14	5.50	5.46
2	6.50	6.15	15	3.50	3.48
3	9.00	8.34	16	5.80	6.17
4	9.50	10.53	17	3.30	4.19
5	13.50	12.72	18	3.75	2.96
6	7.50	6.56	19	4.50	5.15
7	8.50	8.75	20	4.75	3.80
8	7.50	6.77	21	7.70	6.07
9	4.00	5.42	22	3.00	4.84
10	3.50	4.18	23	4.30	3.49
11	5.50	5.86	24	2.00	1.51
12	3.75	4.51	25	4.10	3.70
13	6.20	6.70			

第七章　涌水量预测

第一节　隧洞涌水量计算方法概述

目前我国铁路隧道近 5 500 座，约 40％的隧道存在着程度不等的涌水或渗漏水，影响铁路正常运营。特别是在施工掘进期间，有时还遇到特大涌水或突然涌水，不仅延误工期，人员也有伤亡。预测隧道涌水量，需要掌握气象、地质（岩性、构造等）、含水层（带）、地形地貌、河流水文以及一定比例尺的地形图、地质图等配套资料，重要的是选择适合于工程地段的预测方法。

根据对一些铁路隧道涌水情况的初步统计，预测涌水量和实际涌水量相差小于 20％的仅占 15％；误差在 20％～80％之间的占 60％；误差超过 80％的达 25％以上，部分隧洞的预测误差竟达到数十倍。襄渝线大巴山隧道预计涌水量 $414\times10^4 m^3/d$，施工时最大涌水量 $2\ 055\times10^4 m^3/d$；川黔线娄山关隧道预计涌水量 $60\times10^4 m^3/d$，施工时最大为 $1\ 920\times10^4 m^3/d$。

预测隧洞涌水量的方法较多，一般情况下对于长大隧洞要选择 3 种或 3 种以上方法为好。在预测中，要根据含水体的富水性对隧洞进行分区（平面图）、分段（纵断面），要给出各区（段）的正常涌水量和可能最大涌水量，然后综合成整体隧洞的正常涌水量和可能最大涌水量。需要注意的是，在预测隧洞涌水地段，特别是突水地段中，要反复调查研究，要根据地下水埋藏、运动、排泄等条件进行论证，必要时需到既有类似工程进行考察，提取有用信息，增强结论的可靠性。

隧洞涌水量预测理论计算是水文地质学科中的一个重要的理论问题，同时也是隧洞防排水设计和施工中一个待解决的实际问题，虽然研究已经有近半个多世纪的历史，特别是近几十年来，无论研究的深度和广度都有了很大的拓展，但还不成熟，也存在许多缺点和不足。在隧洞涌水量预测方面，工程上应用较多的为传统的专业理论计算公式，许多专家和学者根据工程的具体情况对传统公式进行了修正或引入一些新理论方法对隧洞涌水量进行预测，取得了具有指导工程实践的实用性成果。目前涌水量的计算方法很多，归纳起来主要有以下几种：近似方法（如涌水量曲线方程外推法和水文地质比拟法）、理论方法（如水均衡法、地下水动力学法）、随机数学方法（如灰色数学理论、多元回归统计、模糊数学、神经网络等）、非线性理论方法、数值方法。

龙津溪引水隧洞工程采用理论方法和随机数学方法来预测涌水量。

一、大气入渗法

大气降水入渗系数法计算涌水量的原理是在隧洞通过的地区，选取水文地质特性和气象特征相似的区域，采用多年平均大气降水量来估计隧洞的涌水量。根据隧址区的水文地质条件和《铁路工程水文地质勘察规程》，该理论方法可计算预测隧洞正常涌水量，其计算公式见式(7-1)。

$$Q_s = 2.74\alpha \cdot W \cdot A \quad (7\text{-}1)$$

式中，Q_s为计算涌水量，m^3/d；α 为大气降水入渗系数，根据《铁路工程水文地质勘察规程》和普查报告取值（裂隙岩层取 0.15，断裂带取 0.2），1/d；W 为年降雨量，分别按照长泰县气象台所提供的历年最大降雨量值和多年平均降雨量值计算隧洞正常涌水量，m；A 为汇水面积，m^2。

根据所划分涌水量预测区段的地形地貌特征及岩层出露条件，确定各预测区段的降水入渗系数，本次降雨量引用长泰县气象台提供的气象资料统计确定，入渗系数 α 参照隧址区《区域水文地质普查报告》和《铁路工程水文地质勘察规程》中经验数据，按各地层不同岩性段，构造断裂带等分段平面面积加权平均值计算。其中，完整岩层段为 0.15，断层岩层段为 0.20，断层破碎带为 0.25，综合取值 0.23。汇水面积 A 根据前述水文地质单元块段所覆盖的面积得来，结果见表 7-1。

表 7-1　大气降水入渗系数法计算参数及结果表

计算地段	汇水面积 $A(m^2)$	最大降雨量 (mm)	入渗系数 α	涌水量 (m^3/d)
Ⅰ3＃支洞 0＋915～0＋985	746 229.3	1 900	0.23	2 448.0
Ⅱ引水洞 2＋881～3＋011	4 558 918.0	1 900	0.23	14 955.5
Ⅲ引水洞 3＋510～3＋600	1 015 457.0	1 900	0.23	3 331.2
Ⅳ引水洞 6＋915～6＋995	316 415.8	1 900	0.23	1 038.0
Ⅴ引水洞 7＋869～7＋982	2 705 294.0	1 900	0.23	8 874.7

二、地下水径流模数法

该方法采用假设地下水径流模数等于地表径流模数的相似原理，根据大气降水入渗补给下降泉流量或由地下水补给的河流流量，求出隧洞通过地段的地表径流模数，作为隧洞流域的地下径流模数，再确定隧洞的集水面积，便可从宏观上预测隧洞的正常涌水量。

由大气降水入渗补给的下降泉流量或由地下水补给的河流流量，反映了该流域的气候、地形地貌、植被、地质和水文地质条件，流量随季节变化而变化。根据经验，为排除降水干扰，采用枯水季节流量比较接近实际情况。因此，地下水径流模数 M 只能是概要反映地下水的赋存状态，该理论方法可计算预测隧道正常涌水量，其计算公式见式(7-2)。

$$Q_s = M \cdot A \quad (7\text{-}2)$$

式中，Q_s为计算涌水量，m^3/d；M 为地下水径流模数，$M = Q_1/A_1$，$m^3/(d \cdot km^2)$；Q_1为枯水期地下水补给的河流流量或下降泉流量，m^3/d；A_1为与 Q_1相对应的地表水或下降泉流量的地表流域面积，m^2。

地下径流模数分别采用实际测流资料及详勘报告中 3＃隧洞、引水隧洞各地方的枯季径流模数实测值和详勘报告中的值，龙津溪隧洞 3＃支洞地下水径流模数为 39.0[$L/(s \cdot km^2)$]，引水主洞的地下水径流模数因每段不同模数也不同，结果如表 7-2 所示。

表 7-2　地下水径流模数法计算隧道涌水量表

区段	汇水面积 $A(km^2)$	地下水径流模数 $M([L/(s\cdot km^2)])$	隧道涌水量(m^3/d)
Ⅰ 3#支洞 0+915～0+985	0.75	39.0	2 527.2
Ⅱ引水洞 2+881～3+011	4.56	34.1	13 434.85
Ⅲ引水洞 3+510～3+600	1.02	35.4	3 119.731
Ⅳ引水洞 6+915～6+995	0.32	30.0	829.44
Ⅴ引水洞 7+869～7+982	2.70	39.0	9 097.92

三、地下水动力学法

地下水动力学法是根据地下水渗流动力学原理分析得出的计算隧洞涌水量的理论式。按照地下水运动特点，地下水动力学法可以分为稳定流方法和非稳定流方法。本工程按照稳流方法计算，根据隧址区水文地质特点，利用《铁路工程水文地质勘察规程》推荐的理论公式预测隧洞正常涌水量和最大涌水量。

1. 隧洞正常涌水量预测

根据《铁路工程水文地质勘察规程》推荐的方法，可用裘布依理论公式(7-3)。

$$Q_s = L \cdot K \frac{H^2 - h^2}{R_y - r_0} \tag{7-3}$$

式中，Q_s为隧洞正常涌水量，m^3/d；K为含水体渗透系数，m/s；H为洞底以上潜水含水体厚度，m；h为隧洞内排水沟假设水深，m；R_y为隧洞涌水地段的补给半径，m；r_0为洞身横断面等价圆的半径，m。

2. 隧洞最大涌水量预测

根据《铁路工程水文地质勘察规程》推荐的方法，可用古德曼经验公式(7-4)。

$$Q_{sm} = L \cdot \frac{2\pi \cdot K \cdot H}{\ln(2H/r_0)} \tag{7-4}$$

式中，Q_{sm}为隧洞通过含水体地段的最大涌水量，m^3/d；其余参数意义与上述公式各参数相同。

最大涌水量计算采用古德曼公式(7-4)。对于古德曼公式中的参数，渗透系数 K 是通过区域资料、钻孔测试资料和类似地质条件资料综合确定。其中断裂及影响带平均值范围 $K=0.15\sim0.25$m/d，裂隙岩体 $K=0.04\sim0.15$m/d；洞身横断面等价圆的半径 r_0取值 1.95m；H 为隧洞通过含水体的隧洞开挖渗流稳定后，静止水位至洞身横断面等价圆中心的距离，因该参数实际值即使可以通过钻孔水位测试，但隧洞开挖后渗流达到稳定后的数据确定较为困难，因此根据隧址区水文地质调查资料和类似资料确定。

正常涌水量计算采用裘布依公式(7-3)。对于裘布依公式中的参数，排水沟深度取值0.6m，考虑水跃值；隧洞涌水段的引用补给半径根据《铁路工程水文地质勘察规程》中经验公式 $R_y=215.5+510.5K$ 计算。其余所需参数与上述古德曼公式一致。

3＃支洞0+915～0+985穿越 F_{19} 断层，F_{19}：NE70°，NW∠55°，宽2～3m，充填碎裂岩，带内岩石极破碎，地表形成冲沟；引水洞2+881～3+011，围岩较为破碎；引水洞3+510～3+600，高地应力、节理发育、岩石破碎；引水洞6+915～6+995，岩石完整性好，保水性好；引水洞7+869～7+982，围岩节理发育、岩石破碎、F_{19} 和 F_{56} 组合断层影响，F_{55}：NW280°，SW∠65°，宽约2m，充填碎裂岩、角砾岩，局部见断层泥，地表形成冲沟。根据地下水动力学法测得涌水量如表7-3所示。

表7-3　地下水动力学法预测涌水量表

里程/长度(m)	计算参数值			涌水量(m^3/d)	
	H(m)	K(m/d)	R_y(m)	正常	最大
Ⅰ3＃支洞 0+915～0+985	255	0.2	317.6	2 884.033	4 029.578
Ⅱ引水洞 2+881～3+011	410	0.23	332.915	15 186.44	12 749.46
Ⅲ引水洞 3+510～3+600	433	0.07	251.235	4 738.265	2 811.638
Ⅳ引水洞 6+915～6+995	302	0.05	241.025	1 525.942	1 323.296
Ⅴ引水洞 7+869～7+982	297	0.23	332.915	6 926.843	8 480.446

第二节　龙津溪引水隧洞涌水量预测

一、随机数学法

本书针对龙津溪引水隧洞工程采用理论计算方法和基于层次分析-模糊综合评判的随机数学方法，预测了隧洞涌水突泥灾害，以及进一步研究了随机数学方法预测隧洞涌水突泥灾害的适应性。

1. 建立层次结构模型

在深入分析龙津溪隧洞工程实际问题的基础上，分析隧洞涌水突泥所包含的因素及其相互关系，将隧洞内有关的各个因素按照不同的属性和分类从上到下分解成3个层次。层次结构可以分为目标层A、准则层B和方案层C。隧洞涌水评价等级的层次结构模型如表7-4所示。

表 7-4　隧洞涌水突泥的多层次模糊评价模型表

<table>
<tr><td colspan="3">评价指标</td><td colspan="4">评价等级</td></tr>
<tr><td rowspan="14">隧洞涌水突泥影响因素 A</td><td>一级指标</td><td>二级指标</td><td>Ⅰ级</td><td>Ⅱ级</td><td>Ⅲ级</td><td>Ⅳ级</td></tr>
<tr><td rowspan="4">工程地质因素 B_1</td><td>断层两侧岩性 C_1</td><td>坚硬岩类</td><td>胶结好的半坚硬岩类</td><td>胶结一般的半坚硬岩类</td><td>软弱岩类及松散岩类</td></tr>
<tr><td>断层填充物 C_2</td><td>断层角砾胶结</td><td>断层角砾、断层泥</td><td>断层角砾、断层泥</td><td>压碎角砾岩</td></tr>
<tr><td>断层性质 C_3</td><td>压性</td><td>压扭</td><td>张扭</td><td>张性</td></tr>
<tr><td>断层宽度 b C_4</td><td>$b<2$m</td><td>$2\leqslant b<5$m</td><td>$5\leqslant b\leqslant 10$m</td><td>$b>10$m</td></tr>
<tr><td rowspan="5">水文地质因素 B_2</td><td>年平均降雨量 J C_5</td><td>$J<200$mm</td><td>$200\leqslant J<600$mm</td><td>$600\leqslant J\leqslant 1\ 000$mm</td><td>$J>1\ 000$mm</td></tr>
<tr><td>地表水状况 C_6</td><td>无地表水补充</td><td>无地表水补充</td><td>有少量地表径流</td><td>大量地表水补充</td></tr>
<tr><td>地下含水量 C_7</td><td>贫水</td><td>弱富水</td><td>弱富水</td><td>富水</td></tr>
<tr><td>含水层透水性 K C_8</td><td>很小</td><td>较小</td><td>较大</td><td>极大</td></tr>
<tr><td>断层含水性 C_9</td><td>无水断层</td><td>储水断层</td><td>储水断层</td><td>富水断层</td></tr>
<tr><td rowspan="4">施工设计因素 B_3</td><td>开挖工法 C_{10}</td><td>双侧壁导坑</td><td>CRD 或 CD</td><td>台阶法</td><td>全断面</td></tr>
<tr><td>隧洞埋深 C_{11}</td><td>$100\leqslant H<200$m</td><td>$200\leqslant H<300$m</td><td>$300\leqslant H\leqslant 400$m</td><td>$H>400$m 或 $H<100$m</td></tr>
<tr><td>超前注浆 C_{12}</td><td>有</td><td>无</td><td>无</td><td>无</td></tr>
<tr><td>超前支护 C_{13}</td><td>超前长大管棚施工、超前小导管</td><td>超前小导管</td><td>超前锚杆</td><td>超前锚杆</td></tr>
</table>

2. 各指标权重的确定

计算权重,汇总其权重分配表,如表 7-5 所示。

表 7-5　龙津溪隧洞评价指标权重系数分布表

<table>
<tr><td></td><td>准则层</td><td>准则层权重</td><td>一致性检验</td><td>方案层</td><td>方案层权重</td><td>一致性检验</td></tr>
<tr><td rowspan="13">隧洞涌水突泥影响因素 A</td><td rowspan="4">工程地质因素 B_1</td><td rowspan="4">0.649 1</td><td rowspan="13">0.062 4</td><td>断层两侧岩性 C_1</td><td>0.100 0</td><td rowspan="4">0</td></tr>
<tr><td>断层充填物 C_2</td><td>0.300 0</td></tr>
<tr><td>断层性质 C_3</td><td>0.300 0</td></tr>
<tr><td>断层宽度 C_4</td><td>0.300 0</td></tr>
<tr><td rowspan="5">水文地质因素 B_2</td><td rowspan="5">0.279 0</td><td>年平均降雨量 C_5</td><td>0.066 0</td><td rowspan="5">0.001 0</td></tr>
<tr><td>地表水状况 C_6</td><td>0.066 0</td></tr>
<tr><td>地下含水量 C_7</td><td>0.342 0</td></tr>
<tr><td>含水层透水性 C_8</td><td>0.184 0</td></tr>
<tr><td>断层含水性 C_9</td><td>0.342 0</td></tr>
<tr><td rowspan="4">施工设计因素 B_3</td><td rowspan="4">0.071 9</td><td>开挖工法 C_{10}</td><td>0.490 1</td><td rowspan="4">0.007 3</td></tr>
<tr><td>隧洞埋深 C_{11}</td><td>0.287 9</td></tr>
<tr><td>超前注浆 C_{12}</td><td>0.060 1</td></tr>
<tr><td>超前支护 C_{13}</td><td>0.161 9</td></tr>
</table>

3. 隶属度值的确定

1)工程地质因素

工程地质因素指标水平划分见表 7-6,各指标隶属度见表 7-7。

表 7-6　工程地质因素 B_1 表

断层两侧岩性 C_1	断层填充物 C_2	断层性质 C_3	断层宽度 b C_4
坚硬岩类	断层角砾胶结	压性	$0<b<10$
胶结好的半坚硬岩类	断层角砾多、断层泥少	扭性	
胶结一般的半坚硬岩类	断层角砾少、断层泥多	张、扭性	
软弱岩类及松散岩类	压碎角砾岩	张性	

表 7-7　工程地质因素 B_1 指标隶属度表

断层两侧岩性 C_1	断层填充物 C_2	断层性质 C_3	断层宽度 b C_4
0	0	0.2	公式计算
0.4	0.2	0.5	
0.8	0.5	0.8	
1	0.8	0.9	

2)水文地质因素

水文地质因素指标水平划分见表 7-8,各指标隶属度见表 7-9。

表 7-8　水文地质因素 B_2 表

年平均降雨量 J C_5	地表水状况 C_6	地下含水量 C_7	含水层透水性 C_8	断层含水性 C_9
$J<200$mm	无地表水补充	贫水	很小	无水断层
$200\leqslant J<600$mm	无地表水补充	弱富水	较小	较少储水断层
$600\leqslant J\leqslant 1\,000$mm	有少量地表径流	中等富水	较大	较多储水断层
$J>1\,000$mm	大量地表水补充	强富水	极大	富水断层

表 7-9　水文地质因素 B_2 指标隶属度表

年平均降雨量 J C_5	地表水状况 C_6	地下含水量 C_7	含水层透水性 C_8	断层含水性 C_9
公式计算	0	0	0.2	0
	0	0.3	0.4	0.4
	0.3	0.6	0.8	0.6
	0.8	0.8	1	0.9

3)施工设计因素

施工设计因素指标水平划分见表 7-10,各指标隶属度见表 7-11。

表 7-10 施工设计因素 B_2 表

开挖工法 C_{10}	隧洞埋深 H C_{11}	超前注浆 C_{12}	超前支护 C_{13}
双侧壁导坑	$100\leqslant H<200$m	有	超前长大管棚施工、超前小导管
CRD 或 CD	$200\leqslant H<300$m	无	超前小导管
台阶法	$300\leqslant H\leqslant 400$m	无	超前锚杆
全断面	$H>400$m 或 $H<100$m	无	超前锚杆

表 7-11 施工设计因素 B_3 指标隶属度表

开挖工法 C_{10}	隧洞埋深 H C_{11}	超前注浆 C_{12}	超前支护 C_{13}
0.2	公式计算	0.4	0.1
0.3		0.8	0.4
0.6		0.8	0.7
0.8		0.8	0.7

4. 涌水量预测及结果分析

1)隧洞涌水评价等级及评价矩阵的确定

根据对龙津溪深埋引水隧洞的水文地质条件现场调查、观测和综合分析研究的结果以及隧洞涌水对隧洞的影响程度,将此隧洞的涌水等级划分为 4 级,具体见表 7-12。

表 7-12 隧洞涌水等级划分表

风险等级	划分依据
Ⅰ	涌水突泥风险很小,即使涌水也不会超过 120m^3/h
Ⅱ	涌水突泥风险中等,可能发生 120～480m^3/h 的中小型涌水突泥灾害
Ⅲ	涌水突泥风险较高,可能发生 480～960m^3/h 的大型涌水突泥灾害
Ⅳ	涌水突泥风险很高,可能发生大于 960m^3/h 的特大型涌水突泥灾害

不同因素的隶属度值对应于不同涌水危险性评价等级的单因素评价值(表 7-12),根据预测评价区域各评价指标的不同取值,运用上面构造的隶属度函数,可以分别求出各影响因素的隶属度值,再依据表 7-13 所给出的单因素隶属度评价值,就可以构造得出隧洞涌水各因素的评价矩阵 R。

表 7-13 单因素隶属度评价值表

隶属度	涌水风险等级			
	Ⅰ	Ⅱ	Ⅲ	Ⅳ
1.0	0	0	0.2	0.8
0.9	0	0	0.3	0.7
0.8	0	0.1	0.4	0.5

续表 7-13

隶属度	涌水风险等级			
	Ⅰ	Ⅱ	Ⅲ	Ⅳ
0.7	0	0.2	0.5	0.3
0.6	0	0.2	0.6	0.2
0.5	0.1	0.4	0.4	0.1
0.4	0.2	0.6	0.2	0
0.3	0.3	0.5	0.2	0
0.2	0.5	0.4	0.1	0
0.1	0.8	0.2	0	0
0	0.9	0.1	0	0

2)隧洞涌水预测段涌水量等级计算

针对现场涌水突泥情况,选择对引水洞 2+881～3+011、3#支洞 0+915～0+985、引水洞 7+869～7+982三处重点涌水段进行预测。通过分析工程地质条件和水文地质条件,运用模糊综合评价知识,确定 C1 标段引水隧洞各个预测地段影响因素的隶属函数值(表 7-14)。

表 7-14　龙津溪引水隧洞风险评价各指标隶属度表

指标	指标隶属度		
	引水洞 2+881～3+011	3#支洞 0+915～0+985	引水洞 7+869～7+982
断层两侧岩性 C_1	1.0	0	0.4
断层填充物 C_2	0.5	0.5	0.5
断层性质 C_3	0.5	0.2	0.8
断层宽度 C_4	0.3	0.2	0.3
年平均降雨量 C_5	1	1	1
地表水状况 C_6	0.8	0.3	0.3
地下含水量 C_7	0.6	0.6	0.3
含水层透水性 C_8	0.8	0.4	0.8
断层含水性 C_9	0.6	0.4	0.9
开挖工法 C_{10}	0.8	0.8	0.8
隧洞埋深 C_{11}	1.0	1.0	1.0
超前注浆 C_{12}	0.4	0.4	0.4
超前支护 C_{13}	0.1	0.1	0.1

对引水洞 2+881～3+011、3#支洞 0+915～0+985、引水洞 7+869～7+982 三处重点涌水段进行预测涌水等级,根据单因素隶属度评价值表,得出 3 个重点涌水段的评价矩阵,分别见表 7-15～表 7-17。

表 7-15 引水洞 2+881～3+011 评价矩阵表

指标	Ⅰ	Ⅱ	Ⅲ	Ⅳ
断层两侧岩性 C_1	0	0	0.2	0.8
断层填充物 C_2	0.1	0.4	0.4	0.1
断层性质 C_3	0.1	0.4	0.4	0.1
断层宽度 C_4	0	0.2	0.6	0.2
年平均降雨量 C_5	0	0	0.2	0.8
地表水状况 C_6	0	0.1	0.4	0.5
地下含水量 C_7	0	0.2	0.6	0.2
含水层透水性 C_8	0	0.1	0.4	0.5
断层含水性 C_9	0	0.2	0.6	0.2
开挖工法 C_{10}	0	0.1	0.4	0.5
隧洞埋深 C_{11}	0	0	0.2	0.8
超前注浆 C_{12}	0.2	0.6	0.2	0
超前支护 C_{13}	0.8	0.2	0	0

表 7-16 3＃支洞 0+915～0+985 评价矩阵表

指标	Ⅰ	Ⅱ	Ⅲ	Ⅳ
断层两侧岩性 C_1	0.9	0.1	0	0
断层填充物 C_2	0.1	0.4	0.4	0.1
断层性质 C_3	0.5	0.4	0.1	0
断层宽度 C_4	0.5	0.4	0.1	0
年平均降雨量 C_5	0	0	0.2	0.8
地表水状况 C_6	0.3	0.5	0.2	0
地下含水量 C_7	0	0.2	0.6	0.2
含水层透水性 C_8	0.2	0.6	0.2	0
断层含水性 C_9	0.2	0.6	0.2	0
开挖工法 C_{10}	0	0.1	0.4	0.5
隧洞埋深 C_{11}	0	0	0.2	0.8
超前注浆 C_{12}	0.2	0.6	0.2	0
超前支护 C_{13}	0.8	0.2	0	0

表 7-17 引水洞 7+869～7+982 评价矩阵表

指标	Ⅰ	Ⅱ	Ⅲ	Ⅳ
断层两侧岩性 C_1	0.2	0.6	0.2	0
断层填充物 C_2	0.1	0.4	0.4	0.1
断层性质 C_3	0	0.1	0.4	0.5

续表 7-17

指标	Ⅰ	Ⅱ	Ⅲ	Ⅳ
断层宽度 C_4	0.3	0.5	0.2	0
年平均降雨量 C_5	0	0	0.2	0.8
地表水状况 C_6	0.3	0.5	0.2	0
地下含水量 C_7	0.3	0.5	0.2	0
含水层透水性 C_8	0	0.1	0.4	0.5
断层含水性 C_9	0	0	0.3	0.7
开挖工法 C_{10}	0	0.1	0.4	0.5
隧洞埋深 C_{11}	0	0	0.2	0.8
超前注浆 C_{12}	0.2	0.6	0.2	0
超前支护 C_{13}	0.8	0.2	0	0

引水洞 2+881～3+011 评价结果为 B_1=(0.107 5,0.306 7,0.372 9,0.212 8),根据最大隶属度原则,属于Ⅲ级较高危险区,涌水范围 480～960m^3/h,平均值为 720m^3/h。

3#支洞 0+915～0+985 评价结果为 B_2=(0.317 7,0.365 0,0.229 9,0.087 5),根据最大隶属度原则,属于Ⅱ级中等危险区,涌水范围 120～480m^3/h,平均值为 300m^3/h。

引水洞 7+869～7+982 评价结果为 B_3=(0.135 2,0.304 2,0.302 4,0.258 2),根据最大隶属度原则,属于Ⅱ级中等危险区,涌水范围 120～480m^3/h,平均值为 300m^3/h。

二、隧道涌水量计算结果对比

引水洞 2+881～3+011、引水洞 7+869～7+982 涌水量预测结果对比表分别见表 7-18、表 7-19。

表 7-18　引水洞 2+881～3+011 涌水量预测结果对比表

涌水量预测方法	正常涌水量(m^3/d)	最大涌水量(m^3/d)
大气入渗法	14 955.5	/
地下水径流模数法	13 434.85	/
地下水动力学法	15 186.44	12 749.46
随机数学方法	17 280	/
数值模拟	17 904	/
现场实测	16 200	/

表 7-19　引水洞 7+869～7+982 涌水量预测结果对比表

涌水量预测方法	正常涌水量(m^3/d)	最大涌水量(m^3/d)
大气入渗法	8 874.7	/
地下水径流模数法	9 097.92	/
地下水动力学法	6 926.843	8 480.446

续表 7-19

涌水量预测方法	正常涌水量(m^3/d)	最大涌水量(m^3/d)
随机数学方法	7 200	/
数值模拟	7 824	
现场实测	8 862	/

大气降水入渗法、地下水径流模数法这两种方法属于半经验性方法，优点是计算方法简单，能从宏观上把握某一水文地质单元的涌水量，缺点是准确性比较差，而且这两种方法无法提供或很难提供隧洞不同空间或时间内涌水量的大小。因此不适宜用于隧洞局部涌水量的计算和预测。

地下水动力学法在隧洞涌水量计算中应用较为普遍，常用稳定流或非稳定流理论的裘布依公式、古德曼公式等计算水文地质参数，再以水平集水隧洞的水量计算公式结合隧洞的边界条件、含水层特征等选用适合于隧洞涌水量计算的公式。地下水动力学法的最大优点是能描述隧洞涌水量与水位、围岩渗透性等诸多控制因素的定量关系，揭示它们之间的变化规律。因此，该法可以比较具体、详细地计算隧洞中不同空间和时间内的涌水量，以指导施工生产。然而，由于地下水动力学法的公式多是在理想条件下得到的，而且更加适用于浅埋隧洞，当隧洞埋深过大时，预测隧洞正常和最大涌水量就会相对不准确。为了与实际尽可能接近，地下水动力学法根据不同的边界条件和初始条件，建立了一系列隧洞涌水量计算公式，把实际隧洞水文地质条件概化为与某一公式相近的条件，然后进行涌水量计算和预测。这样，对于水文地质条件不太复杂的隧洞，其涌水量计算和预测尚比较可靠，但对于地质条件复杂的隧洞，特别是岩溶很发育的隧洞，其涌水量计算预测结果不太理想。

随机数学方法是通过对影响隧洞涌水的各个因素进行综合评价和专家打分，最终得到一个涌水量范围值，以此预测涌水段的涌水量。由于隧洞因素的打分是比较抽象的，所以预测出来的是一个范围，涌水量的误差较大，同时此方法给出了 4 段隧洞的风险评价等级，仅供参考。此方法适宜作为预测涌水量的一种对比方法。

数值模拟方法是根据现场反馈的施工情况和围岩指标参数来进行现场涌水的数值模拟计算，反映出了当隧洞开挖遇到断层的涌水渐变过程，与实际的涌水较为符合。

综上所述，地下水动力学法预测本工程涌水量相对准确，随机数学方法和数值模拟方法预测本工程涌水量比较可靠。

第八章 隧洞穿越富水风化花岗岩断层破碎带注浆加固关键技术

第一节 注浆材料

引水隧洞的注浆施工对注浆材料的要求比较高，尤其是浆液胶凝后的耐久能力和抗渗能力。鉴于工程的复杂性，根据专家推荐并结合以往工程经验选取了5种注浆材料用于室内试验，分别是普通水泥、超细水泥(MC)、普通水泥-水玻璃浆液、特制硫铝酸盐水泥(HOC)和GRM灌浆材料。通过对上述5种注浆材料进行室内凝胶时间、凝结时间、强度、耐久性、配合比等物理力学特性进行试验，以期选择出适合龙津溪引水隧洞地质条件和施工实际的注浆材料，为现场注浆材料的应用提供借鉴和依据。

一、注浆材料性能分析

1. 普通水泥单液浆

普通水泥中按比例加入一定量的水及相应的外加剂经搅拌而成的浆液称为普通水泥单液浆，其主要特点是结石体具有较高的抗压、抗剪强度，能有效地提高地层的承载能力，且其抗渗性能好，材料来源丰富，价格低廉，注浆工艺相对简单；但由于其颗粒粒径大，在致密的黏土和砂层及微小裂隙条件下渗透困难，而且其凝胶时间不易调节，注浆过程中浆液易流失，因此其应用受到一定的限制。现场试验后得出水泥单液浆的配比和结石体的主要性能如表8-1所示。

表8-1 水泥单液浆的配比和结石体的主要性能表

性能 水灰比	黏度(Pa·s)	密度(g/cm^3)	凝胶时间(h-min)		结石率(%)	抗压强度(MPa)			
			初凝	终凝		3d	7d	14d	28d
0.5∶1	139	1.86	7-41	12-36	99	4.14	6.46	15.3	22.0
0.75∶1	33	1.62	10-47	20-33	97	2.43	2.60	5.54	11.27
1∶1	18	1.49	15-56	25-27	85	2.00	2.40	2.42	8.90
1.5∶1	17	1.37	16-52	35-47	67	2.04	2.33	1.78	2.22
2∶1	16	1.30	17-07	48-15	56	1.66	2.56	2.10	2.80

通过试验观察分析，发现普通水泥单液浆具有以下特点：

(1)颗粒粒径大，可渗透注入0.5mm的裂隙及平均粒径1mm以上的砂子。

(2)凝胶时间长,具有较长的可注期;但凝胶时间不易调节,初凝时间长。

(3)胶结体具有较高的抗压强度,但结实体收缩率较大。

2. 超细水泥(MC)

超细水泥(MC)是指水泥中的最大颗粒不超过 20μm,经过特殊磨细加工的水泥,能渗入细砂层和岩石的细小裂隙中。超细水泥浆液性能稳定,其析水性、流动性都比普通水泥有显著改善,浆液结石体具有较高的强度和耐久性。表 8-2 是现场试验得出的不同配比的超细水泥浆的基本性能。

表 8-2　不同配比的超细水泥浆的基本性能表

性能 水灰比	结石率(%)	凝胶时间(h-min)		抗分散性(%)	抗压强度(MPa)			
		初凝	终凝		1d	3d	7d	28d
0.6∶1	100	2-10	4-05	94	4.4	20.5	24.2	29.2
0.8∶1	92	4-20	6-50	90		1.3	7.0	17.1
1∶1	85	5-30	7-30	60			3.4	5.6

通过试验观察分析,超细水泥具有以下特点:

(1)初凝和终凝时间比普通水泥有所缩短。

(2)固结体抗压强度较高,具有早强、高强的特点。

(3)抗分散性较好。

(4)颗粒粒径小。

(5)水灰比较大时,结实体略有收缩。

3. 普通水泥-水玻璃双液浆

普通水泥-水玻璃双液浆具有材料来源广、价格适宜、凝胶时间可控等优点,缺点是其结石体后期强度低,耐久性差,受水长期浸泡容易分解,不适合长期堵水。现场实验得出的不同配比的浆液特性如表 8-3 所示。

表 8-3　不同配比的普通水泥-水玻璃双浆液特性表

$W:C$	$C:S$	水玻璃浓度	凝胶时间	抗压强度(MPa)			
		(Be')		1d	3d	7d	28d
0.6∶1	1∶0.3	30	11.0″	5.8	6.7	7.4	10.2
	1∶0.5		13.3″	5.5	6.5	7.3	9.7
	1∶0.7		16.6″	5.3	6.5	7.0	9.3
	1∶1		20.5″	4.9	6.4	7.9	9.0
0.8∶1	1∶0.3	30	14.4″	5.3	6.2	8.4	9.6
	1∶0.5		19.1″	5.0	6.1	8.3	9.1
	1∶0.7		23.0″	4.8	5.9	8.1	8.5
	1∶1		26.8″	4.2	5.7	7.9	8.0

续表 8-3

W∶C	C∶S	水玻璃浓度	凝胶时间	抗压强度(MPa)			
		(Be')		1d	3d	7d	28d
1∶1	1∶0.3	30	15.9″	4.5	4.7	5.8	7.8
	1∶0.5		20.4″	3.7	3.9	4.4	6.9
	1∶0.7		24.4″	3.1	3.6	3.9	6.7
	1∶1		31.5″	2.8	3.4	3.6	6.1
1.5∶1	1∶0.3	30	25.5″	2.4	3.4	3.9	5.8
	1∶0.5		32.7″	2.3	2.9	3.5	4.5
	1∶0.7		38.0″	1.8	2.5	3.3	4.4
	1∶1		48.4″	1.6	2.2	3.1	4.2

水泥与水玻璃进行化学反应，有一种配比能获得较高的强度，在此配比下反应充分，结石体强度较高。现场试验结果如图 8-1 所示，其曲线代表了水玻璃波美度在 30～45 之间，在不同水灰比下的综合曲线之趋势。试验条件：水泥为 32.5R 普通硅酸盐水泥，测试温度为 23～23.5℃。

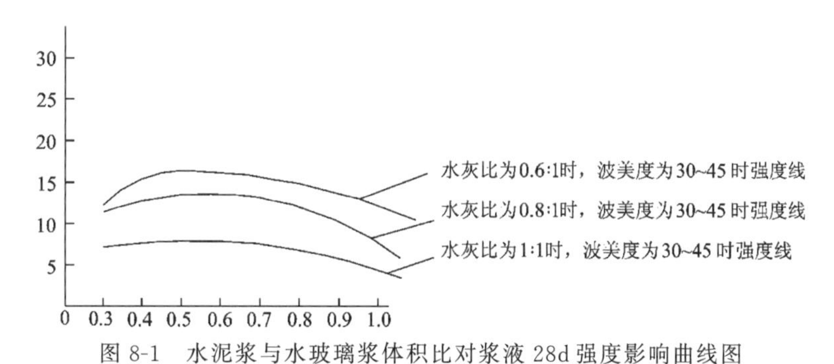

图 8-1　水泥浆与水玻璃浆体积比对浆液 28d 强度影响曲线图

从图 8-1 中可以看出，在相同的水灰比条件下，当水泥-水玻璃的体积比为 0.3～0.8 时，结石体强度较高，此外，在水泥-水玻璃配比一定的条件下，水灰比减小，结石体强度提高。通过试验观察分析，普通水泥-水玻璃双液浆具有以下特点：

(1)凝胶时间短且容易控制，具有早强的特点。

(2)浆液配制容易，可注性较好。

(3)胶结体后期强度低，耐久性差，受水长期浸泡容易分解。

(4)胶结体收缩率大。

4. 特制硫铝酸盐水泥(HSC)单液浆

特制硫铝酸盐水泥(HSC)主要由特制硫铝酸盐熟料、石膏、硅粉、减水絮凝剂等组成。HSC 浆具有良好的抗分散性和早强、高强的性能，并且具有微膨胀性，胶结后，能有效封堵出水通路，堵水效果较好。表 8-4 列出了现场实验得出的不同配比下的浆液特性。

表 8-4　不同配比的特制硫酸盐水泥单浆液性能表

性能 水灰比	结石率(%)	凝胶时间(h-min)		抗分散性(%)	抗压强度(MPa)			
		初凝	终凝		1d	3d	7d	28d
0.8∶1	100	0-55	1-13	98	13.5	17.6	20.4	26.1
1∶1	100	1-00	1-20	96	8.5	14.0	18.0	20.0
1.2∶1	100	1-30	2-00	90	6.5	9.5	9.6	16.0
1.5∶1	98	2-00	2-30	85	3.0	6.0	6.8	10.0

通过试验观察分析，HSC具有以下特点：

(1)抗分散性好。

(2)抗压强度高，具有早强、高强的特点。

(3)结石率高，并具有微膨胀性。

(4)水灰比大时，抗分散性能有所下降。

(5)凝胶时间太短时，可注性和可操作性变差。

5. GRM 特种水泥

GRM是一种凝胶时间可调的超早强自流平灌浆料，其显著特点是具有超早强、高强、微膨胀性和自密实、自流平的特性，且使用简单，可灌性好，无需振捣。GRM灌浆料具有以下特点：

(1)抗压强度很高，具有超早强、高强的特点。

(2)结石体具有微膨胀性。

(3)浆液具有自密实、自流平的特性。

(4)需通过控制外加剂的掺量来控制凝胶时间，但是施工操作较复杂。

二、注浆材料选取

通过室内试验结果分析，并结合以往现场应用情况，对上述5种注浆材料得出以下初步结论：

(1)普通水泥可注性好，注浆时能够得到较大的注浆量和注浆加固范围。结石体强度高，能有效地提高地层的承载能力。但普通水泥单液浆抗分散性能差，易被地下水稀释，影响其强度和堵水性能，且由于其收缩率较大，因而不宜在水压高、流速大、对堵水要求很高的条件下采用。由于普通水泥颗粒粒径大，在致密的黏土及微小裂隙条件下渗透困难，仅能渗透注入0.5mm的裂隙。普通水泥适用于水量小、水压低条件。普通水泥的优势在于料源广，价格低，结石体强度高。常应用于裂隙宽或砂层颗粒直径大等地质条件中，如节理、裂隙发育的地层及中粗砂、砂砾石地层。

(2)超细水泥固结体抗压、抗剪强度较高，具有早强、高强的特点，能得到好的注浆加固效果；超细水泥颗粒粒径小，可灌性强，渗透注浆时能注入宽度大于0.05mm的裂缝，能得到较好的堵水和加固效果。但超细水泥单液浆终凝时间仍较长，受地下水稀释影响，对其凝胶性能会产生影响，因而在水压高、流速大条件下会有一定的浆液损失；另外，当水灰比较大时，浆液略有收缩。在价格上超细水泥要高于普通水泥。超细水泥适用于岩石的细小裂隙或致密的黏土层等地层。

(3)HSC即特制硫铝酸盐超细水泥，具有较好的抗分散性，能有效地控制注浆区域，适宜在高水压、水流速大的条件下注浆施工；HSC浆具有早强、高强、高抗渗、流动度大的特点，能有效提高地层的承载能力；其浆液结石体具有微膨胀性，胶结后，能有效地封堵住各种出水通路，注浆后堵水效果显著。但考虑到水灰比大时，其抗分散性能有所下降，而凝胶时间太短时，可注性和可操作性又会变差，所以施工时水灰比通常取1∶1。另外，HSC价格较普通水泥要高。HSC适用于富含水且有一定水压的破碎岩层、出水管道地层等。

(4)普通水泥-水玻璃双液浆可注性较好，可渗透注入裂隙为0.2mm以上的岩体；其凝胶时间短且容易控制，具有早强的特点。普通水泥-水玻璃双液浆配制容易，使用方便，价格中等。但其胶结体后期强度低，受水长期浸泡容易分解；且胶结体耐久性差，收缩率大，对长期堵水和加固围岩不利。普通水泥-水玻璃双液浆适用于临时堵水、控制注浆加固范围以及止浆墙渗漏时的快速封堵。

(5)GRM(即超早强自流平水泥基灌浆料)是一种凝胶时间可调的水硬性新型灌浆材料，其显著特点是具有超早强、高强、微膨胀性和自密实、自流平的特性，但其抗分散性一般，施工时需通过控制外加剂掺量调整凝胶时间，现场操作较复杂，且价格偏高。

根据现场揭露的地层岩性和地下水情况，本工程需要重点解决的问题是如何在断层破碎带地区迅速堵水，初步加固围岩并快速通过，基于此种具体要求并考虑各种注浆材料的优缺点，采取综合选用的方法，对注浆材料进行选择和优化组合，充分发挥各材料的优势，取长补短，以达到最佳的注浆治理效果。对于注浆管注浆，选取普通水泥-水玻璃双液浆，注浆所用水泥、水、外加剂等必须符合《水工混凝土施工规范》(DL/T 5144—2001)、《水利水电工程锚喷支护施工规范》(DL/T 5181—2003)和《锚杆喷射砼支护技术规范》(GB 50086—2001)的要求。

(1)水泥：P. 032.5 普通硅酸盐水泥。

(2)砂：最大粒径小于 3.0mm 的中细砂。

(3)水：采用 pH＝6～8 的洁净水。

(4)速凝剂：使用外加剂要征得监理同意。掺合料质量符合规范要求，速凝剂中不得含氯。

第二节　注浆加固范围及注浆段长度

注浆加固范围目前尚未形成统一的规定，实际应用中，主要考虑注浆加固后隧洞围岩的承载力、工程安全，并顾及成本和工期要求，通过经验公式、理论核算和数值模拟优化计算等综合确定。

通过数值模拟的结果分析可知，当开挖穿过断层带时，注浆圈对断层带破碎围岩的加固作用十分显著，拱顶沉降和底部隆起均有大程度减少，稳定围岩的同时也减小了涌水突泥发生的几率。根据数值计算结果，并综合考虑各方面因素，3m 厚的注浆圈更加适用。

注浆段长度应根据地质条件、钻机和注浆设备的最佳工作能力、止浆岩柱(墙)厚度和最小设计盲区等因素确定。一般的，如采用一次注浆，注浆段长度在极破碎岩层中取 5～10m，在破碎岩层中取 10～15m，在裂隙岩层中取 15～30m；如采用重复注浆，则注浆段长可取 30～50m；如地层中存在隔水层时，注浆段长度可按隔水层位置划分。

通过之前的数值模拟结论可知，随着注浆长度的增加，掌子面附近的渗流速度呈指数性的降低，隧洞掌子面渗流速度也明显受到影响。当隧洞注浆圈厚度一定时，注浆加固体长度越长，隧洞掌子面的渗流速度越小，随着注浆加固长度的增加，注浆加固体的长度对掌子面最大渗流速度的影响有逐步减少的趋势。但是当注浆距离超出断层界面 9～12m 以后，注浆加固长度增加对掌子面渗流速度的影响效果不大。因此，注浆段长度以 9～12m 为最优。

一、加固圈厚度

1. 计算几何模型及边界条件

以引水隧洞 2＋870～3＋930 段作为背景，研究隧洞穿越富水风化花岗岩断层破碎带涌水突泥机理。隧洞在 F_{52} 断层区域平均埋深 550m，地下水位线平均高度位于地表下 50m；隧洞断面为底宽 3.0m、直径 3.9m 的扩底圆形断面；断层宽度约 3m，倾角 60°，断层周边破碎带按 20m 考虑。地下洞室开挖仅在距离洞室中心点 3～5 倍洞径范围内的围岩应力、位移产生较大影响，在 3 倍洞径之外影响在 5% 以下。因此，综合考虑计算精度和计算效率，水平方向上，计算模型由隧洞轴线向两侧各取 18m；竖直方向上，下边界各取 18m。计算模型纵向范围也应作相应的延伸，由断层向两侧各延伸 18.5m。整个计算模型三维尺寸为 36m×36m×60m，如图 8-2、图 8-3 所示，以隧洞轴向为 Y 轴，竖直向上为 Z 轴，垂直于 YZ 平面为 X 轴，原点为模型底部前视角点处。

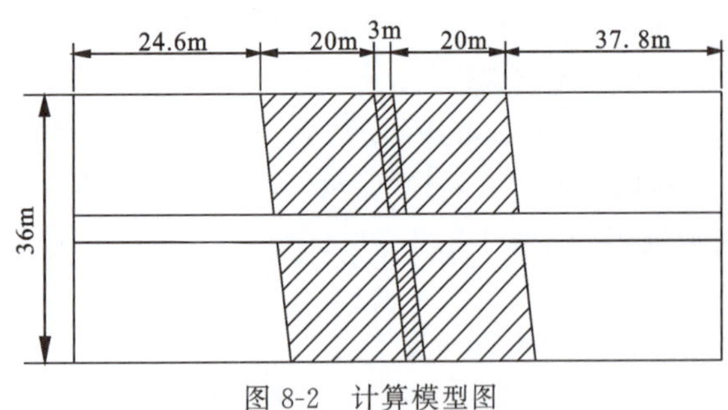

图 8-2　计算模型图

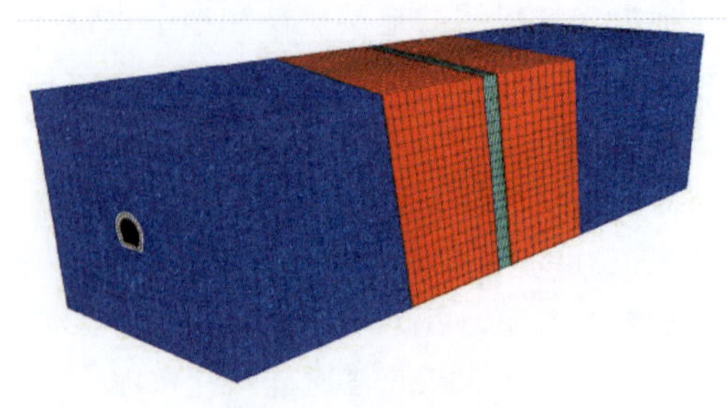

图 8-3　注浆圈模型

渗流场边界条件：模型上表面为自由水面，设置孔隙水压力为零边界；隧洞开挖周边及掌子面由于与大气相通，也设置孔隙水压力为零边界；隧洞左右、前后以及底部设为无流动边界。应力、位移场边界条件：模型不计上覆岩土体重力作用，隧洞开挖周边及掌子面为自由边界；隧洞左右、前后限制水平位移，设为辊支承约束；隧洞底部设为固定约束。

2. 计算参数及模拟方法

为方便计算和建模，将计算模型的围岩视为普通围岩、破碎带围岩和断层带围岩 3 种形式的岩体，根据研究区工程地质勘察报告，普通围岩按Ⅲ级围岩，破碎带按Ⅳ级围岩考虑，断层带按Ⅵ级围岩考虑。各计算参数主要参考龙津溪引水工程地质报告，部分不详参数参考隧洞断层破碎带常见围岩状况并根据《工程地质手册》(第四版)有关规定进行选取，各参数具体取值见表 8-5。

表 8-5　围岩的物理力学参数取值表

材料名称	弹性模量(GPa)	重度(kN/m^3)	泊松比	内摩擦角(°)	黏聚力(MPa)	渗透率($m^2 \cdot Pa^{-1} \cdot s^{-1}$)	孔隙率
Ⅲ围岩(普通围岩)	15	27	0.21	45	0.42	1.0×10^{-13}	0.01
Ⅳ围岩(普通围岩)	4.7	25	0.35	30	0.18	1.0×10^{-9}	0.1
Ⅴ围岩(破碎带围岩)	1.1	22	0.32	25	0.08	5.0×10^{-9}	0.4
Ⅵ围岩(断层带围岩)	0.02	19	0.3	23	0.03	1.0×10^{-8}	0.5
注浆圈	1.0	25	0.2	45	0.2	1.0×10^{-12}	0.1

本书主要研究在不同注浆圈厚度下隧洞穿越富水风化花岗岩断层破碎带涌水突泥机理及规律，因此，对隧洞开挖施工模拟作了适当的简化：隧洞采用全断面开挖，并在掌子面前 15m 对隧洞周边围岩进行不同程度的注浆，注浆厚度分别为 1m、2m、3m、4m、6m，工况依次为沿轴向开挖 32m、38m、52m、56.5m、61m、74m、81m。在掌子面后方 1m 处布设监控断面，进行对比研究，从孔隙水压力、渗流速度、最大应力、位移研究隧洞穿越富水风化花岗岩断层破碎带涌水突泥机理。

3. 孔隙水压力场及渗流场分析

隧洞开挖穿越富水风化花岗岩断层破碎带过程中，围岩孔隙水压力场及渗流场变化如图 8-4 所示。以下列出掌子面开挖至 52m、56.5m、61m 时孔隙水压力分布整体剖切图及其后方 1m 处监测断面的孔隙水压力分布图。

1m 厚注浆圈水压力场及渗流场如图 8-4(a)、(b)、(c)所示。

2m 厚注浆圈水压力场及渗流场如图 8-4(d)、(e)、(f)所示。

3m 厚注浆圈水压力场及渗流场如图 8-4(g)、(h)、(i)所示。

4m厚注浆圈水压力场及渗流场如图8-4(j)、(k)、(l)所示。

6m厚注浆圈水压力场及渗流场如图8-4(m)、(n)、(o)所示。

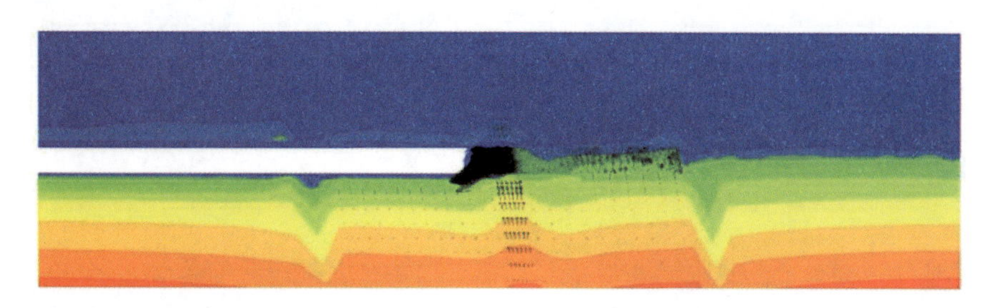

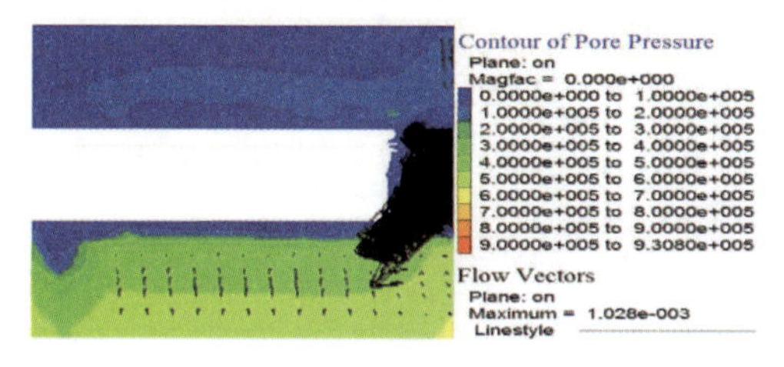

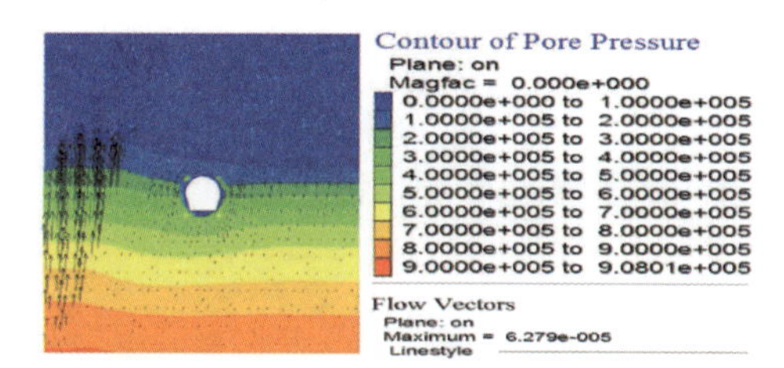

（a）开挖52m后孔隙水压力及渗流场分布（1m厚注浆圈）

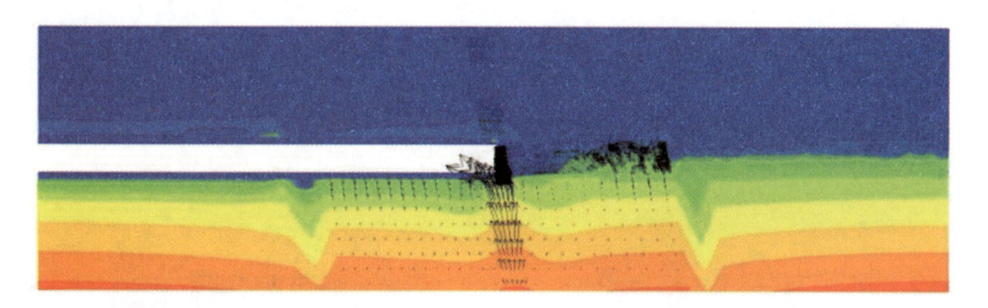

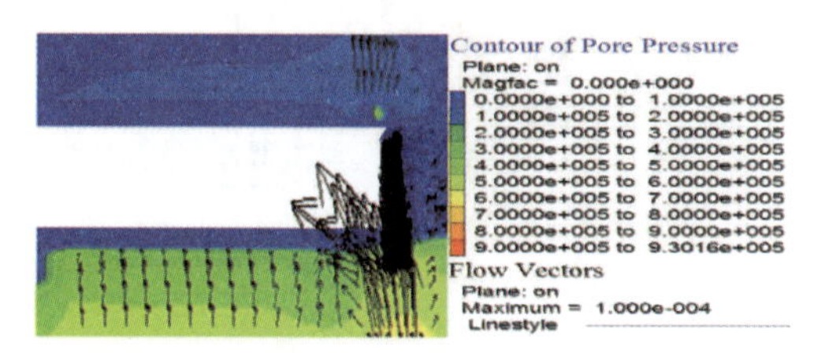

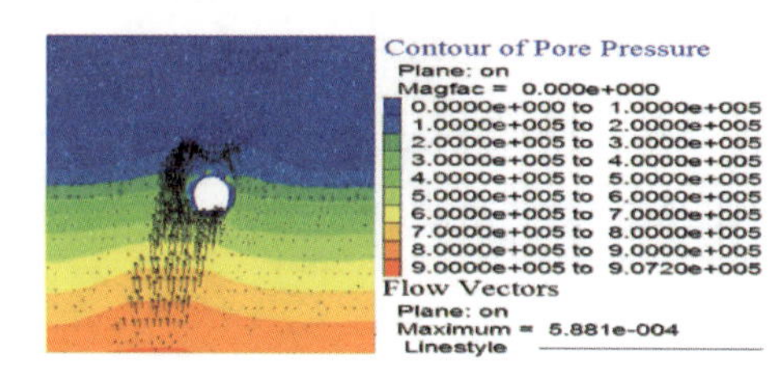

（b）开挖56.5m后孔隙水压力及渗流场分布（1m厚注浆圈）

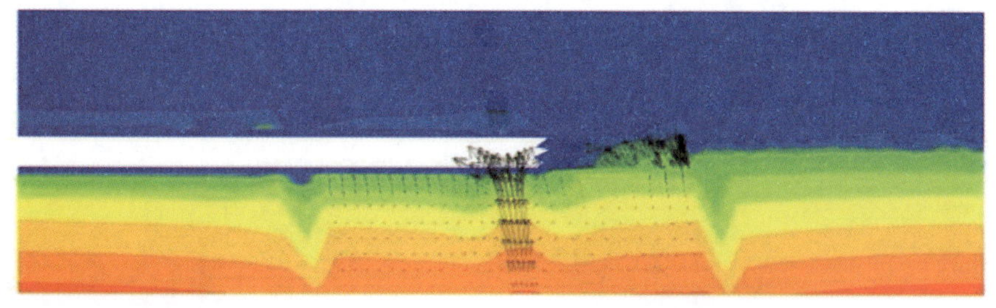

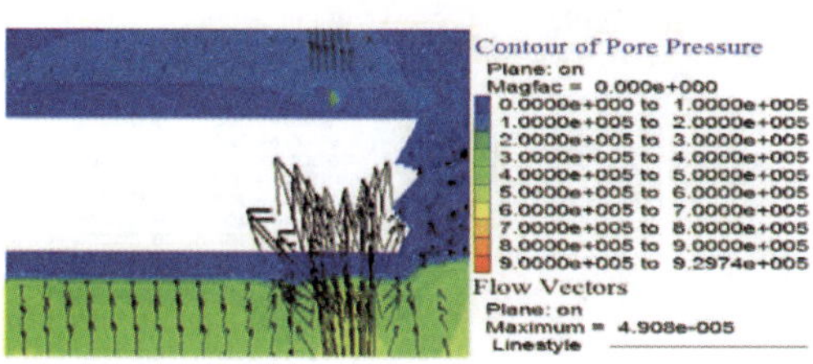

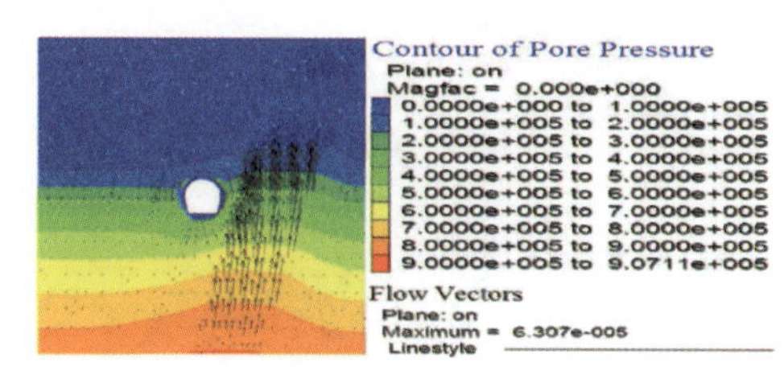

（c）开挖61m后孔隙水压力及渗流场分布（1m厚注浆圈）

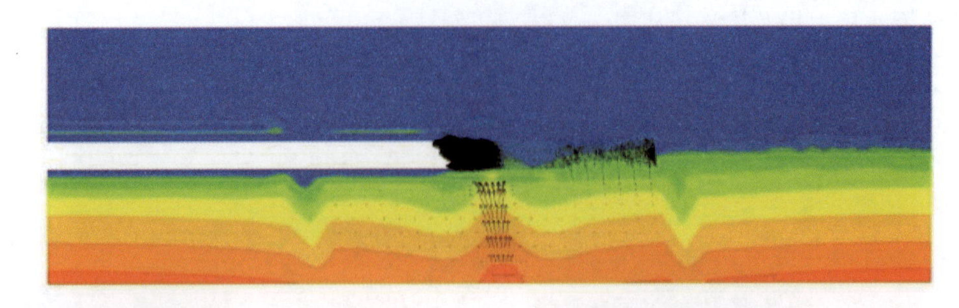

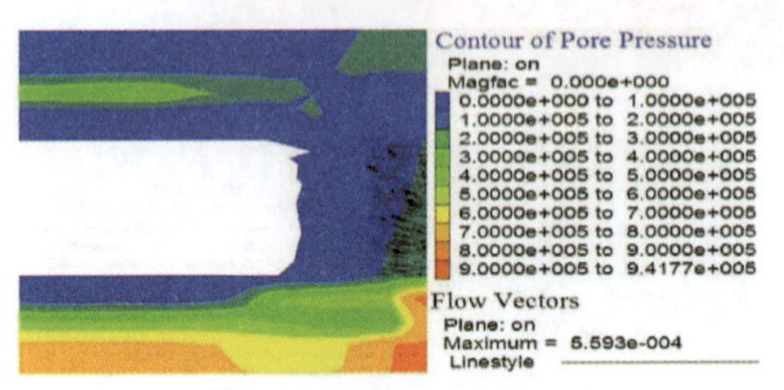

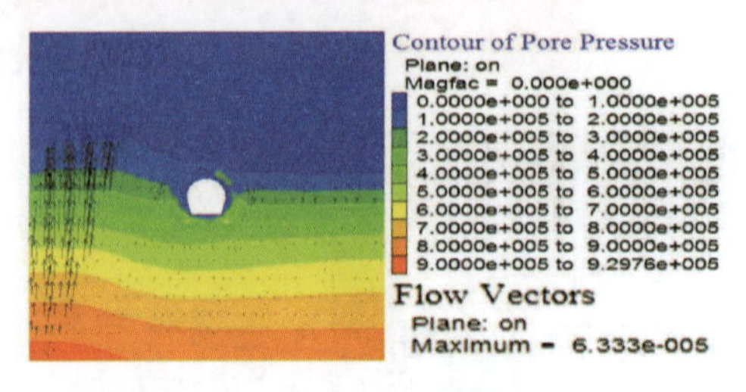

（d）开挖 52m 后孔隙水压力及渗流场分布（2m 厚注浆圈）

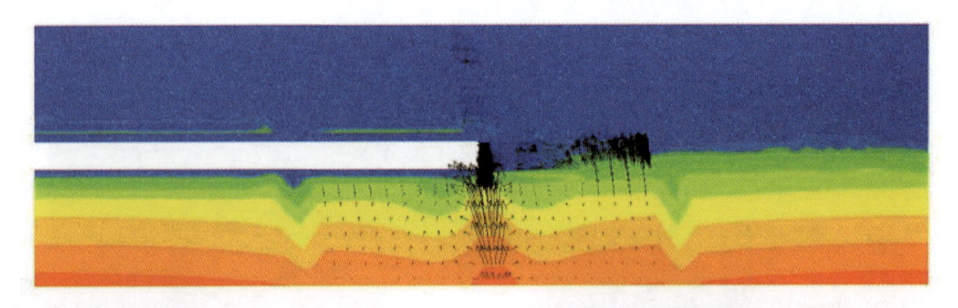

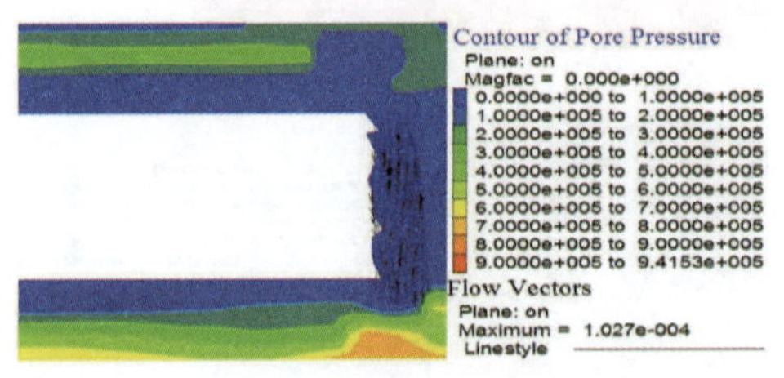

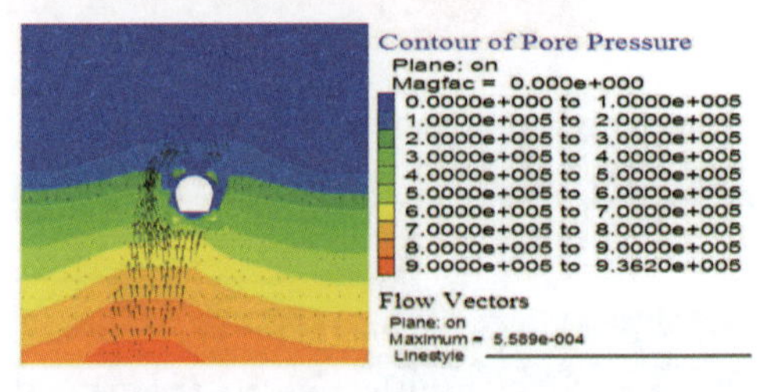

（e）开挖 56.5m 后孔隙水压力及渗流场分布（2m 厚注浆圈）

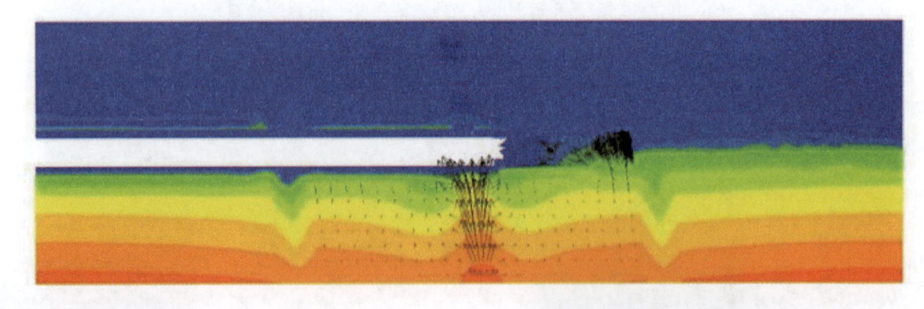

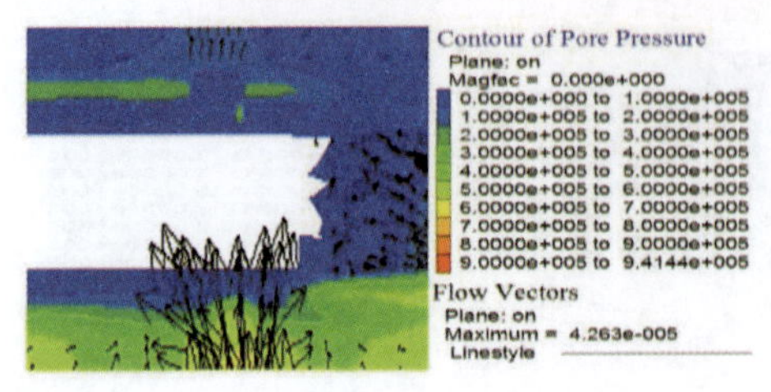

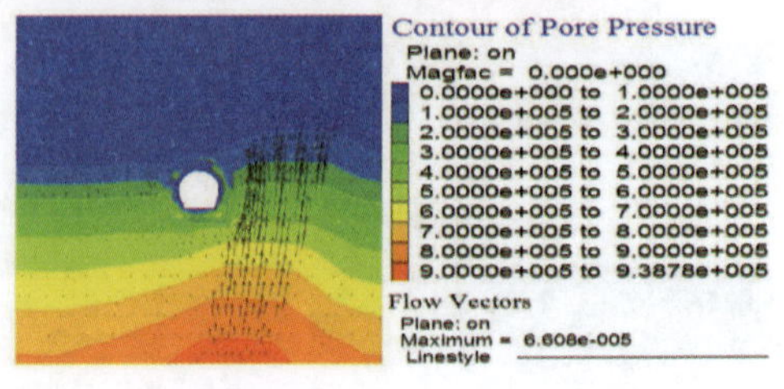

（f）开挖 61m 后孔隙水压力及渗流场分布（2m 厚注浆圈）

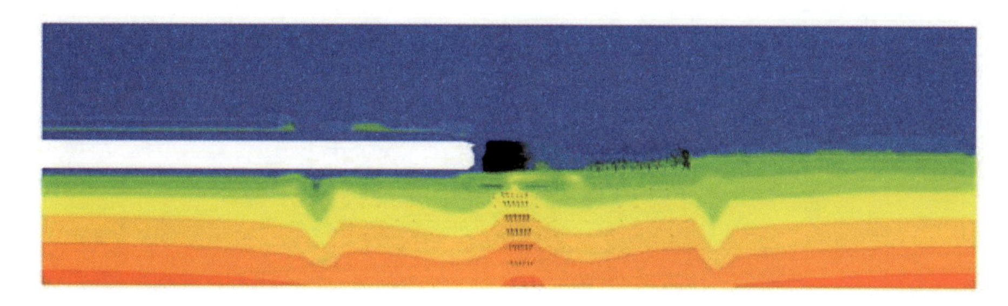

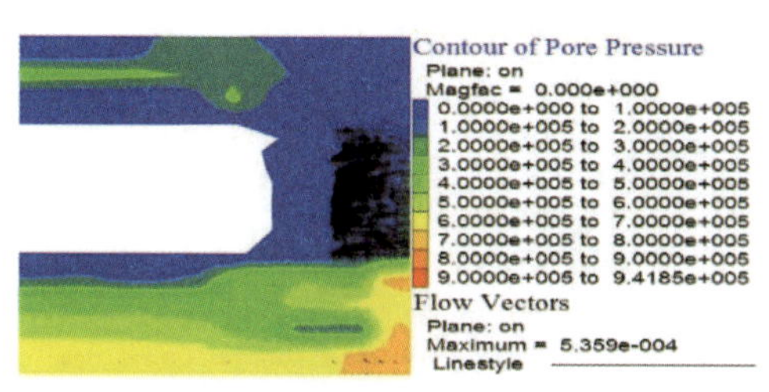

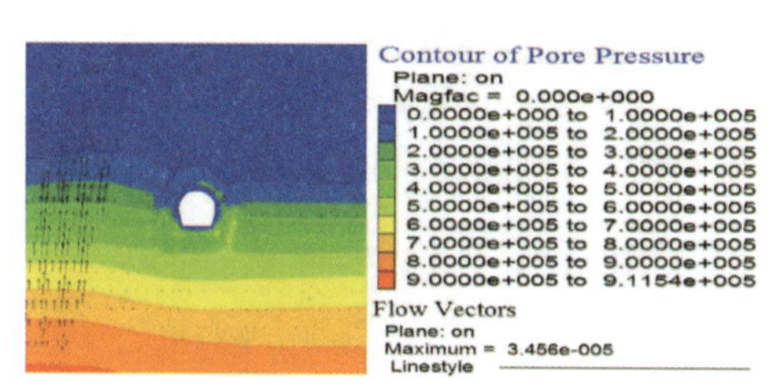

（g）开挖 52m 后孔隙水压力及渗流场分布（3m 厚注浆圈）

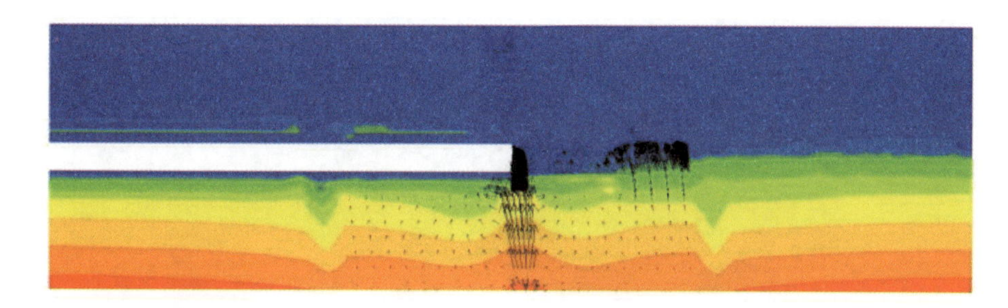

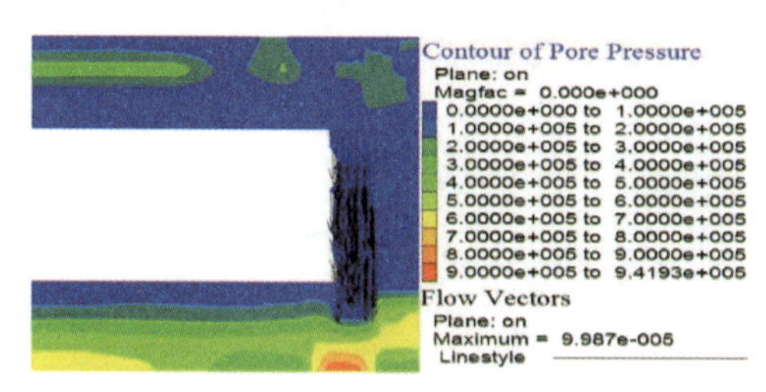

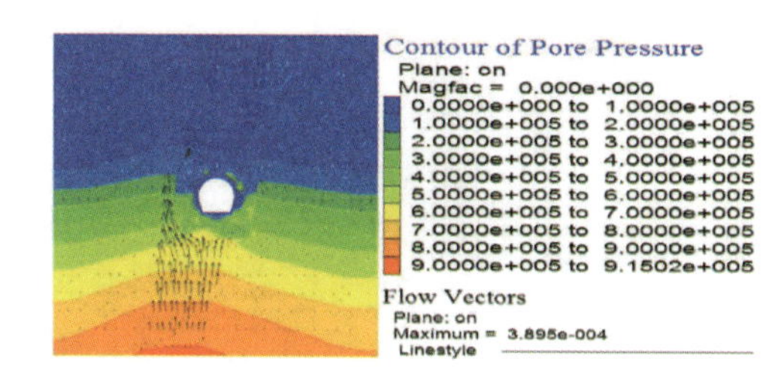

（h）开挖 56.5m 后孔隙水压力及渗流场分布（3m 厚注浆圈）

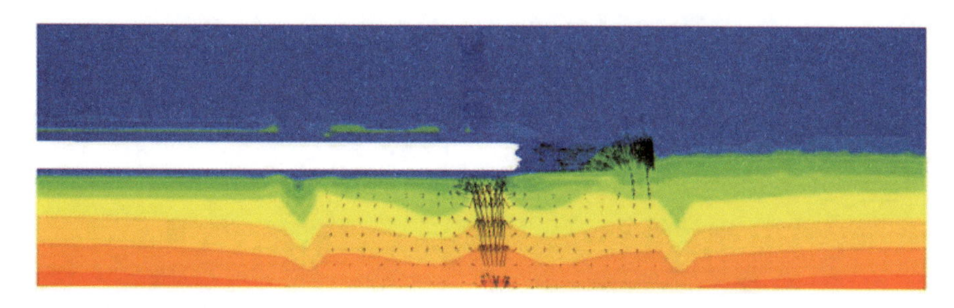

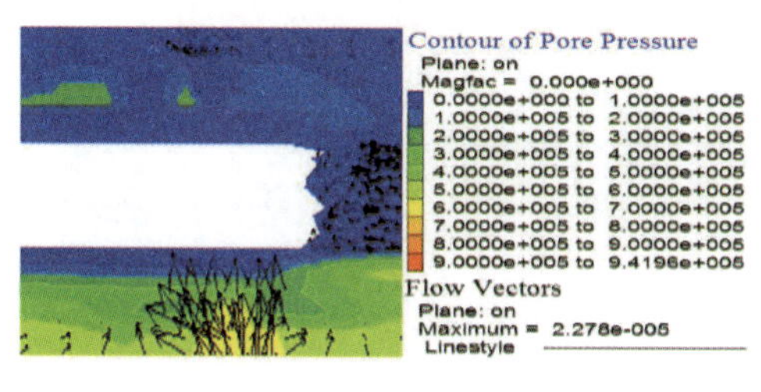

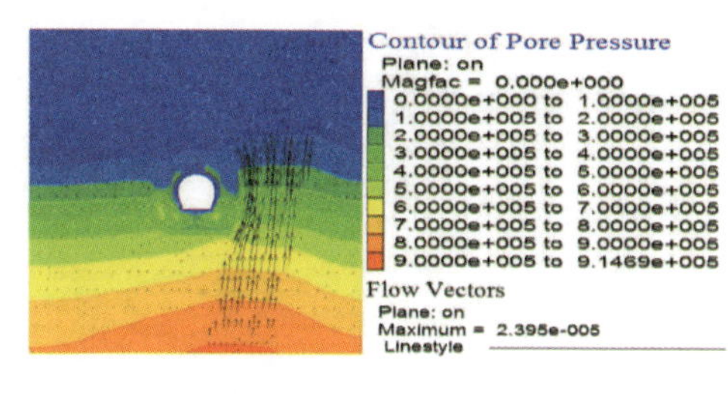

（i）开挖 61m 后孔隙水压力及渗流场分布（3m 厚注浆圈）

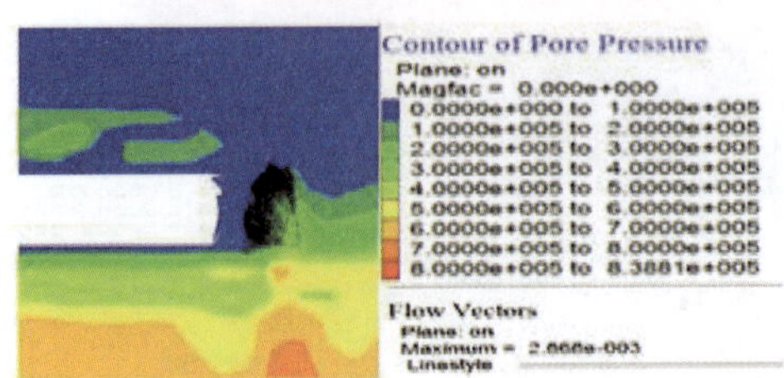

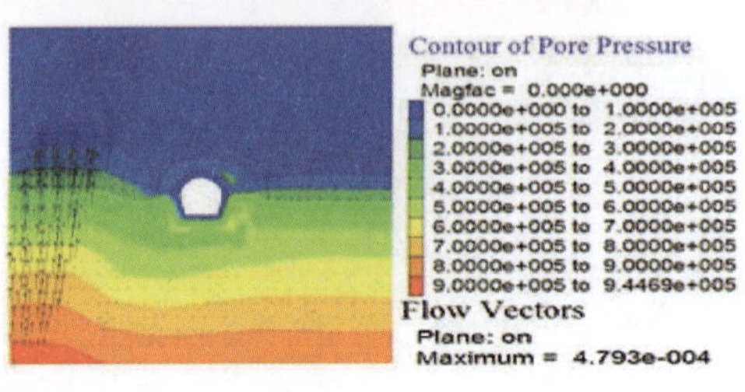

(j) 开挖 52m 后孔隙水压力及渗流场分布（4m 厚注浆圈）

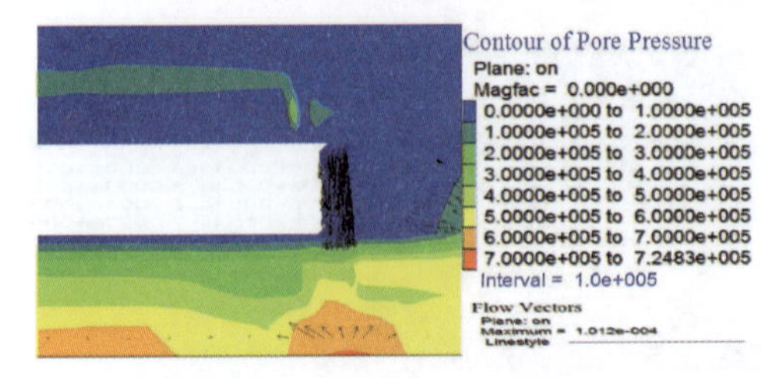

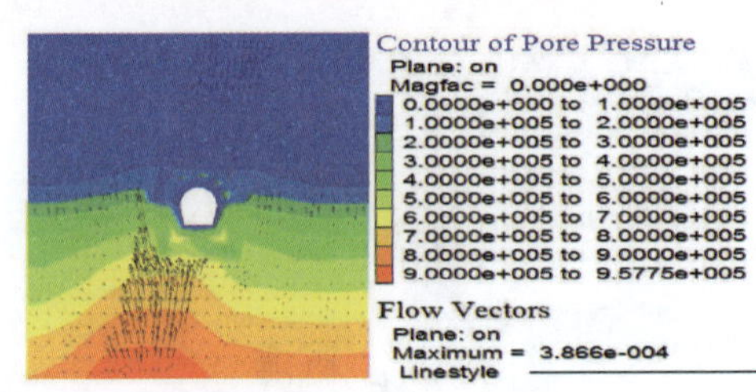

(k) 开挖 56.5m 后孔隙水压力及渗流场分布（4m 厚注浆圈）

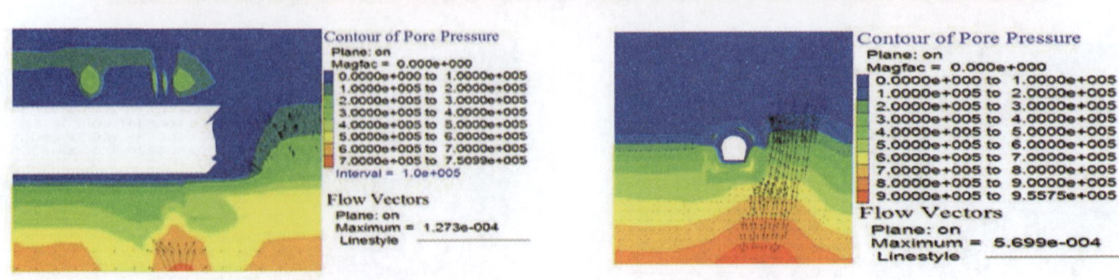

(l) 开挖 61m 后孔隙水压力及渗流场分布（4m 厚注浆圈）

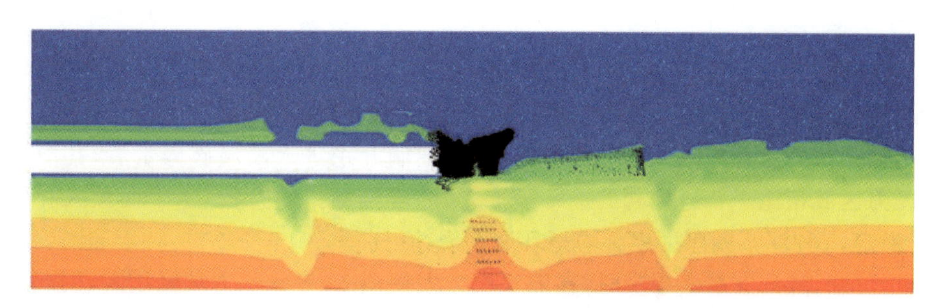

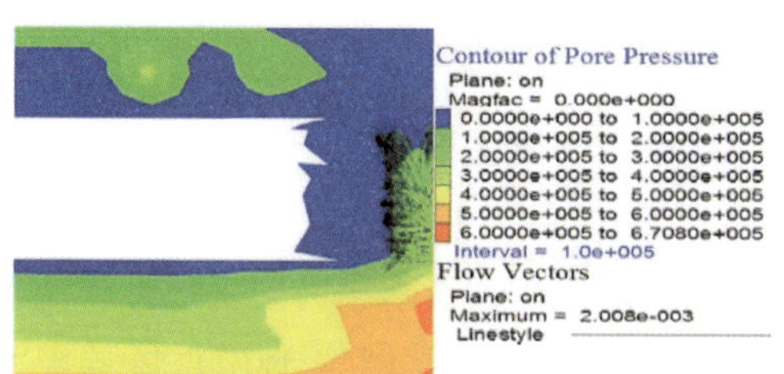

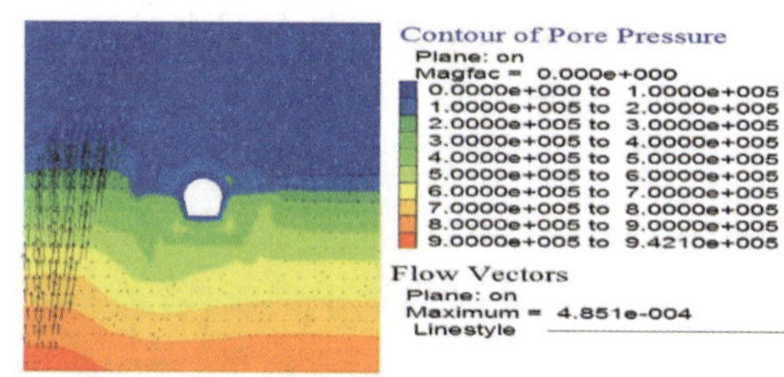

（m）开挖 52m 后孔隙水压力及渗流场分布（6m 厚注浆圈）

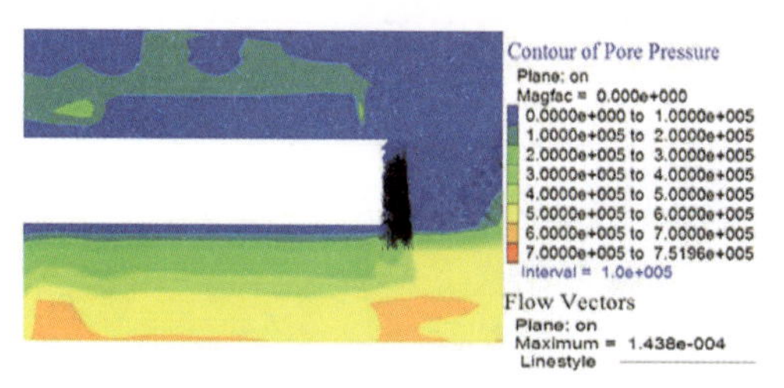

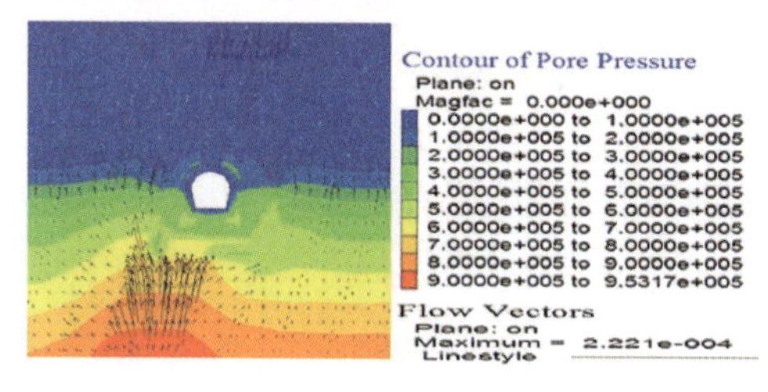

（n）开挖 56.5m 后孔隙水压力及渗流场分布（6m 厚注浆圈）

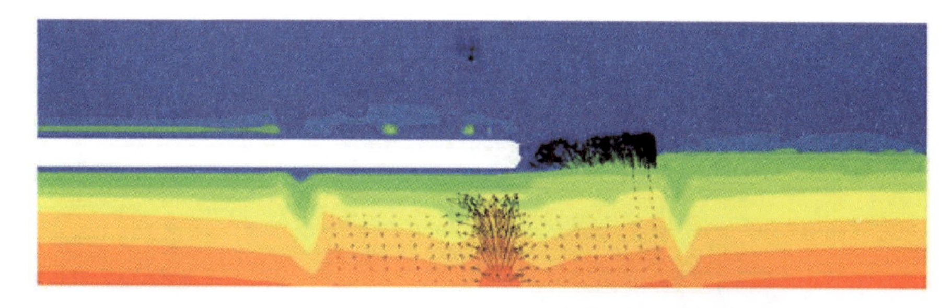

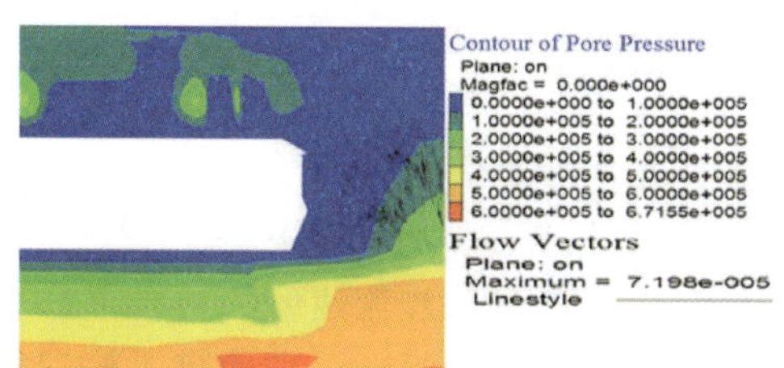

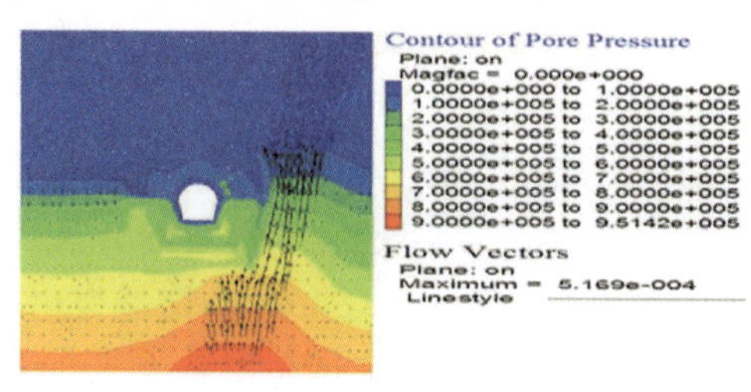

（o）开挖 61m 后孔隙水压力及渗流场分布（6m 厚注浆圈）

图 8-4　隧洞开挖后孔隙水压力场及渗流场分布云图

1)孔隙水压力场

分析图 8-4 可知:开挖前,初始孔隙水压力在普通围岩与断层带两者间的分布场一样,均随着深度的增加而增加。开挖后,围岩孔隙水压力场发生明显变化,隧洞周围孔隙水压力等势面密集,水压力较低,形成类似于漏斗状的低孔隙水压力区域。此外,当隧洞开挖进入断层破碎带后,孔隙水压力降低明显,低孔隙水压力区域相比于普通围岩的进一步扩大,随着隧洞持续开挖,掌子面最大孔隙水压力将持续减小并趋于稳定,5 种注浆圈厚度组合均呈现这一规律。

由上述分析可知,隧洞穿越断层带时,孔隙水压力大幅消散,导致水力坡降增大,引起渗流速度和渗透动水压力变大,地下水更容易向洞内渗透,造成围岩软化,力学性能降低,从而加剧断层破碎带岩体的失稳破坏,因此采取注浆等加固措施,能有效减少涌水突泥灾害的发生,以免造成工程和环境等方面的问题。

2)渗流场

分析图 8-4 可知,从纵向上来看,隧洞开挖后隧洞周围 3～5m 范围内及掌子面附近区域渗流速度较大,并且在断层形成明显的涌水通道,并向两边的破碎带扩散。从横向上来看,拱脚附近区域渗流速度最大,高渗流速度区围绕隧洞注浆圈呈环形式布。因此,在隧洞掌子面两侧拱脚附近,渗流速度较大,易发展形成涌水突泥,施工时应加强观测和预防。

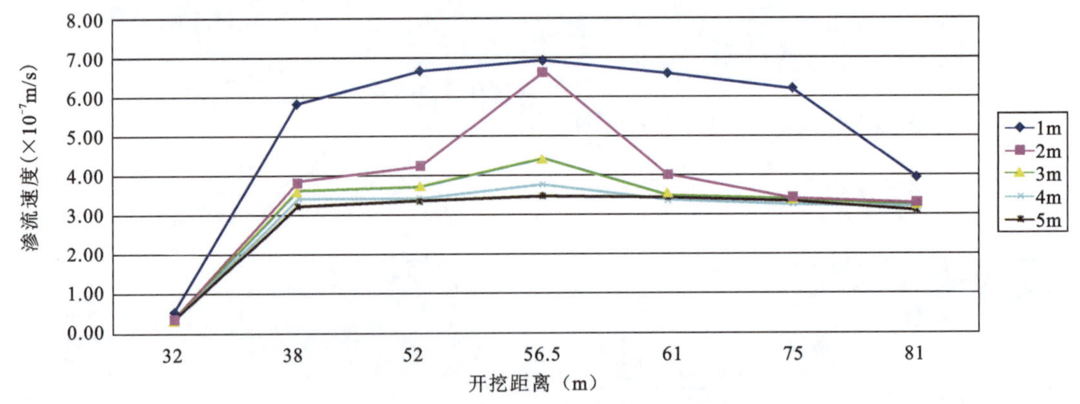

图 8-5 不同注浆圈厚度开挖面流速曲线图

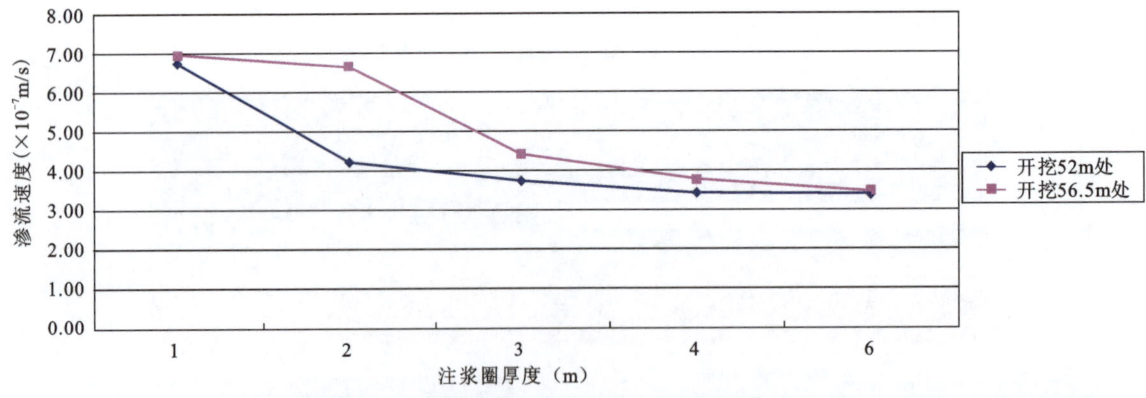

图 8-6 不同注浆圈厚度相同开挖面流速曲线图

如图 8-5、图 8-6 所示,当注浆圈厚度为 1m 时,随着隧洞开挖向断层推进,掌子面附近围岩的渗流速度发生急剧性、突变性增大,但因注浆圈的完整性好,渗透系数小,仅有很少的水能渗入。隧洞开挖进入断层带区域前,地下水流动较为稳定,流速变化不大,隧洞开挖 32m 时,最大渗流速度为 4.97×10^{-8}m/s;开挖至 38m 时,最大渗流速度急剧升为 5.84×10^{-7}m/s,开挖至 52m 时(距断层带距离 1 倍洞径范围内),受断层带影响,最大渗流速度变为 6.68×10^{-7}m/s,增幅达到 14.4%,上升趋势逐渐平缓;当开挖至

56.5m 断层中间时，流速达到峰值 6.91$\times 10^{-7}$m/s，增幅达到 3.4%。随着开挖继续进行，流速逐渐降低。

当注浆圈厚度为 2m 时，开挖进入断层破碎带区域前，围岩的岩性和渗透系数均好于注浆圈参数，32m 处掌子面附近注浆圈最大渗流速度为 3.02$\times 10^{-8}$m/s，相比于前一组降幅为 39.2%；开挖进入破碎带后，注浆圈内最大渗流速度急剧上升至 3.8$\times 10^{-7}$m/s，相比于前一组降幅为 34.9%；开挖至断层前区域，注浆圈内流速缓慢上升至 4.21$\times 10^{-7}$m/s；开挖至 56.5m 时，进入断层导致注浆圈内渗流速度急剧升高至 6.6$\times 10^{-7}$m/s，增幅为 56.8%，但相比于 1m 厚注浆圈，在相同开挖面最大渗流速度降幅为 4.5%；随着开挖的继续进行，注浆圈内渗流速度逐渐降低并趋于稳定，并低于前一模拟数据。

当注浆圈厚度为 3m 时，开挖进入断层破碎带区域前，围岩的岩性和渗透系数均好于注浆圈参数，32m 处掌子面附近注浆圈最大渗流速度为 2.61$\times 10^{-8}$m/s，相比于前一组降幅为 13.6%；开挖进入破碎带后，注浆圈内最大渗流速度急剧上升至 3.57$\times 10^{-7}$m/s，相比于前一组降幅为 6.1%；开挖至断层前区域，注浆圈内流速缓慢上升至 3.71$\times 10^{-7}$m/s；开挖至 56.5m 时，进入断层导致注浆圈内渗流速度有所升高，但因为注浆圈较前两组更厚，最大渗流速度缓慢上升为 4.39$\times 10^{-7}$m/s，增幅为 18.3%，但相比于 2m 厚注浆圈，在相同开挖面最大渗流速度降幅为 33.5%；随着开挖的继续进行，注浆圈内渗流速度逐渐降低并趋于稳定。

注浆圈厚度为 4m 时，开挖至断层破碎带前的渗流趋势和速度略低于 3m 厚注浆圈；开挖至断层前区域时，相比于 3m 厚注浆圈，注浆圈内流速缓慢上升至 3.41$\times 10^{-7}$m/s，降幅为 8.09%；开挖至 56.5m 时，进入断层导致注浆圈内渗流速度有所升高，注浆圈止水效果显著，最大渗流速度缓慢上升为 3.76$\times 10^{-7}$m/s，相比于 3m 厚注浆圈，在相同开挖面最大渗流速度降幅为 14.4%。随着开挖的继续进行，注浆圈内渗流速度逐渐降低并趋于稳定。

注浆圈厚度为 6m 时，开挖进入破碎带后，注浆圈内最大渗流速度从 2.03$\times 10^{-8}$m/s 急剧上升至 3.2$\times 10^{-7}$m/s，但随着开挖的进行，注浆圈渗流速度变化趋势持平，仅在开挖至 56.5m 断层处时有起伏，峰值流速 3.46$\times 10^{-7}$m/s，增幅 8.1%，相比于 4m 厚注浆圈，在相同开挖面最大渗流速度降幅为 7.9%

开挖进入断层前时，2m 厚的注浆圈能有效地降低渗流速度，止水效果明显，随着注浆圈厚度的增加，渗流速度呈指数性减少，趋势逐渐平缓。但开挖至 56.5m，即断层中部时，可以看到 2m 厚注浆圈不能有效地降低渗流速度，止水效果较差；当注浆圈厚度为 3m 时渗流速度降幅超过 30%，随后 4m 及 6m 的渗流速度呈指数性减少，降幅小于 15%。

由上可知，注浆圈能有效降低隧洞开挖时周围的渗流速度。进入断层带后，流速发生突变现象，呈现突然急剧性增大，这在 5 种不同厚度注浆圈的流速曲线中有所体现，1m 和 2m 厚注浆圈在开挖至断层时，最大渗流速度均急剧上升，且两者数据相近；但 3m 厚注浆圈能更加有效地降低断层区隧洞周边的渗流速度。

可见，隧洞开挖至断层带时，隧洞渗流速度和渗流量明显大幅增加，由于岩体破碎软弱，地下水沿岩体内的裂隙和孔隙通道大量涌出，不断渗透、软化和潜蚀围岩，造成隧洞围岩力学强度和渗透性不断恶化，导致岩体失稳，大量地下水及泥屑物质涌进隧洞，造成涌水突泥灾害。因此，断层破碎带是整个隧洞的薄弱地段，设计施工中应予以突出重视，采取注浆是积极有效的防控措施，从防护效果和施工成本两方面考虑，3m 厚注浆圈对隧洞的保护效果更好。

3)应力场分析

隧洞开挖穿越富水风化花岗岩断层破碎带过程中，同样取隧洞掌子面后方 1m 处的断面为监测面，研究分析不同隧洞围岩组合最大应力变化情况。以下列出掌子面开挖 52m、56.5m、61m 时监测断面及洞周局部放大的应力分布云图。

1m、2m、3m、4m、6m 厚注浆圈，按不同距离推进掌子面后应力场变化如图 8-7 所示。

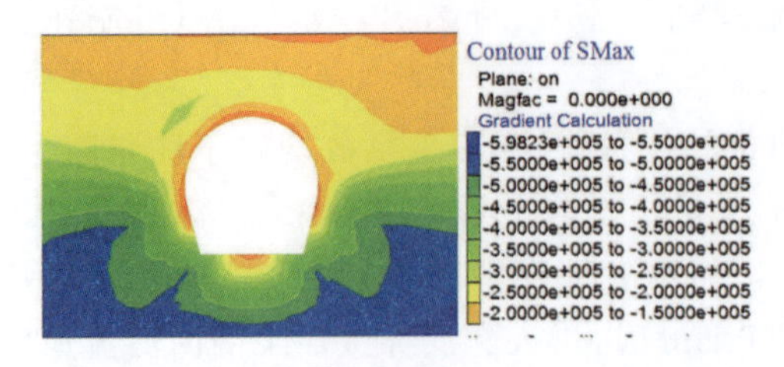

(a) 开挖 52m 后最大应力断面图（1m 厚注浆圈）

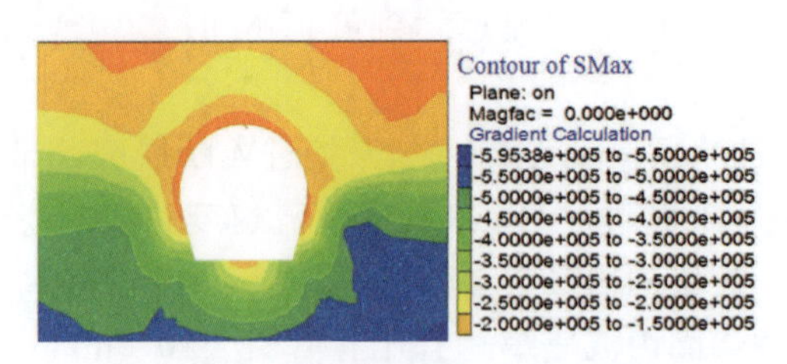

(b) 开挖 52m 后最大应力断面图（2m 厚注浆圈）

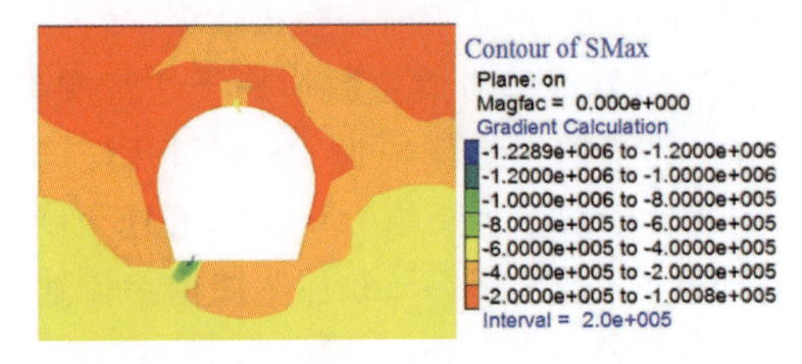

(c) 开挖 52m 后最大应力断面图（3m 厚注浆圈）

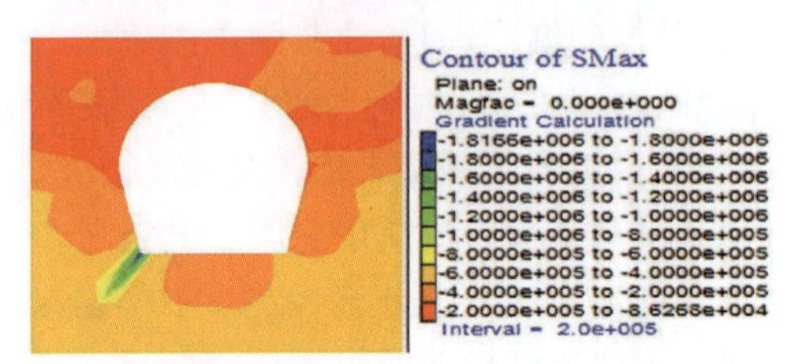

(d) 开挖 52m 后最大应力断面图（4m 厚注浆圈）

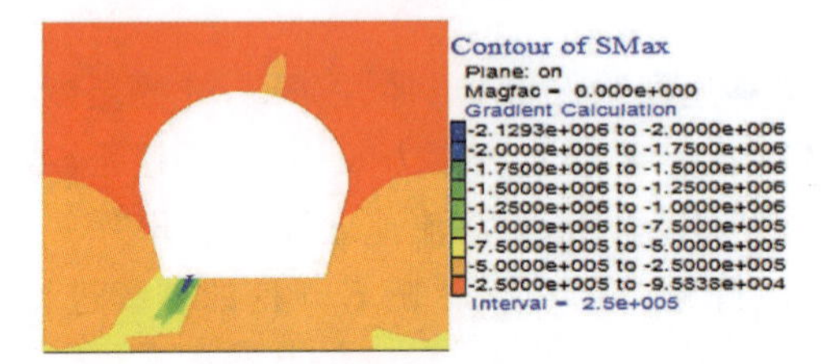

(e) 开挖 52m 后最大应力断面图（6m 厚注浆圈）

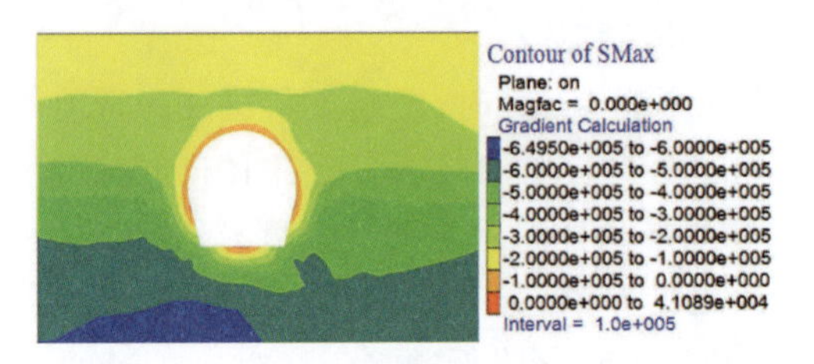

(f) 开挖 56.5m 后最大应力断面图（1m 厚注浆圈）

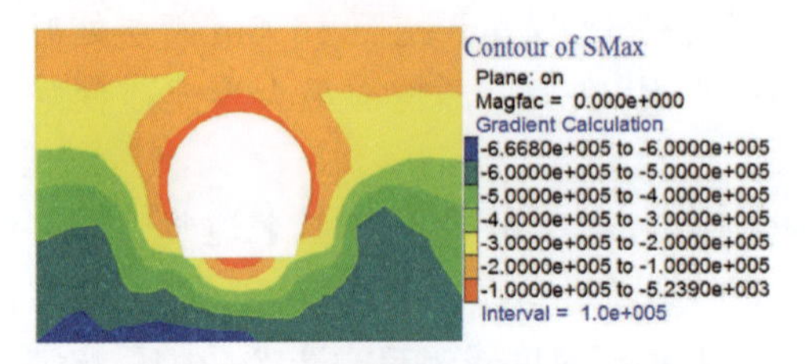

(g) 开挖 56.5m 后最大应力断面图（2m 厚注浆圈）

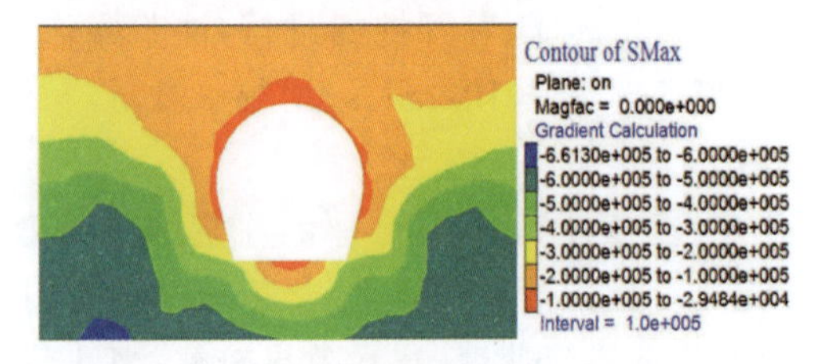

(h) 开挖 56.5m 后最大应力断面图（3m 厚注浆圈）

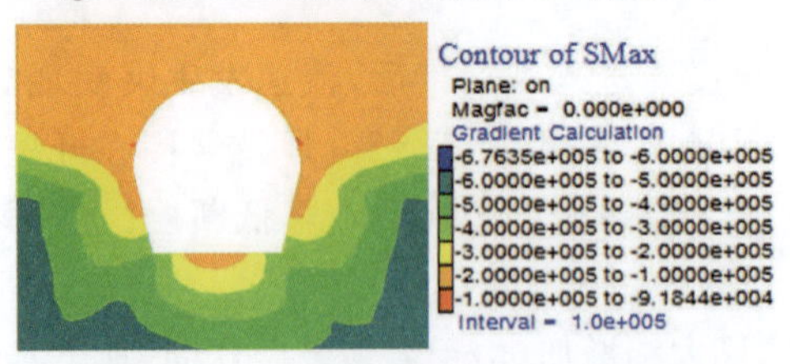

(i) 开挖 56.5m 后最大应力断面图（4m 厚注浆圈）

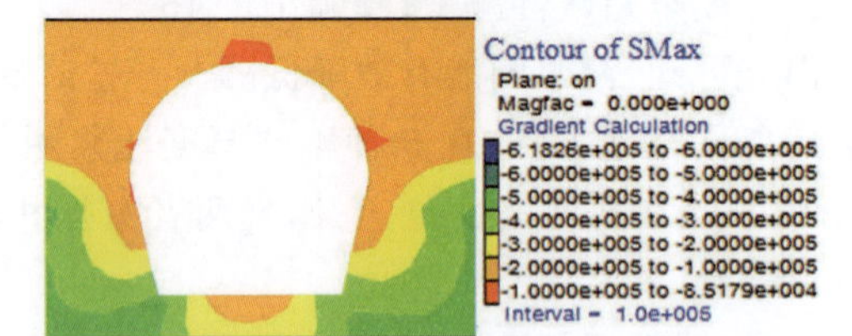

(j) 开挖 56.5m 后最大应力断面图（6m 厚注浆圈）

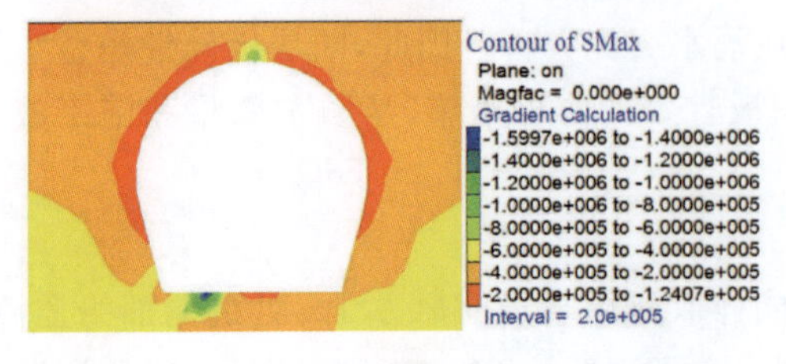

(k) 开挖 61m 后最大应力断面图（1m 厚注浆圈）

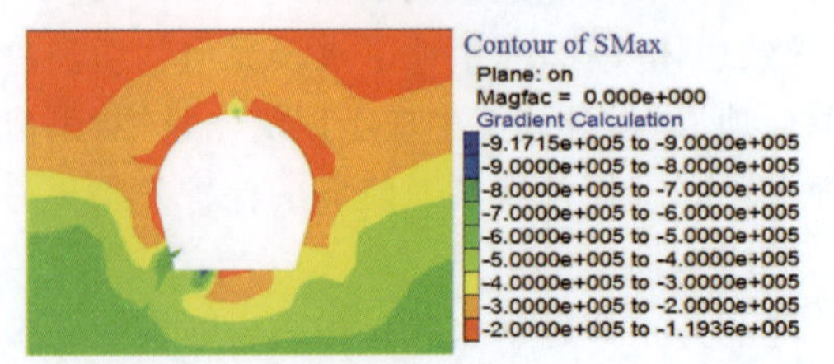

(l) 开挖 61m 后最大应力断面图（2m 厚注浆圈）

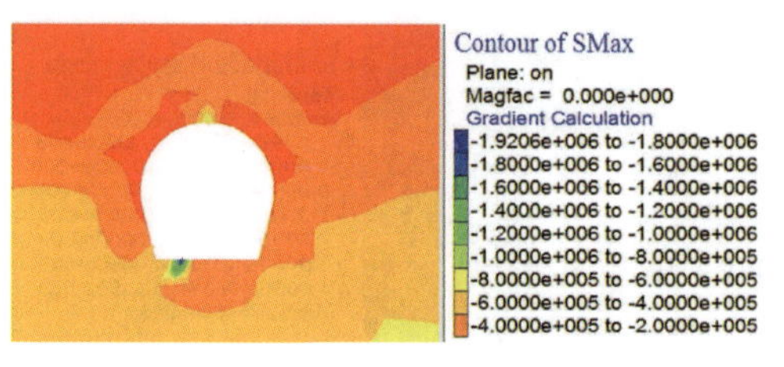

（m）开挖61m后最大应力断面图（3m厚注浆圈）

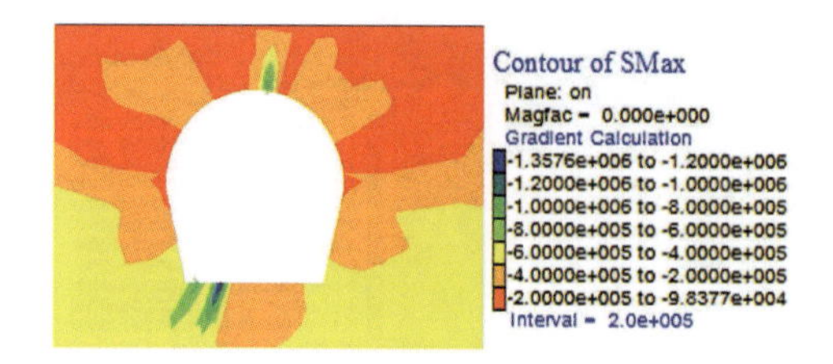

（n）开挖61m后最大应力断面图（4m厚注浆圈）

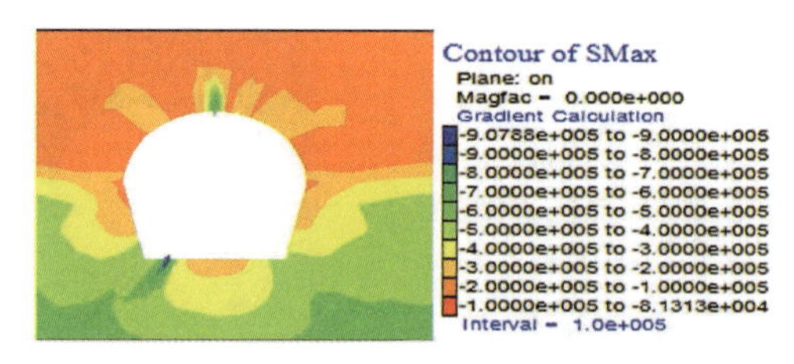

（o）开挖61m后最大应力断面图（6m厚注浆圈）

图8-7　各开挖推进距离掌子面后最大应力分布云图

分析图8-7可知：隧洞开挖后，围岩应力重分布，产生应力集中现象，压应力主要集中在隧洞侧壁、拱脚附近区域；拉应力主要集中在拱顶和底板区域。进入破碎带前，随着隧洞开挖推进，围岩的第一主应力最大值逐渐增大，应力集中现象加剧，开挖至32m时，第一主应力最大值为0.6MPa；此外，应力集中区范围也有所扩大，较大范围的高应力集中极易导致围岩失稳，发生涌水突泥灾害。隧洞开挖进入断层带后，应力的急剧变化，在56.5m单层处，应力降低至0.65MPa，在61m处，应力上升至1.6MPa。同时由56.5m断面图可以看到，隧洞周围出现大范围卸荷、应力松弛现象。

大范围应力释放使得岩体向隧洞开挖临空面以膨胀破坏等形式释放能量，导致隧洞围岩裂（孔）隙扩展发育，渗透性增大，进一步恶化可导致涌水突泥灾害发生。施工中应做好监控量测及加固措施，防止应力达到极限抗压、抗拉强度，围岩破坏，形成涌水突泥点，导致灾害发生。

4）位移场分析

隧洞开挖穿越富水风化花岗岩断层破碎带过程中，研究分析不同围岩组合下隧洞位移变化情况，围岩竖向位移、掌子面水平位移的分布如图8-8所示。以下列出掌子面开挖52m、56.5m、61m时位移分布云图。

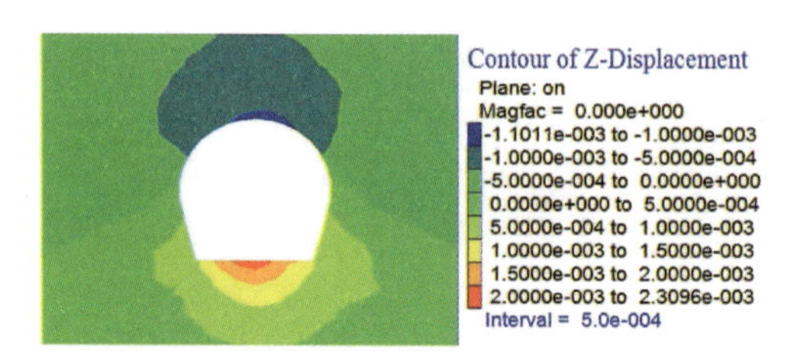

（a）开挖52m后竖向位移剖面图（1m注浆圈）

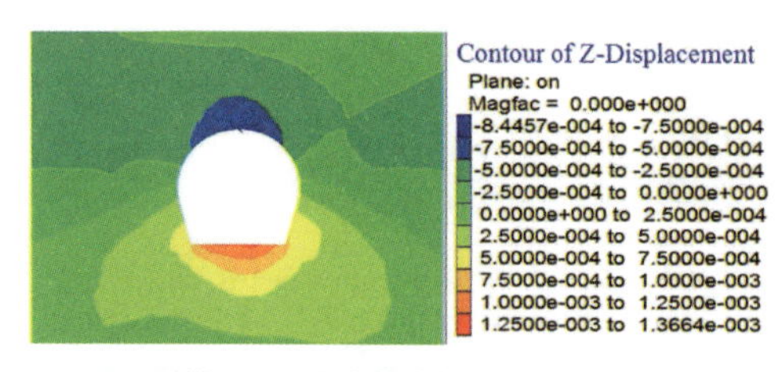

（b）开挖52m后竖向位移剖面图（2m注浆圈）

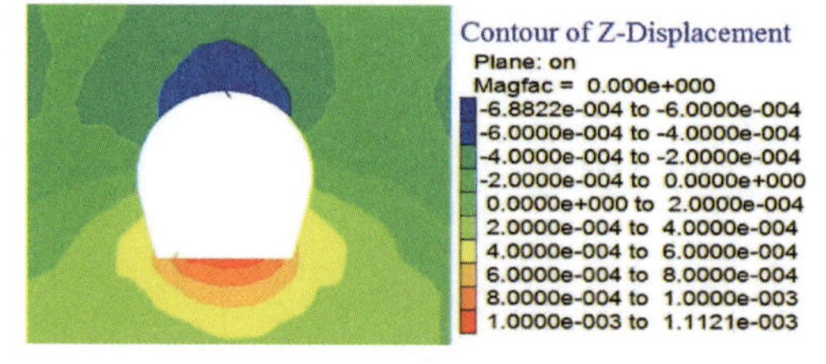

（c）开挖52m后竖向位移剖面图（3m注浆圈）

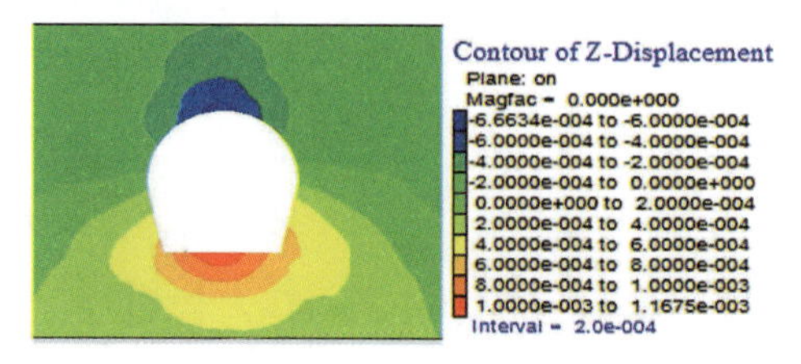

（d）开挖52m后竖向位移剖面图（4m注浆圈）

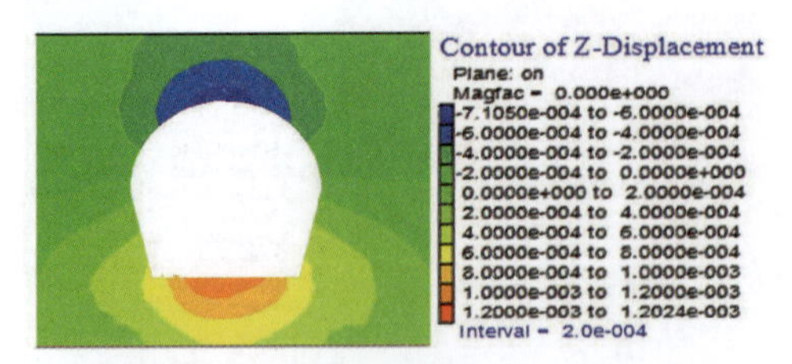

(e) 开挖 52m 后竖向位移剖面图（6m 注浆圈）

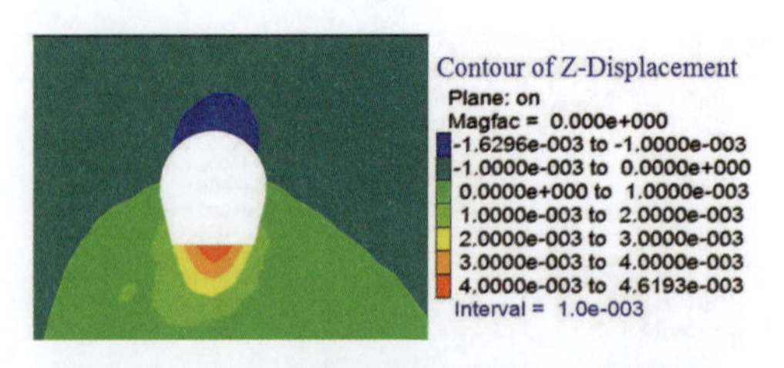

(f) 开挖 56.5m 后竖向位移剖面图（1m 注浆圈）

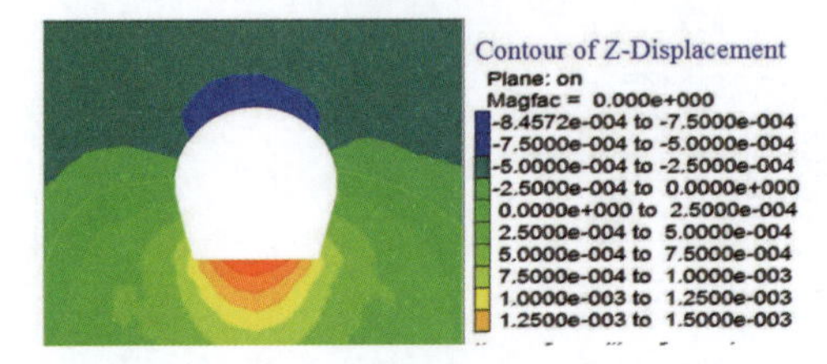

(g) 开挖 56.5m 后竖向位移剖面图（2m 注浆圈）

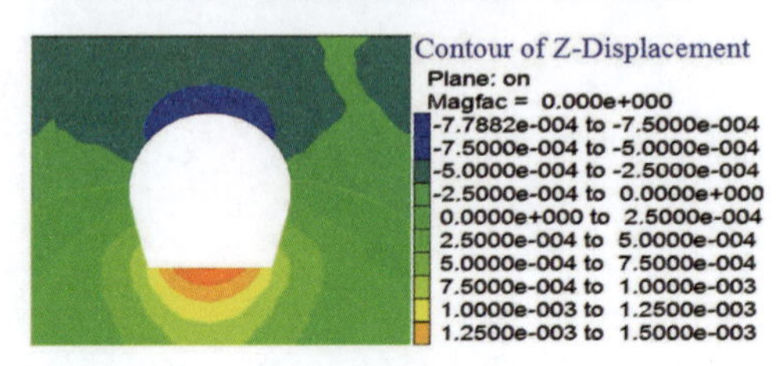

(h) 开挖 56.5m 后竖向位移剖面图（3m 注浆圈）

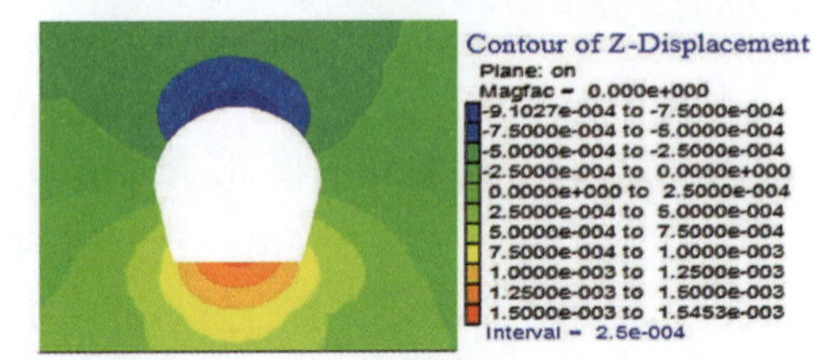

(i) 开挖 56.5m 后竖向位移剖面图（4m 注浆圈）

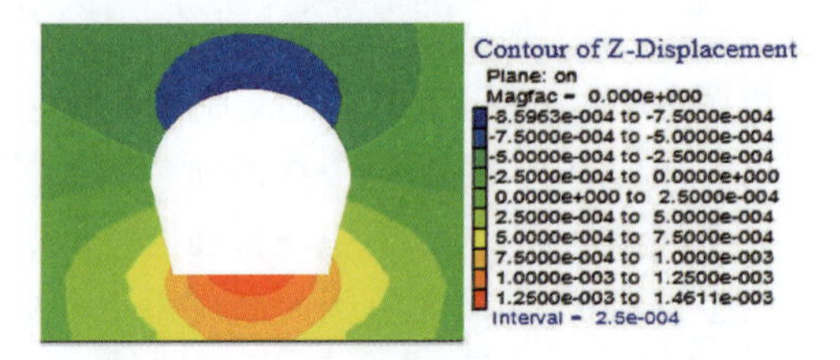

(j) 开挖 56.5m 后竖向位移剖面图（6m 注浆圈）

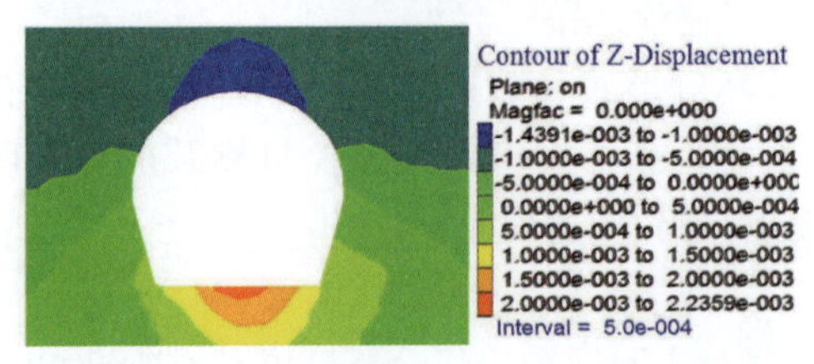

(k) 开挖 61m 后竖向位移剖面图（1m 注浆圈）

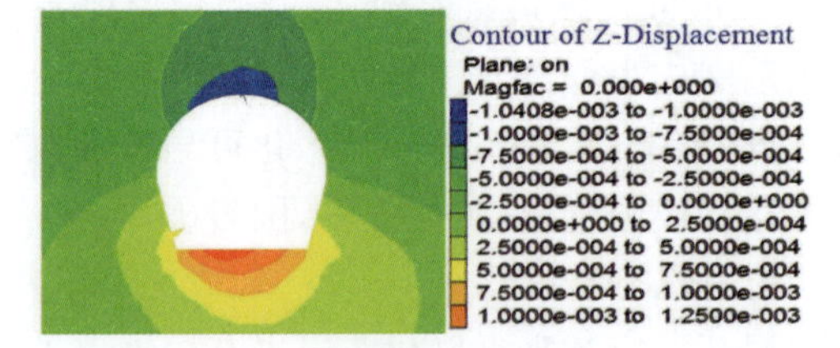

(l) 开挖 61m 后竖向位移剖面图（2m 注浆圈）

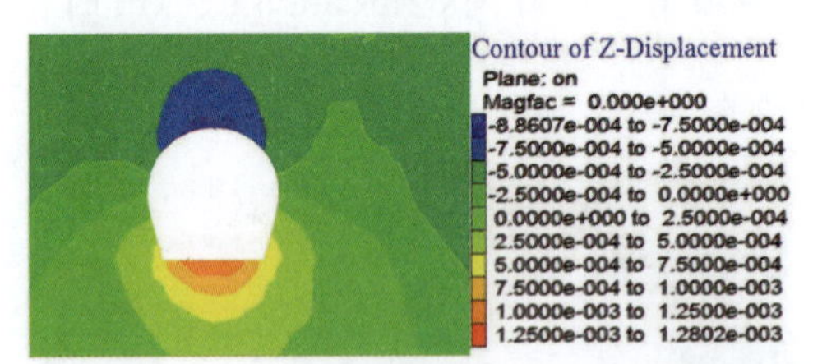

(m) 开挖 61m 后竖向位移剖面图（3m 注浆圈）

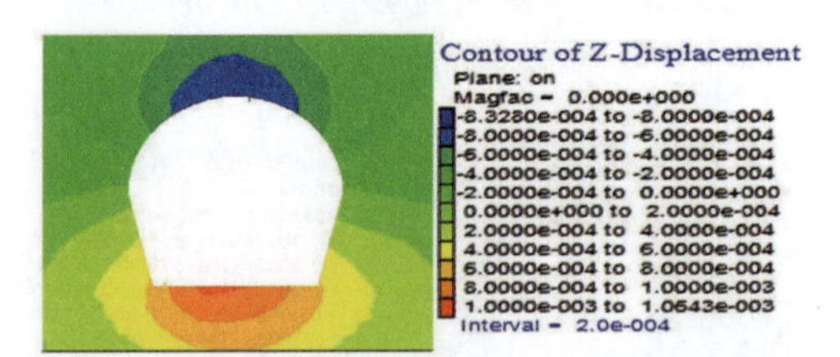

(n) 开挖 61m 后竖向位移剖面图（4m 注浆圈）

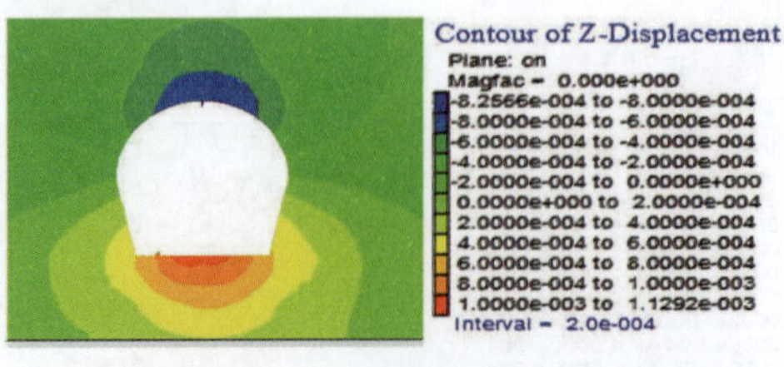

(o) 开挖 61m 后竖向位移剖面图（6m 注浆圈）

图 8-8　不同开挖推进距离隧洞竖向位移分布云图

由图 8-9 可知，隧洞开挖推进至断层前，隧洞围岩竖向位移变化不大，位移值基本稳定在某个较小值附近。以 1m 厚注浆圈竖向位移计算结果为例，隧洞开挖由 32m 向 52m 推进过程中，拱顶沉降由 0.034mm 变为 1.1mm，增量为 1.07mm；拱底隆起由 0.058mm 变为 2.31mm，增量为 2.25mm。随着隧洞开挖进入断层后，拱顶沉降为 1.63mm，底部隆起为 4.62mm。当开挖穿越断层后，拱顶沉降及底部隆起均有所降低。

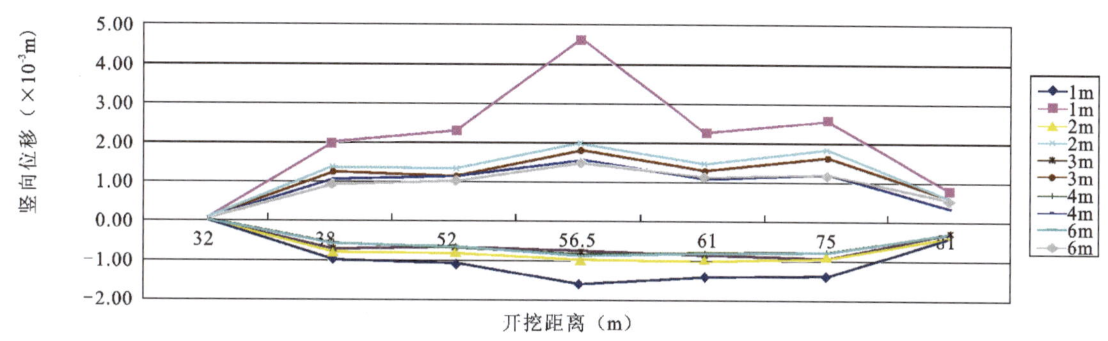

图 8-9　不同厚度注浆圈拱顶沉降、拱底隆起值变化曲线图

当注浆圈厚度为 2m 时，隧洞开挖从 32m 至 52m 过程中，拱顶沉降由 0.024mm 变为 0.845mm，较前一围岩组合降幅为 22.8%，同时底部隆起从 0.076mm 变为 1.37mm，较前一组合降幅为 77.3%。随着隧洞开挖进入断层后，位移量出现急剧性、突变性增大的现象，拱顶沉降达到峰值 0.996mm，底部隆起为 1.98mm。继续开挖穿越过断层进入至破碎带，隧洞沉降值及隆起值又急剧降低，整个位移量变化受隧洞穿越不同地层的过程影响。

对于 3m 厚注浆圈，隧洞开挖过程中拱顶沉降从 32m 至 52m 过程中，由 0.045mm 增加至 0.67mm，位移增量 0.625mm，较前一围岩组合降幅为 24.3%。底部隆起值从 0.078mm 上升至 1.11mm，位移增量 1.032mm，较前一围岩组合降幅为 20.2%。随着隧洞开挖进入断层后，位移量出现急剧性、突变性增大的现象，拱顶沉降达到峰值 0.78mm，底部隆起为 1.78mm，增幅分别为 27.2%和 9.8%。4m、6m 厚注浆圈的竖向位移趋势基本与 3m 厚注浆圈一致。

可见，隧洞施工穿越断层带后，由于岩体软弱破碎，围岩竖向位移、水平位移和掌子面先行位移发生急剧性、突变性增加，隧洞极有可能产生大变形。因此倘若施工方法不当，支护没有紧跟，断层附近地下水丰富，围岩发生较大变形，极有可能引起塌方甚至涌水突泥地质灾害。因此，隧洞施工至断层带附近时，应加强监控量测，采取多种合理有效措施防止涌水突泥灾害发生。

二、超前注浆长度

1. 计算几何模型及边界条件

计算模型的几何尺寸、边界条件和开挖方法均与引水洞 7+930 段建立的实际单断层计算模型一致，其他因素不变，仅增加了隧洞全断面注浆模型，针对掌子面前不同的注浆长度进行模拟分析。本次模拟研究如图 8-10、图 8-11 所示 5 种工况，掌子面超前注浆距离分别为 3m、6m、9m、12m、15m，主要以渗流场的变化特征来分析超前注浆长度对隧洞断层涌水突泥的影响。

2. 计算参数及模拟方法

为方便计算和建模，将计算模型的围岩视为普通围岩、破碎带围岩和断层带围岩 3 种形式的岩体，根据研究区工程地质勘察报告，普通围岩按Ⅲ级围岩考虑，破碎带按Ⅳ级围岩考虑，断层带按Ⅵ级围岩

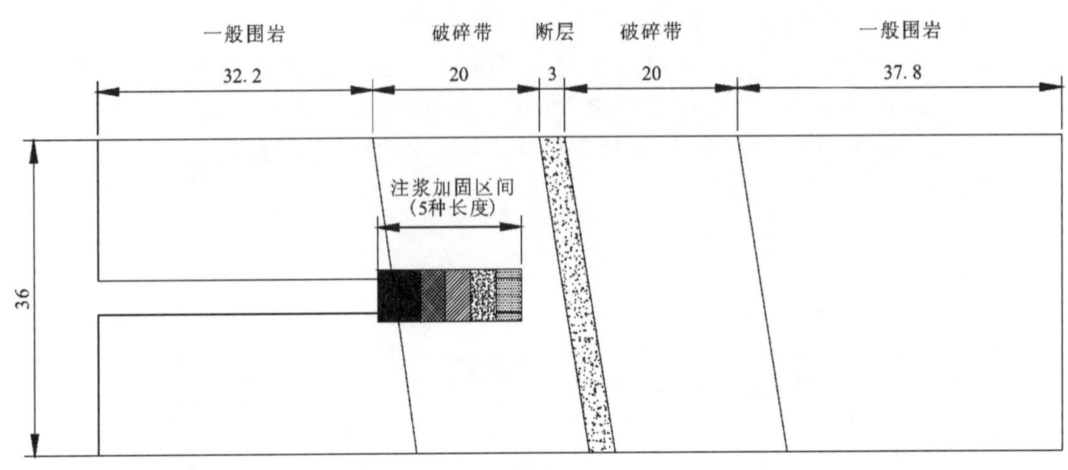

图 8-10　破碎带界面前 2m 处计算模型示意图

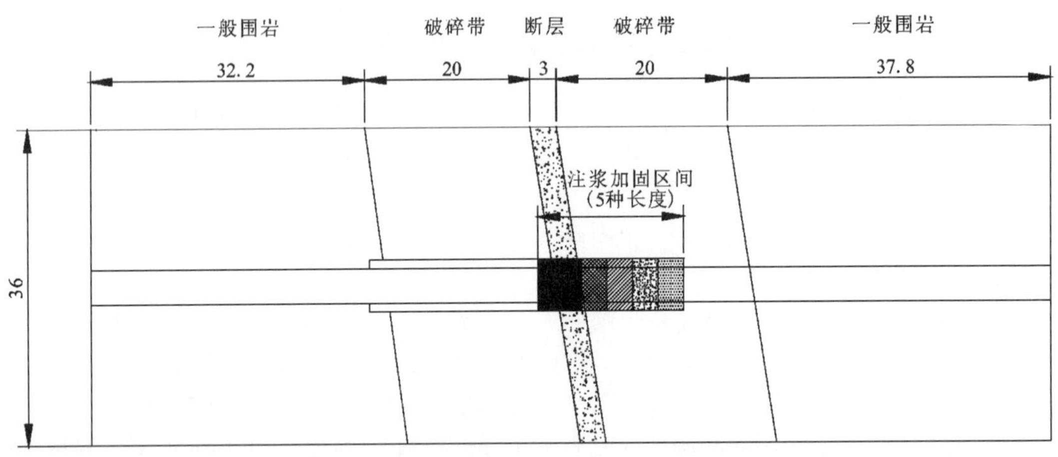

图 8-11　断层带界面前 2m 处计算模型示意图

考虑。各计算参数主要参考龙津溪引水工程地质报告，部分不详参数参考隧洞断层破碎带常见围岩状况并根据《工程地质手册》(第四版)有关规定进行选取，各参数具体取值见表 8-6。

表 8-6　围岩的物理力学参数取值表

材料名称	弹性模量(GPa)	重度(kN/m^3)	泊松比	内摩擦角(°)	黏聚力(MPa)	渗透率($m^2 \cdot Pa^{-1} \cdot s^{-1}$)	孔隙率
Ⅲ围岩(普通围岩)	15	27	0.21	45	0.42	1.0×10^{-13}	0.01
Ⅳ围岩(破碎带围岩)	5	25	0.35	30	0.18	1.0×10^{-9}	0.1
Ⅵ围岩(断层带围岩)	0.02	19	0.3	23	0.03	1.0×10^{-8}	0.5
注浆圈	1.0	20	0.2	45	0.2	1×10^{-12}	0.1

本书主要研究隧洞穿越富水风化花岗岩断层破碎带时涌水突泥机理及规律，因此，对隧洞开挖施工模拟作了适当的简化。隧洞采用全断面开挖，工况依次为掌子面前方超前注浆 3m、6m、9m、12m、15m 5 种情况，几种工况针对穿越破碎带及断层界面前 2m 进行分析。在掌子面后方 1m 处布设监控断面，进行对比研究，从孔隙水压力、渗流速度的变化角度研究隧洞穿越富水风化花岗岩断层破碎带涌水突泥机理。

3. 孔隙水压力场及渗流场分析

隧洞开挖至 33m，穿越破碎带前 2m 时，掌子面超前注浆距离分别为 3m、6m、9m、12m、15m，各工况下围岩孔隙水压力场及渗流场变化如图 8-12 所示。

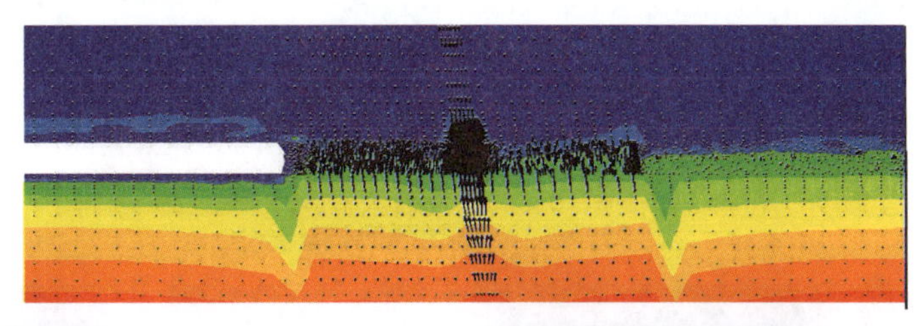

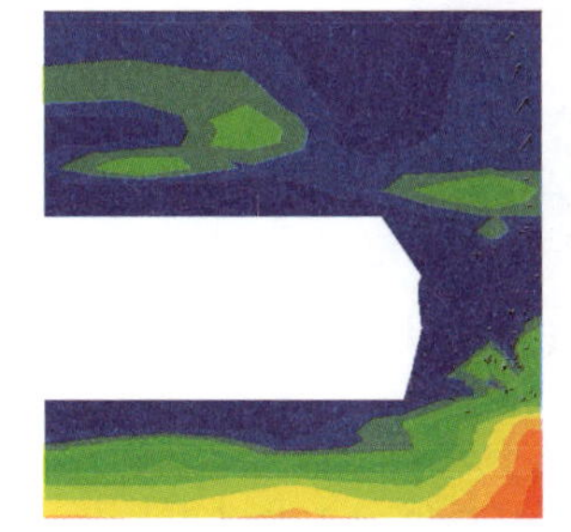

Contour of Pore Pressure
Plane: on
Magfac = 0.000e+000
0.0000e+000 to 5.0000e+004
5.0000e+004 to 1.0000e+005
1.0000e+005 to 1.5000e+005
1.5000e+005 to 2.0000e+005
2.0000e+005 to 2.5000e+005
2.5000e+005 to 3.0000e+005
3.0000e+005 to 3.5000e+005
3.5000e+005 to 4.0000e+005
4.0000e+005 to 4.5000e+005
4.5000e+005 to 5.0000e+005
5.0000e+005 to 5.5000e+005

Flow Vectors
Plane: on
Maximum = 5.777e-007

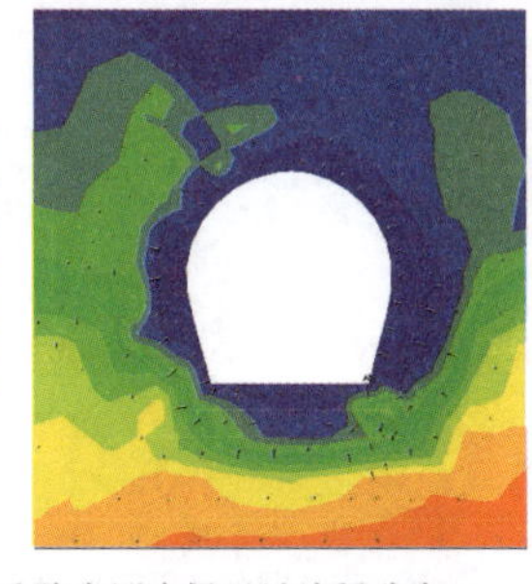

Contour of Pore Pressure
Plane: on
Magfac = 0.000e+000
0.0000e+000 to 5.0000e+004
5.0000e+004 to 1.0000e+005
1.0000e+005 to 1.5000e+005
1.5000e+005 to 2.0000e+005
2.0000e+005 to 2.5000e+005
2.5000e+005 to 3.0000e+005
3.0000e+005 to 3.5000e+005
3.5000e+005 to 4.0000e+005
4.0000e+005 to 4.5000e+005
4.5000e+005 to 5.0000e+005
5.0000e+005 to 5.5000e+005

Flow Vectors
Plane: on
Maximum = 7.476e-008

(a) 破碎带处超前注浆 3m 孔隙水压力场及渗流场分布

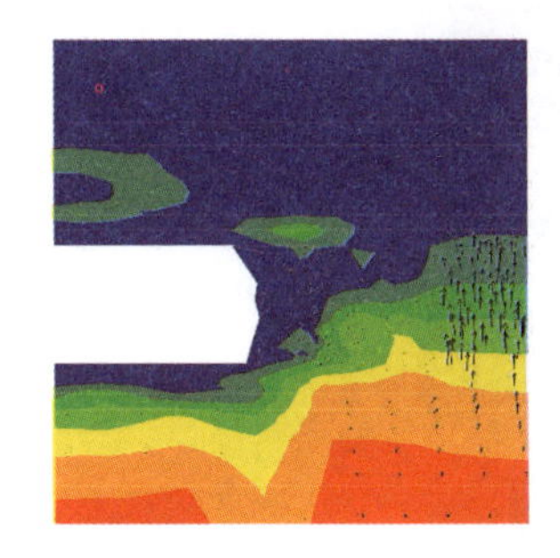

Contour of Pore Pressure
Plane: on
Magfac = 0.000e+000
0.0000e+000 to 1.0000e+005
1.0000e+005 to 2.0000e+005
2.0000e+005 to 3.0000e+005
3.0000e+005 to 4.0000e+005
4.0000e+005 to 5.0000e+005
5.0000e+005 to 6.0000e+005
6.0000e+005 to 6.8526e+005
Interval = 1.0e+005

Flow Vectors
Plane: on
Maximum = 5.200e-007

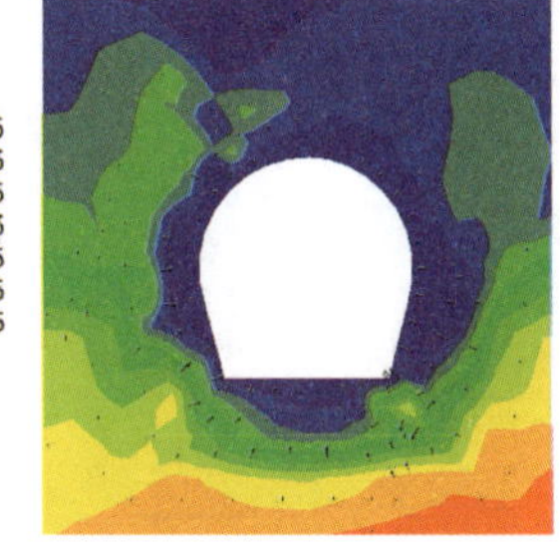

Contour of Pore Pressure
Plane: on
Magfac = 0.000e+000
0.0000e+000 to 5.0000e+004
5.0000e+004 to 1.0000e+005
1.0000e+005 to 1.5000e+005
1.5000e+005 to 2.0000e+005
2.0000e+005 to 2.5000e+005
2.5000e+005 to 3.0000e+005
3.0000e+005 to 3.5000e+005
3.5000e+005 to 4.0000e+005
4.0000e+005 to 4.5000e+005
4.5000e+005 to 5.0000e+005
5.0000e+005 to 5.5000e+005

Flow Vectors
Plane: on
Maximum = 7.359e-008

(b) 破碎带处超前注浆 6m 孔隙水压力场及渗流场分布

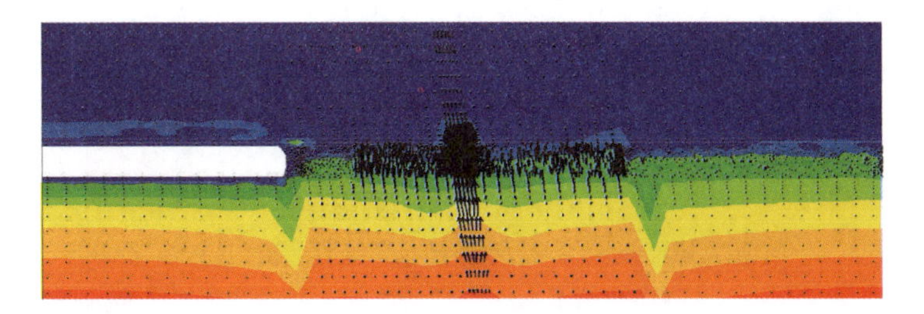

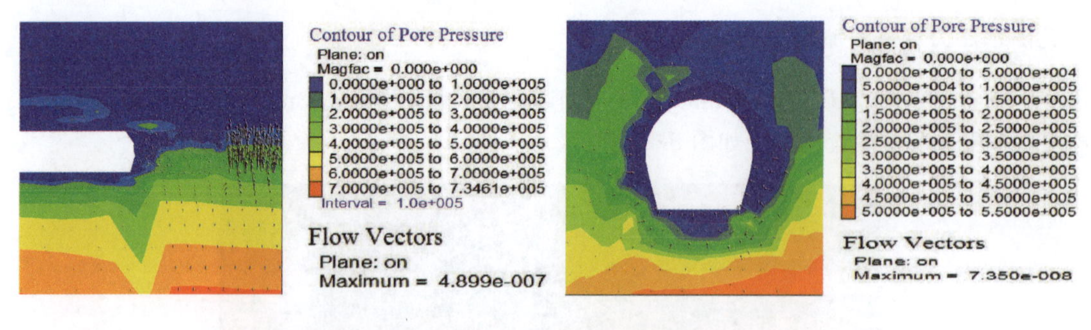

（c）破碎带处超前注浆9m孔隙水压力场及渗流场分布

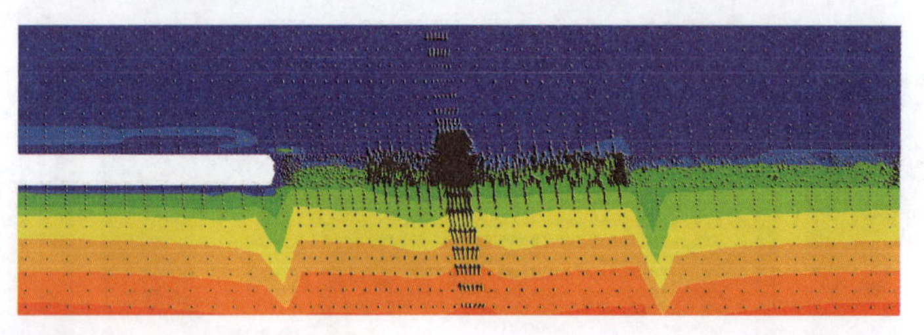

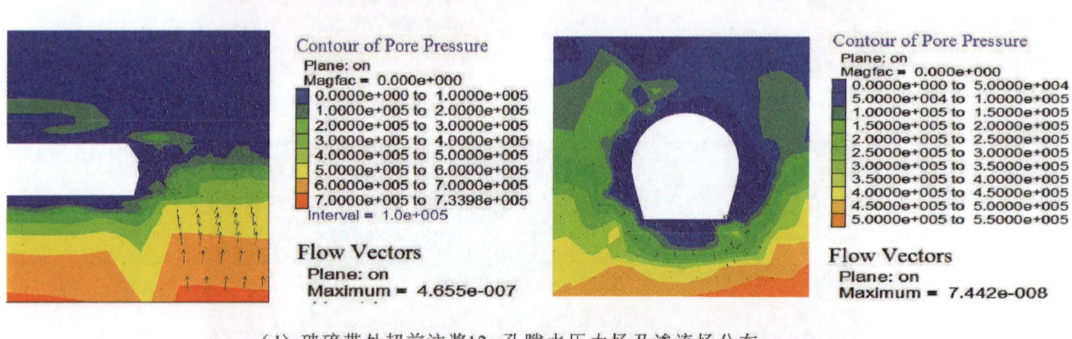

（d）破碎带处超前注浆12m孔隙水压力场及渗流场分布

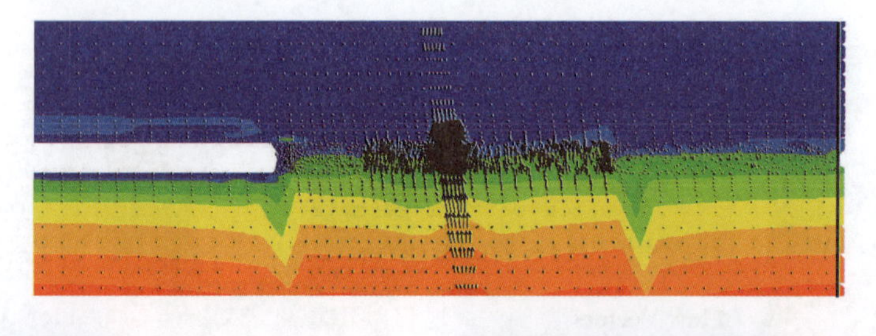

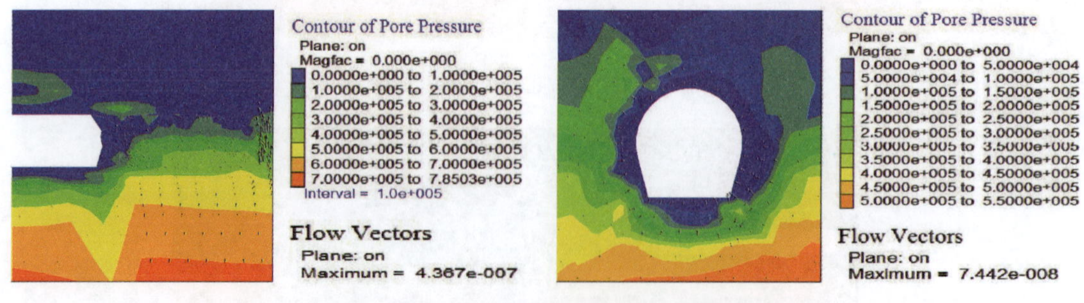

（e）破碎带处超前注浆15m孔隙水压力场及渗流场分布

图 8-12　隧洞开挖至 33m 处孔隙水压力场及渗流场分布云图

隧洞开挖至 53m，穿越断层带前 2m 时，掌子面超前注浆距离分别为 3m、6m、9m、12m、15m，各工况下围岩孔隙水压力场及渗流场变化如图 8-13 所示。

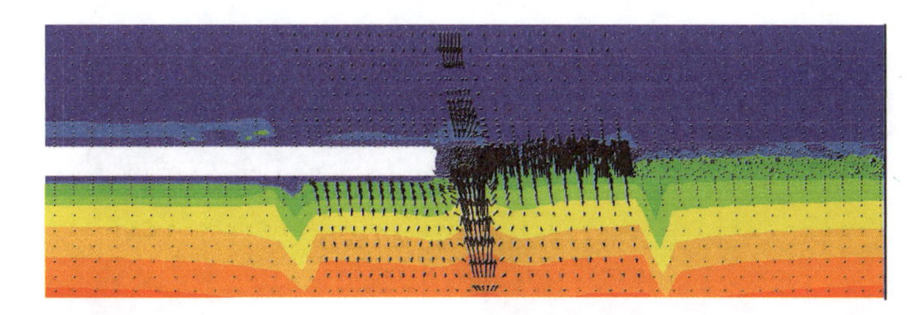

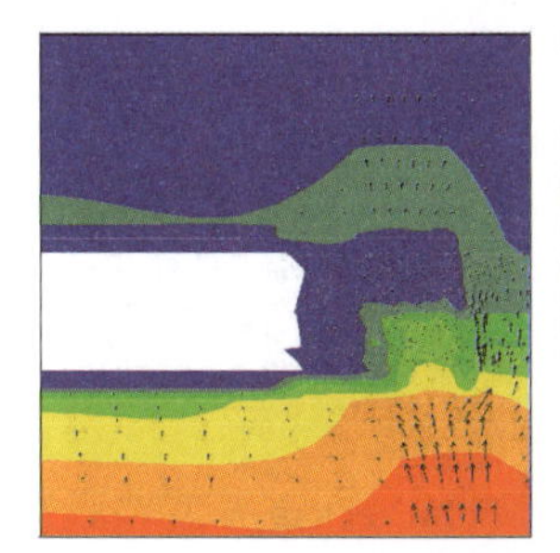

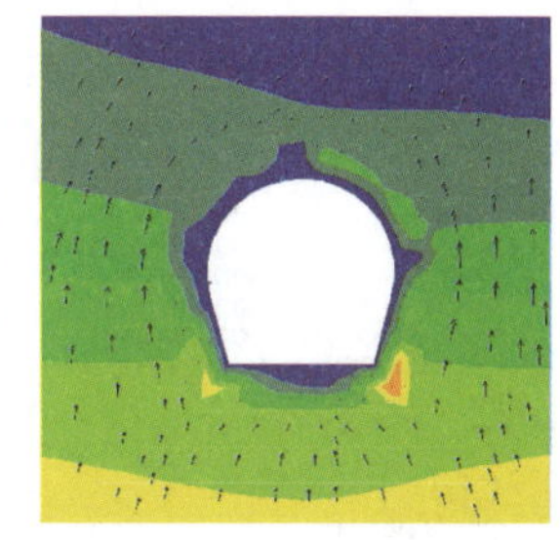

（a）断层带处超前注浆 3m 孔隙水压力场及渗流场分布

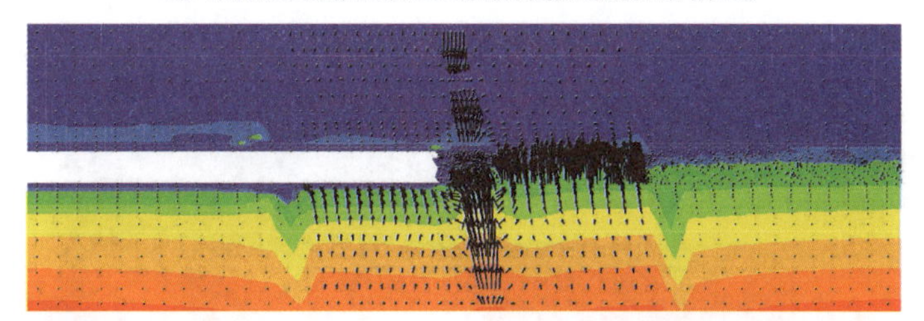

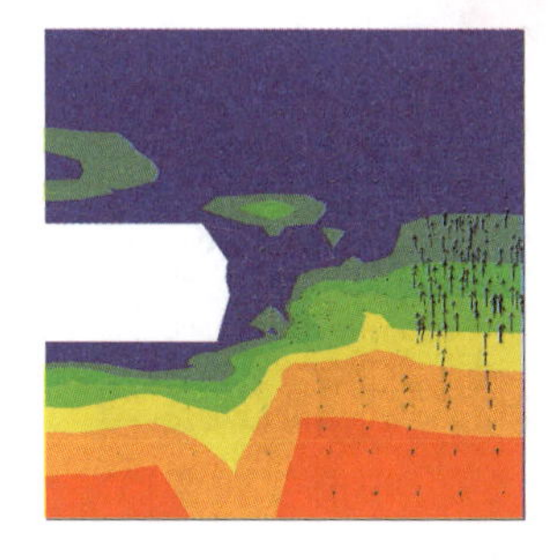

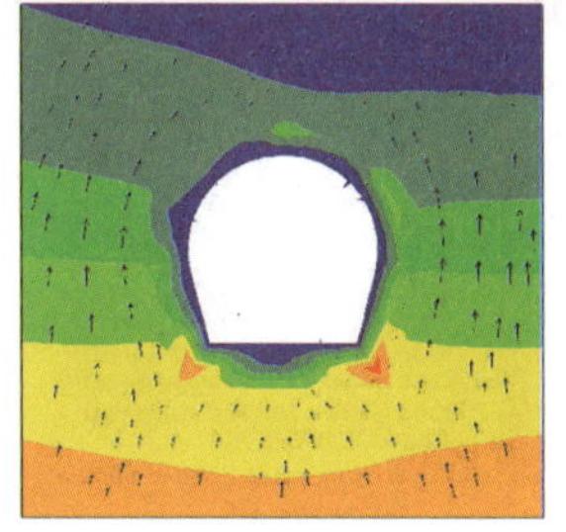

（b）断层带处超前注浆 6m 孔隙水压力场及渗流场分布

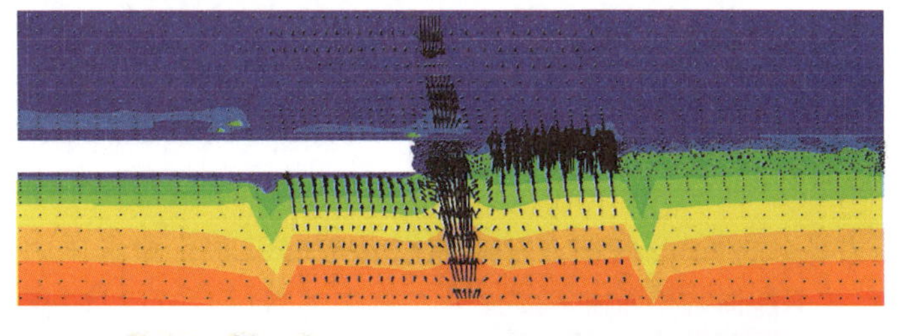

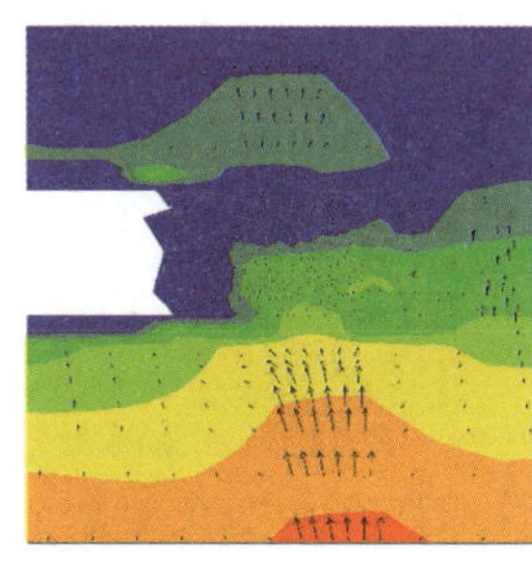

（c）断层带处超前注浆 9m 孔隙水压力场及渗流场分布

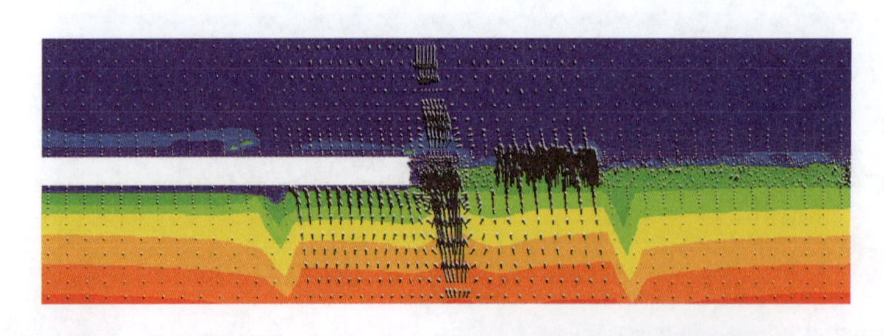

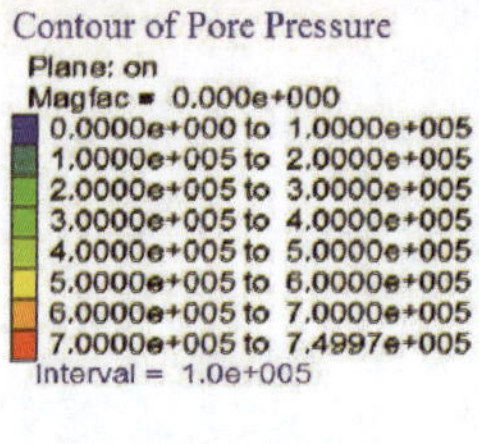

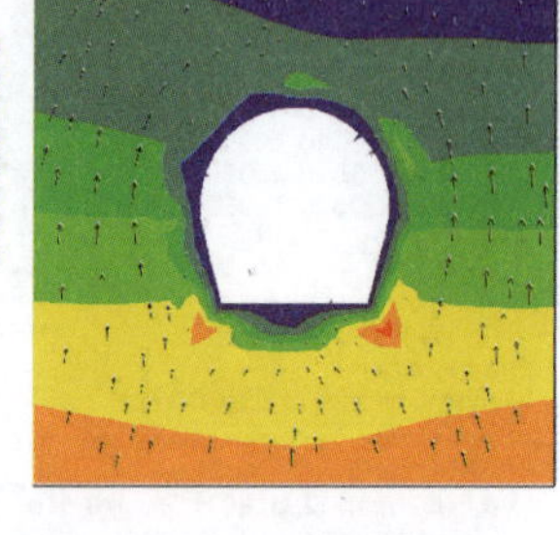

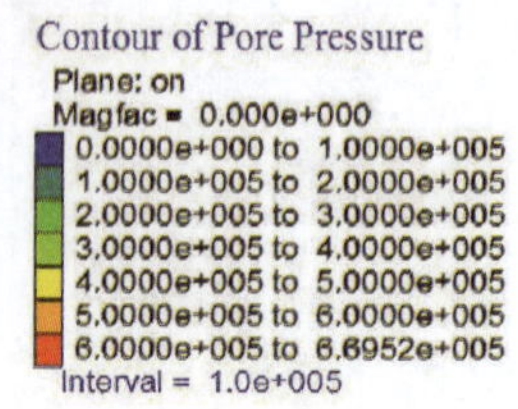

(d) 断层带处超前注浆 12m 孔隙水压力场及渗流场分布

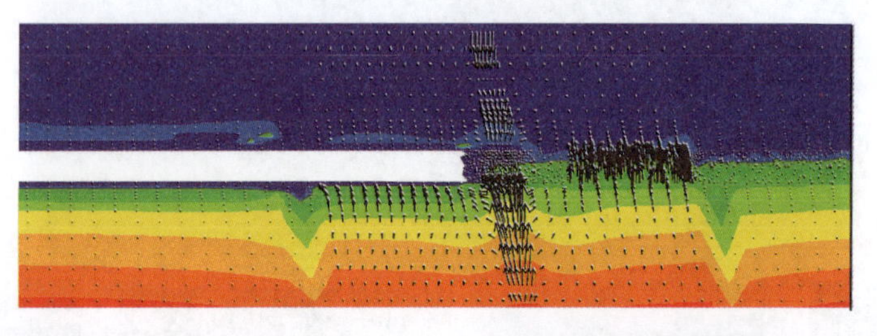

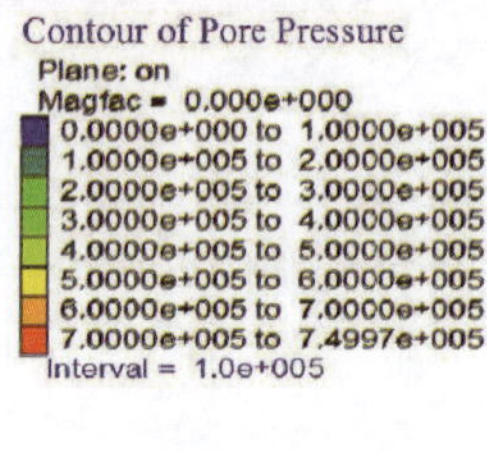

(e) 断层带处超前注浆 15m 孔隙水压力场及渗流场分布

图 8-13　隧洞开挖至 53m 孔隙水压力场及渗流场分布云图

1)孔隙水压力场

由纵向断面孔隙水压力场分析可知,隧洞在穿越断层及破碎带时孔隙水压力将会增加。孔隙水压力由于受到注浆圈的影响,并不能向临空面扩散,当注浆段穿越断层时,可以明显看到掌子面前方加固区域的岩土体的低孔隙水压力扩散,孔隙水压力随着超前注浆距离的增加而减小。通过分析孔隙水压力场可以看出,注浆加固区域从 3m 工况逐步变化至 15m 工况,引起注浆加固区外孔隙水压力的提高、加固区内的孔隙水压力的降低和涌水量的减少等变化,这是因为随着注浆加固体长度的增大,其防渗堵水作用发挥显著,隧洞承受水压和隧洞内涌水情况得到改善。33m 掌子面处最大孔隙水压力由 0.55MPa变为 0.78MPa,增幅为 41.8%;53m 掌子面处最大孔隙水压力由 0.68MPa 变为 0.75MPa,增幅为 10.8%。当注浆距离超出断层界面 9m 以后,孔隙水压力逐渐趋于稳定。

由横向断面孔隙水压力场分析可知,在注浆圈厚度不变的基础上,掌子面注浆距离的变化对断面孔隙水压力的影响不大。

从 33m 处掌子面及 53m 处掌子面最大渗流速度随超前注浆距离变化如图 8-14、图 8-15 所示。

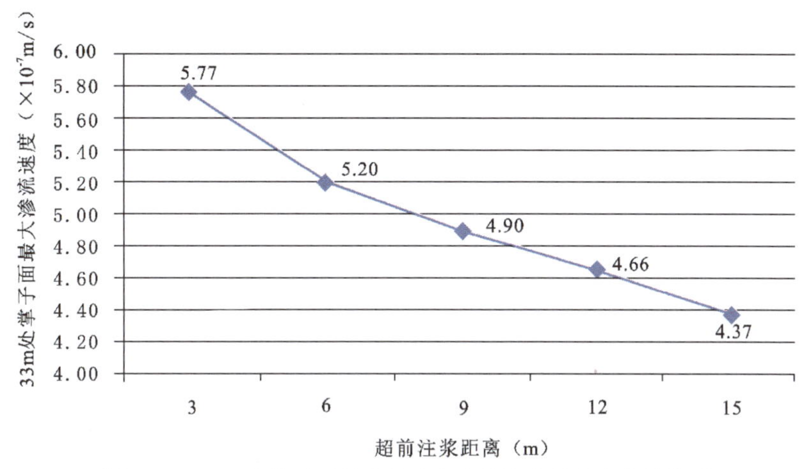

图 8-14　33m 处掌子面最大渗流速度随注浆长度变化曲线图

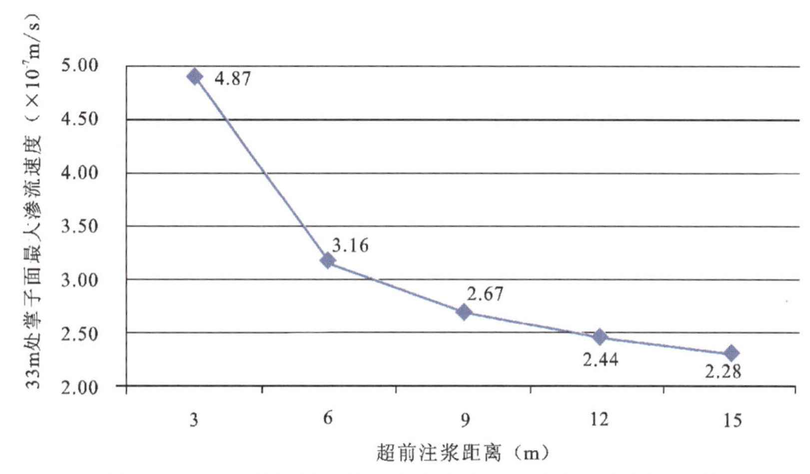

图 8-15　53m 处掌子面最大渗流速度随注浆长度变化曲线图

2)渗流场

从 33m 处掌子面最大渗流速度变化曲线来看，随着注浆长度从 3m 增加到 15m，掌子面附近的渗流速度呈指数性的降低。随着注浆加固体长度的变化，隧洞掌子面渗流速度也明显受到影响。以掌子面渗流速度为例，当隧洞注浆圈厚度一定时，注浆加固体长度越长，隧洞掌子面的渗流速度越小，当注浆长度仅为 3m 时，掌子面最大渗流速度为 5.77×10^{-7}m/s；当注浆长度增加至 6m 时，掌子面最大渗流速度降低为5.2×10^{-7}m/s，降幅为 9.8%；随着注浆加固长度的增加，注浆加固体的长度对掌子面最大渗流速度的影响有逐步减少的趋势。当注浆长度达 9m 之后，注浆加固距离每增加 3m，降幅在 5%以下。

从 53m 处掌子面最大渗流速度变化曲线来看，随着注浆长度从 3m 增加到 15m，掌子面附近的渗流速度呈指数性的降低。随着注浆加固体长度的变化，隧洞掌子面渗流速度也明显受到影响。以掌子面渗流速度为例，当隧洞注浆圈厚度一定时，注浆加固体长度越长，隧洞掌子面的渗流速度越小，当注浆长度仅为 3m 时，掌子面最大渗流速度为 4.87×10^{-7}m/s；当注浆长度增加至 6m 时，掌子面最大渗流速度降低为 3.16×10^{-7}m/s，降幅为 35.1%；随着注浆加固长度的增加，注浆加固体的长度对掌子面最大渗流速度的影响有逐步减少的趋势。当注浆长度达 9m 之后，注浆加固距离每增加 3m，降幅在 7%以下。说明当注浆长度达到 12～15m 后，再增加注浆长度对掌子面渗流速度的影响效果不大。

第三节 注浆扩散半径及注浆管设置

一、浆液扩散半径

通过对比分析，裂隙岩体注浆理论更加适合本工程。该理论往往在以下假设和彼此建立的单一平板模型为基础开展研究：①裂隙面光滑、无充填、等开度的单一裂隙；②浆液为无黏度时变性的牛顿流体；③浆液流动方式为层流。代表性成果为Baker公式和刘嘉材公式。

（1）Baker公式：

$$p_0 - p = \frac{6\mu Q}{\pi b^3}\ln\frac{r}{r_0} + \frac{3\rho Q^2}{20\pi^2 b^2}\left(\frac{1}{r_0^2 - r_2}\right) \tag{8-1}$$

式中，p_0为在半径r_0钻孔内的压力，Pa；p为在距离r处的压力，Pa；Q为浆液的体积流量，m^3/s；μ为浆液的动力黏度，Pa·s；ρ为浆液的密度，kg/m^3；b为裂隙开度，mm；r为浆液的扩散半径，m；r_0为钻孔半径，m。

（2）刘嘉材公式：

$$R = 2.21\sqrt{\frac{0.093(p-p_0)tb^2 r_0^{0.21}}{\eta}} + r_0,\quad t = \frac{1.02\times 10^{-7}\eta(R^2 - r_0^2)\ln\left(\frac{R}{r}\right)}{(p-p_0)b^2} \tag{8-2}$$

式中，R为浆液扩散半径，m；p为注浆内压力，Pa；p_0为裂隙内静水压力，Pa；t为注浆时间，s；b为裂隙宽度，mm；r_0为注浆孔半径，m；η为浆液初始黏度，Pa·s。

阮文军基于浆液黏时变性，建立了宾汉流体注浆扩散模型，获得了注浆扩散理论公式，公式推导过程中在浆液参数变化方面考虑较全面，推动了裂隙岩体注浆理论的发展。

在模拟结果的指导下，通过参数的调整，让扩散半径计算值接近模拟结果，从而获得注浆压力$p=$15MPa指导施工。

二、钻孔布置

注浆管的布置受到很多因素的影响，如隧洞断面形状、地质条件、地下水等。每根注浆管搭接长度不少于1m。注浆管布设形式如图8-16所示。

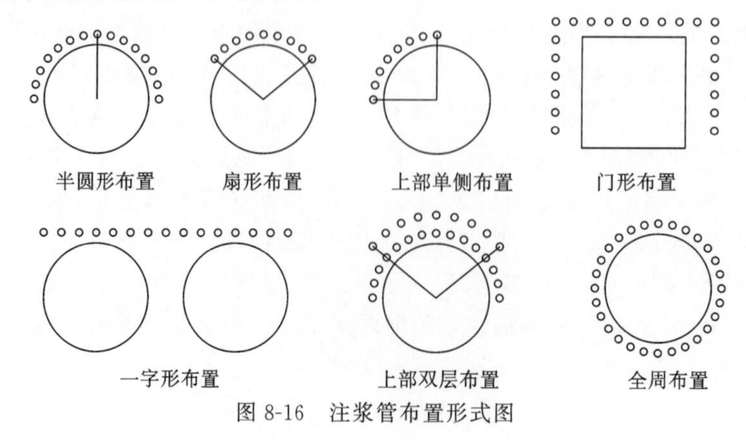

图8-16 注浆管布置形式图

表 8-7 表明了各布置方式的特性及优点。

表 8-7　注浆管布置方式的特性及优点表

布置方式	使用条件及优点
半圆形布置	隧洞下部处于比较稳定的地层中，而起拱线的上部围岩不稳定时，设半圆形布置
扇形布置	用于隧洞断面围岩相对比较稳定，拱顶围岩不稳定，宜崩落、坍塌的场合，或隧道埋深较浅时
上部单侧布置	隧洞一侧有地下管线、公路、铁路、建筑物时，或位于斜坡处等使隧洞产生偏压地段设置单侧布置
一字形布置	常用于双联拱、多联拱和大跨扁拱，或公路、铁路和建筑物下方时
上部双层布置	用于隧洞围岩为软弱黏土、填土和比较松散的极不稳定地层，或大断面隧洞施工，或上部有对地表沉降要求比较高的重要建筑物时。如果采用双排布置还不能满足要求，说明注浆管注浆加固已不适合，应采用其他方法
门形布置	主要取决于隧洞形状，用于矩形和马蹄形隧洞且隧洞两侧围岩不稳定情况
全周布置	一般用于河底、海底等场所，或极破碎、松散的地层，或膨胀性、挤出性地层等对拱底位移要求比较高的隧洞

显然，根据现场情况，本工程注浆管宜采用门形布置或全周布置。

三、注浆管直径

注浆管一般是由直径 25mm 的钢管制成，具体直径参数应根据施工现场的实际情况来决定，如地形地貌、地质条件、地下水情况、断面情况以及注浆浆液等。直径选取过小，注浆管对围岩的支撑能力过低，且影响注浆效率；直径过大，则大大增加钻孔和打入的难度，施工成本也大大提高。

四、注浆管长度

土体的坍落高度和坍落角度是决定注浆管长度的因素，其计算公式如下：

$$L=1+H\cot\phi+0.5 \tag{8-3}$$

式中，L 为注浆管长度，m；H 为坍落高度，m；ϕ 为坍落角度，°。

隧洞开挖时，一般取坍落角度为 $\phi<60°$，L 一般取 3～6m，围岩稳定性较差（H 较大）时，取大值，反之（H 较小）取小值。

五、注浆管外插角

超前注浆管施工时注浆加固层的厚度由其注浆半径决定，故注浆管的外插角度要与其长度和注浆半径相适应，计算公式为：

$$\alpha=\arcsin(r/L) \tag{8-4}$$

式中，α 为外插角，°；r 为注浆半径，m；L 为注浆管长度，m。

一般在工程中，注浆半径为 0.3～1m，注浆管的长度为 3～6m。故由式（8-4）得外插角为 5°～10°。

六、注浆管间距

注浆管间距过密，增加施工成本；间距不够，又达不到预期的支护效果。相邻管环向圆心角计算式为：

$$\theta = \arcsin\frac{S}{D/2 + d/2} \tag{8-5}$$

式中，S 为环向间距，m；d 为注浆加固厚度，m；D 为隧洞直径，m。

S 一般取 $2r$（r 为注浆管直径）至 0.3m，排距 $C=0.35$m。

第四节　注浆压力及单孔注浆量

一、注浆压力

注浆压力大小直接影响着浆液扩散和充填效果。注浆压力大小取决于地下水压力、地层岩性、浆液的性质和浓度、注浆扩散半径等因素，实际工程应用中，可以根据刘嘉材的注浆加固公式来确定。

$$p' < p < (3\sim5)p' \tag{8-6}$$

$$p = p' + (2\sim4) \tag{8-7}$$

式中，p' 为注浆处静水压力，MPa；p 为设计注浆压力，MPa。

原先使用小导管注浆时，注浆压力为 0.8～1MPa，注浆效果不理想。结合现场实际情况，注浆压力应为 12～15MPa。

二、单根注浆管注浆量

注浆量是注浆过程控制和注浆效果检查的重要依据，也是反映注浆成本的重要参数。单孔注浆量取决于地层岩性、裂（孔）隙率、浆液种类和注浆方式等因素，注浆量 $Q=Vnm$，由岩土体的注浆体积 V、孔隙率 n 和浆液的损失系数 m 来决定。其计算结果仅供参考，以现场注浆实验实际注浆量为准。

单孔注浆量按照充填注浆计算，其计算公式如下：

$$Q = \pi R^2 Hnm \tag{8-8}$$

式中，R 为浆液的扩散半径，取 5m；H 为注浆段的长度，取平均值 3m；n 为孔隙率，取 0.5；m 为浆液的损失系数，取 1.4；通过计算可得单孔一段注浆量 Q 为 164.85m^3。

第五节 注浆工艺

一、注浆设备

(1)特制高压注浆泵,$\phi30$ 及 $\phi48$ 高压注浆管。
(2)水泥浆液高速搅拌机。
(3)自行研制的手控液压泵。
(4)化学控制液专用泵。

二、孔内注浆及排水装置的预埋和安装

$A_1 \sim A_{21}$ 浅层注浆孔的孔内装置如图 8-17 所示。

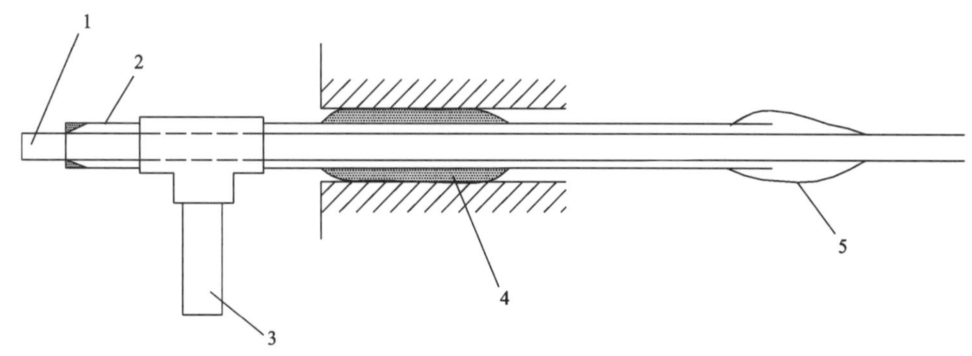

图 8-17 排水减压不窜冒浆的压浆孔口结构示意图(浅层注浆孔)
1.注浆管;2.泄压管;3.排水泄压管;4.压浆阻塞;5 滤水模袋

该装置主要利用双注浆管装置的双重作用。第一,本孔注浆时 $\phi25$mm 管用作注浆,$\phi48$mm 无缝钢管用作排水泄压。此装置的主要特点是水可以经过滤水模袋由排水泄压管排除,孔内多余的水可有效排出孔外,但又不会漏浆冒浆,排水效果好。第二,相邻孔注浆时它是排水孔,可有效提高相邻孔的注浆压力而不会抬动压裂地层而发生串冒水泥浆。

在浅层注浆结束之后,如果外层泄压管仍有水渗出,可进行二次高压力重注浆加固。

三、高压注浆的孔内装置

(1)B 圈孔、C 圈孔和 D 圈孔采用一次成孔自浅至深的分段高压水泥注浆新技术,若能一次完成钻孔,立即按计划在孔内安装分段灌水泥浆的孔内进浆和排水减压装置,并用阻塞器封闭孔口,预埋好孔内注浆排水装置等待注浆,每孔段的注浆都需通过孔内的预埋装置进行;若不能一次成孔,则需分次进行(亦可采用跟管钻进工艺),按照上述方法进行施工,达到最终的注浆效果。

(2)通过预埋注浆排水装置,分层分序分段地进行注浆,注浆应用控制水泥浆液能顶水上行和控制

性水泥注浆及滤排水式压浆堵漏等新工艺进行水泥注浆加固和堵水，解决涌水突泥问题，堵住巷道漏水处的漏水裂缝和周围渗水通道，减少渗水量，保证隧洞安全开挖。注浆压力选用 8～15MPa。控制注浆压力的大小根据现场出水的地层情况和注浆分段、注浆段所处位置等条件调整。水泥注浆主要用 1∶1 的水泥浆液，在注浆过程中，通过双液注浆装置用专用泵加注化学控制液的方法控制灌入的水泥浆的凝胶时间，化学控制液的加注率大小和用量多少由控制水泥浆凝胶时间决定，需进行现场试验来确定。A_1～A_{21}孔的排水减压示意图如图 8-18 所示。

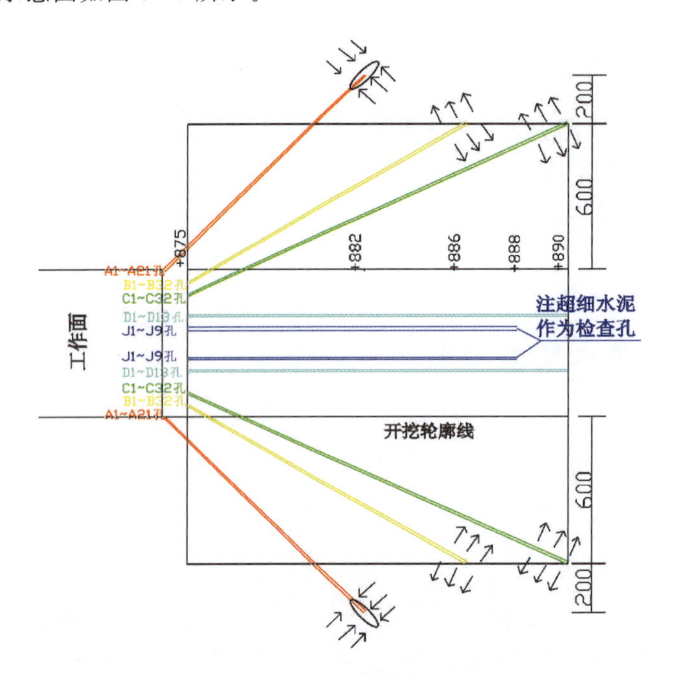

图 8-18　一次成孔自浅至深分段进行高压水泥注浆示意图

（以上为 B 圈孔、C 圈孔注浆时，A 圈孔排水）

四、注浆准备工作

隧洞涌水突泥后，围岩稳定性差，为保障钻探注浆施工平稳、安全，注浆实施前应做一定的安全强化工作，主要包括止浆墙施作、排水处理和支护加强等。

1. 深部引流排水

注浆过程中，随着浆液不断填充围岩的空隙，地下水通道逐渐被堵塞，可能会造成围岩由于承受不住较高的水压而发生次生灾害。若在围岩浅部进行引排泄压，由于涌水突泥后断层带围岩条件极其恶劣，浅部的引排反而可能会造成围岩的渗流失稳。因此，注浆过程中宜采用深部引流泄压的排水方式，即在围岩较为稳定的区域向致灾水源上游或断层带深部地下水主要径流通道上施作引流排水钻孔，以分流断层揭露处涌水量，减少注浆过程中施加在围岩上的水压力。

2. 支护加强

注浆过程中，注浆压力会对止浆墙后方的围岩产生一定影响，导致围岩变形加剧。因此，为防止注浆压力增加时围岩坍塌，保证注浆人员和设备安全，在注浆实施之前，应对止浆墙后方一定范围内的围岩支护进行补强和加固。支护补强加固范围视围岩破碎情况而定,一般取止浆墙至洞口方向15～30m处。支护的补强加固方式可以采用增设套拱和补充径向加固注浆等多种措施,同时,在注浆过程中应进行实时观测,确保注浆施工安全。

第六节 注浆支护设计

断层破碎带区域视岩性及涌水具体情况采取不同措施,如果断层破碎和涌水不严重,可采用全断面光面爆破法施工,否则,采用微台阶法开挖、注浆管超前注浆。

注浆管一般采用ϕ25mm的钢管,钢管长度采用4.5m、7.5m、10.5m,钢管应沿隧洞开挖轮廓线布置向外倾斜,外插角α一般为5°～10°,处理坍塌体可适当加大。

隧洞形状近似马蹄形,且两侧围岩不稳定,一般宜采用门形布置注浆管,仰拱有涌水的宜采用全周布置。现场打入注浆管见图8-19。

图8-19 打入注浆管现场施工场景

现场一次注浆长度在10m左右,宜采用分段注浆,每段间隔约3m。导管插入钻孔后外露一定长度,以便连接注浆管,并用膜袋注浆形成栓塞堵住,将导管和周围孔隙封堵。注浆压力根据现场实际情况设定为12～15MPa。纵向前后相邻两排注浆管搭接的水平投影长度b不小于1m,渗入性注浆管环向间距a通过试验确定,但不得超过0.4m,如果地下水丰富,渗入性注浆先用排管式排距C=0.35m。

注浆顺序由下而上,浆液用人工拌和。水泥浆水灰比为1.5∶1、1∶1、1∶0.8三个等级,浆液由稀至浓逐级变换,即先注稀浆,然后逐步变浓直至0.8∶1为止,考虑到注浆主要是为了堵水及快速加固围岩,注浆应用普通水泥-水玻璃双液浆。

渗入性注浆按试验所确定的压力及注浆量施工,注浆管注浆的孔口最高压力严格控制在允许范围内,以防压裂工作面,同时,若孔口压力已达到规定值,即每根导管内已达到规定注入量时,就可结束。注完浆的钢管附带一个开关阀门,注浆完毕,直接关闭阀门。

注浆结束后,必须检查钻孔,检查注浆效果,如未达到要求,应进行补孔注浆。注浆后,等待8h后方可开挖,开挖长度应根据实际情况而定,但必须留下2～3m的止浆墙。

第七节 注浆过程控制

一、超前探水

钻孔探水是最佳方法。历史上隧道施工涌水突泥事件举不胜数，造成的灾害损失一次比一次惨重。而绝大多数是没有进行或没有认真进行超前探水。如果严格按照规定进行超前钻孔是探测掌子面前方地下水水量、水压、位置和地质情况最直接、最有效、最准确的方法。其操作非常简便，即将钻机固定在凿岩台架上需要的位置和角度，利用风枪钻孔的时间施作探水孔即可。

可供选择的钻孔设备很多，也各有特点。有风动也有电动，有取芯也有不取芯。钻孔直径和钻孔深度更是各不相同。我们一般用煤炭行业的水平潜孔钻，每小时可以钻孔 3～5m，最大钻孔深度可达 60m 以上，钻头 50～120mm 不等，而且钻孔价格便宜，故障率低，操作简单。

探水孔布置以能达到最佳覆盖超前探水位为宜，探水孔布置如图 8-20 所示。

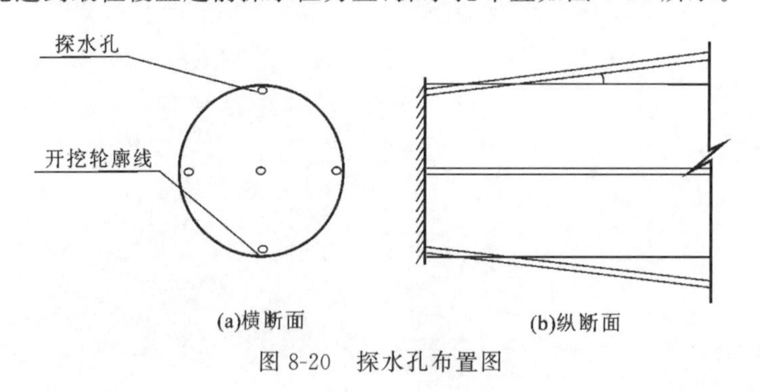

图 8-20 探水孔布置图

二、止浆岩盘

在足够坚固、密闭止浆岩盘(或止浆墙)条件下注浆止水效果最好。止浆岩盘即阻止水及浆液流出或渗出的岩体。所谓坚固就是能足以抵抗地下水静水压力和注浆过程中数倍于静水压力的注浆反力。所谓密闭就是注入岩体的浆液不渗出、不窜浆。

止浆岩盘厚度取值，主要看岩盘地质的完整性和通透性。如果掌子面围岩非常好，止浆岩盘可适当减薄，但最少不能低于 3m。这里要特别指出的是，掌子面距出水点越近，注浆止水效果就越好。相反如果掌子面围岩破碎，节理发育，并有明显渗水，止浆岩盘应适当加厚，一般不得低于 6m。止浆岩盘不只是开挖轮廓线以内部分，而应包括轮廓线以外的帷幕部分，如图 8-21 所示。

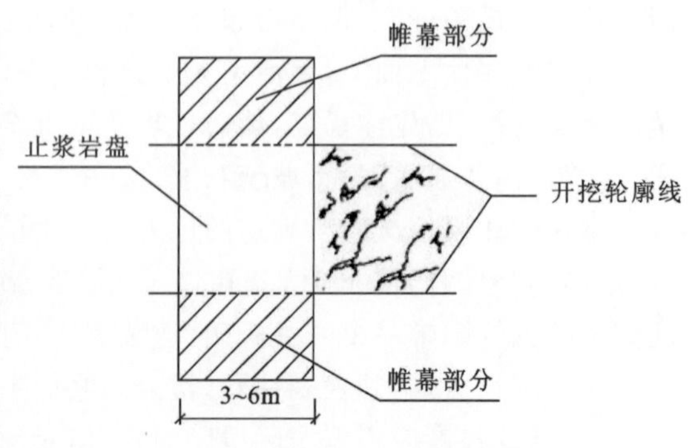

图 8-21 止浆岩盘位置及厚度

止浆岩盘的位置和厚度是在隧洞挖掘和注浆过程中严格测量和准确记录计算得出的。因此，要有专人记录计算，不能出错。

三、涌水突泥治理方法

涌水突泥往往是灾难性的，一旦出现必须直面应对，迅速处理。如果水量不算太大，水流成股较好，不要惊慌失措，要冷静地制订和实施治理方案。

(1)停止掘进，限水归流。想办法使水归流进足够粗的钢管内，归流量至少是涌水量的 85%，只要归流成功，治水就成功了一半以上。归流方法有两种：一是出水点有孔洞可插入钢管时直接将加工好的钢管插入孔内，归流效果一般较好；二是出水点有孔，但不规则，插不进钢管或者是片状出水时，可根据出水点面积大小用钢板加工喇叭口罩住出水点，喇叭口后接钢管引流。

(2)固定引流管并施工止浆墙。固定引流管的目的是使引水管和喇叭口在任何情况下都保持稳固，始终保证引流效果，一般用钢管脚手架完成。然后立模浇注混凝土止浆墙。止浆墙要符合坚固密闭的要求。引流管要露出止浆墙外 50cm 以上，并在出水口安装高压闸阀。

(3)关水试压，顶水注浆。当止浆墙凝固达到设计强度后，即可关水试压。过程是一边慢慢关闭引流管闸阀，一边观察止浆墙有无变化，主要是有无位移、开裂、渗水等现象，并在这时将准备好的注浆管接在高压闸阀上，注浆准备一切就绪。

当闸阀完全关闭到位，且经过半小时以上测试，各方面情况均正常时，即可实施顶水注浆，并注意以下几点：一是以水泥单液浆为主，至少注浆 5h 以上再考虑使用双液浆(水泥、水玻璃)；二是宜采用大流量的注浆机；三是注浆要连续，不能有丝毫间断；四是如果是多管引流应同时注浆，防止窜浆，影响注浆效果。

(4)实施正常的帷幕注浆。按照设计布置钻孔注浆，形成正常循环意义上注浆掘进程序。

四、注浆孔口管安装

注浆孔口管就是插入岩体同时又连接注浆管的管子，它同时也是引导钻机钻孔的导管。一般用无缝钢管加工制成，在注浆压力较小时也可采用普通钢管。孔口管的长度一般为 3～3.5m。止浆岩盘破碎，渗水严重时，可适当加长孔口管。孔口管直径根据钻机钻头大小和高压闸阀型号而定。通常我们采用 110mm 居多。安装后孔口管外露岩体以 30～50cm 为宜。安装时必须满足两点：一是要有足够的抗拔力，在注浆时不被拔出；二是钢管外壁与岩体密贴不渗浆。其安装方法有两种：

(1)在孔口管外壁缠麻丝，以填塞与孔壁之间的缝隙，打入孔后注双液浆及时堵孔，再重新扫孔。

(2)在孔口管外壁涂刷环氧树脂后立即打入岩体，黏结更为牢固。注浆管有阀门，注浆完成直接关闭，防止浆液外流。

孔口管与孔径之间存在一定的配合公差，这是在实践中得来的。即孔口管外径比成孔内径略小，一般控制在 8±2mm 为宜。公差过大，孔口管易在注浆压力作用下拔出或在管壁外漏浆而使注浆失败；公差过小，孔口管安装困难。

五、钻孔深度与注浆孔出水量的选择

注浆孔出水量越大注浆效果就越好。注浆孔在钻孔过程中，往往会遇到很多个裂隙或出水通道，而且大小不一。裂隙的大小一般与出水量的大小成正比。当钻孔还没有达到设计深度，遇到一般裂隙出水时不要急于停止钻孔而注浆，要继续钻孔，尽可能寻找一些大的裂隙才开始注浆，这样效果会更好。

六、注浆机选择

注浆机应选购两种以上型号：第一种为大流量注浆机，用于水量大、水压高、含泥沙多时注浆使用；第二种为小流量注浆机，主要用于水量较小的基岩裂隙注浆。两种注浆机必须选择双液注浆机。额定注浆压力视涌水静水压力而定，本工程选择最大注浆压力为20MPa。

七、浆液配合比

浆液配合比应适时调整。水泥、水玻璃为帷幕注浆的主要材料（尽管国内外种类繁多，但其他材料使用甚少），通过其配合比的调整，可以得到几十个从20s到3min以上的凝胶时间。但这是理论实验数据，而注入岩体内与裂隙中所含物质混合后，其凝胶时间将发生难以预测的变化。因此，实施中要随时分析水质情况，及时调整配合比，以保证注浆效果。浆液应采用二次拌和，以防止储浆池内浆液沉淀而失效。

八、注浆工艺

注浆既要讲究效果，也要控制好成本。帷幕注浆一般按"先近后远、先上后下、先内后外"的顺序进行。注浆压力也应由低到高，注浆终压一般为出水静水压力的2～3倍。但有时候长时间注水泥单液浆不能使压力升高，说明裂隙比较宽深，甚至会有溶沟、溶槽出现。这时，为了防止浪费，减少成本，应考虑注双液浆使压力快速升高。在实践中，单浆液与双浆液不断交替注入，既能减少注浆总量，又能保证注浆效果。但要切忌一开始就注双液浆，这样，裂隙中尚未充满足够的浆液而很快达到注浆终压，既起不到止水效果，又使钻孔、安装孔口管等一系列注浆准备工作前功尽弃。

当止浆岩盘破碎，节理发育而漏浆时，一方面可用麻丝、棉纱等填塞缝隙，同时采用高浓度的水泥单液浆低压注之，很快能止住漏浆。

另外，如果岩体破碎、成孔不好或孔口管安装不好而无法达到孔口注浆目的时，可用小于注浆孔径的钢管插入孔内适当位置并封闭孔口后再注浆。如仍存在漏浆，可在注浆管上焊接止浆挡板来解决。这与用止浆塞后退式注浆起到同样的作用。

九、稳压注浆

稳压注浆是保证封孔质量的有效措施。当结束注浆前，采用双液浆封孔时，其注浆压力在短时间即可升高到超过注浆规定终压。这时突然结束注浆，孔内往往不能充满浆液，开挖时经常出现孔内流水现象。如果采取稳压注浆，就可以实现浆液充满注浆孔的目的。其方法是：在孔口管末端装一卸压阀或回浆管，结束注浆前10～20min打开卸压阀或间断打开卸压阀，使注浆压力维持在设计终压范围内一段时间再结束注浆，即可达到封孔质量。

第九章　隧洞穿越富水风化花岗岩断层破碎带施工方法

随着国民经济的发展，水利建设投资规模不断扩大，隧洞工程日趋增多，施工中普遍会遭遇各种复杂条件，特别是深埋隧洞经常遇到的富水风化花岗岩断层破碎带，极易引发涌水突泥灾害，给隧洞施工安全和后期运营带来了极大的威胁。为有效治理此类涌水突泥灾害，由浙江省隧道工程公司、中国地质大学（武汉）合作研究，将企业的丰富工程实践与大学良好的科研条件相结合，综合研究并成功应用后提出本施工方法。

本方法首先采用超前地质预报技术，通过地质测绘、超前探孔、地质雷达和红外探水等方法确定隧洞掌子面前方岩体的各类地质信息，预测地质突变情况、断层位置及含水体分布、水压力等，预报可能发生的突涌事故及预测涌水量等。辅助手段上，本方法通过多场耦合数值分析，对注浆加固参数进行优化，确定合理的注浆半径、注浆长度等参数。施工处置中通过高压全断面帷幕注浆技术超前注浆、驱水并加固围岩，从而能够有效治理复杂地质条件下的涌水突泥灾害。此套方法在福建龙津溪引水隧洞工程等项目中实践应用，不仅准确有效地确定了富水断层的位置，而且还快速对断层破碎带进行了注浆加固，有力避免了涌水突泥事故，具有广泛的推广应用前景。

第一节　方法特点

本方法的理论性和实践性达到了有机结合，施工工艺先进，操作性强，结合超前预报、多场耦合分析，应用高压全断面帷幕注浆技术，针对富水风化花岗岩断层破碎带突涌治理施工工艺进行了创新，其特点如下。

1. 超前探水，预判地质情况

通过地质测绘、地质雷达和红外探水等方法大致确定隧洞掌子面前方岩体的各类地质信息，提前掌握地质情况变化，确定断层破碎带的位置和距离；然后通过超前探孔确定富水情况及水压力、断层带的宽度、走向等。

超前地质雷达原理：利用在隧洞围岩内以排列方式激发的弹性波，在向三维空间传播的过程中，遇到岩体弹性阻抗界面，即地质岩性变化的界面、构造破碎带、岩溶和岩溶发育带等，会产生弹性波的反射现象，这种反射回波通过预先埋置在隧洞围岩内的检波装置接收下来。处理系统锁定掌子面前方一定角度范围，提取反射回波并对其旅行的时间、传播的衰减以及相位的变化等进行分析，进而对隧洞掌子面前方的岩体地质条件作出预报和判断，为施工措施和施工设计方案提供预报资料。项目采用的设备是 TGP206A 探测仪，TGP206A 是北京市水电物探研究所专门为隧道及地下工程施工地质预报研制开发的技术成果，已经过国内隧道专家组织的评审，鉴定为具有国际先进技术水平的仪器。

超前探孔采用水平潜孔钻，每小时可钻孔 3～5m，最大钻孔深度可达 60m 以上，且费用低廉，故障率低，操作简单，性价比较高。

2. 涌水突泥防治效果好，一次封堵，快速渗透

注浆工艺兼顾施工成本与止水效果。注浆采用常规的水泥、水玻璃浆液进行全断面帷幕注浆。注浆时注浆压力由低到高，并按“先近后远、先上后下、先内后外”的顺序一次完成。浆液配合比根据注浆情况适时调整，通过其配合比的调整，可以得到从 20s 到 3min 以上的胶凝时间，实现“快注快堵”的效果。

为防止浪费、减少成本，遇宽大裂隙时采用单浆液与双浆液不断交替注入，既能减少注浆总量，又能保证注浆效果。

3. 支护范围大，加固距离长

注浆工艺采用分段注浆管深入围岩，根据地质条件、钻机和注浆设备的最佳工作能力、止浆岩柱(墙)厚度等因素可加固 5～30m 的范围。具体加固范围主要考虑注浆加固后隧洞围岩的渗透性、承载能力及变形等，并顾及成本和工期要求，通过经验、理论核算和数值模拟优化计算等综合确定。

4. 有效加固围岩，安全系数高

通过孔隙水压力测试发现，高压注浆后孔隙水压力基本消散。注浆后开挖证实水泥浆与围岩完整地胶结在一起，部分浆液沿原有裂隙扩散，部分裂隙则呈不规则劈裂状胶结，松散岩体整体呈网状加固，强度明显提高，充分说明本方法的注浆止水效果十分明显，达到预期效果。

第二节 适用范围

此方法适用于隧洞存在富水风化花岗岩断层破碎带、极易产生涌水突泥及塌方的情况。深埋隧洞往往因地质勘察条件欠缺，对围岩分级掌控程度不够，对断层破碎带的具体分布难以有效查明，故导致在施工中难以有效判断前方地质情况。而富水风化花岗岩断层破碎带因含水丰富，加上围岩松散，尤其是风化花岗岩地带，富含黏土矿物及岩屑，在施工洞穿之后极易产生涌水突泥及塌方现象，给施工安全带来极大隐患。

第三节 工艺原理

本方法原理是开挖前对隧洞掌子面前方进行超前地质预报，通过注浆加固参数的数值模拟优化及计算，采取对存在富水风化花岗岩断层破碎带、极易产生涌水突泥及塌方的隧洞段进行注浆加固治理后，再进行开挖并及时进行锚网喷、钢拱架支护，以达到安全穿越涌水突泥灾害段。包括采用工程地质测绘、水平潜孔钻超前钻孔探水等方法，提前预判地质情况变化；基于刘嘉材公式和数值模拟优化计算的注浆范围设计，以及注浆压力和注浆管参数设计；之后是采用孔内双浆液分段高压注浆，有效加固围岩和堵水，以提高隧洞围岩稳定性；采用钻爆法开挖，以“新奥法”理论指导施工。工艺原理阐述如下：

(1)采用水平潜孔钻超前钻孔探水提前预判地质情况变化。在隧洞开挖工作之前采用水平潜孔钻进行超前钻孔，直接对掌子面前方地下水量、水压、位置和地质情况进行探测，可提前掌握地质情况变化的位置和距离。

(2)采用刘嘉材公式和数值模拟优化计算，确定注浆参数设计。由于注浆加固范围设计和注浆压力及注浆管设计或是根据已完成类似工程制定，或是根据经验公式、理论核算进行完成。前者主观经验太多，导致设计结果与现场工程实际有出入；后者不能完全考虑影响围岩注浆加固各种影响因素，加固效果不理想。本方法基于刘嘉材公式和数值模拟优化计算的注浆范围设计和注浆压力及注浆管参数设计，经实践证实能较好地适用于富水风化花岗岩断层破碎带围岩加固。

(3)采用孔内双浆液高压注浆方法，有效加固围岩和封堵地下水，以提高隧洞围岩稳定性。为了提高注浆的止水效果，在注浆施工前需施作足够坚固、密闭的止浆岩盘。根据掌子面前方开挖区岩层的完整性和通透性，进行止浆岩盘厚度设计。待注浆岩盘施工完成强度达到要求后，通过预埋注浆装置，采用孔内双浆液进行分层分序分段超前高压注浆，使超前开挖面一定范围内形成有相当厚度和较长区段的筒状加固区，从而起到加固围岩和堵塞地下水以提高围岩稳定性的目的。

(4)采用"新奥法"理论进行隧洞开挖。采用钻爆法，以"新奥法"理论指导隧洞开挖施工，遵循"管超前、严注浆、短开挖、强支护、快封闭、勤量测"原则进行，采取切实可行的施工方法及安全措施，从而达到穿越涌水突泥灾害段的目的。

第四节　施工工艺流程及操作要点

一、施工工艺流程

引水隧洞涌水突泥灾害段治理开挖方法的施工工艺流程如图 9-1 所示。

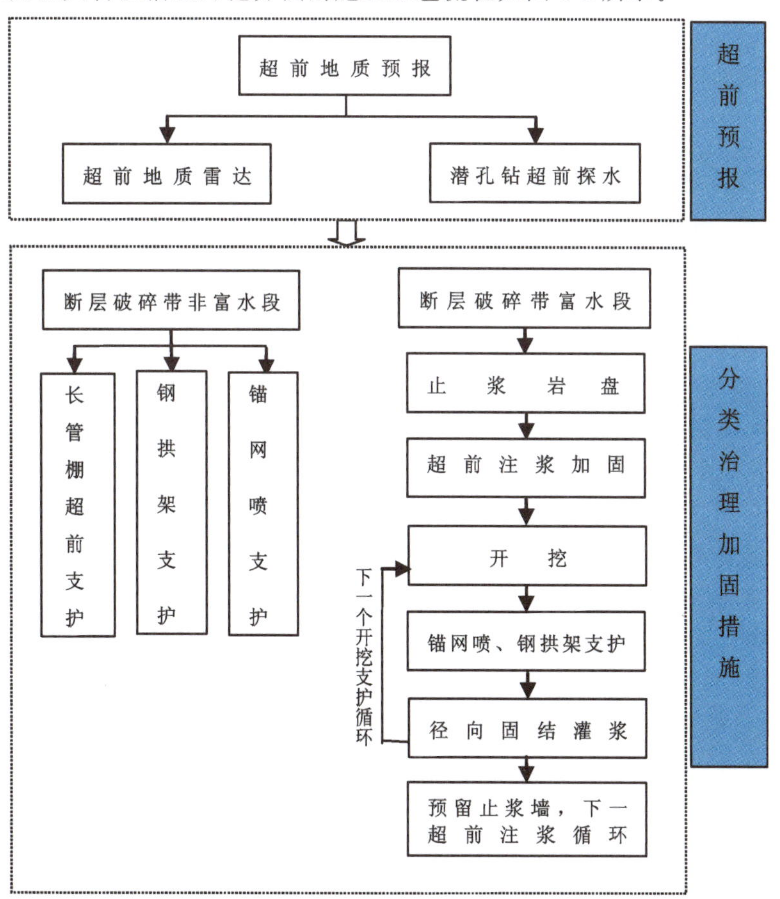

图 9-1　施工工艺流程图

二、操作要点

(一)超前预报

1. 工程地质超前预报

该方法主要是通过收集地质资料(参考勘察报告、区域地质构造图),现场地质调绘分析(野外露头调查及洞内调绘),总结地层分布规律,通过裂隙发育程度、岩性突变等地质现象预报前方断层分布及类型划分。要点是准确掌握现场不同类型断层、断层破碎带发育及分布规律。需结合地质资料进行现场比对、总结。

2. 地质雷达超前预报

地质雷达可用来划分地层、查明断层破碎带。通过特定仪器向岩体内发送脉冲形式的高频、甚高频电磁波。电磁波在介质中传播,当遇到存在电性差异的目标体,如空洞、破碎带、分界面等时,电磁波便发生反射,返回到地面时由接收天线所接收。在对接收天线接收到的雷达波进行处理和分析的基础上,根据接收到的雷达波形、强度、双程时间等参数便可推断岩体内目标体的空间位置、结构、电性及几何形态,从而达到对岩体内岩层状况、岩层界面以及断层破碎带的探测。

施工中选择地质雷达应注意其探测范围,并应注意先后对比,积累实际经验。

3. 潜孔锤钻孔超前探水

1)钻孔参数

(1)超前距离。探水时从掌子面开始向前方打钻孔,在超前探水时,钻孔很少一次就能打到储水目标区,常是探水→掘进→再探水→再掘进,循环进行。探水钻孔终孔位置应始终超前掘进工作面一段距离,该段距离称超前距,一般根据经验选择洞径3~5倍以上距离。

(2)允许掘进距离。经探水证实无任何水害威胁,可安全掘进的长度称为允许掘进距离。除根据经验外,尚应结合数值模拟分析进行综合选择。

(3)为使隧洞两侧与可能存在的水体之间保持一定的安全距离,控制好呈扇形排布的最外侧探水孔所控制的范围与隧洞两侧的距离,其值应与超前距相同。

(4)钻孔密度(孔间距)。钻孔密度是指允许掘进距离终点横剖面上探水钻孔之间的间距。通常按1~3m布置。

2)探水钻孔布置方式

(1)扇形布置。隧洞处于三面受水威胁的地段,要进行搜索性探水,其探水钻孔多按扇形布置。

(2)半扇形布置。对于储水区肯定是在隧洞一侧的探水地区,其探水钻孔可按半扇形布置。

(3)探放水时,探水钻孔沿掘进方向的前方及下方布置。底板方向的钻孔不得少于2个。预计水压过大时,可以先构筑防水闸墙,并由闸墙外向内探放水。

3)注意事项

在打钻地点或附近安设专用电话,可以在遇到紧急险情时及时与有关领导和部门取得联系,汇报情况,以便及时采取有效措施。

为杜绝随意性,保证探水钻孔准确打到靶位,确保钻孔标定准确,在确定主要探水钻孔位置、方位、倾角、深度以及钻孔数目时,测量以及负责探水的技术人员必须亲临现场,根据已批准的设计给予确定,未经批准,不得擅自改变设计。

探水位置应选择在岩层比较完整、坚硬的地方,承压套管目前一般采用的是双层套管,考虑钻孔出水会影响套管的下放,因此外层套管长度一般较短,尽可能下在无水段。承压套管要用高压注浆泵进行水泥固结,使套管和岩体成为一体。套管下放凝固至规定的时间后,进行扫孔,然后进行压水耐压试验,试验的压力不得小于设计水头压力,稳压时间必须至少保持半小时,孔口周围不漏水,孔口管牢固不活动,即为合格;否则必须重新注浆。这样才能保证孔口管在钻孔出水后不被冲出。孔口管下好后要安装好控制闸阀,这样才能在钻孔时一旦出水后能有效地控制水量。

水文地质条件复杂和水头压力、水量大的情况下,当钻孔揭露含水层后,若不能有效控制,除直接影响钻进效率外,还特别容易出现高压水喷出或钻具被顶出等伤人事故。因此,在钻孔内水压大于1.5MPa的高压水地区施工探放水钻孔时,钻进和退钻应采用反压和有防喷装置的方法进行钻进和控制钻杆。

4. 其他超前预报

目前常用地质超前预报技术有钻探技术、电磁技术、反射技术和数码成像技术等,相应的预报方法有超前钻探法、地质雷达法、瞬变电磁法、HSP、TSP、TGP、地震反射负视速度法、红外线探测法、TRT层析成像法、声波CT法等。条件允许的情况下,可以采用多种方式相互验证。

(二)超前注浆加固

1. 施工工艺流程

施工工艺流程见图9-2。

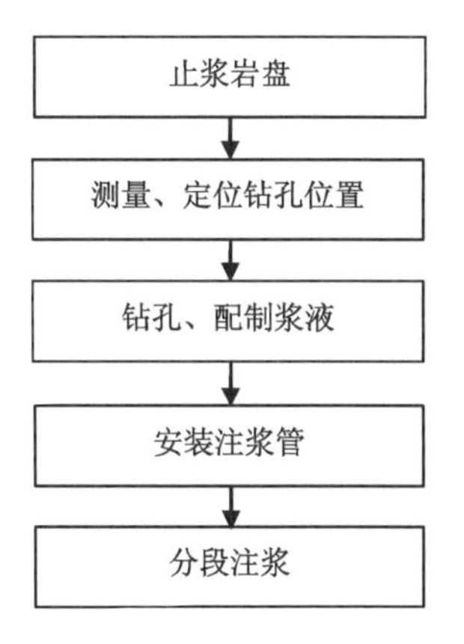

图9-2　超前注浆加固施工工艺流程图

2. 止浆岩盘施工操作要点及注意事项

1)止浆岩盘厚度的设计

一个止浆岩盘止浆效果的好坏,将直接关系到帷幕注浆成功与否。根据超前地质预报,探明裂隙含水层、破碎带和隔水层的准确位置及厚度,查明预留岩层的节理、裂隙发育程度,合理确定岩墙厚度,保证止浆效果。

$$B=\frac{\lambda p_{max}S}{[\tau]l} \tag{9-1}$$

式中,B为预留注浆岩体厚度,m;p_{max}为最大注浆压力,$p_{max}=p_s+p_c$,MPa;p_s为注浆孔口处的静水压力,MPa;p_c为注浆时超过静水压力的注浆压力,也叫剩余压力,MPa;S为岩柱断面积,m^2;$[\tau]$为岩石容许抗剪强度，MPa；l 为隧洞周边长度，m；λ 为过载系数，一般取 1.1～1.2。

止浆岩盘厚度的取值，主要看岩盘地质的完整性和通透性。如果掌子面围岩非常好，止浆岩盘可适当减薄，但最少不低于 3m；相反，如果掌子面围岩破碎，节理发育，并有明显渗水，止浆岩盘应适当加厚，一般不低于 5m。

2)确定止浆墙型式确定及施工

根据掌子面围岩破碎、节理发育、渗涌水量等情况可采用浇筑混凝土止浆墙或采用浅层套管注浆，将掌子面一定深度及周边围岩进行注浆加固形成止浆岩盘。

本方法是针对掌子面围岩工程地质条件复杂、整体性差、质软并出现大股涌水的情况，采用浇筑混凝土墙作为止浆墙，再进行超前注浆后实施开挖施工。每一循环注浆长度为 25m，开挖 20m，保留 5m 厚度作为下一循环超前注浆止浆岩盘，这样既确保注浆效果，又避免每个注浆循环浇筑混凝土作为止浆墙这道工序，可以加快施工进度。

3)具体施工步骤

(1)对掌子面出水点进行引流，清底，浇筑混凝土止浆墙。混凝土施工过程中预埋孔口管、引流管和小导管，再进行止浆岩盘注浆加固，关水试压，顶水注浆工作。根据掌子面围岩及出水情况确定混凝土止浆墙长，分两段施工，第一段长为 3m，第二段长为 2m。第一段止浆墙起到引水归槽作用，第二段止浆墙起到封闭形成止浆墙作用。

在出水点采用 ϕ260 钢管引水，同时自制“U”形槽放置于引流管下方，使散水归槽，保证掌子面基底干燥。混凝土止浆墙施工时在涌水点用模板加工成木箱形图状，并预留 2 根 ϕ108 泄水管，如图 9-3 所示。在混凝土浇筑过程中预留第一环注浆孔的孔口管，第一段浇筑完后，浇筑第二段混凝土前，对孔口管、引流管及泄水管进行接长处理。同时在浇筑第二段混凝土中预埋二环、三环注浆孔的孔口管，在拱部预埋 ϕ32 小导管，小导管环向间距 40cm。

(2)注浆加固。对止浆墙周边围岩进行注浆加固，包括轮廓线以外的帷幕部分如图 9-4 所示。

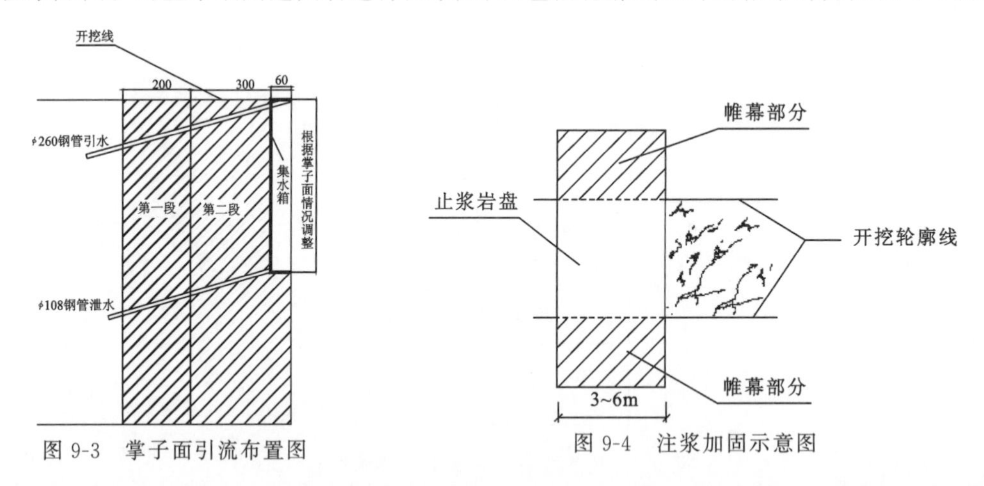

图 9-3 掌子面引流布置图

图 9-4 注浆加固示意图

(3)关水试压，顶水注浆。当止浆墙凝固达到设计强度后，即可关水试压。过程是一边慢慢关闭引流管闸阀，一边观察止浆墙有无位移、开裂、渗水等情况。当闸阀完全关闭到位，且经过半小时以上测试，各方面情况均正常时，将准备好的注浆管接在高压闸阀上，注浆准备一切就绪即可实施顶水注浆。注浆时注意以下几点：一是以水泥单液浆为主至少注浆 5h 以上再考虑使用双液浆（水泥、水玻璃）；二是宜采用大流量的注浆机；三是注浆要连续，不能有丝毫间断；四是如果是多管引流应同时注浆，防止窜浆，影响注浆效果。

3. 孔内双浆液高压注浆

1)注浆方式

根据设计和围岩情况可采用全孔一次性注浆、分段前进式注浆、一次成孔分段后退式注浆 3 种方法。对孔深小于6m或地层较均匀的地层，可采用全孔一次性注浆，直接将注浆管路接在孔口管上，在孔口处设置止浆塞，利用孔口管进行全孔注浆；对裂隙发育或破碎难以成孔的岩层，可采用分段前进式注浆，即自孔口开始，钻进一段，注浆一段，直到孔底最后一段注浆为止，每次钻孔注浆分段长度根据围岩情况一般定为3～5m；对于围岩局部破碎，但可以成孔的岩层，可采用后退式分段注浆，一次性钻孔至全孔深度，而后在孔内设置止浆塞，从孔底开始，对一个注浆分段进行注浆，第一个分段注浆完成后，后退一个分段长度注浆，如此往复，直到将整个注浆完成。

本方法是针对裂隙发育、围岩破碎难以成孔，涌水量大有可能出现突泥的岩层，采用分段前进式注浆。前进式分段注浆施工工艺，就是采取"钻一段、注一段"，再清孔，再"钻一段、注一段"的钻、注交替方式进行钻孔注浆，施工方法如图9-5所示。每次钻孔注浆分段长度根据围岩情况确定位，一般为3～5m。前进式分段注浆采用止浆塞或孔口管法兰盘进行止浆，如图9-6所示。

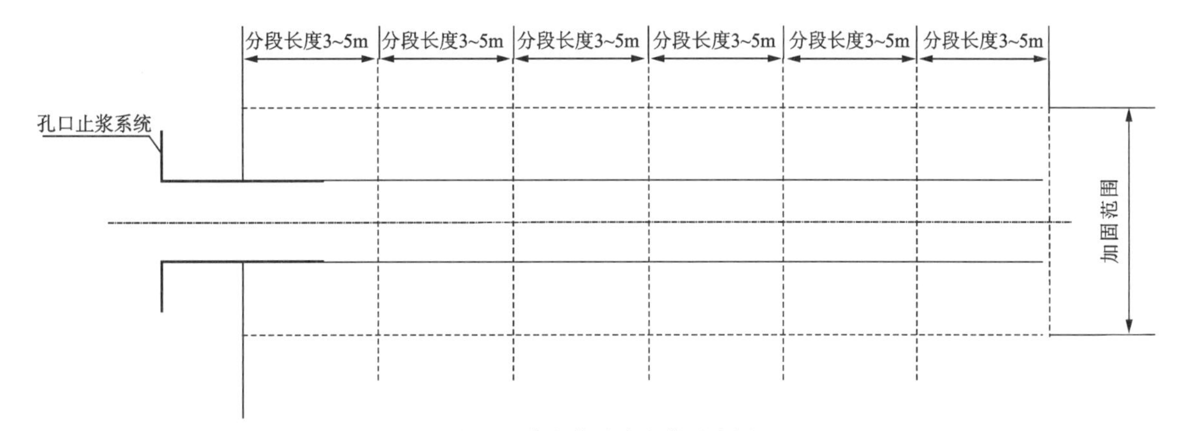

图9-5　分段前进式注浆示意图

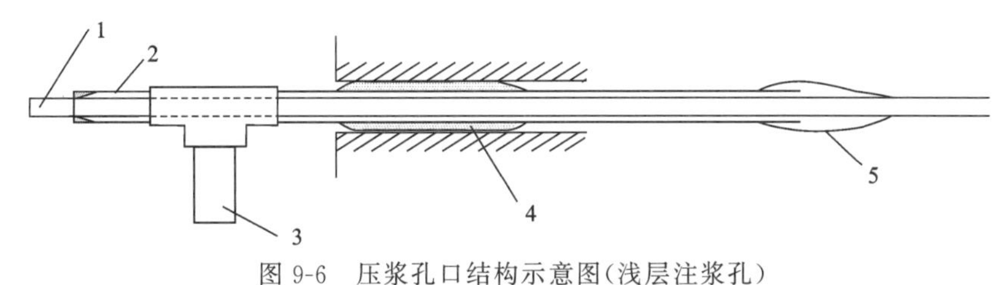

图9-6　压浆孔口结构示意图(浅层注浆孔)

1.注浆管；2.泄压管；3.排水泄压管；4.压浆阻塞；5滤水模袋

2)注浆孔布置及注浆范围

超前帷幕预注浆，每一循环长度25m，固结范围为开挖轮廓线外5m，注浆孔布置如图9-7所示。

3)钻孔

根据不同用途，选用全液压钻机及风动钻机，风动钻机主要用于开孔，安装孔口管。注浆孔开孔直径不小于108mm，终孔直径不小于90mm。

先根据设计图孔位、钻孔参数，在工作面上放出钻孔位置，并用油漆标定。调整钻杆的仰角和水平角，移动钻机，将钻头对准所标孔位。将棱镜放在钻杆的尾端，用全站仪检查钻杆的姿态并调整。

根据探孔预测结果，决定是否采用孔口管。对探孔预测水压较高($p \geq 1.0$MPa)，且水量较大($Q \geq 20m^3/h$)的区域，采用孔口管注浆，否则采用止浆塞止浆方式注浆。

前进式分段注浆时，采取钻一段注一段的方式，直至设计孔深。钻孔按"先外圈，后内圈"的顺序进行。内圈钻孔可参照外圈钻孔的顺序，后序孔可检查前序孔的注浆效果。逐步加密注浆一方面可根据钻孔的情况调整注浆参数，另一方面如果钻孔情况证明注浆效果已达到设计要求，即可进行下一圈孔的钻进，减少钻孔的工作量，加快施工进度。钻孔时，还要严格做好钻孔记录，包括孔号、进尺、起讫时间、岩石裂隙发育情况、出现涌水位置、涌水量和涌水压力。施钻过程中，若单孔出水量小于30L/min，可继

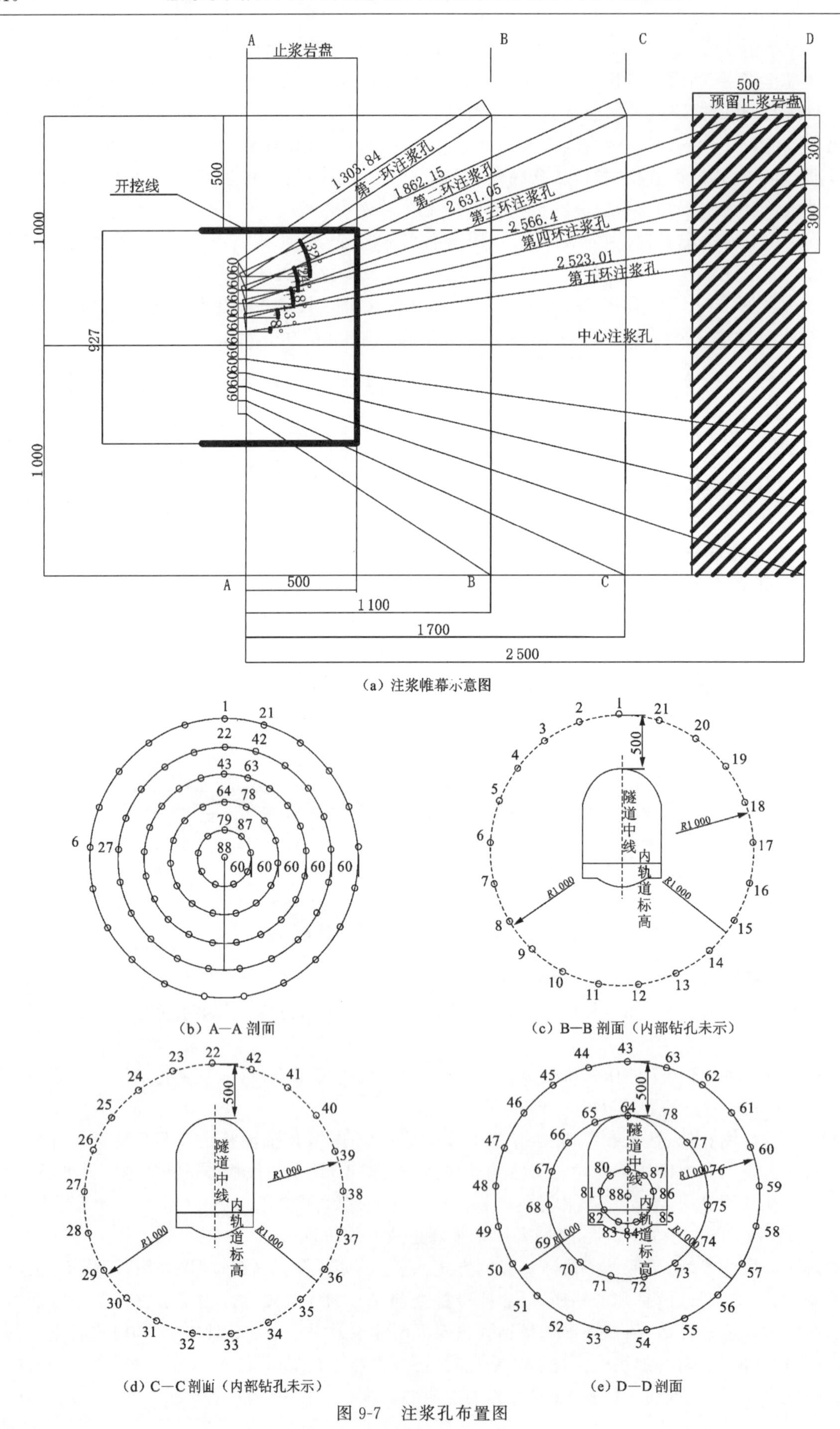

(a) 注浆帷幕示意图

(b) A—A 剖面

(c) B—B 剖面（内部钻孔未示）

(d) C—C 剖面（内部钻孔未示）

(e) D—D 剖面

图 9-7　注浆孔布置图

续施钻；若单孔出水量大于 30L/min，立即停钻进行注浆。

4)注浆参数

每一循环注浆长度为 25m，开挖 20m，并保留 5m 止浆岩盘。按注浆孔扩散半径 2m、孔底间距2.5m 布置，钻孔孔径 ϕ89。注浆压力：注浆压力是注浆的主要参数，它对浆液的扩散范围，岩层裂隙充填的密实程度及注浆效果的好坏起着决定性的作用，所以必须有足够的注浆压力克服静水压力和地层阻力，方能达到注浆目的。一般根据现场实际情况设定为 12～15MPa。

5)浆液的确定

水泥浆水灰比为 1.5∶1、1∶1、1∶0.8 三个等级，浆液由稀至浓逐级变换，即先注稀浆，然后逐步变浓直至 1∶0.8 为止，考虑到注浆主要是为了堵水及快速加固围岩，注浆应用普通水泥－水玻璃双液浆。注浆孔涌水量小于 30L/min，选用纯水泥浆；当注浆孔涌水量在 30～200L/min 范围内，选用凝胶时间为 4～6min 的浆液；当注浆孔涌水量大于 200L/min，选用凝胶时间为 3～4min 的浆液。

6)制浆

选用叶片式搅拌机作为制浆设备，采用立式电动机和摆线针轮式减速器，用支架倒立于储浆桶上，通过联轴节将动力直接传给搅拌轴。为了方便吸浆，在储浆桶外侧设两个以上取浆口，以保证大流量注浆时浆液的供应。根据选定浆液的配比参数拌好浆液，其中水泥浆拌好后用 1mm×1mm 网筛过滤，放入叶片立式搅拌机进行二次搅拌，确保浆液均匀。

7)注浆顺序

注浆顺序由外圈向内圈进行，同一圈孔间隔施工，采用分段前进式注浆。

8)注浆速度

当钻孔涌水量≥50L/min 时，注入速度 80～150L/min；当涌水量≤50L/min 时，注入速度 35～80L/min。

9)注浆结束标准

单孔结束标准：注浆压力逐步升高至设计终压，并继续注浆 10min 以上；注浆结束时的进浆量小于 20L/min；检查孔涌水量小于 0.2L/m·min；检查孔钻取岩芯，浆液充填饱满。

全段结束标准：所有注浆孔均已符合单孔结束条件，无漏浆现象；注浆后洞壁稳定；注浆后预测涌水量小于 $3m^3/m\cdot d$；浆液有效注入范围大于设计值；预测岩体经注浆后可保证开挖后洞壁稳定。

10)异常情况处理

由于停电、机械故障、器材等问题出现的被迫中断灌浆情况，应尽快恢复灌浆。恢复时应从稀浆开始，如果吸浆率与中断前接近，则可尽快恢复到中断前的稠度，否则应逐级变浆。若恢复后的吸浆率减少很多，则短时间内即告结束，说明裂隙口因中断被堵，应起出栓塞进行扫孔，冲洗后再灌。

若钻孔过程中，遇见突泥情况，立即停钻，拔出钻杆，安装孔口管及高压阀，进行注浆。

若掌子面小裂隙漏浆，先用水泥浆浸泡过的麻丝填塞裂隙，并调整浆液配比，缩短凝胶时间；若仍跑浆，在漏浆处采用普通风钻钻浅孔注浆固结。若掌子面前方 8m 范围内大裂隙窜浆或漏浆，采用止浆塞穿过该裂隙进行后退式注浆。

当注浆压力突然增高，则只注纯水泥浆或清水，待泵压恢复正常时，再进行双液注浆。若压力不恢复正常，则停止注浆，检查管路是否堵塞。

当进浆量很大，压力长时间不升高，则调整浆液浓度及配合比，缩短凝胶时间，进行小泵量、低压力注浆，以使浆液在岩层裂隙中有相对足的停留时间，以便凝胶。有时也可以进行间歇式注浆，但停注时间不能超过浆液凝胶时间。

当特大吃浆量时，在只具有一般性裂痕的岩层中灌浆，大都可在 1～3h 之内灌注结束，注浆量不能超过 100～200kg/m^2。然而有时候会出现大量吃浆不止，长时间灌浆不结束的情况，其原因大多不是因空隙体积太大没有灌满，而是因为地层的特殊结构条件促使浆液从附近地表冒出，或始终沿着某一固定的通道从或明或暗的地方流失了。对此，采取以下方法进行处理：进一步降低灌注压力，限制吸浆率不超过 5L/min,以减少浆液在缝隙里的流动速度,促使尽快沉积;在水泥浆中掺入速凝剂,如水玻璃、氟化钙等,促使尽快凝结;灌注更稠的水泥砂浆,进行间歇灌浆,以促使浆液在静止状态下沉积,将通道堵住。每次间歇前应灌入的材料数量和停歇时间视地质条件、灌浆情况等确定,一般可按每次灌入 200~500kg/m,以停歇 2~8h 掌握;对于特大漏水通道采用直接充填细骨料的方法。

需要特别说明的是:以上注浆设计及施工开始之前,应根据工程具体情况,进行室内数值模拟优化,本方法推荐采用 FLAC3D 进行模拟。根据勘察成果,现场实际经验,给出合理的初始参数,对注浆加固范围、径向加固厚度、掌子面前方加固长度等参数进行分析优化处理。

(三)开挖支护

1. 隧洞开挖

采用钻爆法,以“新奥法”理论指导施工。采用导洞超前,预留光爆层光面爆破成型。循环进尺 1~2m,根据注浆后的围岩情况宜短进尺爆破,掏槽方式采用直线螺旋型,按设计开挖轮廓线布置周边眼,间距为 45~55cm,辅助眼间距为 60~80cm。采用 YT-28 型气腿式凿岩机钻孔作业。爆破采用粉状乳化炸药(有水地段采用乳化炸药),周边眼采用 $\phi25$ 光爆小药卷,电容式起爆器通过塑料导爆管和四通引爆非电半秒(毫秒)导爆雷管或导爆索起爆。开挖循环进尺根据注浆后的围岩情况确定。

开挖作业顺序为:激光经纬仪或激光指仪定向,画出开挖轮廓线,并在开挖轮廓线上布好光面爆破眼位,打眼,装药爆破,通风排烟,洒水,“敲帮问顶”,耙斗式装岩机配合蓄电池电瓶车、梭车、矿车装渣运输。

2. 锚网喷、钢拱架支护

在隧洞开挖完成后,先喷射 4cm 厚混凝土封闭岩面,然后打设锚杆、架立钢架、挂钢筋网,对初喷岩面进行清理后复喷至设计厚度。

1)锚网喷支护作业

喷射砼操作流程图见图 9-8。

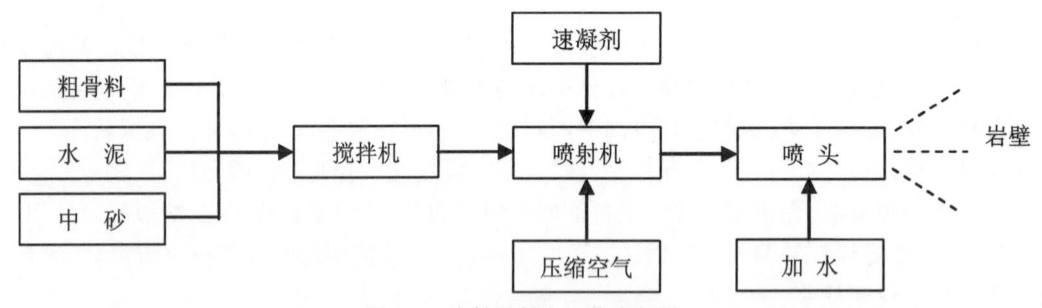

图 9-8 喷射混凝土工艺流程图

主要工艺参数如下:

(1)工作风压。工作风压与输料管长度、弯曲程度、骨料含水率、混凝土含砂率及其配比等有关。工作风压过大,回弹率增加;风压过小,粗骨料喷射不到岩面,回弹率同样增加。工作风压控制在0.15MPa 左右为宜。在喷射过程中,喷射机司机应与喷射手密切配合,根据实际情况及时调整。

(2)水压。水压控制在 0.2MPa 左右为宜,以利于喷头内水环喷出的水能充分湿润瞬间通过的拌合料。

(3)喷头与受喷面的距离及方向。喷头与受喷面的距离与工作风压大小有关。实践证明,当距离在 0.6~1.0m、喷射方向垂直于受喷面时,喷层质量最好,回弹量最小。

(4)水灰比。喷射混凝土的最佳水灰比为0.40～0.50。当水量不足时，喷层表面出现干斑，颜色较浅，回弹量增大，粉尘飞扬；若水量过大，则喷面会产生滑移、下坠或流淌。

喷射混凝土的操作要求如下：

(1)在操作前，应检查机器是否运转正常，并用高压风水将岩面清洗干净同时将岩面湿润(土层用低风压风吹干净表面)，以保证喷射混凝土与岩石牢固黏结。

(2)喷射时，应先开风再开机，再供水，最后送料；作业结束时，应按其倒序操作。

(3)喷射中发现松石或遮挡喷射混凝土的物体时，应及时清除。

(4)喷射作业应分段、分片由下而上顺序进行，同时设置控制喷层厚度的标志。

(5)喷射作业时，可先向受喷面上下或左右移动喷一薄层，然后在此层上以螺旋状一圈压半圈，沿横向作缓慢的划圈运动，一般划圈直径以10～15cm为宜。

(6)及时调整供水量，控制好水灰比。

(7)认真操作，减少回弹率，拱部不超过40%，边墙不超过30%，挂网可放宽5%。

(8)一次喷层应根据设计厚度和喷射部位确定，初喷厚度不得小于6cm，喷射应保证喷层厚度，提高喷层表面平整度。

(9)喷射混凝土终凝2h后，应喷水养护，养护时间一般不少于7d。喷射需紧跟工作面时，下次爆破距喷射混凝土作业完成时间间歇不得小于4h。

(10)防尘措施：控制砂的含水量，调节喷射用水量，加强通风，控制喷射工作压力，操作人员配备必要的防护用品。

喷混凝土厚度的控制要求：喷混凝土采取分层喷射，且每次喷射在前一次喷射尚未完全凝固前进行，一般相邻层喷射间隔30～60min。喷混凝土的厚度控制，必须在施工过程中逐步进行检查。在布有钢筋网的部位喷混凝土保护层厚不小于30mm，如没有布筋，就用埋桩控制厚度，一般间距为2.5m。喷混凝土后，洞壁相邻表面应过渡平缓，没有突变台阶，达到改善受力状态的目的。

2)钢拱架支护作业

隧洞开挖成型，进行初喷混凝土后，及时安装钢架，采用定位锚杆、径向锚杆以及双侧锁脚锚管固定，纵向采用ϕ25钢筋连接，然后喷钢纤维混凝土到设计厚度，并及时进行围岩监控量测。

型钢钢架应按设计要求预先在钢筋加工场加工成型。先将加工场地用C20混凝土硬化，按设计放出加工大样。型钢拱架采用冷弯法加工成型，冷弯过程中严格控制拱架弧度，确保拱架质量满足施工要求。操作要点：

(1)钢架应按设计位置安设，钢架之间必须用钢筋纵向连接，并要保证焊接质量。拱架安设过程中当钢架与围岩之间有较大的空隙时，沿钢架外缘每隔2m应用混凝土预制块楔紧。

(2)钢拱架的拱脚采用纵向托梁和锁脚锚管等措施加强支承。

(3)为使钢架准确定位，钢架架设前均需预先打设定位系筋。系筋一端与钢架焊接在一起，另一端锚入围岩中0.5～1m，并用砂浆锚固，当钢架架设处有锚杆时尽量利用锚杆定位。

(4)喷射混凝土时，要将钢架与岩面之间的间隙喷射饱和达到密实。

(5)喷射混凝土应分层次分段喷射完成，初喷混凝土应尽早进行“早喷锚”，复喷混凝土应在量测指导下进行，即“勤量测”的基本原则，以保证喷射混凝土的复喷适时有效。

(6)型钢钢架应采用冷弯成型，钢架加工的焊接不得有假焊，焊缝表面不得有裂纹、焊瘤等缺陷。

(7)每榀钢架加工完成后应放在水泥地面上试拼，周边拼装允许误差为±3cm，平面翘曲应小于2cm。

(8)钢架应在初喷混凝土后及时架设，各节钢架间以螺栓连接，连接板必须密贴。

(9)钢架平面应垂直于隧洞中线，其倾斜度不大于±2°。

(10)钢架架立后尽快喷混凝土作业，喷射顺序应从下向上对称进行，先喷射钢架与围岩间的空隙，后喷射钢架与钢架间的混凝土，并将钢架全部覆盖，其保护层厚度不得小于4cm。使钢架与喷混凝土共同受力。喷射混凝土分层进行，每层厚度 5～6cm，先从拱脚或墙脚处向上喷射，以防止上部喷射料虚掩拱脚（墙脚），使其不密实，造成强度不够，拱脚（墙脚）失稳。

第五节　注浆材料与设备

一、注浆材料

注浆采用普通水泥-水玻璃双液浆。材料主要为水泥、水玻璃，可根据需要添加速凝剂。浆液凝固时间需现场进行配合比试验。

二、注浆设备

表 9-1　注浆设备一览表

序号	设备类型	用途
1	地质雷达	探测围岩类别、界面、断层破碎带位置
2	其他物探设备	
3	钻孔机械	钻进注浆钻孔
4	注浆泵	输送浆液
5	流量计	测定注浆泵排出流量大小
6	搅拌机	使浆液搅拌均匀
7	止浆塞	划分注浆段
8	混合器	用于双液注浆，使两种浆液相遇后充分混合并由此起物理、化学变化
9	输浆管路	使浆液有序流通
10	渗压计	监测隧洞高压注浆前后孔隙水压力变化

第六节　质量控制措施

一、控制原则

(1)提高职工的业务素质是搞好质量的重要保证；科学合理地进行施工组织生产是提高质量的重要途径；及时发现问题、找出根源、制订措施、严格执行是杜绝工程隐患和提高施工水平的有效办法；加强检测、严把工序质量关是确保工程内在质量的根本原则。

(2)开工前应对施工图纸和有关文件认真研究,熟悉设计要求,理解设计意图,熟悉有关质量验收技术规程及施工规范,并有针对性地进行现场踏勘和调查。

(3)对注浆及质检人员进行岗前培训;通过培训的人员,应经过资格审查,符合有关规定的方准上岗;对操作技能不合格的工人坚决更换,并坚持持证上岗。

(4)做好施工前的技术交底,交底要细致、全面,并做好记录。

(5)严格控制材料质量,主要材料均应有出厂合格证、质保单,并经试验、检验合格后方可使用。

(6)注浆止水是隧洞富水风化花岗岩断层带或其他软弱含水带顺利施工的关键工序,其质量的好坏决定整个隧洞的安全与质量;因此,施工务必精心组织、严格管理、严格操作规程,严格按质量标准进行。

二、控制要点

(1)影响注浆止水质量的主要因素是:注浆量、注浆压力、浆液配合比和胶凝时间。

(2)注浆前检查注浆泵、管路及接头的牢固程度,防止施工中浆液突然冲出。压浆泵由专人负责操作,严禁在不停泵的情况下进行修理。压浆泵及管路内压力未降至零时,不准拆管路或松开管路接头。

(3)做好各种实验配合比,现场严格控制各种材料用量,精确配制混合料。浆液的骨料、胶结料、外掺剂等的技术指标均须符合设计指标要求。严格质量管理并及时报监理现场检查。

(4)做好注浆压力、注浆量、注浆时间等各项记录。质量管理人员应对记录及注浆过程中的压力和注浆量进行检查,并及时通知监理工程师确认。

(5)注浆时的压力控制和注浆量控制可根据实际地质情况进行适当调整。注浆中出现异常现象必须及时处理。若发生串浆和跑浆要停止注浆,分析原因,随时解决;泵压突然升高时,可能发生堵管,应停机检查。

(6)严格按照设计方案及各种设备使用说明进行操作。应用监控量测进行信息化施工,及时判断各种不稳定情况,及时反馈现场信息,遇到问题及时进行施工决策,确保作业安全。

(7)保持设备整洁,工作结束必须对设备清洗保养,并清理周围环境。

第七节　安全措施

一、安全作业要求

(1)注浆作业应按照项目整体施工组织设计合理安排工作衔接。

(2)应制订具体的作业指导书并严格执行,并接受项目专职安全员的监督与指导。

(3)注浆施工前应确认上一道工序顺利完成,留有充足的作业空间,而且洞内无其他异常情况。

(4)应制订高压全断面帷幕注浆应急安全预案,并经主管部门批准施行。

二、安全作业措施

(1)作业前应检查确认本方法所需各项设备质量完好,完全可靠,尤其是高压注浆泵、动力机械、电线等。

(2)作业前应检查其他工序作业班组是否有遗留危险物品。

(3)任何人作业必须佩戴安全帽和其他防护用品,尤其是高压泵操作人员及前方注浆人员。

(4)在掌子面附近适当处所,设置急救材料,储备防火、防水、防毒器材,支撑用料,各种适用工具等。

(5)注浆孔钻眼作业前,施工员应首先检查工作面是否处于安全状态,如拱顶及两侧是否牢固,如有松动的岩石,应立即加以支护或处理。台车和凿岩机进行钻眼时,必须采用湿式凿岩。严禁在残眼中继续钻眼。不在工作面拆卸修理凿岩设备。

(6)注浆作业前,必须根据本方法所推荐的综合地质超前预报工作,掌握准确有效的地质情况,并根据工程经验、相关规范标准,同时辅以数值计算等工作,综合制订合理的注浆范围。

(7)注浆作业过程中,需加强围岩监控量测,随时注意围岩动态。控制注浆压力、控制围岩的变形量,防止坍塌。

(8)应密切监测高压注浆管和接头是否有松脱和击穿可能,发现问题立即处理。发生堵管时,应及时疏通,处理堵管时,喷嘴前严禁站人。

(9)施工中若发现险情,专职安全员、工班长必须立即在危险地段设立明显标志或派人看守,并迅速报告施工领导人员,及时采取处理措施。若情况严重,要立即将工作人员全部撤离危险地段。

(10)施工用电安全技术措施应遵照统一规定。

第八节　环保措施

一、环保要求

(1)施工应严格遵守《中华人民共和国环境保护法》《中华人民共和国环境影响评价法》《建设项目环境保护管理条例》《中华人民共和国水污染防治法》等相关法规,自觉接受当地环保部门的监督和管理。

(2)项目经理部设立一名环境保护主管,负责现场环保文明施工的监督和指导工作。

(3)采取一切合理措施保护施工现场内外的环境,避免由于施工操作引起的粉尘、废气、噪音等环境污染,或其他由于环境污染的原因造成的人身伤害或财产损失。

(4)确保因施工产生的气体排放、地面排水、水土流失及污染等,不超过规定数值,也不超过适用法律规定的数值。

二、环保措施

(1)在运输水泥等易飞扬的物料时用篷布覆盖严密并装量适中,不得超限运输。水泥浆液配比时,施工现场应安排专人进行洒水,防止水泥粉尘飞扬。

(2)注浆作业应合理分布动力机械的工作场所,尽量避免同处运行较多的动力机械设备。对空压机、柴油机、发电机等噪音超标的机械设备,采取装消音器来降低噪音。

(3)注浆作业的废水、污水按有关要求进行处理,应和其他施工废水一起采取过滤、沉淀处理后方可排放,以免污染周围环境。施工机械的废油废水采取隔油池等有效措施加以处理,不得超标排放。

(4)机械存放点、维修点、车辆停放点以及油品存放点做好隔离沟,将其产生的废油、废水或漏油等通过隔离沟集中到隔油池,经处理后进行排放。

(5)在设备选型时选择低污染设备并安装空气净化系统,确保达标排放。对汽油等易挥发品的存放要采取严密可靠的措施。

(6)施工报废材料或施工中废弃的零碎配件边角料、水泥袋、包装箱等及时收集清理,并搞好现场卫生以保护自然环境不受破坏。

(7)浆液配比需添加其他添加剂时应以环保无毒为标准,认真贯彻执行《中华人民共和国水污染防治法》,防止地下水污染。

第九节　节能降耗措施

(1)本方法采用地质调绘、地质雷达及超前探水技术综合分析,可准确有效地确定富水断层的位置,相比传统单一方法,可有效避免误判对人力物力的浪费,从而提高资源的利用效率。

(2)采用高压全断面帷幕注浆技术,可一次快速封堵富水破碎带,既能驱水又能有效加固围岩,相对传统的小导管注浆及管棚法施工,可有效节约施工时间,降低钢材消耗,又能避免小导管加固无效二次返工导致的资源浪费。

主要参考文献

[1] 陈树林.隧洞贯通测量技术设计[J].中国水运(下半月)，2013，13(z1):220-222.

[2] 徐秋军.浅谈引水隧道施工通风设计[J].中国水运(下半月)，2013，13(z1):94,96.

[3] 徐志东.福建龙津溪引水工程C1标井底布置方案[J].中国水运(下半月)，2013，13(z1):77,79.

[4] 吕虎波，陈雄峰.深埋隧道管棚预支护机理及设计施工方法研究[J].建材与装饰，2018(3).

[5] 苏明，林道烛.福建龙津溪引水工程C1标施工排水方案[J].中国水运(下半月)，2013，13(z1):75-76.

[6] 陈正东.长大管棚在隧道浅埋段的施工技术[J].城市建设理论研究(电子版)，2016(10):4 906-4 906.

[7] 吕虎波.TGP在深埋隧道施工中的应用[J].四川水泥，2015(8):235-235.

[8] 吴义.福建龙津溪引水隧洞岩爆分析与防治研究[J].建筑知识，2016,36(7):188,196.

[9] 陈正东，陈树林.福建龙津溪引水工程C1标斜支洞抽排水施工方法[J].中国水运(下半月)，2013，13(z1):75-77.

[10] 陈树林，林道烛.浅谈砂性土层隧洞进洞处理措施[J].中国水运(下半月)，2012，(z1):165-166.

[11] 徐秋军.浅析隧道塌方处理方案[J].建筑工程技术与设计，2014(11).

[12] 陈正东，徐秋军.隧道岩爆开挖处理措施[J].中国水运(下半月)，2013，13(z1):213-214,222.

[13] 吴义，吴立，周蔚文,等.隧洞突水及围岩稳定性受断层位置影响的研究[J].施工技术，2017，46(13):123-127.

[14] 付宇德，吴立，袁青,等.穿越富水断层带隧洞渗流特性正交模拟分析[J].科学技术与工程，2016，16(21):322-327.

[15] 朱彬彬，董道军，吴立,等.穿越富水断层深埋引水隧洞涌水量预测研究[J].铁道科学与工程学报，2017(11):2 407-2 417.

[16] 吕虎波.模袋法高压分段注浆技术在隧洞突泥中应用[J].水利开方与管理，2015(8):83-88.

[17] 左清军，吴立，林存友,等.富水软岩隧道跨越断层段塌方机制分析及处治措施[J].岩石力学与工程学报，2016，35(2):21.

[18] 汪煜烽，吴立，袁青,等.穿越断层破碎带隧洞注浆范围研究[J].科学技术与工程，2016，16(13):257-261.

[19] 王忠锋,徐友樟.隧洞施工有轨运输井底车场方案探讨[J].中国水运(下半月),2014,(5):331-333,336.

[20] 谢云发.超长斜支洞及主洞施工排水技术研究[J].建筑知识:学术刊，2014(4):435-436.

[21] 中华人民共和国建设部.GB500212001岩土工程勘察规范(2009年版)[M].北京:中国建筑工业出版社，2009.

[22] 蔡斌，喻勇，吴晓铭.《工程岩体分级标准》与Q分类法、RMR分类法的关系及变形参数估算[J].岩石力学与工程学报，2001，20(s1):1 677-1 679.

[23] 中华人民共和国水利电力部.水利水电工程地质勘察规范[M].北京:水利电力出版社，1979.

[24] 董佩.双层介质水位升降与空气流相互作用的实验和数值模拟研究[D].北京:中国地质大学(北京),2013.

[25] 陈洁渝,严春杰,谌祺.用SEM分析肼对高岭石的插层作用[J].电子显微学报,2002,21(5):775-776.

[26] 汤连生,桑海涛,宋晶,等.非饱和花岗岩残积土粒间联结作用与脆弹塑性胶结损伤模型研究[J].岩土力学,2013(10):2 877-2 888.

[27] 张抒.广州地区花岗岩残积土崩解特性研究[D].北京:中国地质大学(北京),2009.

[28] 吴能森.花岗岩残积土的崩解性及软化损伤参数研究[J].河北工程大学学报(自然科学版),2006,23(3):58-62.

[29] 王载丰,王翔宇.福建厦门地区花岗岩残积土物理力学参数统计分析[J].资源环境与工程,2011,25(6):633-637.

[30] 吕镔,刘秀铭,赵国永,等.亚热带地区花岗岩风化壳上发育红土的磁性矿物转化机制——基于非磁学指标和岩石磁学的综合分析[J].第四纪研究,2016,36(2):367-378.

[31] Moustafa El Omella,唐春安,张哲.扫描电子显微镜对花岗岩中主要矿物裂隙作用的研究(英文)[J].地质与资源,2004,13(3):3-10.

[32] 邵长云,钟庆华,葛双成,等.利用岩体波速定量划分岩石风化度的试验研究[J].工程勘察,2012,40(3):87-90.

[33] 李晓昭,安英杰,俞缙,等.岩芯卸荷扰动的声学反应与卸荷敏感岩体[J].岩石力学与工程学报,2003,22(12):2 086-2 092.

[34] 李荣伟.浅埋泥岩水工隧洞变形特征及主要工程地质问题[J].工程勘察,2014,42(11):24-28.

[35] 黄华.水文地质与工程地质相结合的应用[J].城市建设理论研究(电子版),2013(3).

[36] 马青.基于损伤理论的圆形水工压力隧洞围岩应力场分析[D].西安:长安大学,2009.

[37] 李大鑫.锦屏二级水电站不同施工方法引水隧洞围岩稳定性研究[D].成都:成都理工大学,2010.

[38] 邹国富.大屯海截污排水隧洞围岩稳定性分析研究[D].昆明:昆明理工大学,2008.

[39] 董金玉,杨继红,周建军,等.构造应力场对隧洞围岩应力和变形破坏特征影响的研究[J].现代隧道技术,2016,53(2):54-62.

[40] 阮彦晟.断层附近应力分布的异常和对地下工程围岩稳定的影响[D].济南:山东大学,2008.

[41] 朱训国,杨庆,栾茂田,等.围岩中原始垂直地应力对圆形隧洞全长注浆岩石锚杆应力分布模式的影响分析[J].岩石力学与工程学报,2009,28(s1):2 928-2 934.

[42] 胡洋.福建东南沿海地区地壳形变特征及地幔动力学分析研究[D].西安:长安大学,2014.

[43] 张璞.福建漳州晚第四纪以来的环境演变[D].北京:中国地质大学(北京),2005.

[44] 刘得旭,Cheng Jie.浅谈新意法隧道施工技术及与新奥法的比较[J].城市建设理论研究:电子版,2014(20).

[45] 张洪菲.强支护、短进尺在隧洞涌水突泥地段施工中的应用[J].工业c,2015(5):00225-00226.

[46] 孙广忠.工程地质-岩体力学-地质工程问题[J].工程勘察,1985(01):35-38.

[47] 谭文娟,魏俊浩,张可清,等.隐爆角砾岩型金矿床成矿特征浅析——以山西堡子湾、河南祁雨沟金矿床为例[J].地质找矿论丛,2006,21(1):15-18.

[48] 侯娟,张孟喜,李家正,等.水平-竖向加筋地基的颗粒流研究[J].地下空间与工程学报,2016,12(3):680-684.

[49] 石崇,徐卫亚.颗粒流数值模拟技巧与实践[M].北京:中国建筑工业出版社,2015.

[50] 王华宁,曾广尚,蒋明镜.考虑岩体时效深埋隧洞施工过程的理论解析——开挖、锚喷与衬砌支护的全过程模拟与解答[J].岩土工程学报,2014,36(7):1334-1343.